工业和信息化"十三五"
高职高专人才培养规划教材

Office 2013 办公软件案例教程 第5版

Office 2013 Case Tutorial

赖利君 赵守利 ◎ 主编

人民邮电出版社
北京

图书在版编目（CIP）数据

Office 2013办公软件案例教程 / 赖利君，赵守利主编. -- 5版. -- 北京 : 人民邮电出版社，2017.8
工业和信息化“十三五”高职高专人才培养规划教材
ISBN 978-7-115-46419-4

Ⅰ. ①O… Ⅱ. ①赖… ②赵… Ⅲ. ①办公自动化－应用软件－高等职业教育－教材 Ⅳ. ①TP317.1

中国版本图书馆CIP数据核字(2017)第180364号

内容提要

本书以 Microsoft Office 2013 软件为环境，通过案例的形式，对 Office 2013 中的 Word、Excel、PowerPoint 和 Outlook 等软件的使用进行了详细的讲解。全书以培养能力为目标，本着“实践性与应用性相结合”“课内与课外相结合”“学生与企业、社会相结合”的原则，按工作部门分篇，将实际操作案例引入教学，每个案例都采用“【案例分析】→【知识与技能】→【解决方案】→【拓展案例】→【拓展训练】→【案例小结】”的结构，思路清晰，结构新颖，应用性强。

本书可作为职业院校学生学习 Office 办公软件的教材，也可供其他运用 Office 办公软件的人员阅读参考。

◆ 主　　编　赖利君　赵守利
　责任编辑　朱海昀
　责任印制　焦志炜

◆ 人民邮电出版社出版发行　　北京市丰台区成寿寺路 11 号
　邮编　100164　　电子邮件　315@ptpress.com.cn
　网址　http://www.ptpress.com.cn
　大厂聚鑫印刷有限责任公司印刷

◆ 开本：787×1092　1/16
　印张：18.5　　　　2017 年 8 月第 5 版
　字数：444 千字　　2017 年 8 月河北第 1 次印刷

定价：49.80 元

读者服务热线：(010)81055256　印装质量热线：(010)81055316
反盗版热线：(010)81055315
广告经营许可证：京东工商广登字 20170147 号

第5版 前言 FOREWORD

近年来，随着我国信息化程度的不断提高，熟练地使用办公软件已经成为对各行各业从业人员使用计算机的基本要求，Microsoft Office 系列办公软件随之成为人们日常工作和学习中不可或缺的好帮手。

本书通过案例的形式，对 Office 2013 系列软件中的 Word、Excel、PowerPoint 和 Outlook 等软件的使用进行了详细的讲解。希望通过本书的学习和练习，能提高读者对办公软件的应用能力。

1. 本书内容

全书共分为 5 篇，从一个公司具有代表性的工作部门出发，根据各部门的实际工作情况，介绍了大量日常工作中实用的商务办公文档的制作方法。

第 1 篇为行政篇，讲解了制作公司文化活动方案、会议记录表、会议室管理表、客户回访函、管理日常工作等与公司的行政部门或办公室相关的典型案例。

第 2 篇为人力资源篇，讲解了公司员工聘用管理、员工基本信息表、劳动用工合同、员工培训讲义、员工人事档案表等人事部门的典型案例。

第 3 篇为市场篇，讲解了制作市场部工作手册、产品销售数据分析模型、商品促销管理、销售统计分析等销售部门的典型案例。

第 4 篇为物流篇，讲解了制作商品采购管理表、公司库存管理表，商品进销存汇总表、物流成本核算等物流部门的典型案例。

第 5 篇为财务篇，通过讲解如何制作员工工资表、财务报表、公司投资决策分析、往来账务管理，详细介绍了 Office 软件在财务管理中的深入应用。

2. 体系结构

本书的每个案例都采用【案例分析】→【知识与技能】→【解决方案】→【拓展案例】→【拓展训练】→【案例小结】的结构。

（1）案例分析：简明扼要地分析了案例的背景资料和要做的工作。

（2）知识与技能：提炼出了项目涉及的知识和技能点。

（3）解决方案：给出解决实际案例的详尽操作步骤，其间有提示和小知识来帮助理解。

（4）拓展案例：让读者自行完成举一反三的案例，加强对知识和技能的理解。

（5）拓展训练：补充或强化主案例中的知识和技能，读者可以选择性地进行练习。

（6）案例小结：对案例中的知识和技能进行归纳和总结。

此外，本书的每个案例后都有一个“学习总结”表，可以供读者将每个案例操作过程中的心得体会总结下来。

3．本书特色

本书以“实践性与应用性相结合”“课内与课外相结合”“学生与企业、社会相结合”为原则，以培养能力为目标，以实际工作任务引领知识、技能和态度，让学生在完成任务的过程中学习相关知识，培养相关技能，提升自身的综合职业素质和能力，真正实现做中学、学中做的 CDIO 教学模式。

在本书的编写过程中，参考了相关文献资料，在此向这些文献资料的作者表示感谢。本书及素材中使用的数据均为虚拟数据，如有雷同，纯属巧合。

为了方便读者，本书还提供了电子课件和示例文件，读者可登录人邮教育社区（http://www.ryjiaoyu.com/）进行下载。

编　者

2017 年 5 月

目录 CONTENTS

第 1 篇　行政篇　1

1.1　案例 1　制作公司文化活动方案　1

1.2　案例 2　制作公司会议记录表　19

1.3　案例 3　制作会议室管理表　28

1.4　案例 4　制作客户回访函　40

1.5　案例 5　利用 Outlook 管理日常工作　55

第 2 篇　人力资源篇　74

2.1　案例 6　公司员工聘用管理　74

2.2　案例 7　制作员工基本信息表　86

2.3　案例 8　制作员工培训讲义　96

2.4　案例 9　制作员工人事档案表　115

第 3 篇　市场篇　129

3.1　案例 10　制作市场部工作手册　129

3.2　案例 11　制作产品销售数据分析模型　147

3.3　案例 12　商品促销管理　160

3.4　案例 13　制作销售统计分析表　178

第 4 篇　物流篇　193

4.1　案例 14　制作商品采购管理表　193

4.2　案例 15　制作公司库存管理表　210

4.3　案例 16　制作商品进销存管理表　221

4.4　案例 17　物流成本核算　237

第 5 篇　财务篇　251

5.1　案例 18　制作员工工资表　251

5.2　案例 19　公司投资决策分析　270

5.3　案例 20　往来账务管理　280

第 1 篇 行政篇

本篇从公司行政部门的角度出发，选择了一些具有代表性的商务办公文档，以实例的方式进行讲解。读者通过本章，可对 Word 2013 中文档的“创建”“编辑”“页面设置”“格式化”“图形”和“图片”的处理，表格的“创建”“编辑”和“格式化”的处理，“邮件合并”文档的处理，Excel 2013 用条件格式实现自动提醒以及 Outlook 2013 的日常工作管理等知识进行学习、巩固和加强，从而提高对办公软件的应用能力。

📖 学习目标

1. 利用 Word 2013 对文档进行“创建”“保存”和“编辑”。
2. 学会对 Word 2013 文档的“页面”进行“设置”“格式化”。
3. 掌握对 Word 2013 文档中的“图形”“图片”等进行图文处理。
4. 在 Word 2013 文档中进行表格的“创建”“编辑”和“格式化”。
5. 在 Excel 2013 中使用条件格式进行自动提醒。
6. 对 Word 2013 文档中的“邮件”进行“合并”及相关文档的处理。
7. 利用 Outlook 2013 进行日常工作管理。

1.1 案例 1 制作公司文化活动方案

示例文件	原始文件：示例文件\素材\行政篇\案例 1\公司文化活动方案.docx 效果文件：示例文件\效果\行政篇\案例 1\公司文化活动方案.docx

【案例分析】

公司为丰富员工业余文化生活，营造一种健康、旺盛的团队氛围，激发员工的工作积极性和热情，增强员工满意度与归属感，提高团队的凝聚力和战斗力，需要策划和组织一系列文化活动。本案例利用 Word 来制作公司文化活动方案。

具体要求：①新建文档并合理保存；②页面设置：纸张为 A4 纸，页边距分别为上下均为 2.5 厘米、左右均为 2.8 厘米；③编辑文化活动方案内容；④美化修饰文档；⑤预览及打印文档。文档效果如图 1.1 所示，并将该文档打印出来。

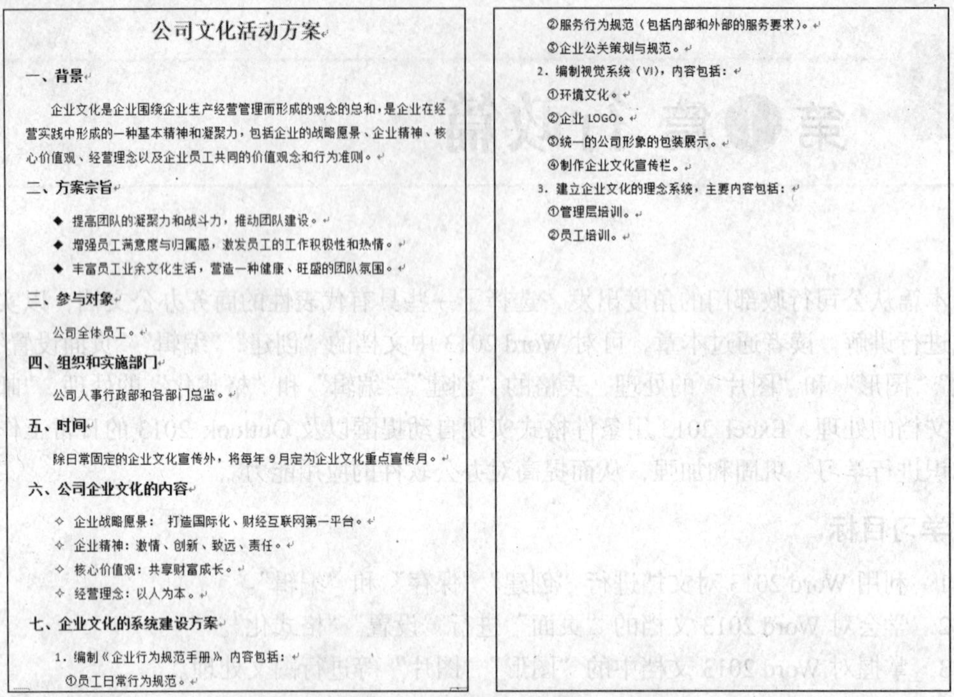

公司文化活动方案

一、背景

企业文化是企业围绕企业生产经营管理而形成的观念的总和，是企业在经营实践中形成的一种基本精神和凝聚力，包括企业的战略愿景、企业精神、核心价值观、经营理念以及企业员工共同的价值观念和行为准则。

二、方案宗旨

◆ 提高团队的凝聚力和战斗力，推动团队建设。

◆ 增强员工满意度与归属感，激发员工的工作积极性和热情。

◆ 丰富员工业余文化生活，营造一种健康、旺盛的团队氛围。

三、参与对象

公司全体员工。

四、组织和实施部门

公司人事行政部和各部门总监。

五、时间

除日常固定的企业文化宣传外，将每年 9 月定为企业文化重点宣传月。

六、公司企业文化的内容

✧ 企业战略愿景：打造国际化、财经互联网第一平台。

✧ 企业精神：激情、创新、致远、责任。

✧ 核心价值观：共享财富成长。

✧ 经营理念：以人为本。

七、企业文化的系统建设方案

1．编制《企业行为规范手册》，内容包括：

①员工日常行为规范。

②服务行为规范（包括内部和外部的服务要求）。

③企业公关策划与规范。

2．编制视觉系统（VI），内容包括：

①环境文化。

②企业 LOGO。

③统一的公司形象的包装展示。

④制作企业文化宣传栏。

3．建立企业文化的理念系统，主要内容包括：

①管理层培训。

②员工培训。

图 1.1 “公司文化活动方案”效果图

【知识与技能】

- 文档创建和保存
- 页面设置
- 编辑文档
- 插入特殊符号
- 设置文本的字体、字号、字形等格式
- 设置对齐方式、缩进、行距和间距等段落格式
- 使用项目符号和编号
- 预览和打印文档

【解决方案】

步骤 1 新建并保存文档

（1）新建文档

① 单击“开始”按钮，选择“所有程序”→“Microsoft Office 2013”→“Word 2013”命令，启动 Word 2013 应用程序。

② 启动 Word 程序后，系统将自动新建一个空白文档“文档 1”。

活力小贴士

Word 2013 和 Word 旧版本不同，启动后并不直接是新文档，而是出现图 1.2 所示的一个开始屏幕，需要先选择文档类型才能进入文档编辑页面。当需要创建的文档较多，这种方法难免有些不便，同时也增大了工作量。

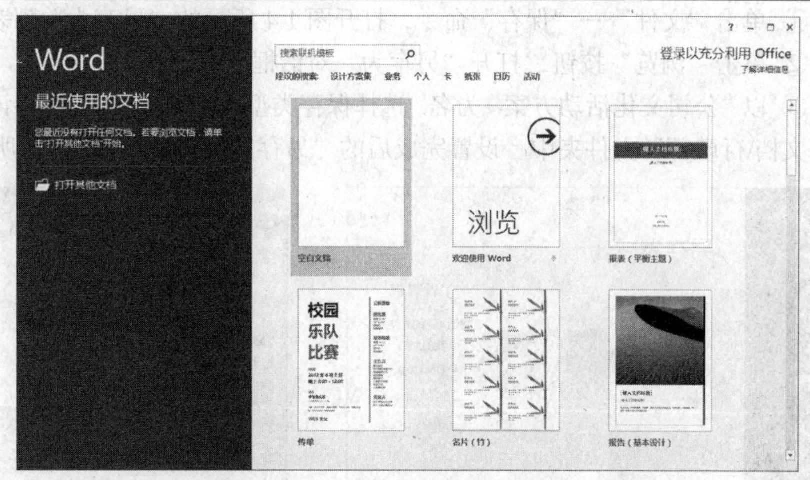

图 1.2　Word 2013 开始屏幕

怎样让 Word 2013 一启动就创建一份空白文档，进入编辑页面呢？

① 打开 Word 2013，进入编辑页面。

② 选择“文件”→“选项”命令，打开“Word 选项”对话框。

③ 在左侧的窗格中，单击“常规”选项，在右侧窗格中，取消勾选“此应用程序启动时显示开始屏幕”，如图 1.3 所示。

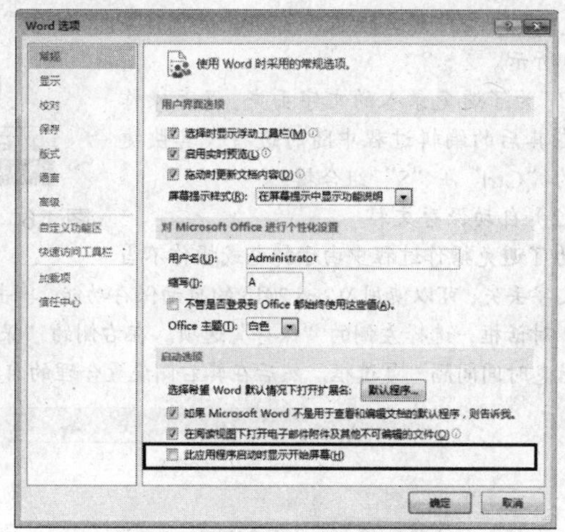

图 1.3　“Word 选项”对话框

④ 单击“确定”按钮。这样，再次启动 Word 2013 时就直接进入编辑页面了。

（2）保存文档

在 Word 中进行文档编辑，一定要保存文档。因为文档编辑等操作是在内存工作区中进行的，如果不进行存盘操作，突然停电或直接关掉电源，都会造成文件丢失。因此，及时将文档保存到磁盘上是非常重要的。

保存文档时，一定要注意文档的“三要素”——文档的位置、文件名和类型，否则，以后不易找到该文档。

① 单击“文件”→“保存”命令，打开图 1.4 所示的“另存为”列表。

② 单击“浏览”按钮，打开“另存为”对话框。

③ 以“公司文化活动方案”为名，选择保存类型为“Word 文档”，将该文档保存在“E:\公司文档\行政部”文件夹中。设置完成后的“另存为”对话框如图 1.5 所示。

图 1.4 “另存为”列表

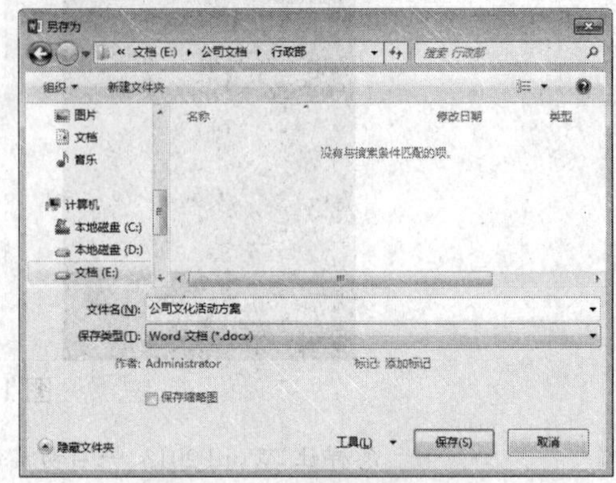

图 1.5 “另存为”对话框

④ 单击“保存”按钮。

活力小贴士

（1）快速保存文档

① 保存文档时，通常单击快速访问工具栏上的“保存”按钮会更加快捷，按钮如图 1.6 所示。

② 为了避免录入的文字丢失，保存操作可以在其后的编辑过程中随时进行，其快捷操作为“Ctrl”+“S”组合键。

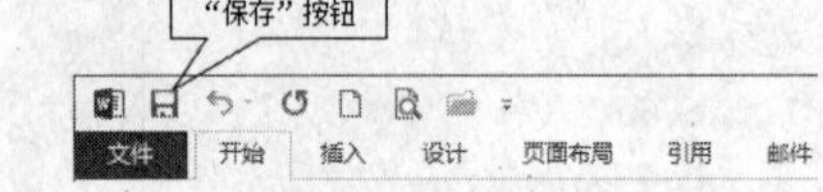

图 1.6 快速访问工具栏上的“保存”按钮

（2）自动保存文档

为了避免操作过程中由于掉电或操作不当造成文字丢失，可以使用 Word 2013 的自动保存功能，单击“文件”→“选项”命令，打开“Word 选项”对话框，选择左侧的“保存”选项。在右侧的“保存文档”选项组中，勾选“保存自动恢复信息时间间隔”复选框。然后在其右侧设置合理的自动保存时间间隔，如图 1.7 所示。

图 1.7 设置文档自动保存时间

步骤 2 设置页面

与用户用笔在纸上写字一样，利用 Word 进行文档编辑时，先要进行纸张大小、页边距、页面方向等页面设置的操作。

（1）设置纸张大小。单击“页面布局”→“页面设置”→“纸张大小”按钮，从下拉菜单中选择A4。

（2）设置页边距。单击“页面布局”→“页面设置”→“页边距”按钮，从下拉菜单中选择“自定义边距”，打开“页面设置”对话框，在“页边距”选项卡中根据要求设置页边距，并将纸张方向设为“纵向”，如图1.8所示，单击“确定”按钮。

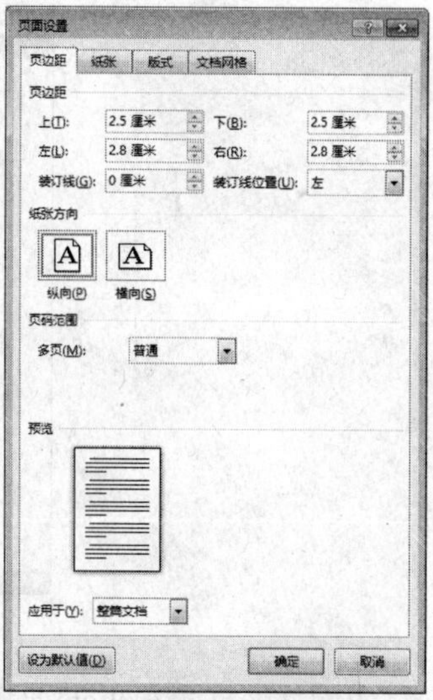

图1.8 设置页边距和纸张方向

设置页边距时，既可以单击页边距选项卡中的增减按钮调整页边距的值，也可以在设置页边距的文本框中直接输入所需的页边距的值。

步骤3 编辑文化活动方案

（1）单击任务栏上的“输入法”指示器按钮，根据需要和习惯选择不同的输入法。

（2）按照图1.9所示录入“文化活动方案”的内容。

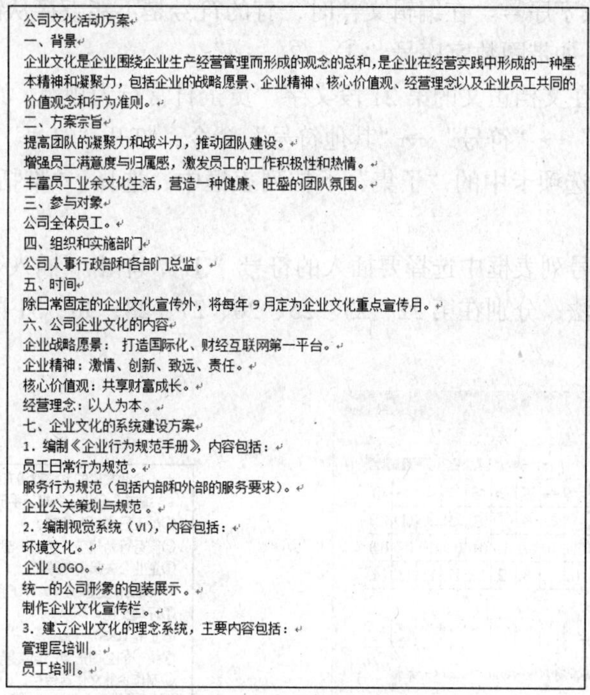

公司文化活动方案

一、背景

企业文化是企业围绕企业生产经营管理而形成的观念的总和，是企业在经营实践中形成的一种基本精神和凝聚力，包括企业的战略愿景、企业精神、核心价值观、经营理念以及企业员工共同的价值观念和行为准则。

二、方案宗旨

提高团队的凝聚力和战斗力，推动团队建设。

增强员工满意度与归属感，激发员工的工作积极性和热情。

丰富员工业余文化生活，营造一种健康、旺盛的团队氛围。

三、参与对象

公司全体员工。

四、组织和实施部门

公司人事行政部和各部门总监。

五、时间

除日常固定的企业文化宣传外，将每年9月定为企业文化重点宣传月。

六、公司企业文化的内容

企业战略愿景：打造国际化、财经互联网第一平台。

企业精神：激情、创新、致远、责任。

核心价值观：共享财富成长。

经营理念：以人为本。

七、企业文化的系统建设方案

1．编制《企业行为规范手册》内容包括：

员工日常行为规范。

服务行为规范（包括内部和外部的服务要求）。

企业公关策划与规范。

2．编制视觉系统（VI），内容包括：

环境文化。

企业LOGO。

统一的公司形象的包装展示。

制作企业文化宣传栏。

3．建立企业文化的理念系统，主要内容包括：

管理层培训。

员工培训。

图1.9 “文化活动方案”文档内容

新建一个Word文档后，一般Word的文档窗口是“页面视图”，如图1.10所示，这种视图是与打印相应纸张一致的视图，在其上进行编辑都是所见即所得的。

如果默认的不是页面视图，可单击“视图”→“文档视图”→“页面视图”来进行编辑。

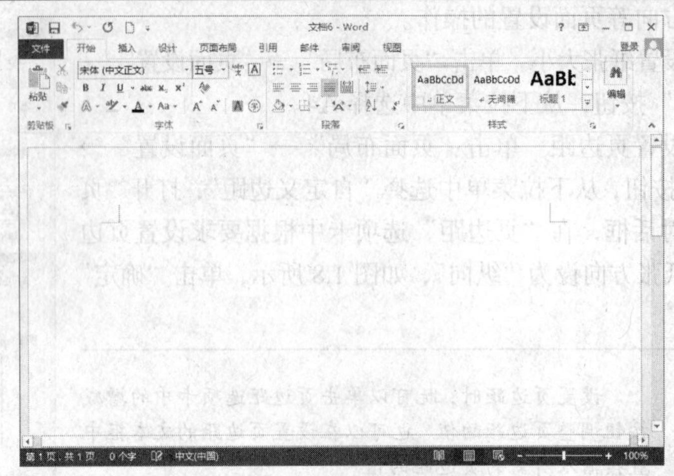

图 1.10　文档的“页面视图”

> 在 Word 中输入文本时，用户可以连续不断地输入文本，当到达页面的最右端时插入点会自动移到下一选择行首位置，这就是 Word 的“自动换行”功能。
>
> 一篇长的文档常常由多个自然段组成，可以通过按“Enter”键的方式来实现增加新的段落。段落标记是 Word 中的一种非打印字符，它能够在文档中显示，但不会被打印出来。

（3）插入带圈数字序号。在编辑文档时，有的符号是不能直接从键盘输入的，可以使用其他方法来插入，如带圈数字序号“①，②，…”。

① 将光标定位在文档正文的第 21 段文字“员工日常行为规范”之前。

② 选择“插入”→“符号”→“其他符号”命令，打开“符号”对话框。

③ 在“符号”选项卡中的“子集”下拉列表框中，选择“带括号的字母数字”，如图 1.11 所示。

④ 在下方的符号列表框中选择要插入的符号“①”，单击“插入”按钮。

⑤ 用类似的方法，分别在第 22、23、25、26、27、28、30、31 段之前插入图 1.12 所示的带圈数字序号。

图 1.11　“符号”对话框

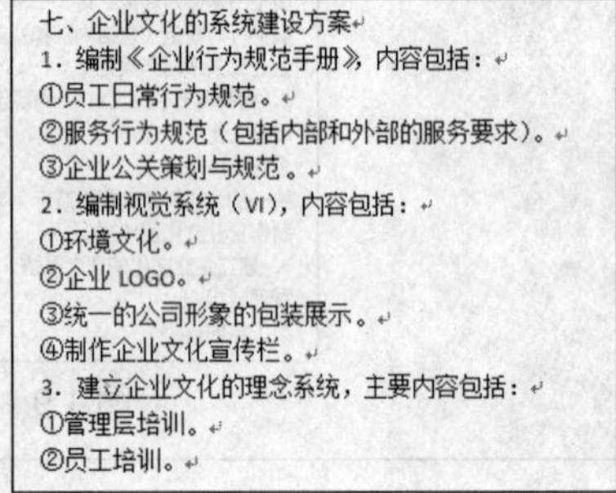
七、企业文化的系统建设方案↵
1. 编制《企业行为规范手册》，内容包括：↵
①员工日常行为规范。↵
②服务行为规范（包括内部和外部的服务要求）。↵
③企业公关策划与规范。↵
2. 编制视觉系统（VI），内容包括：↵
①环境文化。↵
②企业 LOGO。↵
③统一的公司形象的包装展示。↵
④制作企业文化宣传栏。↵
3. 建立企业文化的理念系统，主要内容包括：↵
①管理层培训。↵
②员工培训。↵

图 1.12　在文档中插入带圈数字序号

步骤 4　设置“文化活动方案”格式

文档编辑完成后，通过字体、段落、项目符号和编号、对齐等设置可对文档进行美化和修饰。

（1）设置标题格式

将标题的字体格式设置为宋体、二号、加粗、深蓝色；段落格式为居中、段前 0.5 行间距、段后 1 行间距，格式化的效果如图 1.13 所示。

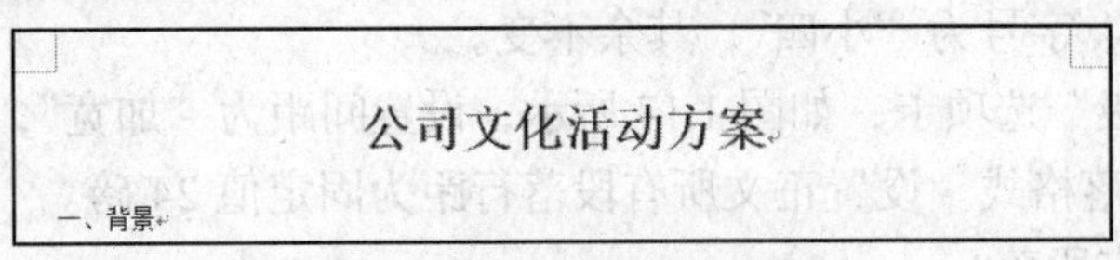

图 1.13　标题的格式化效果

① 选中标题文字“公司文化活动方案”。

② 单击“开始”选项卡，在“字体”和“段落”工具栏上选择相应的字体和对齐设置按钮，如图 1.14 所示。

图 1.14　“字体”和“段落”工具栏

活力小贴士

设置字体格式还可以采用如下操作。

① 单击“开始”→“字体”按钮，打开图 1.15 所示的“字体”对话框进行设置。

② 选中要设置的文本，Word 将自动弹出浮动的“快捷字体工具栏”，从“快捷字体工具栏”中单击相应的按钮进行设置。

③ 选中要设置的文本，单击鼠标右键，从快捷菜单中选择“字体”命令，再在“字体”对话框中进行设置。

③ 设置标题段落的间距。单击“开始”→“段落”按钮，打开“段落”对话框，设置段前间距为 0.5 行、段后间距 1 行，如图 1.16 所示。

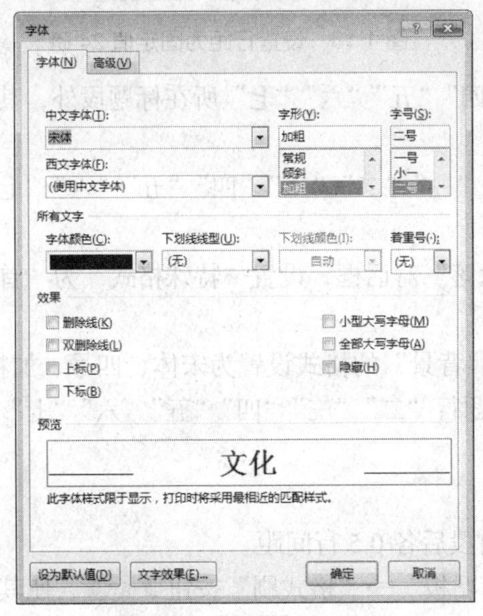

图 1.15　“字体”对话框

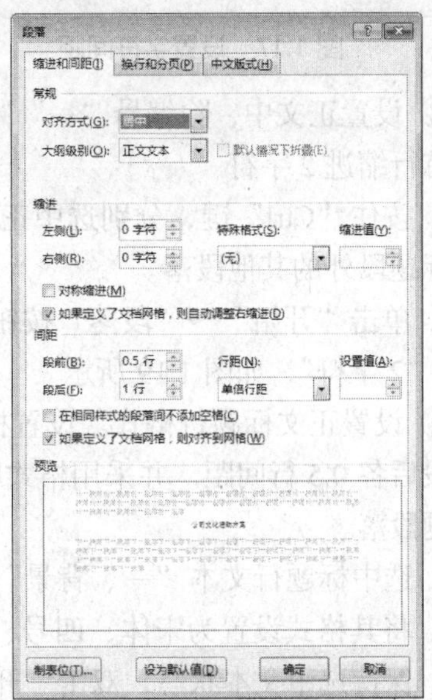

图 1.16　“段落”对话框

（2）设置正文格式

① 设置正文字体格式。设置正文所有字体为宋体、小四号，字符间距加宽 0.5 磅。

a. 选中正文所有字符。

b. 单击“开始”→“字体”按钮，打开“字体”对话框，在“字体”选项卡中，设置中文字体为“宋体”，字号为“小四”，其余不变。

c. 切换到“高级”选项卡，如图 1.17 所示，设置间距为“加宽”，磅值为 0.5 磅。

② 设置正文段落格式。设置正文所有段落行距为固定值 24 磅。

a. 选中正文所有段落。

b. 单击“开始”→“段落”按钮，打开“段落”对话框，设置行距为固定值 24 磅，如图 1.18 所示。

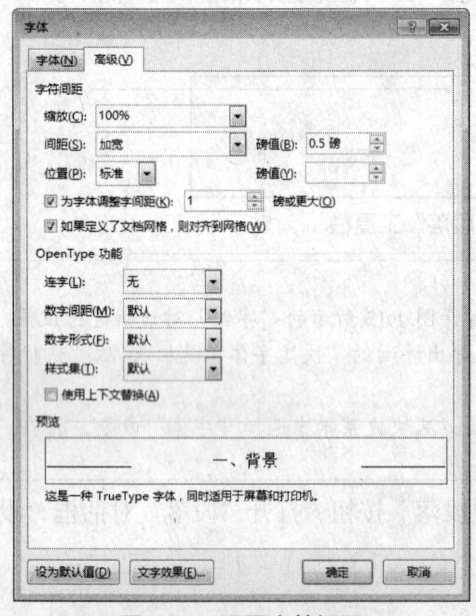

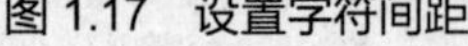

图 1.17 设置字符间距

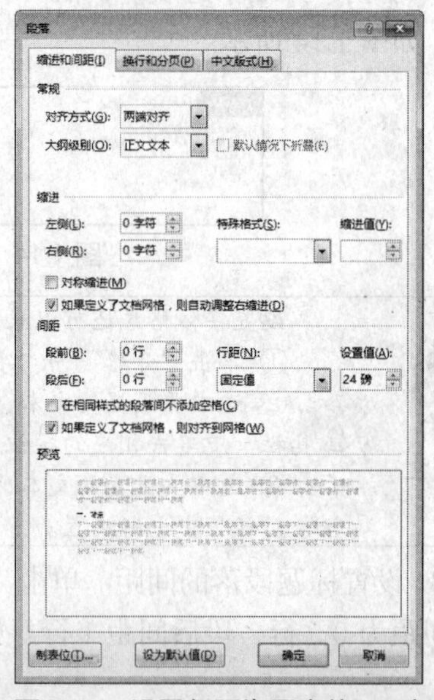

图 1.18 设置行距为固定值 24 磅

③ 设置正文中，除编号“一”“二”“三”“四”“五”“六”“七”所在标题段外，其他段落首行缩进 2 字符。

a. 按住“Ctrl”键，分别选中正文中除编号“一”“二”“三”“四”“五”“六”“七”所在标题段外的其他段落。

b. 单击“开始”→“段落”按钮，打开“段落”对话框，设置“特殊格式”为“首行缩进”“2 字符”，如图 1.19 所示。

④ 设置正文标题行格式。设置标题行“一、背景”的格式设置为宋体、四号、加粗、段前段后各 0.5 行间距。并采用格式刷复制到标题行“二”“三”“四”“五”“六”“七”所在标题段落。

a. 选中标题行文本“一、背景”。

b. 将其格式设置为宋体、四号、加粗、段前段后各 0.5 行间距。

c. 保持选中文本状态，双击“开始”→“剪贴板”→“格式刷”按钮 格式刷，使其呈选中状态，移动鼠标，此时鼠标指针变成了一把刷子，按住鼠标左键，刷过“二、方案宗旨”，这样“二、方案宗旨”的段落就具有了同“一、背景”一样的文本格式。

d. 用同样的方法继续刷过“三”“四”“五”“六”“七”所在标题段落。

e. 再次单击“格式刷”按钮取消格式刷功能，鼠标指针变回正常形状。设置后的标题段格式如图 1.20 所示。

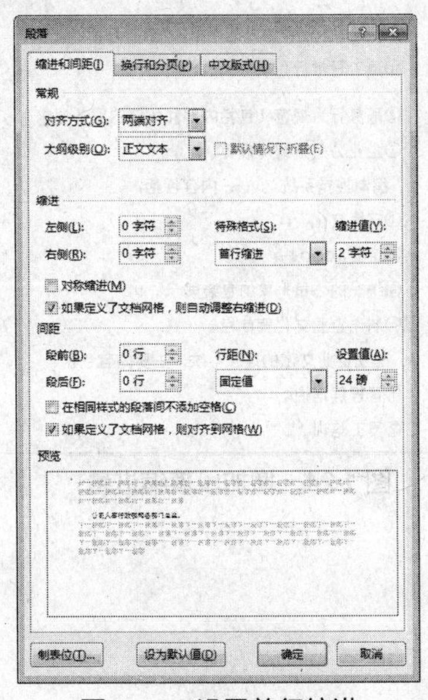

图 1.19 设置首行缩进

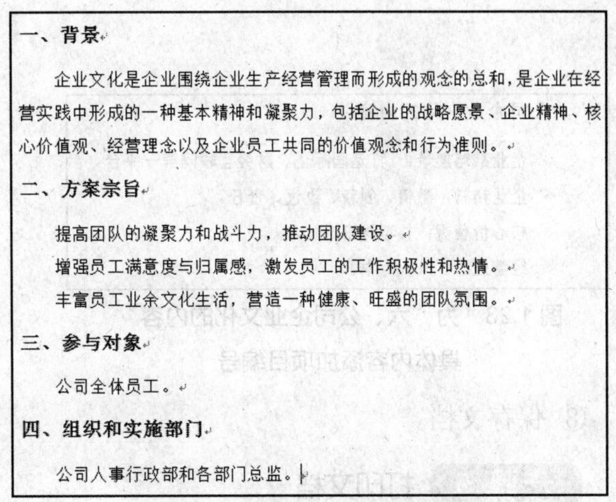

一、背景

企业文化是企业围绕企业生产经营管理而形成的观念的总和，是企业在经营实践中形成的一种基本精神和凝聚力，包括企业的战略愿景、企业精神、核心价值观、经营理念以及企业员工共同的价值观念和行为准则。

二、方案宗旨

提高团队的凝聚力和战斗力，推动团队建设。

增强员工满意度与归属感，激发员工的工作积极性和热情。

丰富员工业余文化生活，营造一种健康、旺盛的团队氛围。

三、参与对象

公司全体员工。

四、组织和实施部门

公司人事行政部和各部门总监。

图 1.20 设置格式后的标题段效果

⑤ 设置“二、方案宗旨”具体内容的格式。为“二、方案宗旨”具体内容部分添加项目符号，添加后的效果如图 1.21 所示。

a. 选中这部分的 3 个段落。

b. 单击“开始”→“段落”→“项目符号” 右侧的下拉按钮，打开“项目符号”列表，在“项目符号库”中，为选中的文本选择需要添加的项目符号，如图 1.22 所示。

二、方案宗旨

- ◆ 提高团队的凝聚力和战斗力，推动团队建设。
- ◆ 增强员工满意度与归属感，激发员工的工作积极性和热情。
- ◆ 丰富员工业余文化生活，营造一种健康、旺盛的团队氛围。

图 1.21 为“二、方案宗旨”具体内容添加项目编号

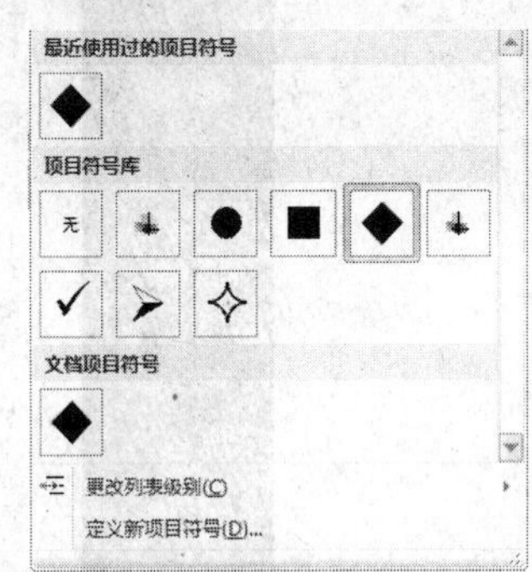

图 1.22 “项目符号”列表

⑥ 设置“六、公司企业文化的内容”下面具体内容的格式。参照“二、方案宗旨”具体内容的格式设置方法，为“六、公司企业文化的内容”的具体内容添加项目编号，效果如图 1.23 所示。

⑦ 为“七、企业文化的系统建设方案”下面含有带圈数字序号所在段落增加缩进量。

a. 分别选中含有带圈数字序号的各个段落。

b. 单击“开始”→“段落”→“增加缩进量”按钮，为添加了项目符号的段落增加缩进量。效果如图 1.24 所示。

六、公司企业文化的内容

✧ 企业战略愿景：打造国际化、财经互联网第一平台。

✧ 企业精神：激情、创新、致远、责任。

✧ 核心价值观：共享财富成长。

✧ 经营理念：以人为本。

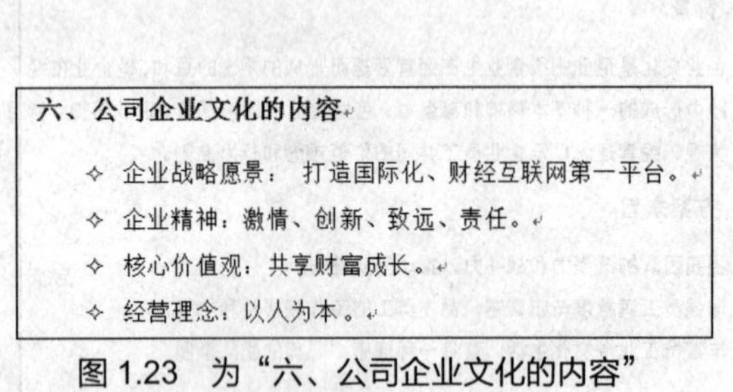

图 1.23　为“六、公司企业文化的内容”具体内容添加项目编号

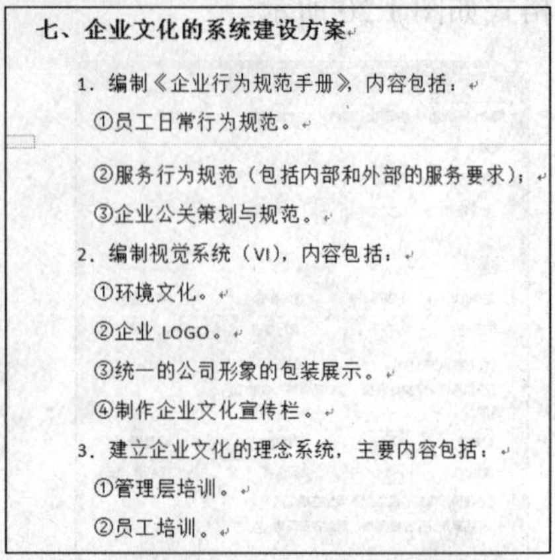

七、企业文化的系统建设方案

1. 编制《企业行为规范手册》，内容包括：

①员工日常行为规范。

②服务行为规范（包括内部和外部的服务要求）；

③企业公关策划与规范。

2. 编制视觉系统（VI），内容包括：

①环境文化。

②企业 LOGO。

③统一的公司形象的包装展示。

④制作企业文化宣传栏。

3. 建立企业文化的理念系统，主要内容包括：

①管理层培训。

②员工培训。

图 1.24　增加段落缩进量

⑧ 保存文档。

步骤 5　打印文档

文档编排完成后就可以准备打印了。打印前，一般先使用打印预览功能查看文档的整体编排，满意后再将其打印。

（1）单击“文件”→“打印”命令，显示图 1.25 所示的打印界面，在窗口的右侧可预览文档打印的效果。

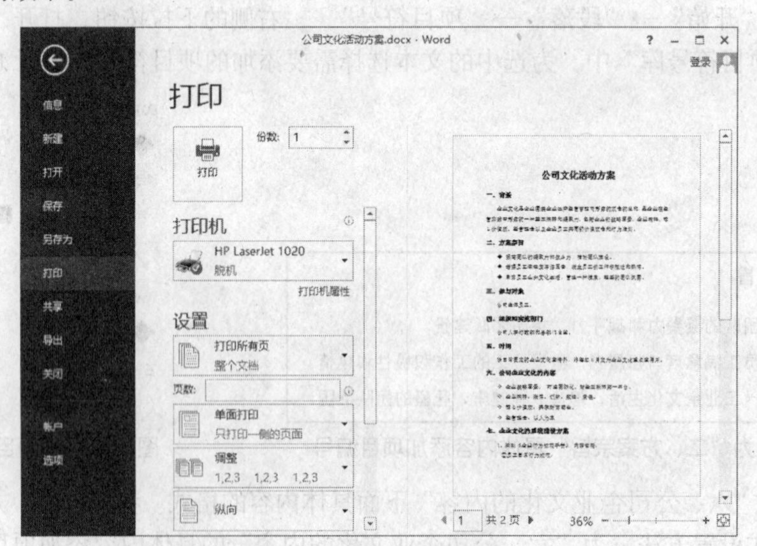

图 1.25　文档的打印界面

（2）预览完毕，如果对文档效果满意，可在中间的窗格中设置打印份数、打印机、打印范围等参数，然后单击“打印”按钮，对文档进行打印。

活力小贴士

在打印预览中，如果对文档效果不满意，还需修改，可单击“文件”菜单中的返回按钮 ⓔ，回到文档的编辑状态进行修改。

（3）关闭文档。完成后，单击“文件”→“保存”命令，或“Ctrl”+“S”组合键，再次确认保存文档或对文档所做的修改，然后关闭文档。

【拓展案例】

1．会议记录

会议记录是在比较重要的会议上，由专人当场把会议的基本情况记录下来的第一手书面材料。会议记录是会议文件和其他公文形成的基础。会议记录应包括如下内容：①会议名称要写明召开会议的机关或组织、会议的年度时间或届次、会议内容摘要等；②会议时间；③会议地点；④出席人；⑤列席人；⑥主持人；⑦记录人；⑧议项；⑨会议发言；⑩议决结果；⑪签名。会议记录效果如图 1.26 所示。

合资经营网络产品洽谈纪要

时间：2017 年 5 月 6 日
地点：科源有限公司办公楼二楼会议室
主持：总经理王成业
出席：国际信托投资公司（甲方）张林、林望城、姜洁蓝
　　　科源有限公司（乙方）王成业、李勇、米思亮
记录：柯娜

甲乙双方代表经过友好协商，对在中国成海市建立合资经营企业，生产网络产品均感兴趣，现将双方意向纪要如下。

一、甲、乙双方愿意共同投资，在成海市建立合资经营企业，生产网络产品，在中国境内外销售。

二、甲方拟以土地使用权、厂房、辅助设备和人民币等作为投资；乙方拟以外汇资金、先进的机械设备和技术作为投资。

三、甲、乙双方将进一步作好准备，提出合资经营企业的方案，在 1 个月内寄给对方进行研究。拟于 2013 年 6 月 5 日由甲、乙双方派代表在成海市进行洽谈，确定合资经营企业的初步方案，为进行可行性研究作好准备。

甲方：国际信托投资公司　　乙方：科源有限公司
代表签字：　　代表签字：

图 1.26　会议记录

2．公司年度工作总结

总结是对一定时期进行过的工作（实践活动）全面地回顾，对其进行再认识的书面材料。总结应包括如下内容：①标题；②正文：基本情况，取得的成绩（可以分条写），获得的经验，存在的问题；③今后方向（或意见）。效果如图 1.27 所示。

科源有限公司年度工作总结

2016 年是科源有限公司硕果累累的一年，公司班子和员工统一思想、转变观念，以高度的责任心和强烈的使命感，发扬创新、务实、奉献的精神扎扎实实地努力工作，使公司步入了规范化、制度化运营的轨道，各项业务得到了长足发展，取得了明显的效益。

一、建立健全规章制度，实行规范化管理

2016 年度公司领导把建立健全各项规章制度当作一项重要工作来抓，公司领导亲自抓落实，任何事情都按规章制度来办，并不断督促检查各项规章制度的落实情况。对按制度办事的给予表扬奖励，对不按制度办事的给予批评教育，对违反纪律的进行处罚。经过一段时间的严格整顿，公司员工的思想意识已从过去旧的管理模式，逐渐统一到有章可循，按章办事的思想上来。目前，公司上下政令畅通，人心稳定，员工精神面貌焕然一新，一种规范化、制度化管理的现代企业管理模式已在公司初显雏形。

二、较好地完成了今年的各项经济任务

根据年初各项工作任务指标，行政部、财务部、人力资源部、物流部、生产管理部等完成了全年的任务；截至 12 月底，公司各部完成的工作任务情况如下：

1．行政部完成全公司的各项行政管理工作；

2．财务部对全年全公司的财务收支和营销工作做好统筹和分配工作；

3．生产管理部完成全年 3000 万的产值，创利润 360 万元；

4．物流部完成全年 600 万的产值，创利润 56 万元；

5．人力资源部除完成了人事制度改革外，还大力引入技术型人才，进一步增强了我公司的生产、竞争实力。

三、公开向社会承诺，提高服务质量，树立了公司新形象

服务的好坏直接关系到公司的整体形象。公司成立后，为树立公司新形象，要求全体员工严格遵守服务标准，热情为客户服务。即工作时要着装整齐、挂牌上岗，待人接物要热情，要讲文明礼貌；不许与客户争吵，不许损坏用户的物品。为方便客户，星期六仍照常上班。

四、存在的困难和问题

1．公司员工素质参差不齐。

2．由于公司成立的时间较短，与社会各界的沟通、协调力度需要进一步加强。

科源有限公司
2016 年 12 月 28 日

图 1.27　公司年度工作总结

3. 公司年度宣传计划

利用 Word 2013 制作一份公司年度宣传计划，效果如图 1.28 所示。

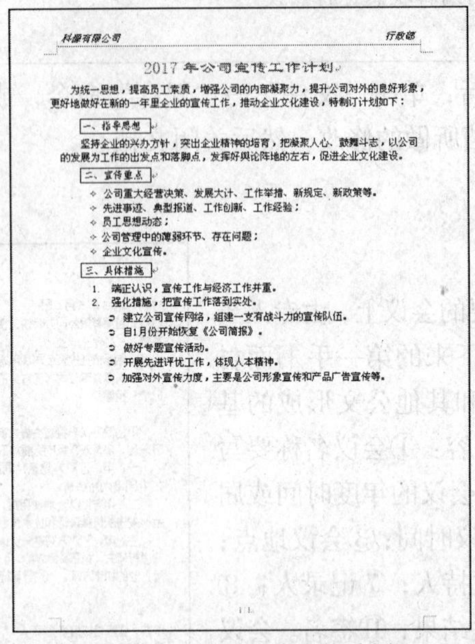

科源有限公司　　　　行政部

2017 年公司宣传工作计划

为统一思想，提高员工素质，增强公司的内部凝聚力，提升公司对外的良好形象，更好地做好在新的一年里企业的宣传工作，推动企业文化建设，特制订计划如下：

一、指导思想

坚持企业的兴办方针，突出企业精神的培育，把凝聚人心、鼓舞斗志，以公司的发展为工作的出发点和落脚点，发挥好舆论阵地的左右，促进企业文化建设。

二、宣传重点

- 公司重大经营决策、发展大计、工作举措、新规定、新政策等。
- 先进事迹、典型报道、工作创新、工作经验；
- 员工思想动态；
- 公司管理中的薄弱环节、存在问题；
- 企业文化宣传。

三、具体措施

1. 端正认识，宣传工作与经济工作并重。
2. 强化措施，把宣传工作落到实处。
   - 建立公司宣传网络，组建一支有战斗力的宣传队伍。
   - 自1月份开始恢复《公司简报》。
   - 做好专题宣传活动。
   - 开展先进评优工作，体现人本精神。
   - 加强对外宣传力度，主要是公司形象宣传和产品广告宣传等。

图 1.28　公司年度宣传计划

【拓展训练】

简报是由组织（企业）内部编发的用来反映情况、沟通信息、交流经验、促进了解的书面报道。简报有一定的发送范围，起着“报告”的作用。简报应包括如下内容：①报头：简报名称、期数、编写单位、日期；②正文：标题、前言、主要内容、结尾；③报尾：抄报抄送单位、发送范围、印数等；④简报后可有附件。

完成后的简报效果，如图 1.29 所示。

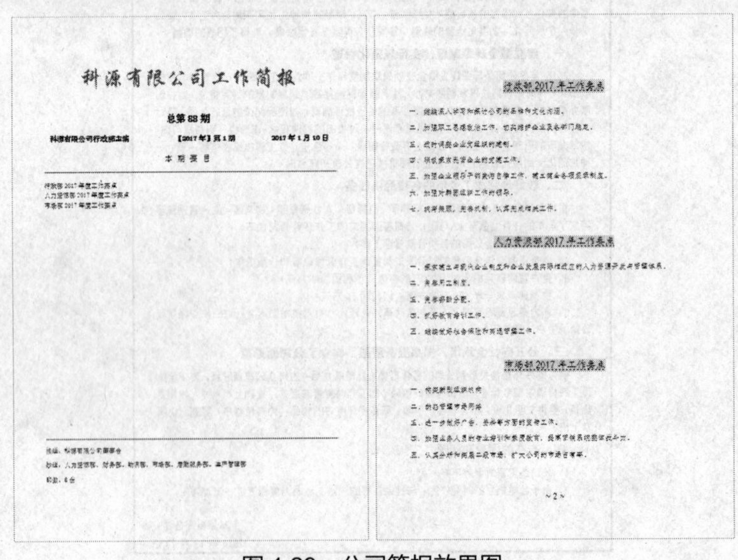

科源有限公司工作简报

总第 88 期

科源有限公司行政部主编　　【2017 年】第 1 期　　2017 年 1 月 10 日

本期要目

~2~

图 1.29　公司简报效果图

其操作步骤如下。

（1）新建并保存文档

① 启动 Word 2013 程序，新建空白文档。

② 以“公司简报-88 期”为名保存至“E:\公司文档\行政部”文件夹中。

（2）设置简报页面

① 设置页面大小和方向。将页面纸张大小设置为 A4 大小、纸张方向为纵向。

② 设置页边距分别为：上 2.5 厘米、下 2.3 厘米、左 2 厘米、右 2 厘米。

（3）编辑简报

① 录入图 1.30 所示的简报文字。

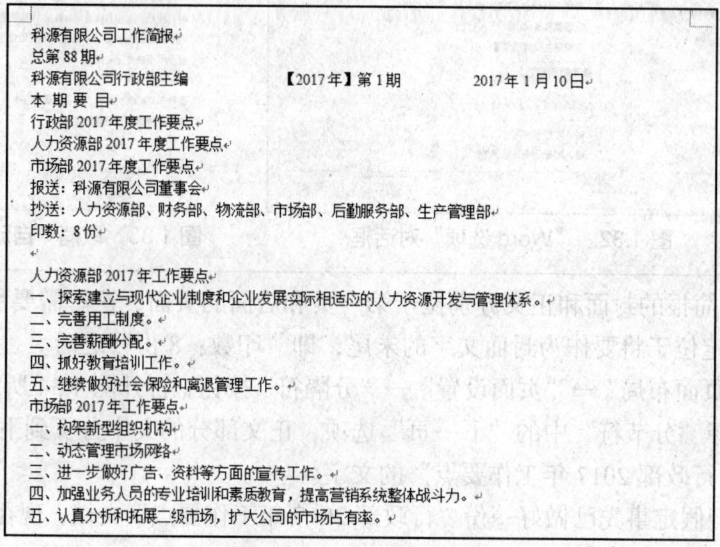
科源有限公司工作简报
总第 88 期
科源有限公司行政部主编 【2017 年】第 1 期 2017 年 1 月 10 日
本 期 要 目
行政部 2017 年度工作要点
人力资源部 2017 年度工作要点
市场部 2017 年度工作要点
报送：科源有限公司董事会
抄送：人力资源部、财务部、物流部、市场部、后勤服务部、生产管理部
印数：8 份

人力资源部 2017 年工作要点
一、探索建立与现代企业制度和企业发展实际相适应的人力资源开发与管理体系。
二、完善用工制度。
三、完善薪酬分配。
四、抓好教育培训工作。
五、继续做好社会保险和离退管理工作。
市场部 2017 年工作要点
一、构架新型组织机构
二、动态管理市场网络
三、进一步做好广告、资料等方面的宣传工作。
四、加强业务人员的专业培训和素质教育，提高营销系统整体战斗力。
五、认真分析和拓展二级市场，扩大公司的市场占有率。

图 1.30 工作简报内容

① 在录入有顺序的编号段落时，Word 2013 办公软件通常会自动识别为自动编号，故进入下一段时，会自动延续这样编号风格，并自动增加数值，如图 1.31 所示。

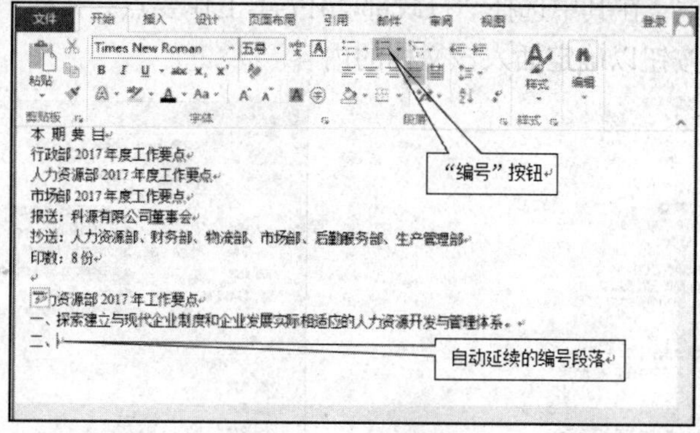

图 1.31 自动编号

② 如果在编辑文档过程中不需要自动编号，可以单击取消“段落”工具栏中的“编号”按钮，或单击“文件”→“选项”命令，打开图 1.32 所示的“Word 选项”对话框，再选择“校对”选项，然后单击“自动更正选项”按钮，打开“自动更正”对话框，切换

到图 1.33 所示的“键入时自动套用格式”选项卡，在“键入时自动应用”栏中取消“自动编号列表”复选框后，单击“确定”按钮。

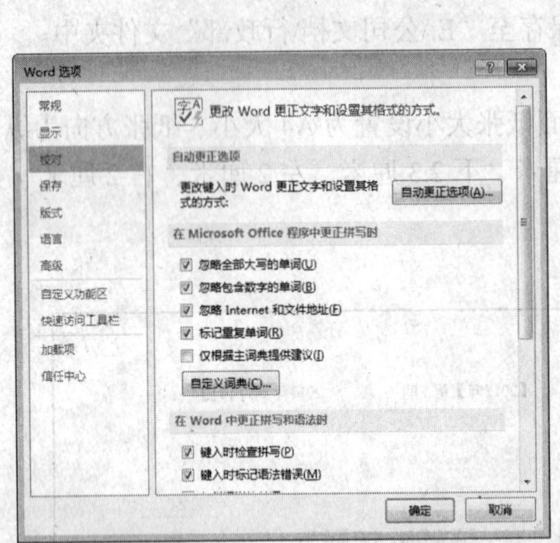

图 1.32　“Word 选项”对话框

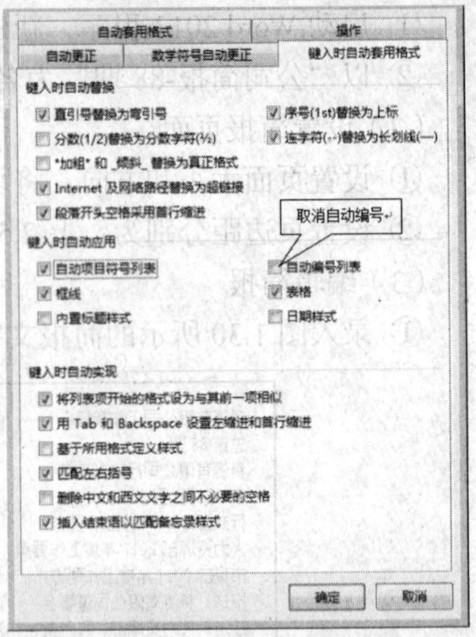

图 1.33　取消“自动编号列表”

② 分页。简报的封面和正文分别位于第一页和后面的页面，这里需要手工分页操作。

a. 将光标定位于将要作为封面文字的末尾，即“印数：8 份”之后。

b. 单击“页面布局”→“页面设置”→“分隔符”按钮，打开图 1.34 所示的“分隔符”下拉菜单。选择“分节符”中的“下一页”选项，正文部分的文字分页到下一个页面。

③ 插入“行政部 2017 年工作要点”的文字。

这里，我们假定事先已做好一份“行政部 2017 年工作要点”文档，现在只需将做好的文件插入到当前文档中。

a. 将光标置于需要添加行政部内容的插入点（第二页的首行位置）。

b. 单击“插入”→“文本”→“对象”→“文件中的文字”，打开图 1.35 所示的“插入文件”对话框，在其中选择“行政部 2017 年工作要点”文档，双击该文档或单击对话框中的“插入”按钮以确定插入该文档的内容。

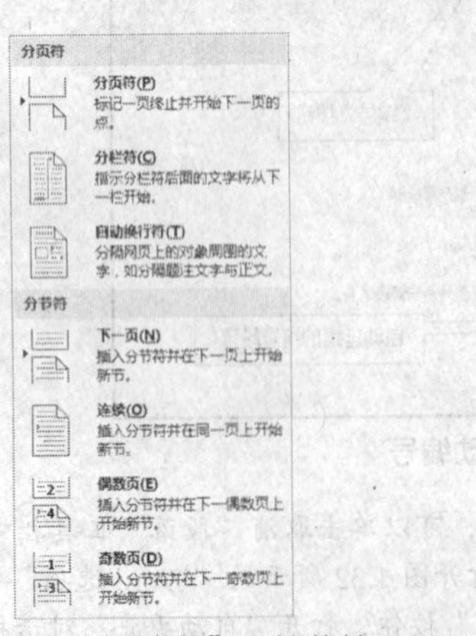

图 1.34　“分隔符”下拉菜单

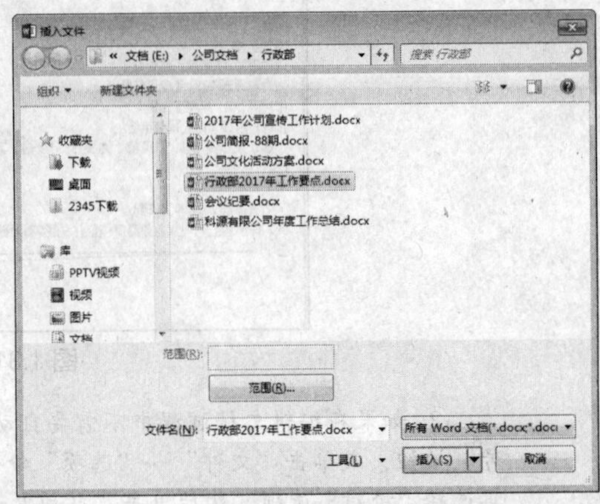

图 1.35　在“插入文件”对话框中选择需要插入的文档

c. 插入后的文档如图 1.36 所示。

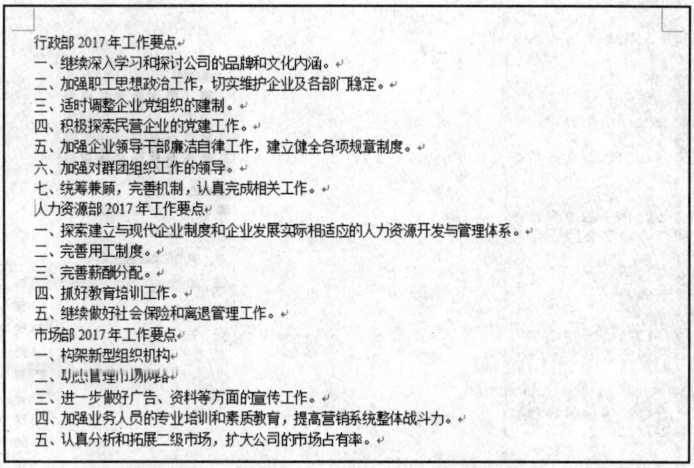

行政部 2017 年工作要点
一、继续深入学习和探讨公司的品牌和文化内涵。
二、加强职工思想政治工作，切实维护企业及各部门稳定。
三、适时调整企业党组织的建制。
四、积极探索民营企业的党建工作。
五、加强企业领导干部廉洁自律工作，建立健全各项规章制度。
六、加强对群团组织工作的领导。
七、统筹兼顾，完善机制，认真完成相关工作。
人力资源部 2017 年工作要点
一、探索建立与现代企业制度和企业发展实际相适应的人力资源开发与管理体系。
二、完善用工制度。
三、完善薪酬分配。
四、抓好教育培训工作。
五、继续做好社会保险和离退管理工作。
市场部 2017 年工作要点
一、构架新型组织机构
二、切实管理市场网络
三、进一步做好广告、资料等方面的宣传工作。
四、加强业务人员的专业培训和素质教育，提高营销系统整体战斗力。
五、认真分析和拓展二级市场，扩大公司的市场占有率。

图 1.36　插入文档后的效果

（4）制作简报封面

① 设置简报标题格式。将简报标题字体设为华文行楷、小初、红色；居中，段后间距 1 行。

② 设置简报总期数格式。将简报总期数“总第 58 期”设为宋体、三号，加粗、居中。

③ 设置编写单位、期数和编写日期格式。将编写单位、期数和编写日期设为宋体、小四号、加粗、居中，段前段后的间距均为 0.5 行。

④ 设置“本期要目”文字格式为为宋体、四号、居中、段后间距 20 磅。

⑤ 设置简报报尾格式。

a. 在简报报尾文字前面插入适当的回车键，使简报的报尾靠近页面底端。

b. 将报尾的 3 行文字设为宋体、五号，1.5 倍行距。

（5）绘制简报中报头和报尾的分隔线

① 利用 Word 提供的“形状”工具在“本期要目”一行的下方绘制一条实线。

② 单击“插入”→“插图”→“形状”按钮，打开图 1.37 所示的形状下拉菜单，从“线条”中选择“直线”后，在“本期要目”一行的下方绘制出一条水平直线。

③ 选中绘制的直线，单击“绘图工具”→“格式”→“形状样式”→“形状轮廓”，打开图 1.38 所示的下拉菜单，从“粗细”选项中选择“1.5 磅”，将直线的粗细设置为 1.5 磅，再将该直线颜色设置为红色。

活力小贴士

在绘制线条时，Word 2013 办公软件会自动弹出一个画布，绘制图形时，可将图形绘制在画布中，也可将图形直接绘制在文档中。若想取消绘图“画布”，可单击“文件”→“选项”命令，打开“Word 选项”对话框，选择“高级”选项，再取消勾选“插入‘自选图形’时自动创建绘图画布”复选框。

④ 选中该直线，复制一条直线后移动至简报报尾的上方，如图 1.39 所示。

⑤ 预览一下封面的排版效果，如图 1.40 所示，如果各处不是十分合理，则可做一些调整以便最终的页面美观。完成后单击“文件”菜单中的返回按钮，返回到页面视图。

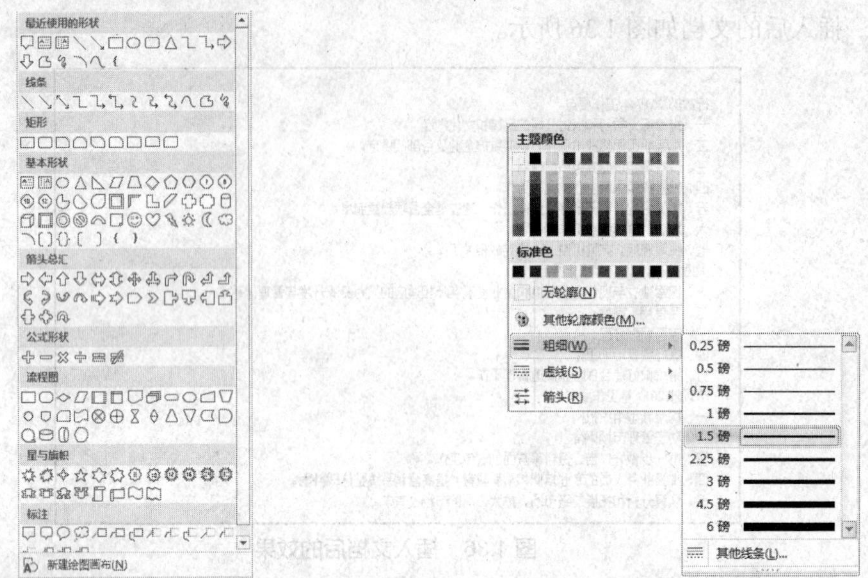

图 1.37　“形状”下拉菜单　　　　图 1.38　设置线条粗细为 1.5 磅

图 1.39　复制并移动到报尾上方的直线

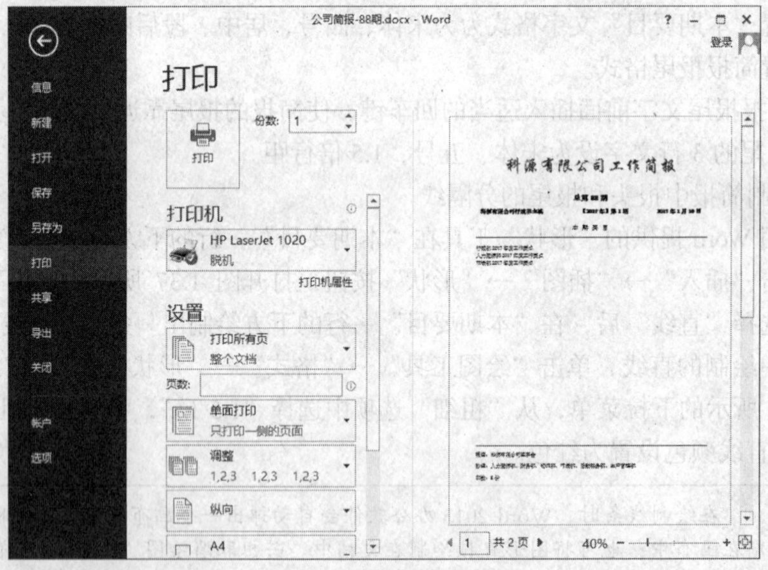

图 1.40　预览封面的效果

（6）美化修饰简报正文

① 设置 3 个正文标题的格式

a. 设置字体格式。按住“Ctrl”键，使用鼠标选中 3 个正文的标题文字“行政部 2017 年工作要点”“人力资源部 2017 年工作要点”和“市场部 2017 年工作要点”，设置字体为楷体、三号，然后单击“开始”→“字体”→“下划线”右侧的下拉按钮，从列表中选择“点式下划线”为文字添加下划线；再单击“字符底纹”按钮为文字添加字符底纹。

b. 单击“开始”→“段落”按钮，打开“段落”对话框，设置间距为段前 1.8 行、段后 0.5 行，行距为 1.5 倍、对齐方式为居中。设置完成后可看到工具栏上的相应按钮均为凹陷状态，如图 1.41 所示。

在设置距离、粗细等使用磅值或数字的单位的具体值时，既可以通过微调按钮实现上调下调，也可以自行输入设置的数值，如上述的“1.8 行”段前间距。

⑵ 设置正文其他文字格式

a. 选中正文其他文字。

b. 设置字体为仿宋，12 磅，并单击“开始”→“字体”→“字体颜色”右侧的下拉按钮，打开图 1.42 所示的字体颜色面板，从“标准色”中选择“深蓝”色；再单击“开始”→“段落”按钮，打开“段落”对话框，设置行距为“固定值”26 磅，设置好的效果如图 1.43 所示。

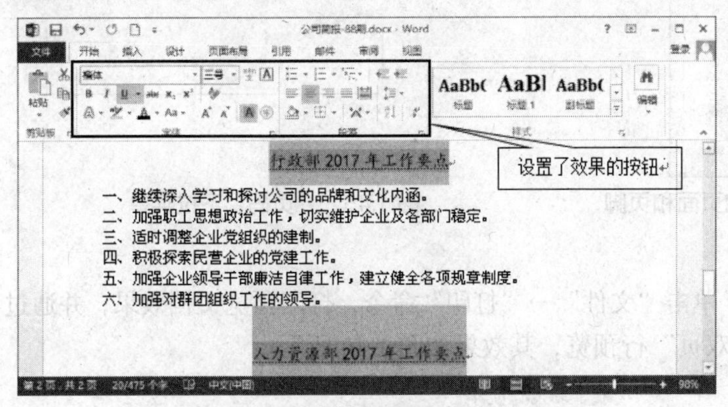

图 1.41 正文标题设置好后的效果

图 1.42 “字体颜色”面板

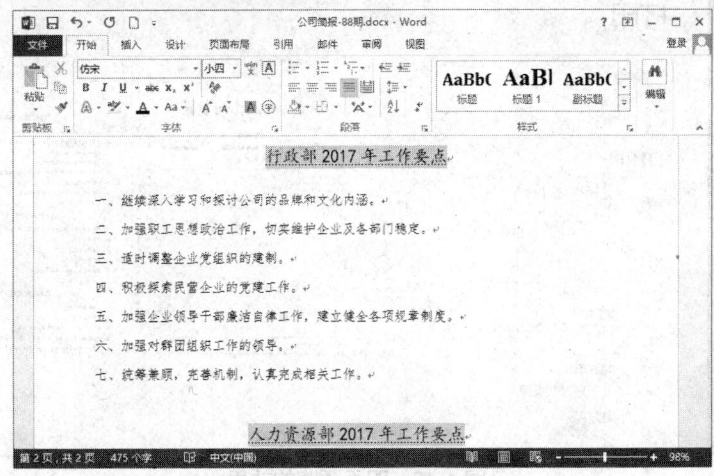

图 1.43 正文文字设置好的效果

（7）添加页码

① 单击“页面布局”→“页面设置”按钮，打开“页面设置”对话框，切换到“版式”选项卡，在“页眉和页脚”栏中选择“首页不同”的复选框，如图 1.44 所示。

② 将光标位于正文文字（即非首页）任意处，单击“插入”→“页码”按钮，打开“页码”下拉菜单，选择页码位置为“页面底端”，再从级联菜单中选择页码样式为“颚化符”，如图 1.45 所示。

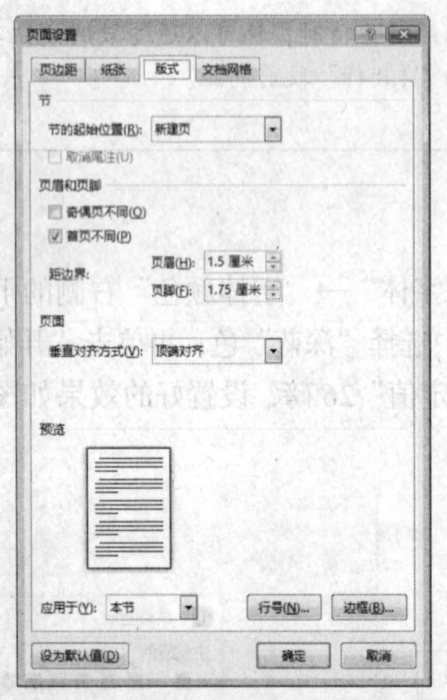

图 1.44 设置文档“首页不同”的页面和页脚

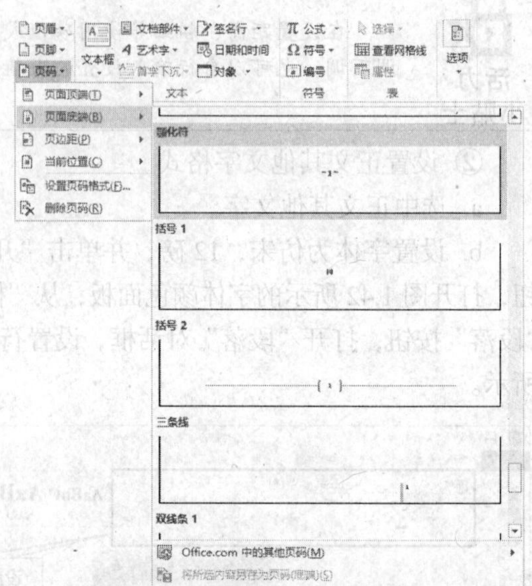

图 1.45 “页码”下拉菜单

（8）预览整体效果

① 完成所有美化修饰后，单击“文件”→“打印”命令，打印预览文档效果，并通过调整右下角的显示比例进行“双页”行预览，其效果如图 1.46 所示。

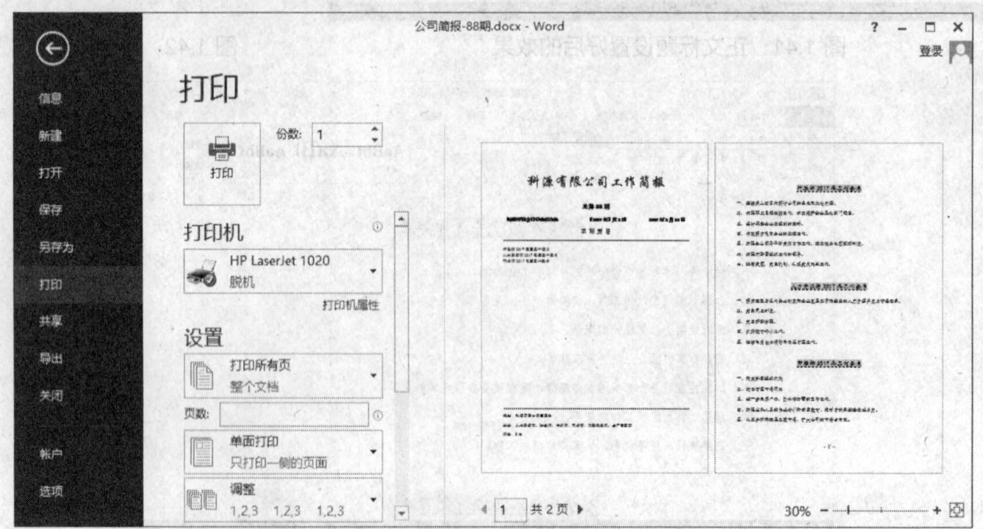

图 1.46 双页预览的效果

② 所有工作完成后，可保存文档并关闭窗口。

【案例小结】

通过本案例的学习，读者将学会利用 Word 文档的创建、保存、页面设置、文档的录入、编辑等操作，对文档中字符的字体、颜色、大小以及字形的设置，段落的缩进、间距和行距进行设置，以及利用项目符号和编号对段落进行相关的美化和修饰，学会对页面的页眉和页脚等进行相应的设置，以及打印机预览和打印文档等行政部门工作中常用的操作。

学习总结

本案例所用软件	
案例中包含的知识和技能	
你已熟知或掌握的知识和技能	
你认为还有哪些知识或技能需要进行强化	
案例中可使用的 Office 技巧	
学习本案例之后的体会	

1.2 案例 2 制作公司会议记录表

示例文件	原始文件：示例文件\素材\行政篇\案例 2\公司会议记录表.docx 效果文件：示例文件\效果\行政篇\案例 2\公司会议记录表.docx

【案例分析】

公司的行政管理中，经常会有一些大大小小的会议，如通过会议来进行某项工作的分配、某个文件精神的传达或某个议题的讨论等，这就需要制作会议记录表来记录会议的主题、会议时间、主要内容、形成的决定等。本案例将利用 Word 来为公司制作一份会议记录表，案例主要涉及的知识点是表格的创建、表格内容的编辑、表格格式的设置，制作好的会议记录表如图 1.47 所示。

公司会议记录表

会议主题			会议地点		
会议时间		主持人		记录人	
参会人员					
会议内容					
反映的问题		解决方案		执行部门	执行时间
备注					

图 1.47 “会议记录表”效果

【知识与技能】

- 创建和保存文档
- 插入表格
- 合并/拆分单元格
- 设置表格文本格式
- 调整表格行高和列宽
- 设置表格边框和底纹

【解决方案】

步骤 1 新建并保存文档

（1）启动 Word 2013 程序，新建空白文档“文档 1”。

（2）将创建的新文档以“公司会议记录表”为名，保存到“E:\公司文档\行政部\”文件夹中。

步骤 2 输入表格标题

（1）在文档开始位置输入表格标题文字“公司会议记录表”。

（2）按“Enter”键换行。

步骤 3 创建表格

（1）单击“插入”→“表格”按钮，打开图 1.48 所示的“表格”下拉菜单，选择“插入表格”命令，打开图 1.49 所示的“插入表格”对话框。

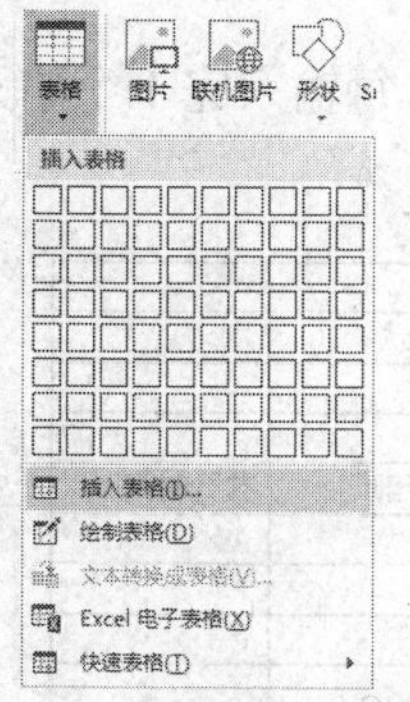

图 1.48 “表格”下拉菜单

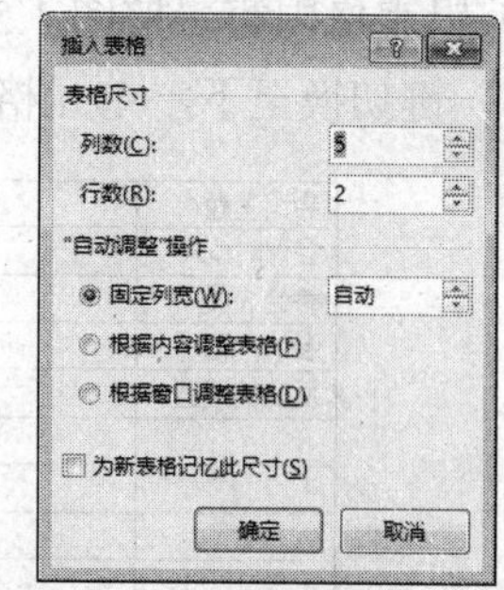

图 1.49 “插入表格”对话框

（2）通过观察图 1.47 所示的“公司会议记录表”可知，我们需要创建 1 个 10 行 6 列的表格，所以在对话框中分别输入要创建的表格列数为“6”，行数为“10”。

（3）单击“确定”按钮，出现图 1.50 所示的表格。

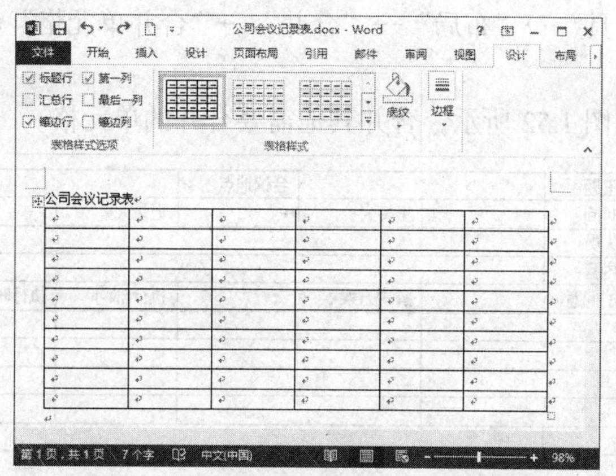

图 1.50 创建了 1 个 10 行 6 列的表格

活力小贴士

自动创建的表格，会以纸张的正文部分，即左右边距之间的宽度，平均分成表格列数的宽度作为列宽，以 1 行当前文字的高度作为行高绘制表格。

创建表格的常用方法如下。

（1）使用“插入表格”对话框插入表格。单击“插入”→“表格”按钮，打开“表格”下拉菜单，选择“插入表格”命令，打开“插入表格”对话框，在其中输入表格的列数和行数。

（2）快速插入表格。单击“插入”→“表格”按钮，打开“表格”下拉菜单，在“插入表格”区域中，用鼠标拖动选取核实数量的列数和行数，即可在指定的位置上插入表格。选中的单元格将以橙色显示，并在名称区域中显示“列数×行数”表格的信息。

（3）使用内置样式插入表格。单击“插入”→“表格”按钮，打开“表格”下拉菜单，选择“快速表格”命令，打开级联菜单，可以从中选择一种内置样式的表格。

（4）绘制表格。单击“插入”→“表格”按钮，打开“表格”下拉菜单，选择“绘制表格”命令，此时鼠标指针变成铅笔形状，按住鼠标左键不放在 Word 文档中绘制出表格边框，然后在适当的位置绘制行和列。绘制完毕后，按下键盘上的“Esc”键，或者单击“表格工具”→“设计”→“绘图边框”→“绘制表格”按钮，结束表格绘制状态。

对于初学者，推荐使用前两种比较标准的创建方法。

步骤 4 编辑表格

（1）编辑表格内容。按图 1.51 所示输入表格的内容，每输入完 1 个单元格中的内容，可按“Tab”键切换至下一单元格继续输入。

会议主题↵	↵	↵	会议地点↵	↵	↵
会议时间↵	↵	主持人↵	↵	记录人↵	↵
参会人员↵	↵	↵	↵	↵	↵
会议内容↵	↵	↵	↵	↵	↵
反映的问题↵	↵	解决方案↵	↵	执行部门↵	执行时间↵
↵	↵	↵	↵	↵	↵
↵	↵	↵	↵	↵	↵
↵	↵	↵	↵	↵	↵
↵	↵	↵	↵	↵	↵
备注↵	↵	↵	↵	↵	↵

图 1.51 “公司会议记录表”内容

（2）合并单元格。

① 选中表格第 1 行的第 2 和第 3 单元格。

② 单击“表格工具”→“布局”→“合并”→“合并单元格”命令，将选定的单元格合并为一个单元格。

③ 类似地，参照图 1.52 所示，合并其他需要合并的单元格。

会议主题↵	↵		会议地点↵	↵	
会议时间↵	↵	主持人↵	↵	记录人↵	↵
参会人员↵	↵				
会议内容↵	↵				
反映的问题↵		解决方案↵		执行部门↵	执行时间↵
↵		↵		↵	↵
↵		↵		↵	↵
↵		↵		↵	↵
↵		↵		↵	↵
备注↵	↵				

图 1.52 编辑后的“公司会议记录表”

（3）保存文件。

活力小贴士

合并单元格的操作也可选中要合并的单元格，单击鼠标右键，从快捷菜单中选择“合并单元格”命令。

步骤 5 美化表格

（1）设置表格标题格式。将表格标题文字的格式设置为：黑体、二号、居中、段后间距 1 行。

① 选中标题文字“公司会议记录表”。

② 利用“开始”→“字体”工具栏上的按钮，将字体设置为“黑体”、字号设置为“二号”。

③ 利用“开始”→“段落”工具栏上的按钮，将段落的对齐方式设置为“居中”。

④ 利用“段落”对话框，将其段后间距设置为 1 行。

（2）设置表格内文本的格式。

① 选中整张表格。将鼠标指针移到表格上时，表格左上角将出现“⊞”符号，单击该符号，可选中整张表格。

② 利用“开始”→“字体”工具栏上的按钮，将字体设置为“宋体”、字号设置为“小四”。

③ 将表格中已输入内容的单元格的对齐方式设置为“水平居中”（空白单元格除外）。

活力小贴士

“段落”工具栏上的段落对齐按钮只是设置了文字在水平方向上的左、中或右对齐，而在表格中，既要考虑文字水平方向的对齐，又要考虑在垂直方向的对齐，所以这里使用了单元格中的 9 种水平方向和垂直方向结合的对齐方式之一“水平居中”，使得单元格中的内容处于单元格的正中。

（3）设置表格行高。

① 使用“表格属性”对话框调整行高。

将表格第 1、2、5 行的行高设置为 0.8 厘米，第 3、6、7、8、9、10 行的行高设置为 2 厘米。

a. 选中表格第 1、2、5 行。

b. 单击“表格工具”→“布局”→“表”→“属性”按钮，打开“表格属性”对话框。

c. 切换到“行”选项卡，设置表格的行高，选择“指定行高”复选框，指定高度为 0.8 厘米，如图 1.53 所示，单击“确定”按钮。

d. 类似地，选中表格第 3、6、7、8、9、10 行，将行高设置为 2 厘米。

② 使用鼠标指针调整第 4 行的行高。

将鼠标指针指向“会议内容”一行的下框线，鼠标指针变为“÷”状态时，按住鼠标左键向下拖动，增加“会议内容”一行的行高。

设置表格行高后的表格效果如图 1.54 所示。

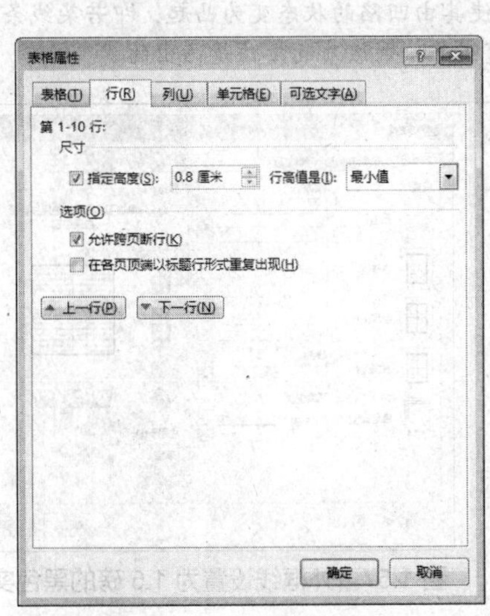

图 1.53 设置表格行高

会议主题			会议地点		
会议时间		主持人		记录人	
参会人员					
会议内容					
反映的问题		解决方案		执行部门	执行时间
备注					

图 1.54 设置表格行高后的表格

活力
小贴士

调整表格列宽的方法类似于行高，可使用“表格属性”对话框的“列”选项卡设置选定列的列宽，也可使用鼠标指针调整选定列的列宽。在调整的过程中，如不想影响其他列宽度的变化，可在拖曳时按住键盘上的“Shift”键；若想实现微调，可在拖曳时按住键盘上的“Alt”键。

（4）设置表格的边框样式。

将表格内边框线条设置为 0.75 磅，外框线为 1.5 磅的黑色实线。

① 选中整张表格。

② 单击“表格工具”→“设计”→“表格样式”→“边框”按钮，打开“边框和底纹”对话框。

③ 切换到“边框”选项卡，设置为“全部”框线，线型为“实线”，宽度为“0.75 磅”，可以在右侧的“预览”框中看到效果，如图 1.55 所示。

④ 单击右侧的“预览”中外框线处，将细实线的外框线取消掉，如图 1.56 所示。

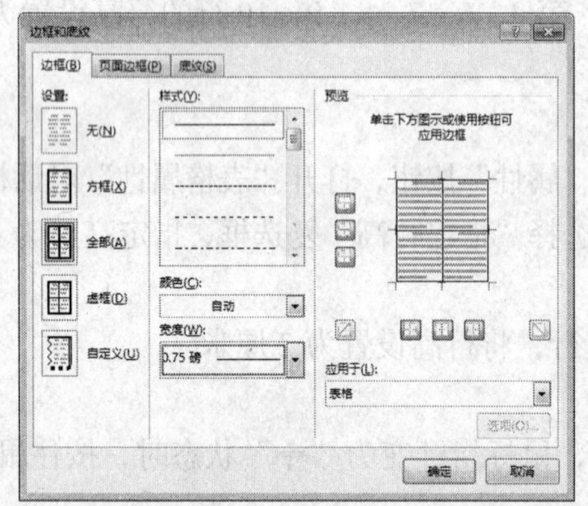

图 1.55　设置全部框线为 0.75 磅的黑色实线

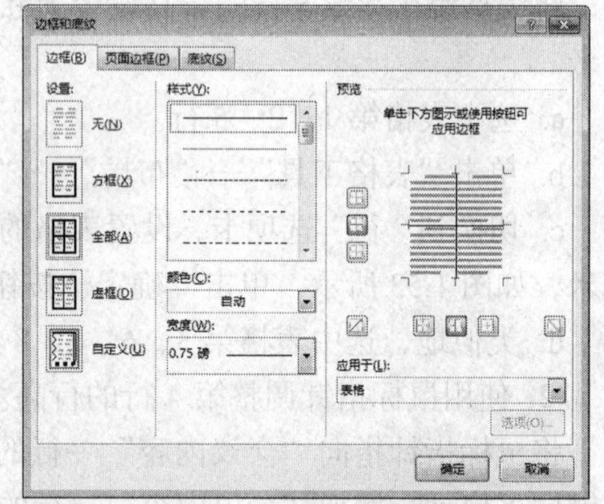

图 1.56　取消表格外框线

活力
小贴士

取消某处的线条，也可以单击预览表格效果图的外围的各处框线按钮。如实现上步中的效果，也可以单击□、□、□和□按钮，使其由凹陷的状态变为凸起，即若某线条在表格中显现，该按钮就是凹陷的；若某处没有线条，则该处的按钮是凸出的。

⑤ 选择宽度是 1.5 磅的实线，再单击表格的外框线处或外框线对应的□、□、□、□按钮，使外框线应用 1.5 磅的黑色实线，如图 1.57 所示，单击“确定”按钮。

（5）保存文档。

【拓展案例】

1. 制作文件传阅单，如样式表 1.1 所示。

文件传阅分为分传、集中传阅、专传和设立阅文室。分传是按照一定的顺序，分别将文件传送有关领导人批阅；集中传阅是利用机关领导集中学习

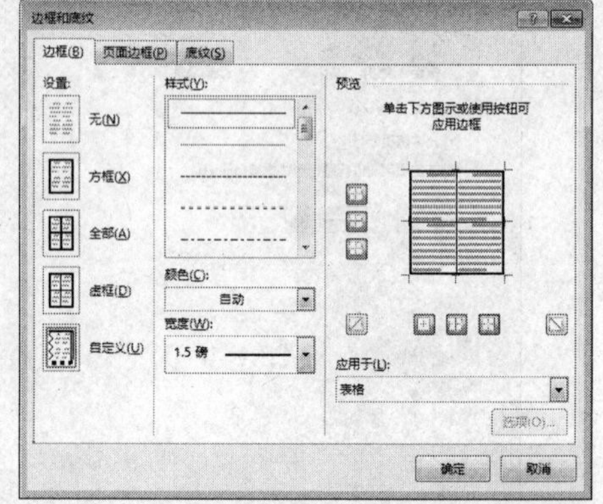

图 1.57　外框线设置为 1.5 磅的黑色实线

或开会的机会，将紧急而又简短的传阅件集中传阅；专传是专人传送给领导人审批的过程；设立阅文室是由秘书工作人员管理，阅文人到阅文室阅读文件，文件传阅单是文件在传递过程中的记录单。

样式表 1.1

来文单位		收文时间		文号		份数	
文件标题							
传阅时间	领导姓名	阅文时间		领导阅文批示			
备注							

2. 制作收文登记表，如样式表 1.2 所示。

收文登记是行政部门日常工作中非常重要的一个环节，在收到的公文启封后，由收发人员记载收文日期、来文机关、来文字号、文件标题、密级等信息。

样式表 1.2

收文日期		来文机关	来文原号	秘密性质	件数	文件标题或事由	编号	处理情况	归档号	备注
月	日									
收文机关:						收文人员签字:				

【拓展训练】

发文是机关或企事业单位行政部门工作中非常重要的一个环节，发文单用于机关、企事业单位拟发文件作记载用。该案例主要涉及的知识点是表格的创建、表格格式的设置以及表格内容的录入和内容格式设置，制作好的发文单如图 1.58 所示。

其操作步骤如下。

（1）启动 Word 2013，新建一份空白文档。

（2）将创建的新文档以“科源公司发文单”为名，以“Word 模板”类型保存到“E:\公司文档\行政部”文件夹中，如图 1.59 所示。

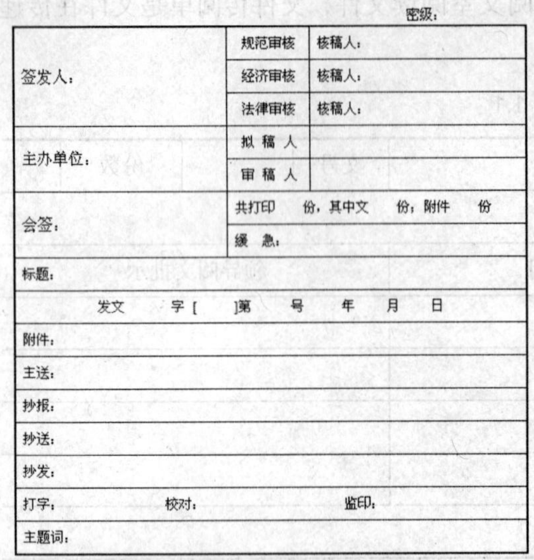

科源有限公司发文单

密级：

签发人：	规范审核	核稿人：
	经济审核	核稿人：
	法律审核	核稿人：
主办单位：	拟 稿 人	
	审 稿 人	
会签：	共打印　份，其中文　份；附件　份	
	缓 急：	
标题：		
发文　字 [　] 第　号　年　月　日		
附件：		
主送：		
抄报：		
抄送：		
抄发：		
打字：　　校对：　　监印：		
主题词：		

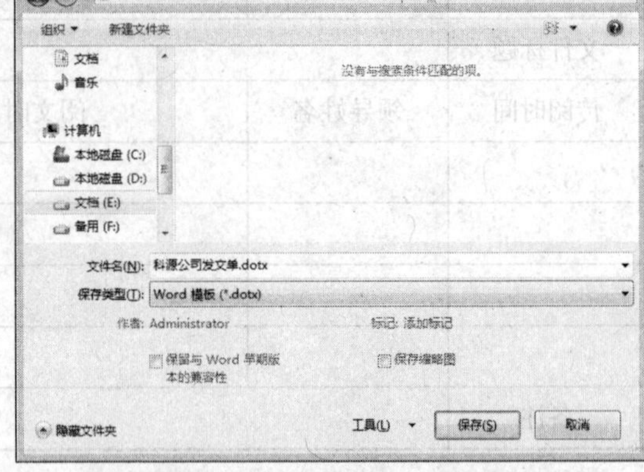

图 1.58　“发文单”效果　　　图 1.59　将“发文单”保存为文档模板

（3）制作表格标题。

① 参照图 1.58 录入表格上方的标题文字。

② 按“Enter”键换行。

（4）创建表格。

① 单击“插入”→“表格”按钮，打开“表格”下拉菜单，选择“插入表格”命令，打开“插入表格”对话框。

② 在对话框中将列数设为 3 列、行数设为 16 行后，单击“确定”按钮，建立一个 3 列 16 行的表格，如图 1.60 所示。

图 1.60　创建 3 列 16 行的表格

活力小贴士

建立表格时，如果所需的表格行列数不是太多，还可以在图 1.61 所示的“插入表格”区域中，用鼠标拖动选取要插入表格的列数和行数，即可在指定的位置上插入表格。选中的单元格将以橙色显示，并在名称区域中显示“列数 × 行数”表格的信息。

（5）合并单元格。

① 将 A1～A3 单元格选中，单击“表格工具”→“布局”→“合并”→“合并单元格”按钮，将其合并为 1 个单元格，如图 1.62 所示。

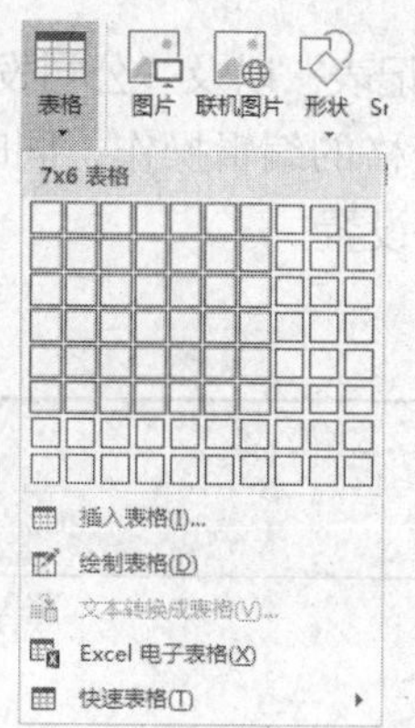

图 1.61　设置表格行列数

图 1.62　合并单元格

② 参照图 1.58，将其余需要合并的单元格进行合并处理。

（6）录入表格文字。在表格中录入图 1.58 所示的表格文字内容。

（7）设置表格标题格式。

① 选中表格标题“科源有限公司发文单”，将其格式设置为黑体、小二号、居中、段后间距 1 行。

② 选中标题下面的“密级”文字，将其设置为右对齐、右缩进 6 字符。

③ 选中表格的文字内容，将表格内的文字内容设置为宋体、小四号。

（8）设置单元格对齐方式。

① 选中整张表格，单击“表格工具”→“布局”→“对齐方式”→“中部两端对齐”按钮，如图 1.63 所示，将表格中的文字内容设为中部两端对齐方式。

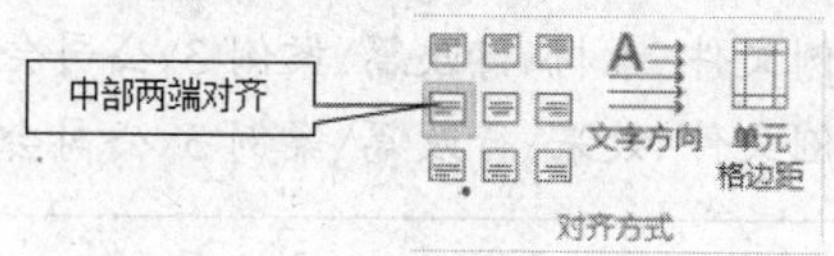

图 1.63　设置单元格对齐方式

② 设置表格中 B1～B5 单元格的内容居中。

③ 表格其余单元格中内容的对齐方式参照图 1.58 所示进行设置。

活力小贴士

设置单元格格式的方式也可先选中要设置对齐方式的单元格，然后单击鼠标右键，从快捷菜单中选择“单元格对齐方式”命令，再选择对齐方式按钮后进行设置。

（9）设置表格边框。

① 选中整个表格，单击“表格工具”→“设计”→“表样式”→“边框”右侧的下拉按钮，从弹出的菜单中选择“边框和底纹”命令，打开“边框和底纹”对话框。

② 分别将表格的内外框线设置为 0.75 磅和 1.5 磅，制作完毕的表格如图 1.58 所示。

（10）单击可快速访问工具栏中的“保存”按钮，保存所做的表格。

【案例小结】

本案例通过制作“公司会议记录表”“文件传阅单”“发文登记表”以及“公司发文单”等表格，使读者学会创建表格，表格中单元格的合并、拆分等表格的编辑操作，同时了解表格内文本的对齐设置，并能对表格和表格中的内容进行相应的设置。

学习总结

本案例所用软件	
案例中包含的知识和技能	
你已熟知或掌握的知识和技能	
你认为还有哪些知识或技能需要进行强化	
案例中可使用的 Office 技巧	
学习本案例之后的体会	

1.3 案例 3 制作会议室管理表

示例文件	原始文件：示例文件\素材\行政篇\案例 3\公司会议室管理表.xlsx 效果文件：示例文件\效果\行政篇\案例 3\公司会议室管理表.xlsx

【案例分析】

在各企事业单位日常工作中，往往会有定期或不定期的会议，需要使用会议室来布置相关事宜。为确保合理有效地使用会议室，对需要使用会议室的部门应该提前向行政部门提出申请，说明使用时间和需求，行政部门则依此制定出相应的会议室使用安排。为了协调各部门的申请，提高会议室的使用效率，行政部可以制作 Excel 提醒表。本案例通过制作“公司会议室管理表”，介绍了 Excel 软件在会议室管理方面的应用。制作好的会议室管理表如图 1.64 所示。

公司会议室使用安排表

日期	时间段			使用部门	会议主题	会议地点	备注
2017-3-20	上午	8:30	10:30	行政部	总经理办公会	公司1会议室	
	下午	14:30	16:00	人力资源部	人事工作例会	公司3会议室	
		14:30	15:30	财务部	财务经济运行分析会	公司2会议室	
2017-3-21	上午	8:30	11:00	人力资源部	新员工面试	公司1会议室	
	下午	14:00	15:00	行政部	1号楼改造方案确定会	公司3会议室	
		15:30	17:30	行政部	质量认证体系培训	多功能厅	
2017-3-22	上午	10:00	11:30	市场部	合同谈判	公司1会议室	
	下午	14:30	16:30	财务部	预算管理知识学习	多功能厅	
2017-3-23	上午	9:00	11:00	物流部	物资采购协调会	公司2会议室	
	下午	15:30	16:30	市场部	6月销售总结	公司3会议室	
2017-3-24	上午	9:00	12:00	人力资源部	新员工培训	多功能厅	
	下午	14:00	17:00	人力资源部	新员工培训	多功能厅	

图 1.64 会议室管理表

【知识与技能】

- 工作簿的创建
- 工作表重命名
- 设置单元格格式
- 工作表格式设置
- 条件格式的应用
- 函数 TODAY、NOW 的使用
- 取消网格线

【解决方案】

步骤 1 创建工作簿，重命名工作表

（1）启动 Excel 2013，新建一个空白工作簿。

（2）将创建的工作簿以“公司会议室管理表”为名，保存在“E:\公司文档\行政部”中。

（3）将“公司会议室管理表”工作簿中的 Sheet1 工作表重命名为“重大会议日程安排提醒表”。

步骤 2 创建“公司会议室管理表”

（1）在“重大会议日程安排提醒表”中输入工作表标题。在 A1 单元格中输入“公司会议室使用安排表”。

（2）输入表格标题字段。在 A2:H2 单元格中分别输入表格各个字段的标题内容，如图 1.65 所示。

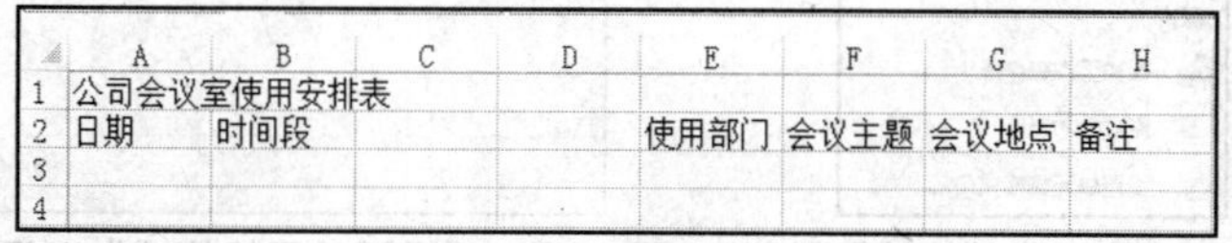

	A	B	C	D	E	F	G	H
1	公司会议室使用安排表							
2	日期	时间段			使用部门	会议主题	会议地点	备注
3								
4								

图 1.65 重大会议日程安排提醒表标题字段

步骤 3 输入会议室使用安排

参照图 1.66 在输入重大会议日程安排提醒表中输入会议室使用的相关信息。

	A	B	C	D	E	F	G	H
1	公司会议室使用安排表							
2	日期	时间段			使用部门	会议主题	会议地点	备注
3	2017-3-20	上午	2017-3-20 8:30	2017-3-20 10:30	行政部	总经理办公会	公司1会议室	
4		下午	2017-3-20 14:30	2017-3-20 16:00	人力资源部	人事工作例会	公司3会议室	
5			2017-3-20 14:30	2017-3-20 15:30	财务部	财务经济运行分析会	公司2会议室	
6	2017-3-21	上午	2017-3-21 8:30	2017-3-21 11:00	人力资源部	新员工面试	公司1会议室	
7		下午	2017-3-21 14:00	2017-3-21 15:00	行政部	1号楼改造方案确定会	公司3会议室	
8			2017-3-21 15:30	2017-3-21 17:30	行政部	质量认证体系培训	多功能厅	
9	2017-3-22	上午	2017-3-22 10:00	2017-3-22 11:30	市场部	合同谈判	公司1会议室	
10		下午	2017-3-22 14:30	2017-3-22 16:30	财务部	预算管理知识学习	多功能厅	
11	2017-3-23	上午	2017-3-23 9:00	2017-3-23 11:00	物流部	物资采购协调会	公司2会议室	
12		下午	2017-3-23 15:30	2017-3-23 16:30	市场部	6月销售总结	公司3会议室	
13	2017-3-24	上午	2017-3-24 9:00	2017-3-24 12:00	人力资源部	新员工培训	多功能厅	
14		下午	2017-3-24 14:00	2017-3-24 17:00	人力资源部	新员工培训	多功能厅	
15								

图 1.66 会议室使用的相关信息

活力小贴士

本案例是以“2017-3-21”作为当前的系统日期，故该会议室使用安排表为“2017-3-20 至 2017-3-24”所在一周的日程。若读者想要达到案例效果，请适当修改日期。

步骤 4 合并单元格

（1）将表格标题单元格合并后居中。

① 选中 A1:H1 单元格区域。

② 单击“开始”→“对齐方式”→“合并后居中”按钮 合并后居中，将选中的单元格合并。

活力小贴士

合并单元格的操作还有：选定要合并的单元格，选择“开始”→“单元格”→“格式”按钮，打开图 1.67 所示的“格式”菜单，选择“设置单元格格式”命令，打开“设置单元格格式”对话框，单击“对齐”选项卡，如图 1.68 所示。选中“文本控制”中的“合并单元格”复选框。若要实现“合并后居中”，可再从“水平对齐”下拉列表中选择“居中”。

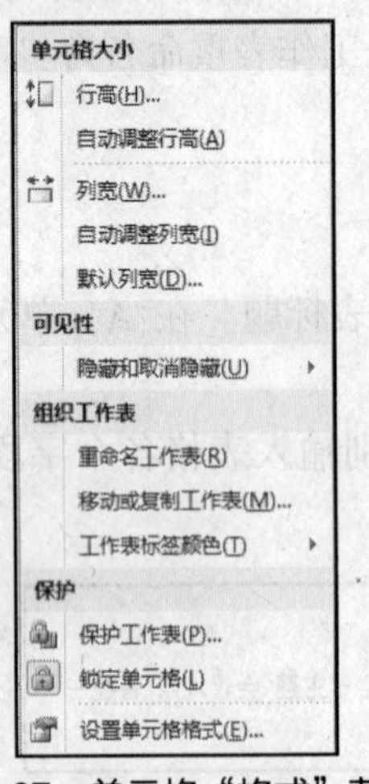

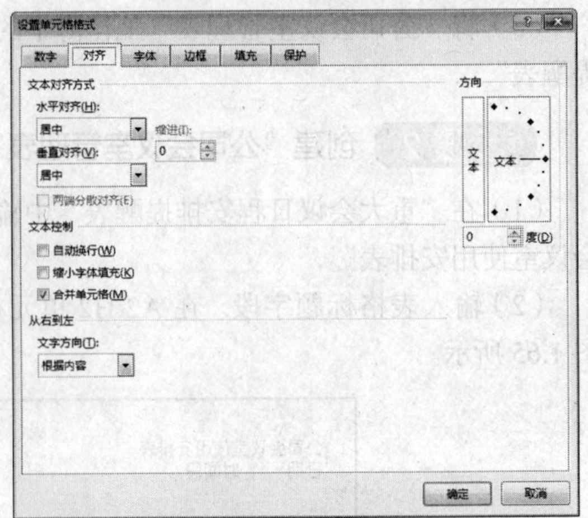

图 1.67 单元格“格式”菜单　图 1.68 “设置单元格格式”对话框的“对齐”选项卡

（2）合并标题字段的 B2:D2 单元格区域。

（3）分别合并 A3:A5、A6:A8、A9:A10、A11:A12、A13:A14、B4:B5、B7:B8 单元格区域，如图 1.69 所示。

	A	B	C	D	E	F	G	H
1				公司会议室使用安排表				
2	日期		时间段		使用部门	会议主题	会议地点	备注
3		上午	2017-3-20 8:30	2017-3-20 10:30	行政部	总经理办公会	公司1会议室	
4	2017-3-20	下午	2017-3-20 14:30	2017-3-20 16:00	人力资源部	人事工作例会	公司3会议室	
5			2017-3-20 14:30	2017-3-20 15:30	财务部	财务经济运行分析会	公司2会议室	
6		上午	2017-3-21 8:30	2017-3-21 11:00	人力资源部	新员工面试	公司1会议室	
7	2017-3-21	下午	2017-3-21 14:00	2017-3-21 15:00	行政部	1号楼改造方案确定会	公司3会议室	
8			2017-3-21 15:30	2017-3-21 17:30	行政部	质量认证体系培训	多功能厅	
9	2017-3-22	上午	2017-3-22 10:00	2017-3-22 11:30	市场部	合同谈判	公司1会议室	
10		下午	2017-3-22 14:30	2017-3-22 16:30	财务部	预算管理知识学习	多功能厅	
11	2017-3-23	上午	2017-3-23 9:00	2017-3-23 11:00	物流部	物资采购协调会	公司2会议室	
12		下午	2017-3-23 15:30	2017-3-23 16:30	市场部	6月销售总结	公司3会议室	
13	2017-3-24	上午	2017-3-24 9:00	2017-3-24 12:00	人力资源部	新员工培训	多功能厅	
14		下午	2017-3-24 14:00	2017-3-24 17:00	人力资源部	新员工培训	多功能厅	
15								

图 1.69　合并单元格

步骤 5　设置单元格时间格式

（1）选中 C3:D14 单元格区域。

（2）单击“开始”→“数字”→“设置单元格格式：数字”按钮，打开“设置单元格格式”对话框。

（3）在“数字”选项卡中，选中“分类”列表框中的“时间”，选择“类型”列表框中的“13:30”，如图 1.70 所示。

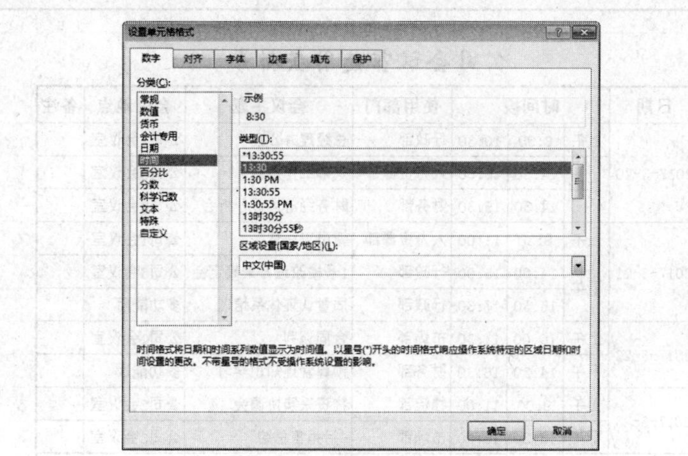

图 1.70　设置时间格式

（4）单击“确定”按钮，完成单元格的时间格式设置，如图 1.71 所示。

	A	B	C	D	E	F	G	H
1				公司会议室使用安排表				
2	日期		时间段		使用部门	会议主题	会议地点	备注
3		上午	8:30	10:30	行政部	总经理办公会	公司1会议室	
4	2017-3-20	下午	14:30	16:00	人力资源部	人事工作例会	公司3会议室	
5			14:30	15:30	财务部	财务经济运行分析会	公司2会议室	
6		上午	8:30	11:00	人力资源部	新员工面试	公司1会议室	
7	2017-3-21	下午	14:00	15:00	行政部	1号楼改造方案确定会	公司3会议室	
8			15:30	17:30	行政部	质量认证体系培训	多功能厅	
9	2017-3-22	上午	10:00	11:30	市场部	合同谈判	公司1会议室	
10		下午	14:30	16:30	财务部	预算管理知识学习	多功能厅	
11	2017-3-23	上午	9:00	11:00	物流部	物资采购协调会	公司2会议室	
12		下午	15:30	16:30	市场部	6月销售总结	公司3会议室	
13	2017-3-24	上午	9:00	12:00	人力资源部	新员工培训	多功能厅	
14		下午	14:00	17:00	人力资源部	新员工培训	多功能厅	
15								

图 1.71　设置时间格式后的表格

步骤 6 设置文本格式

（1）设置表格的标题行字体格式。将 A1 单元格的字体设置为“华文行楷”、字号为“24”。

（2）设置表格标题字段的格式。将 A2:H2 单元格区域的文本格式设置为“宋体”、字号为“16”、字形“加粗”、对齐方式为“居中”。

（3）设置其余文本格式。将 A3:H14 单元格区域的文本格式设置为“宋体”、字号为“14”；设置 A3:D14 单元格区域对齐方式为“居中”。

步骤 7 设置行高和列宽

（1）设置行高。

① 将第 1 行的行高设置为“45”。

② 将第 2 行的行高设置为“30”。

③ 将第 3 行至第 14 行的行高设置为“28”。

（2）设置列宽。分别将鼠标移至表格各列的列标交界处，当鼠标指针变成双向箭头状“↔”时，双击鼠标左键，Excel 将会自动调整所需列宽。

步骤 8 设置表格边框

为 A2:H14 单元格区域设置图 1.72 所示的内细外粗的边框。

	A	B	C	D	E	F	G	H
1	公司会议室使用安排表							
2	日期	时间段			使用部门	会议主题	会议地点	备注
3	2017-3-20	上午	8:30	10:30	行政部	总经理办公会	公司1会议室	
4		下午	14:30	16:00	人力资源部	人事工作例会	公司3会议室	
5			14:30	15:30	财务部	财务经济运行分析会	公司2会议室	
6	2017-3-21	上午	8:30	11:00	人力资源部	新员工面试	公司1会议室	
7		下午	14:00	15:00	行政部	1号楼改造方案确定会	公司3会议室	
8			15:30	17:30	行政部	质量认证体系培训	多功能厅	
9	2017-3-22	上午	10:00	11:30	市场部	合同谈判	公司1会议室	
10		下午	14:30	16:30	财务部	预算管理知识学习	多功能厅	
11	2017-3-23	上午	9:00	11:00	物流部	物资采购协调会	公司2会议室	
12		下午	15:30	16:30	市场部	6月销售总结	公司3会议室	
13	2017-3-24	上午	9:00	12:00	人力资源部	新员工培训	多功能厅	
14		下午	14:00	17:00	人力资源部	新员工培训	多功能厅	
15								

图 1.72 设置表格边框

步骤 9 使用“条件格式”设置高亮提醒

利用“条件格式”的功能，我们可以使过期的会议室安排与未到的会议室安排用不同的颜色区分开来，做到更直观地了解会议室的使用安排。

这里，我们主要通过 Excel 的“条件格式”功能判断“日期”和“时间段”，即会议室的使用实际上是否已经超过了当前的日期和时间。若超过了则字体显示蓝色加删除线区分，且单元格背景显示浅绿色；若未超过则单元格背景显示黄色。

（1）设置“日期”高亮提醒。

① 选中 A3:A13 单元格区域。

② 设置超过了当前日期的条件格式。

a. 选择“开始”→“样式”→“条件格式”→“突出显示单元格规则”→“小于”命令，如图 1.73 所示。

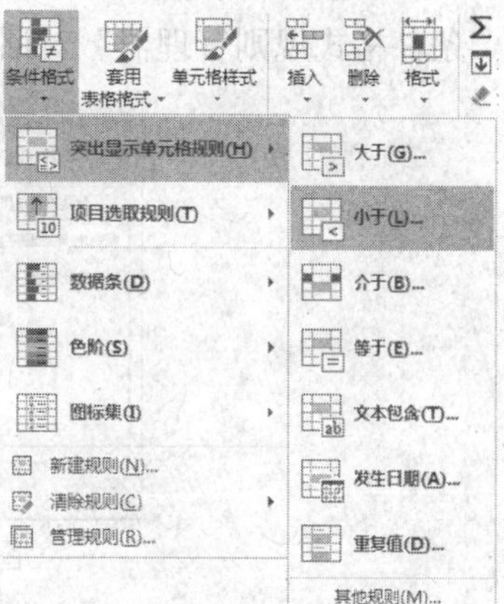

图 1.73 选择条件格式的规则

b. 打开“小于”对话框，设置对比值为“=today()”。如图 1.74 所示。单击“设置为”右侧的下拉按钮，从下拉列表中选择“自定义格式”命令，如图 1.75 所示，打开“设置单元格格式”对话框。

活力小贴士

TODAY 函数说明如下。

① 功能：返回系统当前日期（本文设置当前日期为 2017 年 3 月 21 日）。

② 语法：TODAY()

③ 注意：使用该函数时不需要输入参数。

图 1.74 设置“小于”规则的对比值

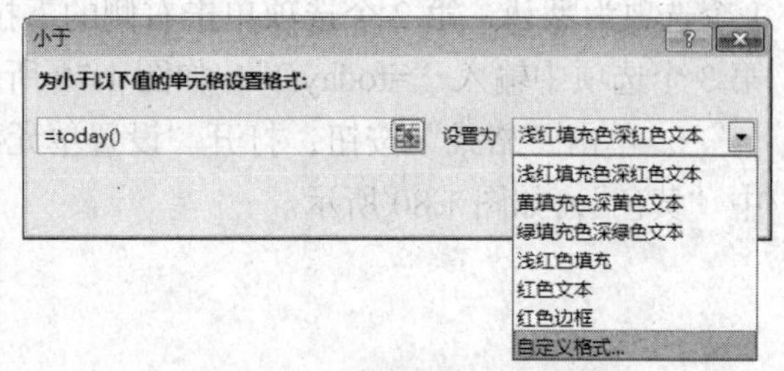

图 1.75 设置条件单元格格式

c. 单击“字体”选项卡，单击“颜色”下方的下拉按钮，在弹出的颜色面板的标准色中选择“蓝色”，从“特殊效果”选项中选中“删除线”复选框，如图 1.76 所示。

d. 单击“填充”选项卡，从“单元格底纹颜色”中选择“浅绿”，如图 1.77 所示，再单击“确定”按钮返回“小于”对话框。

图 1.76 “设置单元格格式”对话框“字体”选项卡

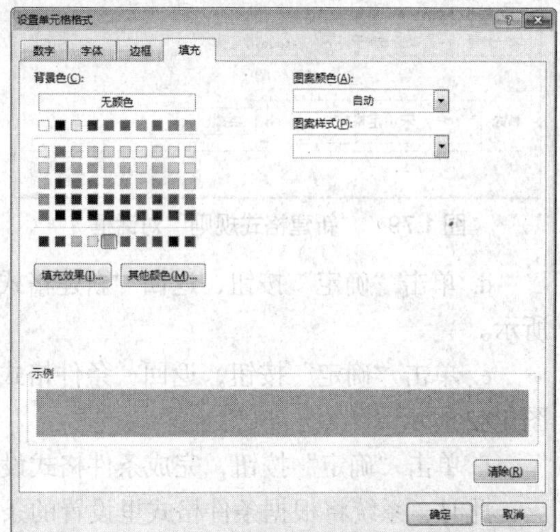

图 1.77 “设置单元格格式”对话框“填充”选项卡

③ 设置未超过当前日期的条件格式。

a. 选择“开始”→“样式”→“条件格式”→“管理规则”命令，打开图 1.78 所示的“条件格式规则管理器”对话框，在对话框中可显示之前添加的条件格式。

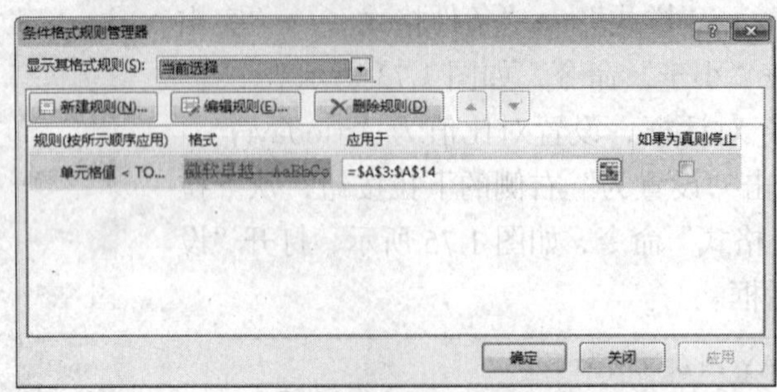

图 1.78 “条件格式规则管理器”对话框

b. 单击“新建规则”按钮，打开“新建格式规则”对话框。在“选择规则类型”列表框中选择“只为包含以下内容的单元格设置格式”选项，在“编辑规则说明”区域中，第 1 个选项为默认，第 2 个选项单击右侧的下拉按钮，在弹出的列表中选择“大于或等于”，第 3 个选项中输入“=today()”，如图 1.79 所示。

c. 单击“格式”按钮，打开“设置单元格格式”对话框，切换到“填充”选项卡，选中“黄色”，如图 1.80 所示。

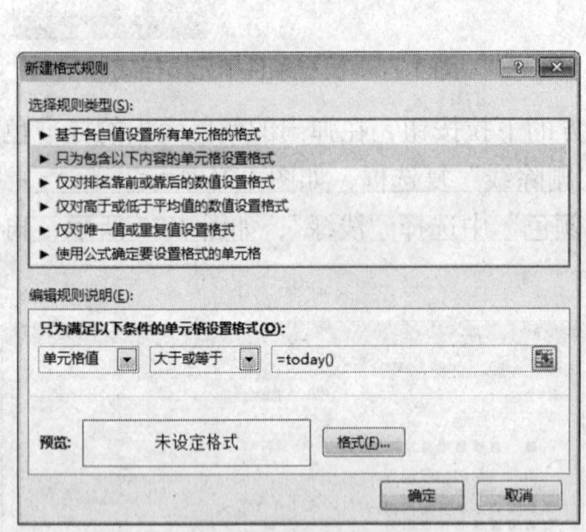

图 1.79 “新建格式规则”对话框

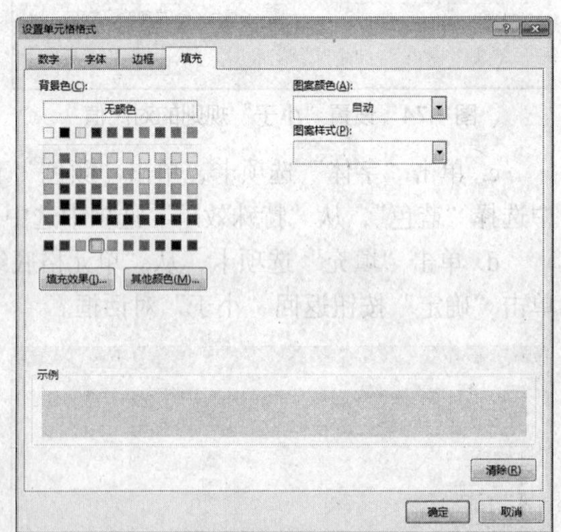

图 1.80 设置新建规则的填充格式

d. 单击“确定”按钮，返回“新建格式规则”对话框，可预览设置的格式，如图 1.81 所示。

e. 单击“确定”按钮，返回“条件格式规则管理器”对话框，可见新添加的规则，如图 1.82 所示。

f. 单击“确定”按钮，完成条件格式设置。

此时，系统将根据条件格式里设置的条件，判断表格里的日期是否超过当前日期。若超过，则单元格显示浅绿色背景，单元格里的日期显示为蓝色加删除线。若未超过，则单元格背景显示为黄色，如图 1.83 所示。

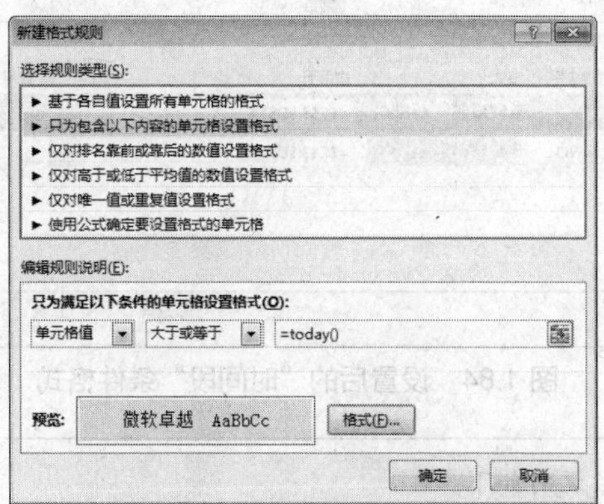

图 1.81 返回“新建格式规则”对话框

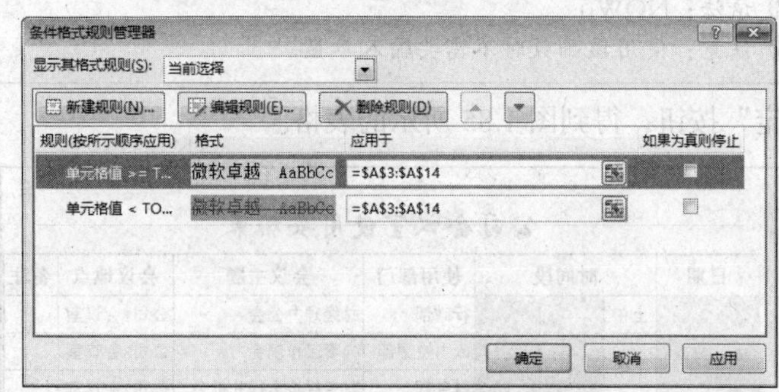

图 1.82 返回“条件格式规则管理器”对话框

公司会议室使用安排表

日期	时间段			使用部门	会议主题	会议地点	备注
2017-3-20	上午	8:30	10:30	行政部	总经理办公会	公司1会议室	
	下午	14:30	16:00	人力资源部	人事工作例会	公司3会议室	
		14:30	15:30	财务部	财务经济运行分析会	公司2会议室	
2017-3-21	上午	8:30	11:00	人力资源部	新员工面试	公司1会议室	
	下午	14:00	15:00	行政部	1号楼改造方案确定会	公司3会议室	
		15:30	17:30	行政部	质量认证体系培训	多功能厅	
2017-3-22	上午	10:00	11:30	市场部	合同谈判	公司1会议室	
	下午	14:30	16:30	财务部	预算管理知识学习	多功能厅	
2017-3-23	上午	9:00	11:00	物流部	物资采购协调会	公司2会议室	
	下午	15:30	16:30	市场部	6月销售总结	公司3会议室	
2017-3-24	上午	9:00	12:00	人力资源部	新员工培训	多功能厅	
	下午	14:00	17:00	人力资源部	新员工培训	多功能厅	

图 1.83 设置条件格式后的“日期”

（2）设置“时间段”高亮提醒。

① 选中 C3:D14 单元格区域。

② 按设置“日期”条件格式的操作方法，设置“时间段”条件格式，不同的是设置“时间段”高亮提示中应用的公式为“=NOW()”，如图 1.84 所示。

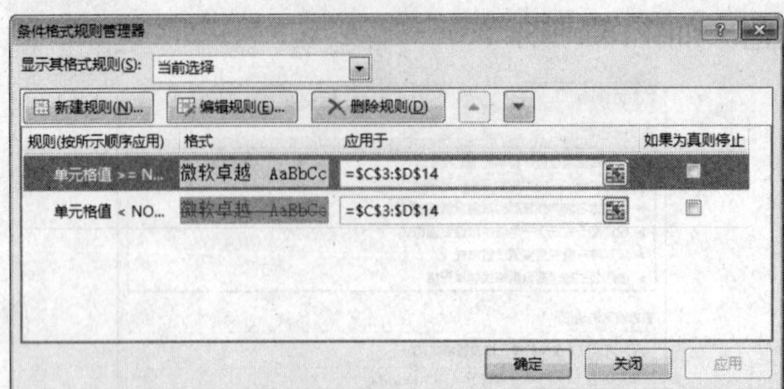

图 1.84　设置后的“时间段”条件格式

活力小贴士

NOW 函数说明如下。

① 功能：返回系统当前日期和时间（本文系统当前日期设置为 2017 年 3 月 21 日 15:30）。

② 语法：NOW()

③ 注意：使用该函数时不需要输入参数。

③ 单击“确定”按钮，得到图 1.85 所示的表格。

公司会议室使用安排表							
日期	时间段			使用部门	会议主题	会议地点	备注
2017-3-20	上午	8:30	10:30	行政部	总经理办公会	公司1会议室	
	下午	14:30	16:00	人力资源部	人事工作例会	公司3会议室	
		14:30	15:30	财务部	财务经济运行分析会	公司2会议室	
2017-3-21	上午	8:30	11:00	人力资源部	新员工面试	公司1会议室	
	下午	14:00	15:00	行政部	1号楼改造方案确定会	公司3会议室	
		15:30	17:30	行政部	质量认证体系培训	多功能厅	
2017-3-22	上午	10:00	11:30	市场部	合同谈判	公司1会议室	
	下午	14:30	16:30	财务部	预算管理知识学习	多功能厅	
2017-3-23	上午	9:00	11:00	物流部	物资采购协调会	公司2会议室	
	下午	15:30	16:30	市场部	6月销售总结	公司3会议室	
2017-3-24	上午	9:00	12:00	人力资源部	新员工培训	多功能厅	
	下午	14:00	17:00	人力资源部	新员工培训	多功能厅	

图 1.85　设置条件格式后的“时间段”

步骤 10　取消背景网格线

Excel 默认情况下会显示灰色的网格线，而这个网格线会对显示效果产生很大的影响。若去掉网格线则会使人的视觉重点落到工作表的内容上。

（1）单击选中“重大会议日程安排提醒表”。

（2）单击“视图”选项卡，在“显示”组中，取消勾选“网格线”复选框选项，设置后的表格如图 1.64 所示。

【拓展案例】

1. 制作工作日程自动提醒表，如图 1.86 所示。

工作日程安排表

日期	时间	工作内容	地点	参与人员
~~2017-3-13~~	9:00	OA系统升级方案	第1会议室	各部门主管
~~2017-3-15~~	8:30	绩效方案初步讨论	第2会议室	董事长、副总、部门主管
~~2017-3-16~~	14:00	客户接待	锦城宾馆	行政部、市场部
~~2017-3-19~~	10:00	现有信息平台流程的改进	行政部	方志成、李新、余致
~~2017-3-20~~	9:30	策划活动执行方案	第3会议室	行政部、市场部、财务部
2017-3-23	15:00	员工福利制度的确定	公司2会议室	总经理、人力资源部、部门主管
2017-3-25	10:30	公司劳动纪律检查、整顿	第1会议室	人力资源部、部门主管
2017-3-26	8:30	新员工培训	多功能厅	人力资源部、新员工
2017-3-28	9:00	公司上半年工作总结	多功能厅	全体员工
2017-4-1	14:30	岗位职责的修定	第3会议室	部门主管
2017-4-3	11:00	办公用品分发	行政部库房	各部门主管、王利、彭诗琪

图 1.86　工作日程安排表

2. 制作工作日历，并突显周休日，如图 1.87 所示。

工作日历

日期	时间	工作内容	地点	参与人员
2017-3-13	9:00	OA系统升级方案	第1会议室	各部门主管
2017-3-15	8:30	绩效方案初步讨论	第2会议室	董事长、副总、部门主管
2017-3-16	14:00	客户接待	锦城宾馆	行政部、市场部
2017-3-19	10:00	现有信息平台流程的改进	行政部	方志成、李新、余致
2017-3-20	9:30	策划活动执行方案	第3会议室	行政部、市场部、财务部
2017-3-23	15:00	员工福利制度的确定	公司2会议室	总经理、人力资源部、部门主管
2017-3-25	10:30	公司劳动纪律检查、整顿	第1会议室	人力资源部、部门主管
2017-3-26	8:30	新员工培训	多功能厅	人力资源部、新员工
2017-3-28	9:00	公司上半年工作总结	多功能厅	全体员工
2017-4-1	14:30	岗位职责的修定	第3会议室	部门主管
2017-4-3	11:00	办公用品分发	行政部库房	各部门主管、王利、彭诗琪

图 1.87　工作日历中突显周休日

【拓展训练】

为了增强员工归属感，增进企业凝聚力，越来越多的企业都将庆祝生日作为对员工的福利，让所有员工感受公司给予大家的温暖。因此，在行政工作中又多了一项为员工庆生的工作。要记住每个员工的生日基本不太现实，但可以借助 Excel 的条件格式功能设置员工生日提醒。例如，根据员工出生信息制作一个员工生日提醒表，将当月过生日的员工信息凸显出来，效果如图 1.88 所示。

姓名	部门	性别	出生日期
方成建	市场部	男	1970-9-9
桑南	人力资源部	女	1982-11-4
何宇	市场部	男	1974-8-5
刘光利	行政部	女	1969-7-24
钱新	财务部	女	1973-10-19
曾科	财务部	男	1985-6-20
李莫薷	物流部	女	1980-11-29
周苏嘉	行政部	女	1979-5-21
黄雅玲	市场部	女	1981-9-8
林菱	市场部	女	1983-4-29
司马意	行政部	男	1973-9-23
令狐珊	物流部	女	1968-6-27
慕容勤	财务部	男	1984-2-10
柏国力	人力资源部	男	1967-3-13
周谦	物流部	男	1990-9-24
刘民	市场部	男	1969-8-2
尔阿	物流部	男	1984-5-25
夏蓝	人力资源部	女	1988-5-15
皮桂华	行政部	女	1969-2-26
段齐	人力资源部	男	1968-4-5
费乐	财务部	女	1986-12-1
高亚玲	行政部	女	1978-2-16
苏洁	市场部	女	1980-9-30
江宽	人力资源部	男	1975-5-7
王利伟	市场部	男	1978-10-12

图 1.88　员工生日提醒表

其操作步骤如下。

（1）启动 Excel 2013，新建一个空白工作簿，以“员工生日提醒表”为名保存在“E:\公司文档\行政部”中。

（2）输入员工基本信息，如图 1.89 所示。

（3）使用“条件格式”设置员工生日高亮提醒。

① 选中 A2:D26 单元格区域。

② 选择“开始”→“样式”→“条件格式”→“新建规则”命令，如图 1.90 所示。打开“新建格式规则”对话框。

	A	B	C	D
1	姓名	部门	性别	出生日期
2	方成建	市场部	男	1970-9-9
3	桑南	人力资源部	女	1982-11-4
4	何宇	市场部	男	1974-8-5
5	刘光利	行政部	女	1969-7-24
6	钱新	财务部	女	1973-10-19
7	曾科	财务部	男	1985-6-20
8	李莫薷	物流部	女	1980-11-29
9	周苏嘉	行政部	女	1979-5-21
10	黄雅玲	市场部	女	1981-9-8
11	林菱	市场部	女	1983-4-29
12	司马意	行政部	男	1973-9-23
13	令狐珊	物流部	女	1968-6-27
14	慕容勤	财务部	男	1984-2-10
15	柏国力	人力资源部	男	1967-3-13
16	周谦	物流部	男	1990-9-24
17	刘民	市场部	男	1969-8-2
18	尔阿	物流部	男	1984-5-25
19	夏蓝	人力资源部	女	1988-5-15
20	皮桂华	行政部	女	1969-2-26
21	段齐	人力资源部	男	1968-4-5
22	费乐	财务部	女	1986-12-1
23	高亚玲	行政部	女	1978-2-16
24	苏洁	市场部	女	1980-9-30
25	江宽	人力资源部	男	1975-5-7
26	王利伟	市场部	男	1978-10-12

图 1.89　员工基本信息

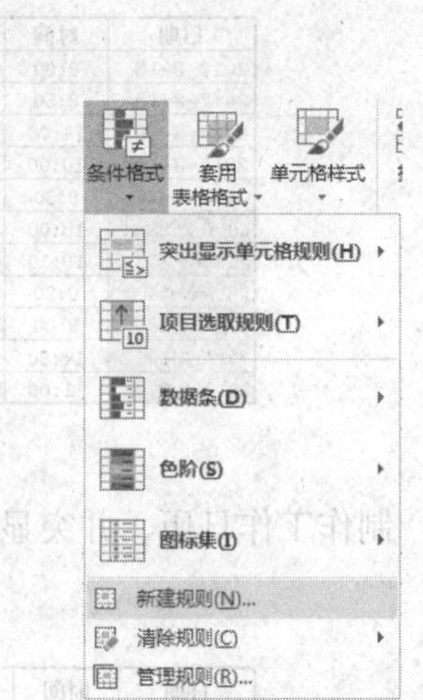

图 1.90　“条件格式”菜单

③ 在“选择规则类型”列表中选择“使用公式确定要设置格式的单元格”选项，然后在下面的“编辑规则说明”栏中输入公式“=MONTH(TODAY()) =MONTH($D3)”，如图 1.91 所示。

活力小贴士

（1）MONTH 函数说明如下。

① 功能：返回日期（以序列数表示）中的月份。月份是介于 1（一月）到 12（十二月）之间的整数（本文系统当前日期设置为 2017 年 4 月 3 日）。

② 语法：MONTH()

（2）“MONTH(TODAY())”作用是取系统日期的月份。

（3）“MONTH($D2)”作用是取 D 列中员工出生日期的月份。

（4）“=MONTH(TODAY())=MONTH($D3)”的作用是找出员工出生月份与系统当前月份相同的值。

④ 单击“格式”按钮，打开“设置单元格格式”对话框，切换到“填充”选项卡，选中“橙色”，如图 1.92 所示。

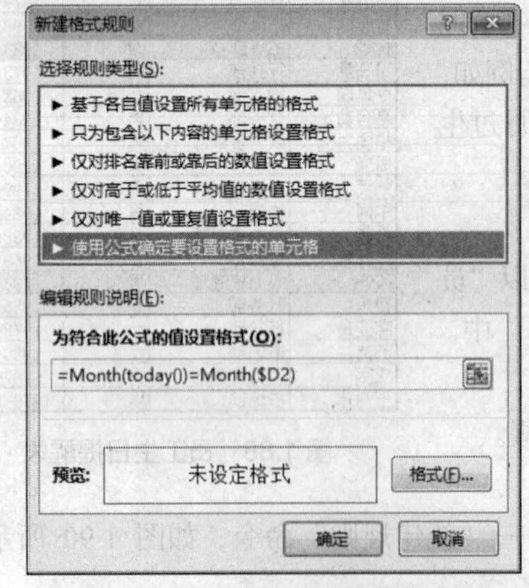

图 1.91　“新建格式规则”对话框

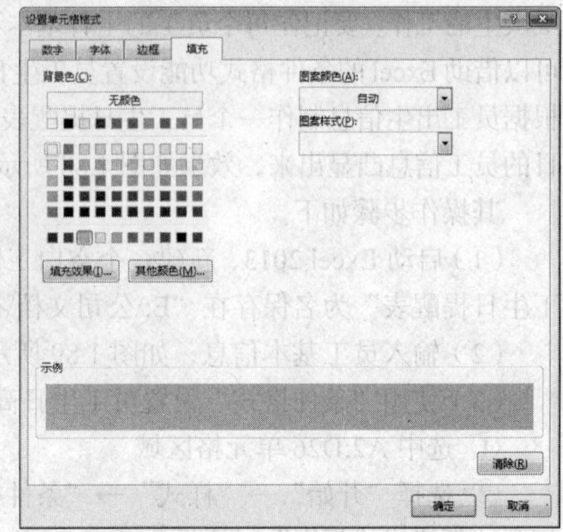

图 1.92　设置新建规则的填充格式

⑤ 单击“确定”按钮，返回“新建格式规则”对话框，可预览设置的格式，如图 1.93 所示。

⑥ 单击“确定”按钮，返回“条件格式规则管理器”对话框，可见新添加的规则，如图 1.94 所示。

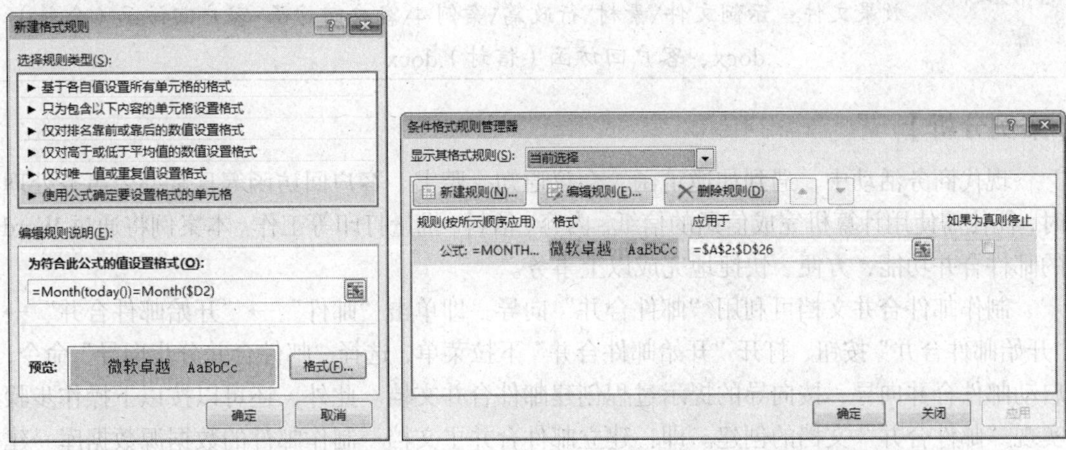

图 1.93　返回“新建格式规则”对话框　　　图 1.94　返回“条件格式规则管理器”对话框

⑦ 单击“确定”按钮，完成条件格式设置。

【案例小结】

本案例通过制作“会议室管理表”，主要介绍了工作簿的创建、工作表重命名、设置单元格格式、工作表格式设置、条件格式的应用。这里重点介绍了使用函数 TODAY 和 NOW 来判断“日期”和“时间段”是否已经超过了当前的日期和时间。此外，为增强表格的显示效果，还介绍了如何取消工作表的网格线。

学习总结

本案例所用软件	
案例中包含的知识和技能	
你已熟知或掌握的知识和技能	
你认为还有哪些知识或技能需要进行强化	
案例中可使用的 Office 技巧	
学习本案例之后的体会	

1.4 案例 4 制作客户回访函

示例文件	原始文件：示例文件\素材\行政篇\案例 4\客户回访函\客户回访函.docx、客户信息.xlsx 效果文件：示例文件\素材\行政篇\案例 4\客户回访函\客户回访函（合并）.docx、客户回访函（信封）.docx

【案例分析】

现代商务活动中，遇到如邀请函、会议通知、聘书、客户回访函等日常办公事务处理时，往往需使用计算机完成信函的信纸、内容、信封、批量打印等工作。本案例将通过 Word 的邮件合并功能，方便、快捷地完成以上事务。

制作邮件合并文档可利用“邮件合并”向导，即单击“邮件”→“开始邮件合并”→“开始邮件合并”按钮，打开“开始邮件合并”下拉菜单，选择“邮件合并分步向导”命令，启动邮件合并向导，按向导的提示过程创建邮件合并文档。此外，还可以按以下操作步骤实现“邮件合并”文档的创建。即：建立邮件合并主文档→制作邮件的数据源数据库→建立主文档与数据源的连接→在主文档中插入域→邮件合并。

案例中的客户及相关信息如图 1.95 所示。

客户姓名	称谓	购买产品	购买时间	通讯地址	联系电话	邮编
李凯文	先生	凯立德GPS导航仪	2016-11-27	成都一环路南三段68号	85408361	610043
田文丽	女士	联想YOGA710笔记本电脑	2017-1-12	成都市五桂桥迎晖路218号	87392507	610025
彭剑峰	先生	华硕FL5900笔记本电脑	2016-10-5	成都市金牛区羊西线蜀西路35号	85315646	610087
周云娟	女士	索尼FDR-AX40摄像机	2017-3-23	成都高新区桂溪乡建设村165号	86627983	610010
程立伟	先生	惠普Pro MFP M177fw打印机	2016-10-16	成都市二环路西二段80号	65432178	610072

图 1.95 客户及相关信息

为加强公司与客户的沟通、交流，为客户提供优质售后服务，需进行客户信函回访。制作的客户回访函如图 1.96 所示。

客户回访函

尊敬的**李凯文**先生，您好！

感谢您对本公司产品的信任与支持，您于 **2016 年 11 月 27 日**在本公司购买的**凯立德 GPS 导航仪**，在使用过程中，有需要公司服务时，请拨打公司客户服务部电话。公司将为您提供优质、周到的服务。

谢谢！

科源有限公司

2017 年 3 月 30 日

公司服务热线：028-83335555

图 1.96 “客户回访函”效果

【知识与技能】

- 创建和保存文档
- 使用 Excel 制作数据表
- 建立主文档和数据源连接
- 插入合并域
- 设置邮件合并文档格式
- 设置域代码
- 实现邮件合并
- 制作邮件信封

【解决方案】

步骤1 制作“客户回访信函”主文档

（1）启动 Word 2013，新建一份空白文档。

（2）录入图 1.97 所示的“客户回访函”内容，对“客户回访函”的字体和段落进行适当的格式化处理。

客户回访函

尊敬的，您好！

感谢您对本公司产品的信任与支持，您于在本公司购买的，在使用过程中，有需要公司服务时，请拨打公司客户服务部电话。公司将为您提供优质、周到的服务。

谢谢！

科源有限公司

2017 年 3 月 30 日

图 1.97 “客户回访函”内容

（3）在客户回访函的下方利用艺术字制作公司服务热线号码如图 1.98 所示。

客户回访函

尊敬的，您好！

感谢您对本公司产品的信任与支持，您于在本公司购买的，在使用过程中，有需要公司服务时，请拨打公司客户服务部电话。公司将为您提供优质、周到的服务。

谢谢！

科源有限公司

2017 年 3 月 30 日

公司服务热线：028-83335555

图 1.98 邮件合并主文档“客户回访函”效果

（4）将“客户回访函”作为邮件的主文档，保存在“E:\公司文档\行政部\客户回访函”文件夹中。

步骤 2　制作邮件的数据源数据库（客户信息）

（1）启动 Excel 2013。

（2）在 Sheet1 工作表中录入图 1.99 所示的“客户信息”数据。

	A	B	C	D	E	F	G
1	客户姓名	称谓	购买产品	购买时间	通讯地址	联系电话	邮编
2	李凯文	先生	凯立德GPS导航仪	2016-11-27	成都一环路南三段68号	85408361	610043
3	田文丽	女士	联想YOGA710笔记本电脑	2017-1-12	成都市五桂桥迎晖路218号	87392507	610025
4	彭剑峰	先生	华硕FL5900笔记本电脑	2016-10-5	成都市金牛区羊西线蜀西路35号	85315646	610087
5	周云娟	女士	索尼FDR-AX40摄像机	2017-3-23	成都高新区桂溪乡建设村165号	86627983	610010
6	程立伟	先生	惠普Pro MFP M177fw打印机	2016-10-16	成都市二环路西二段80号	65432178	610072

图 1.99　邮件的数据源“客户个人信息”

（3）将“客户信息”作为邮件的数据源，保存在“E:\公司文档\行政部\客户回访函”文件夹中。

（4）关闭制作好的数据源文件。

活力小贴士

制作邮件数据源还可以用以下方法。

① 利用 Word 表格制作。

② 使用数据库的数据表制作。

步骤 3　建立主文档与数据源的连接

（1）打开制作好的主文档“客户回访函”。

（2）单击“邮件”→“开始邮件合并”→“选择收件人”按钮，打开“选择收件人”下拉菜单，从菜单中选择“使用现有列表”命令，打开“选取数据源”对话框，选取保存的“客户信息”数据文件，如图 1.100 所示。选中该文件，然后单击“打开”按钮，弹出图 1.101 所示的“选择表格”对话框。

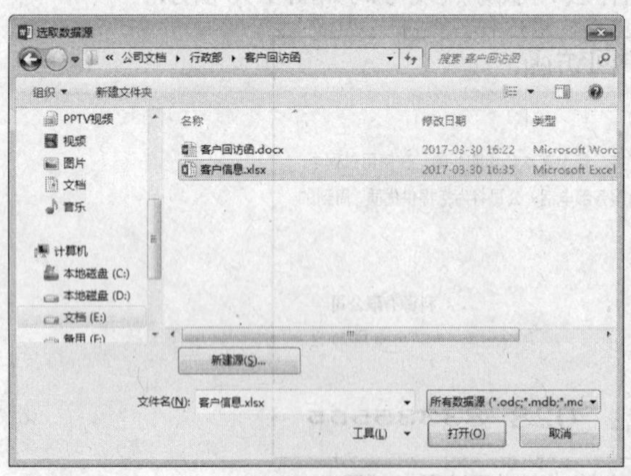

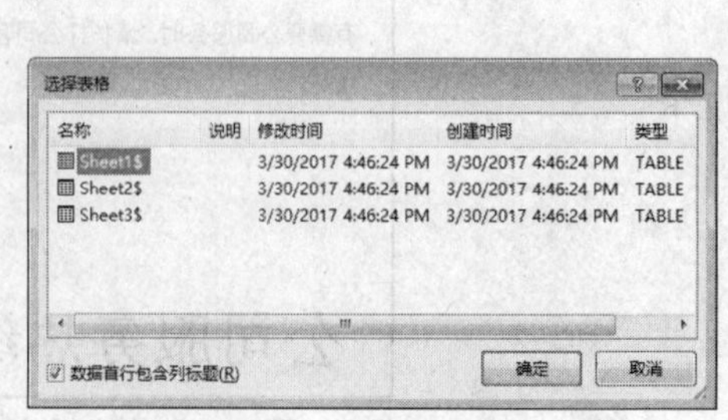

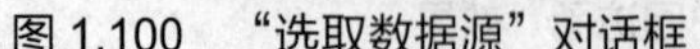

图 1.100　“选取数据源”对话框　　　图 1.101　“选择表格”对话框

（3）在对话框中选中 Sheet1 工作表，然后单击“确定”按钮。

步骤 4 在主文档中插入域

（1）在主文档“客户回访函”中将光标移至信函中“尊敬的”之后，单击“邮件”→“编写和插入域”→“插入合并域”按钮，打开图 1.102 所示的“插入合并域”下拉菜单。单击“客户姓名”选项，在主文档中插入“客户姓名”域，如图 1.103 所示。

客户姓名
称谓
购买产品
购买时间
通讯地址
联系电话
邮编

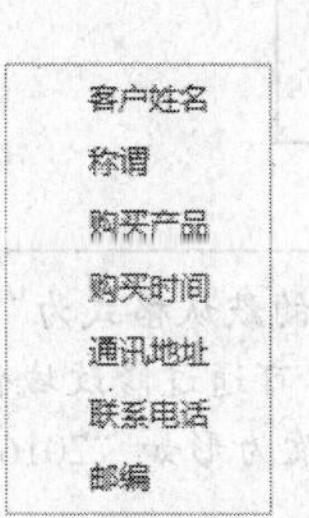

图 1.102 “插入合并域”下拉菜单

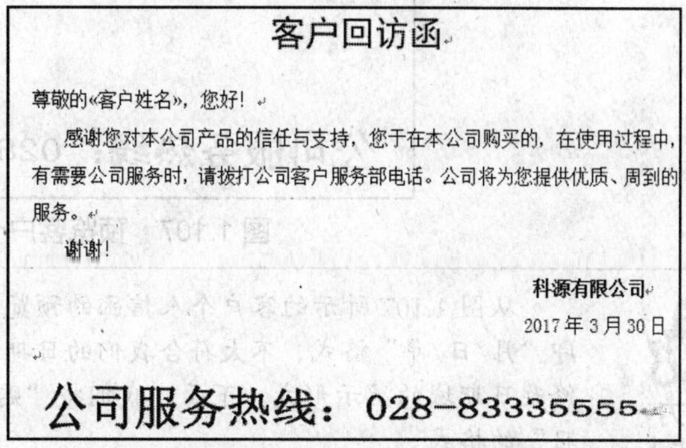

客户回访函
尊敬的«客户姓名»，您好！
感谢您对本公司产品的信任与支持，您于在本公司购买的，在使用过程中，有需要公司服务时，请拨打公司客户服务部电话。公司将为您提供优质、周到的服务。
谢谢！
科源有限公司
2017 年 3 月 30 日
公司服务热线：028-83335555

图 1.103 插入合并域“客户姓名”

（2）类似的操作，在“客户姓名”域之后插入“性别”域，在“您于”之后插入“购买时间”，“购买的”之后插入“购买产品”域。插入域之后的信函如图 1.104 所示。

（3）分别对信函中插入的域设置图 1.105 所示的字符格式，如字体、字形、字号和颜色等，使插入的域更醒目。

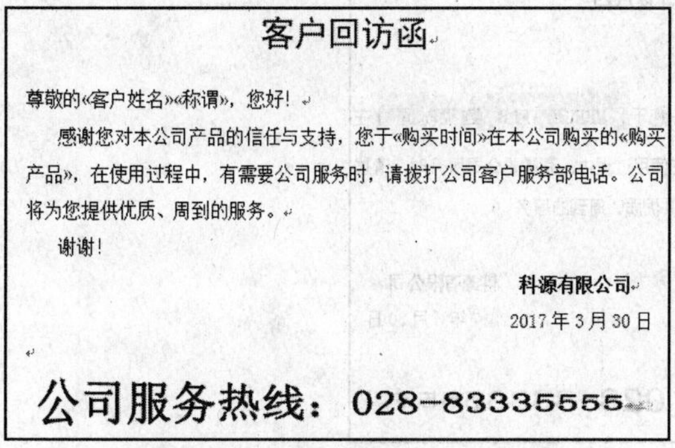

客户回访函
尊敬的«客户姓名»«称谓»，您好！
感谢您对本公司产品的信任与支持，您于«购买时间»在本公司购买的«购买产品»，在使用过程中，有需要公司服务时，请拨打公司客户服务部电话。公司将为您提供优质、周到的服务。
谢谢！
科源有限公司
2017 年 3 月 30 日
公司服务热线：028-83335555

图 1.104 插入合并域后的信函

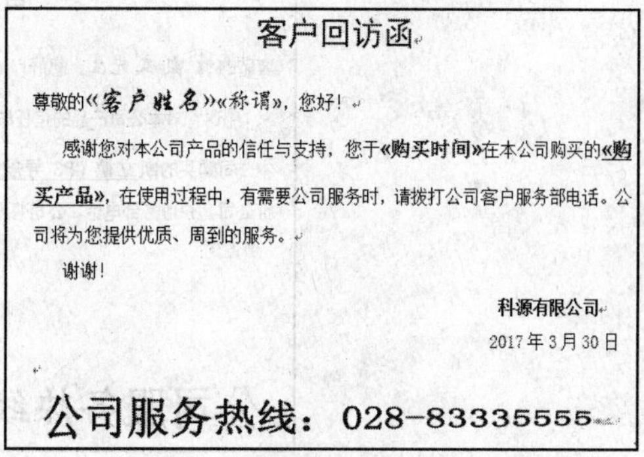

客户回访函
尊敬的«客户姓名»«称谓»，您好！
感谢您对本公司产品的信任与支持，您于«购买时间»在本公司购买的«购买产品»，在使用过程中，有需要公司服务时，请拨打公司客户服务部电话。公司将为您提供优质、周到的服务。
谢谢！
科源有限公司
2017 年 3 月 30 日
公司服务热线：028-83335555

图 1.105 设置插入域的字符格式

步骤 5 预览信函

（1）单击“邮件”→“预览结果”→“预览结果”按钮，如图 1.106 所示，生成图 1.107 所示的客户个人信函预览效果。

预览结果
1
查找收件人
检查错误
预览结果

图 1.106 “邮件”选项卡上的“预览结果”按钮

（2）单击“预览结果”工具栏上的“上一记录” ◀ 或“下一记录” ▶ 按钮，可预览其他客户的信函。

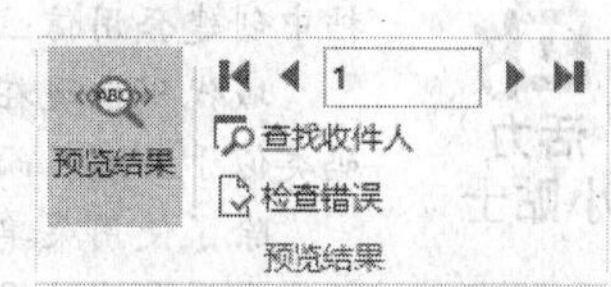

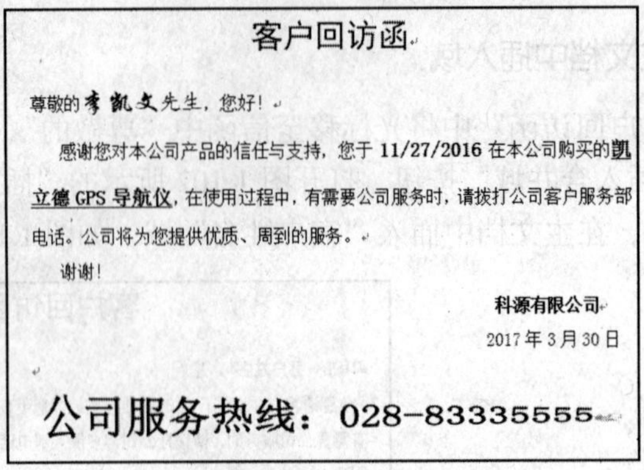

客户回访函

尊敬的李凯文先生，您好！

感谢您对本公司产品的信任与支持，您于 11/27/2016 在本公司购买的凯立德 GPS 导航仪，在使用过程中，有需要公司服务时，请拨打公司客户服务部电话。公司将为您提供优质、周到的服务。

谢谢！

科源有限公司

2017 年 3 月 30 日

公司服务热线：028-83335555

图 1.107　预览客户个人信函

从图 1.107 所示的客户个人信函的预览中看出，购买时间的默认格式为“11/27/2016”，即“月/日/年”格式，不太符合我们的日期表示习惯，这里，可通过修改域代码的方式来修改日期域的显示形式。下面，我们将“购买时间”格式修改为形如“2016 年 11 月 27 日”的格式。

步骤 6　修改“购买时间”域格式

（1）用鼠标右键单击“购买时间”域，从弹出的快捷菜单中选择“切换域代码”命令，此时，将显示图 1.108 所示的域代码。

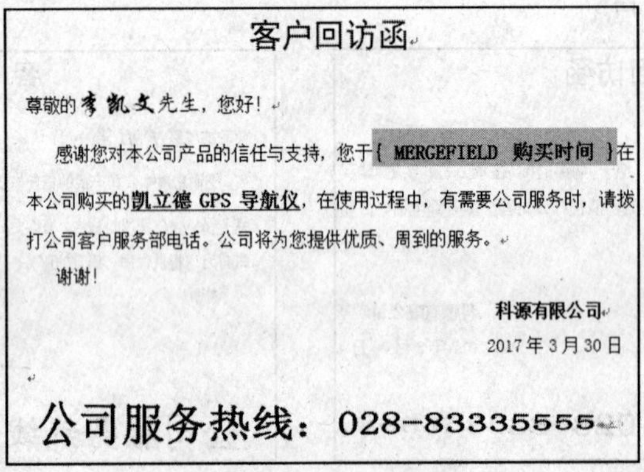

客户回访函

尊敬的李凯文先生，您好！

感谢您对本公司产品的信任与支持，您于{ MERGEFIELD 购买时间 }在本公司购买的凯立德 GPS 导航仪，在使用过程中，有需要公司服务时，请拨打公司客户服务部电话。公司将为您提供优质、周到的服务。

谢谢！

科源有限公司

2017 年 3 月 30 日

公司服务热线：028-83335555

图 1.108　显示域代码

Microsoft Word 中的域用作文档中可能会更改的数据的占位符，并用于在邮件合并文档中创建套用信函和标签，这些类型的字段也称为域代码。

域代码出现在大括号内（{ }）。域的作用类似于 Microsoft Excel 中的公式 ——域代码类似于公式，而域结果类似于该公式生成的值。

除了使用菜单命令显示域代码外，也可通过按“Alt”+“F9”组合键，在文档中对显示域代码和域结果进行切换。

域代码的语法为：{ 域名称 指令 可选开关 }

① 域名称：该名称显示在“域”对话框的域名称列表中。

② 指令：用于特定域的任何指令或变量。并非所有域都有参数，在某些域中，参数为可选项，而非必选项。

③ 可选开关：开关是用于特定域的任何可选设置。并非所有域都设有可用开关，而控制域结果格式设置的域除外。

（2）在域代码“{MERGEFIELD 购买时间}”的“购买时间”之后添加域开关：\@"YYYY 年 M 月 D 日"，将域代码修改为“{MERGEFIELD 购买时间\@"YYYY 年 M 月 D 日}”，如图 1.109 所示。

（3）修改域代码后，再次预览结果时，可显示图 1.110 所示的日期格式。

客户回访函

尊敬的«客户姓名»«称谓»，您好！

感谢您对本公司产品的信任与支持，您于 { MERGEFIELD 购买时间 \@"YYYY 年 M 月 D 日" }在本公司购买的«购买产品»，在使用过程中，有需要公司服务时，请拨打公司客户服务部电话。公司将为您提供优质、周到的服务。

谢谢！

科源有限公司

2017 年 3 月 30 日

公司服务热线：028-83335555

图 1.109　为域代码添加开关

客户回访函

尊敬的李凯文先生，您好！

感谢您对本公司产品的信任与支持，您于 2016 年 11 月 27 日在本公司购买的凯立德 GPS 导航仪，在使用过程中，有需要公司服务时，请拨打公司客户服务部电话。公司将为您提供优质、周到的服务。

谢谢！

科源有限公司

2017 年 3 月 30 日

公司服务热线：028-83335555

图 1.110　修改域代码后的日期格式

步骤 7　合并邮件

（1）单击“邮件”→“完成”→“完成并合并”按钮，从打开的下拉菜单中选择“编辑单个文档”命令，弹出图 1.111 所示的“合并到新文档”对话框。

活力小贴士

合并邮件时，若想要直接打印合并后的文档，可单击“完成并合并”下拉菜单中的“打印文档”命令。

（2）单击“全部”单选框，然后单击“确定”按钮，生成合并文档。

（3）以“客户回访函（合并）”为名，将合并后生成的新文档保存至“E:\公司文档\行政部”文件夹中。生成的信函效果如图 1.112 所示（图中显示仅为部分信函）。

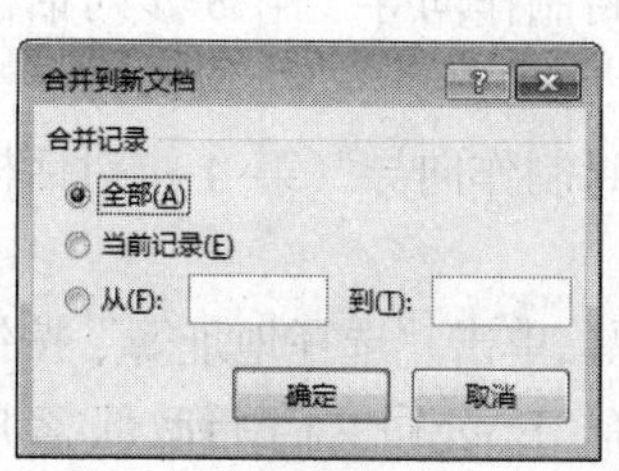

图 1.111　“合并到新文档”对话框

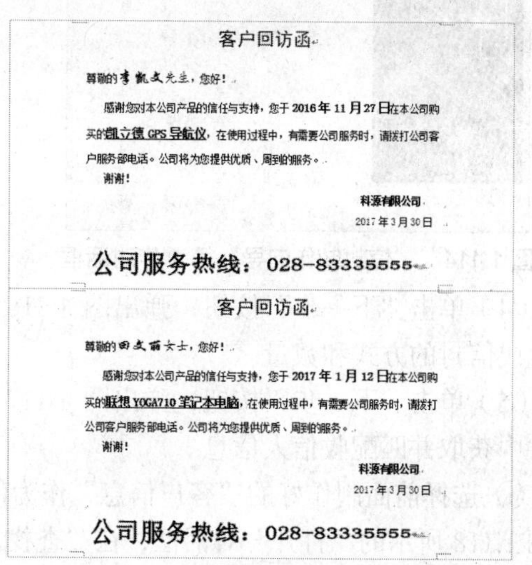

客户回访函

尊敬的李凯文先生，您好！

感谢您对本公司产品的信任与支持，您于 2016 年 11 月 27 日在本公司购买的凯立德 GPS 导航仪，在使用过程中，有需要公司服务时，请拨打公司客户服务部电话。公司将为您提供优质、周到的服务。

谢谢！

科源有限公司

2017 年 3 月 30 日

公司服务热线：028-83335555

客户回访函

尊敬的田文丽女士，您好！

感谢您对本公司产品的信任与支持，您于 2017 年 1 月 12 日在本公司购买的联想 YOGA710 笔记本电脑，在使用过程中，有需要公司服务时，请拨打公司客户服务部电话。公司将为您提供优质、周到的服务。

谢谢！

科源有限公司

2017 年 3 月 30 日

公司服务热线：028-83335555

图 1.112　“客户回访函”效果图

活力小贴士

进行邮件合并时，一般默认将数据源中提供的全部记录进行合并；若用户只需合并部分记录，则可单击“邮件”→“开始邮件合并”→“编辑收件人列表”按钮，从弹出的“邮件合并收件人”对话框中选取需要的收件人，或者对收件人进行筛选等调整，如图 1.113 所示。

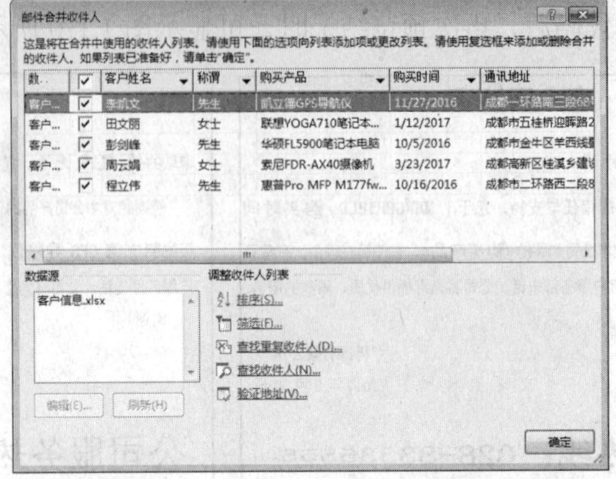

图 1.113 “邮件合并收件人”对话框

步骤 8 制作信封

（1）启动 Word 2013。

（2）单击“邮件”→“创建”→“中文信封”按钮，打开图 1.114 所示的“信封制作向导”第 1 步对话框。

（3）单击“下一步”按钮，弹出图 1.115 所示的“信封制作向导”第 2 步对话框，选择所需的信封样式及设置信封选项。

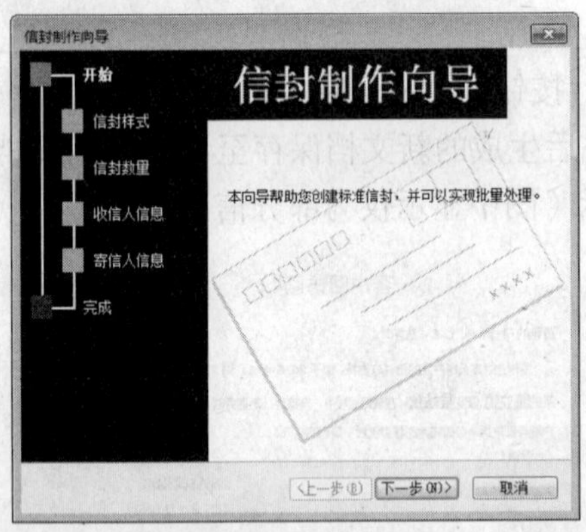

图 1.114 “信封制作向导”第 1 步对话框

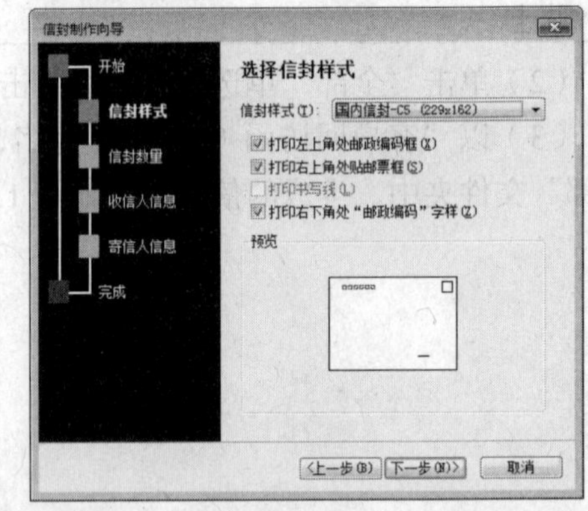

图 1.115 “信封制作向导”第 2 步对话框

（4）单击“下一步”按钮，弹出图 1.116 所示的“信封制作向导”第 3 步对话框，选择生成信封的方式和数量。

（5）单击“下一步”按钮，弹出图 1.117 所示的“信封制作向导”第 4 步对话框，从文件中获取并匹配收信人信息。

① 选择前面制作好的“客户信息”作为信封的数据源。单击“选择地址簿”按钮，打开图 1.118 所示的“打开”对话框，在“查找范围”中选择“E:\公司文档\行政部\客户回访函”文件夹，再将文件类型选择为“Excel”后，选定数据源文件“客户信息”，单击“确

定”按钮后，返回“信封制作向导”第 4 步对话框。

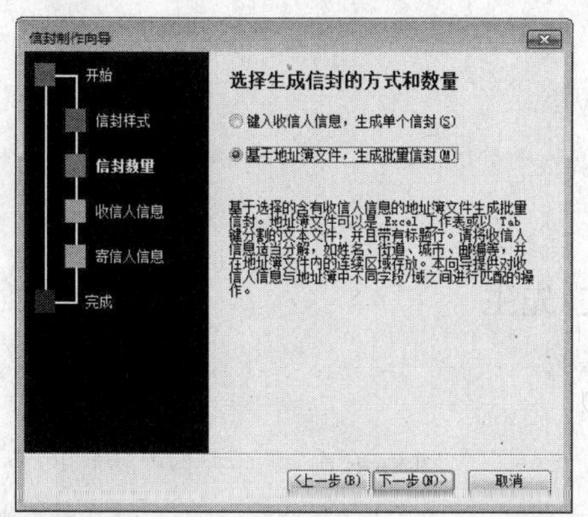

图 1.116 “信封制作向导”第 3 步对话框

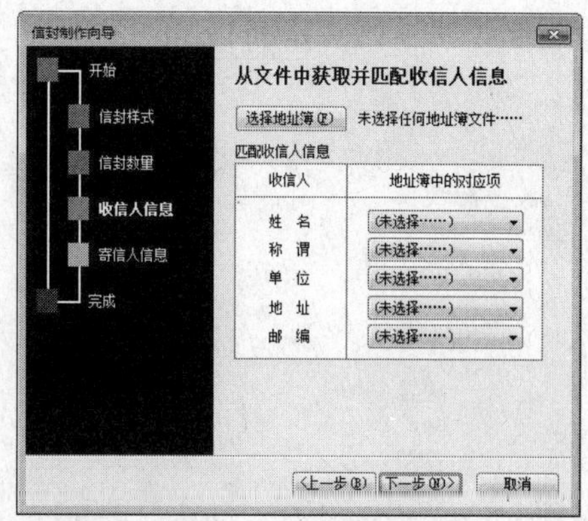

图 1.117 “信封制作向导”第 4 步对话框

② 分别在收件人的“姓名”“称谓”“地址”和“邮编”下拉列表中选择数据源中的“客户姓名”“称谓”“通信地址”和“邮编”，如图 1.119 所示。

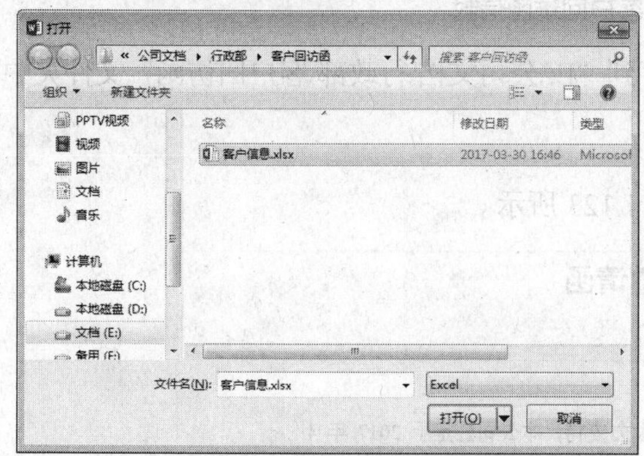

图 1.118 “打开”对话框

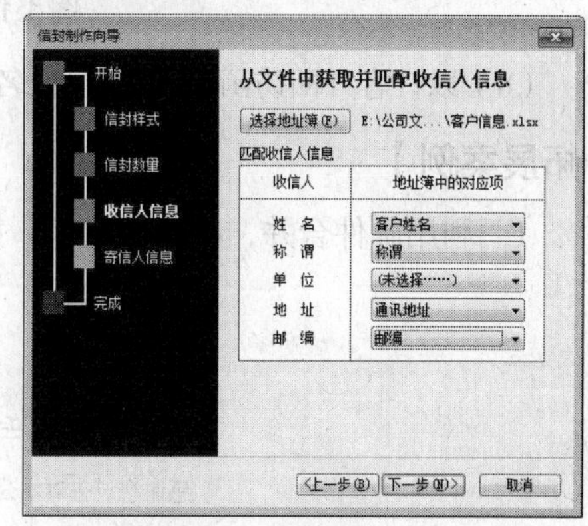

图 1.119 匹配收件人信息

（6）单击“下一步”按钮，弹出图 1.120 所示的“信封制作向导”第 5 步对话框，输入寄信人信息。

（7）单击“下一步”按钮，弹出图 1.121 所示的“信封制作向导”第 6 步对话框，单击“完成”按钮完成信封的制作，如图 1.122 所示。

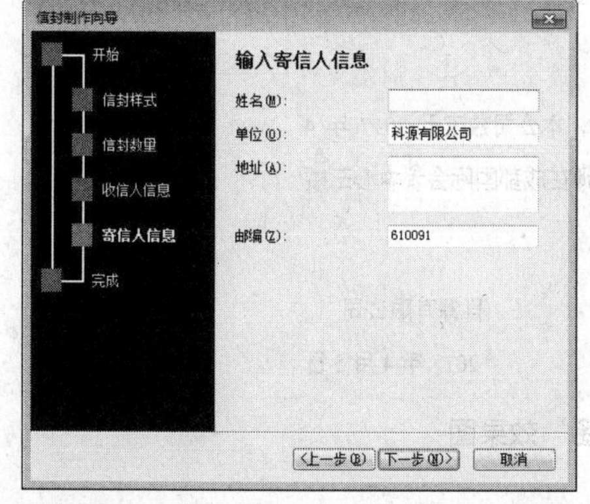

图 1.120 “信封制作向导”第 5 步对话框

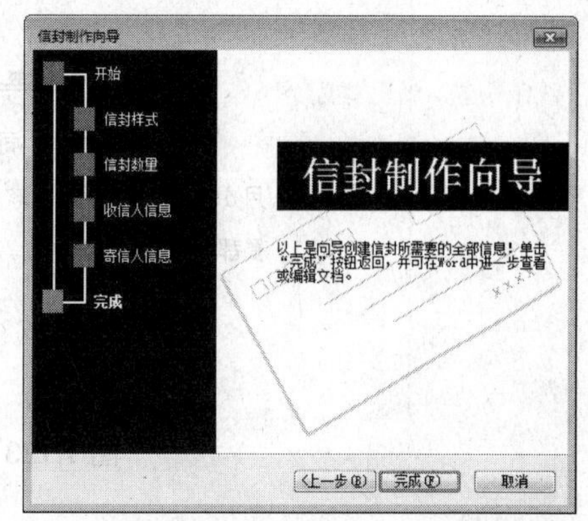

图 1.121 “信封制作向导”第 6 步对话框

图 1.122 客户回访函信封

（8）以“客户回访函（信封）”为名保存到“E:\公司文档\行政部\客户回访函”文件夹中。

【拓展案例】

1. 利用邮件合并，制作邀请函，如图 1.123 所示。

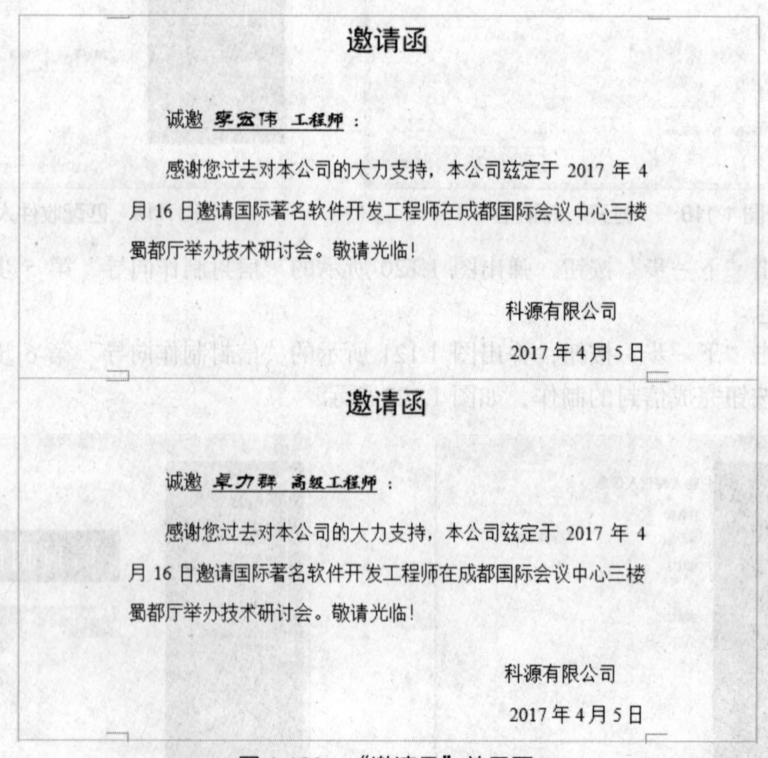

图 1.123 “邀请函”效果图

2. 制作员工荣誉证书，如图 1.124 所示。

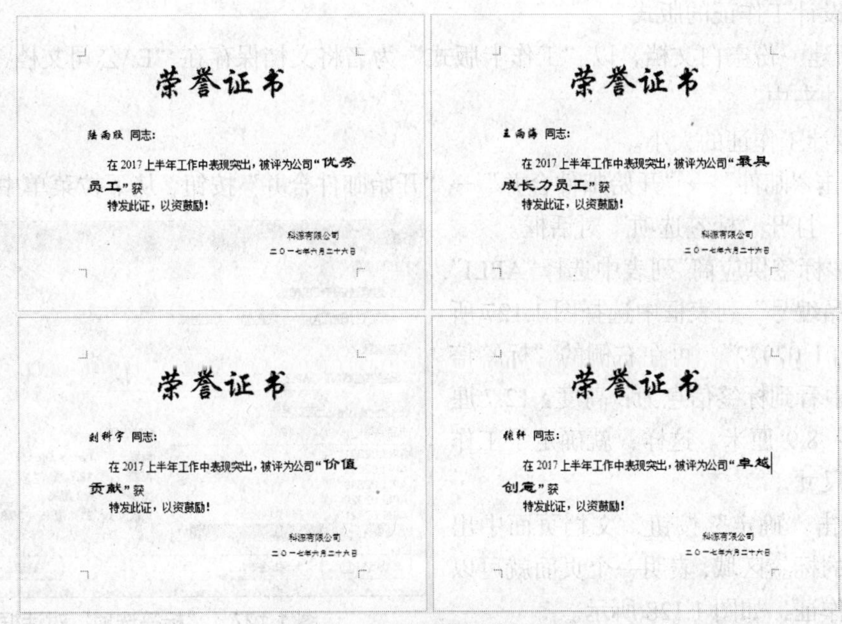

图 1.124　“荣誉证书”效果

【拓展训练】

制作公司员工工作牌，如图 1.125 所示。

其操作步骤如下。

（1）准备数据源

① 启动 Word 2013 程序，新建一份空白文档。

② 创建图 1.126 所示的“员工信息”，将创建好的数据源文件以“员工信息”为名保存在“E:\公司文档\行政部\工作证”文件夹中。

图 1.125　员工工作证

员工号	姓名	部门
KY001	方成建	市场部
KY002	桑南	人力资源部
KY003	何宇	市场部
KY004	刘光利	行政部
KY005	钱新	财务部
KY006	曾科	财务部
KY007	李莫薷	物流部
KY008	周苏嘉	行政部
KY009	黄雅玲	市场部
KY010	林菱	市场部
KY011	司马意	行政部
KY012	令狐珊	物流部
KY013	慕容勤	财务部
KY014	柏国力	人力资源部
KY015	周谦	物流部
KY016	刘民	市场部
KY017	尔阿	物流部
KY018	夏蓝	人力资源部
KY019	皮桂华	行政部
KY020	段齐	人力资源部
KY021	费乐	财务部
KY022	高亚玲	行政部
KY023	苏洁	市场部
KY024	江宽	人力资源部
KY025	王利伟	市场部

图 1.126　员工信息

③ 关闭制作好的数据源文件。

（2）设计工作证的版式

① 新建一份空白文档，以“工作卡版式”为名将文档保存在“E:\公司文档\行政部\工作证”文件夹中。

② 设计工作证的大小。

a. 单击“邮件”→“开始邮件合并”→“开始邮件合并”按钮，从下拉菜单中选择“标签”命令，打开“标签选项”对话框。

b. 从“标签供应商”列表中选择“APLI”，再从“产品编号”列表框中选择图 1.127 所示的“APLI 02922”，可在右侧的“标签信息”区域中看到标签信息为：高度：12.7 厘米，宽度：8.9 厘米。这样，就确定了工作卡的大小尺寸。

c. 单击“确定”按钮，文档页面中出现 4 个小的标签区域，表明一个页面就可以做 4 个工作证，如图 1.128 所示。

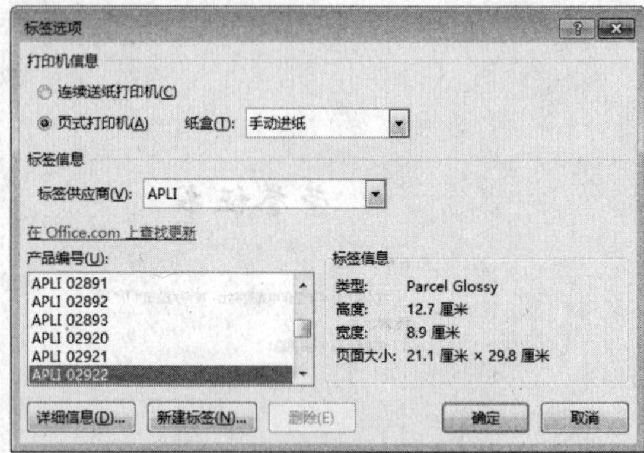

图 1.127 “标签选项”对话框

活力小贴士

这里产生的标签区域实际是用虚线表格来划分出来的，一情况下，如果页面上未显示虚框，可单击“表格工具”→“布局”→“表”→“查看网格线”按钮，显示出表格虚框。

③ 设计工作证的内容。

a. 将光标定位于第 1 个标签区域中。

b. 输入图 1.129 所示的内容。

图 1.128 将主文档类型设置为标签后的页面

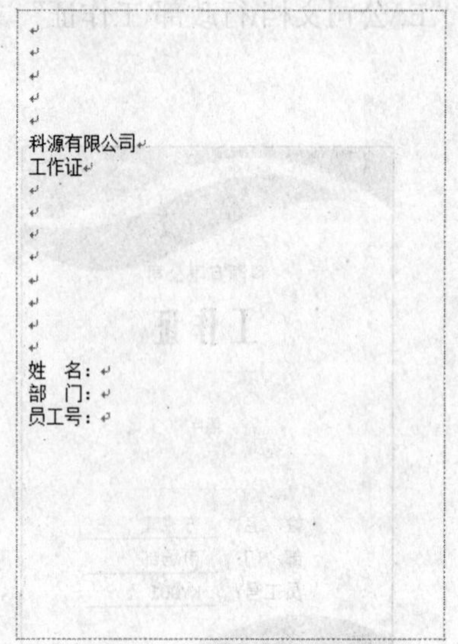

图 1.129 输入工作证内容

④ 为标签区域添加背景图片。

a. 光标置于在第一张标签中，单击“插入”→“插图”→“图片”按钮，打开“插入图片”对话框，插入“E:\公司文档\行政部\工作证”文件夹中准备好的“工作证背景”图片，如图 1.130 所示，再单击“插入”按钮。

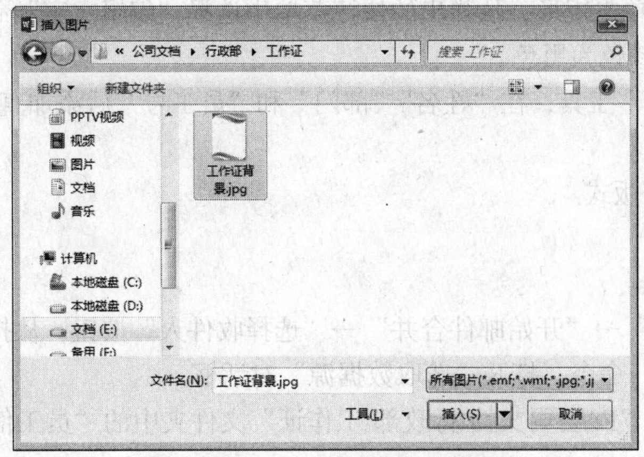

图 1.130 “插入图片”对话框

b. 将插入的图片尺寸调整为一张标签的大小（高度：12.7 厘米，宽度：8.9 厘米）。

c. 选中图片，单击“绘图工具”→“格式”→“排列”→“自动换行”按钮，打开图 1.131 所示的下拉列表，选择“衬于文字下方”环绕方式。

d. 适当移动图片的位置，使其与标签区域重叠，形成图 1.132 所示的标签效果。

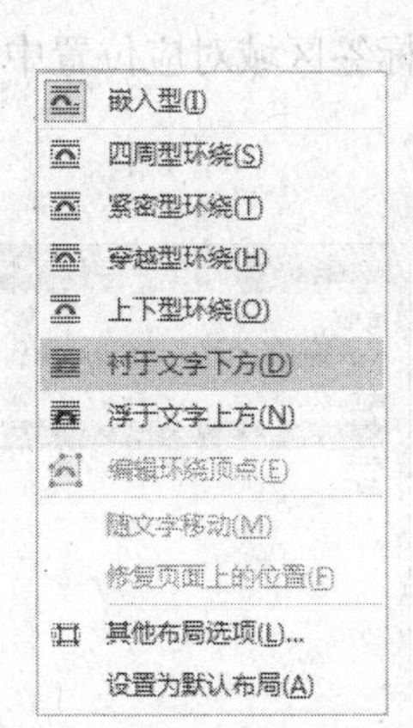

图 1.131 “文字环绕”方式下拉列表

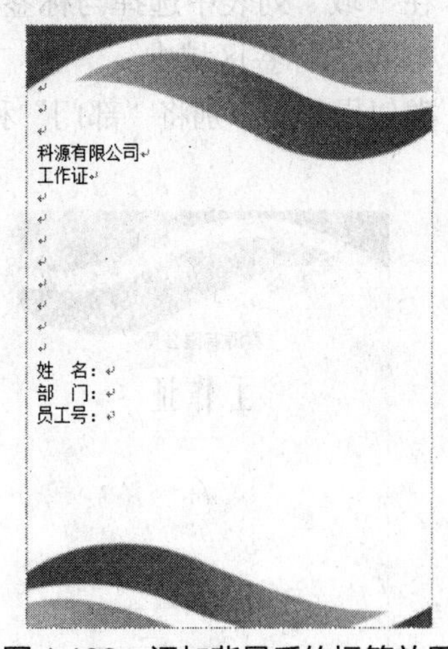

图 1.132 添加背景后的标签效果

⑤ 设置工作证的文字格式。设置“科源有限公司”格式为宋体、四号、居中、段前段后间距各 0.5 行；“工作证”格式为方正姚体、一号、加粗、居中。设置“姓名”“部门”和“员工号”的格式为宋体、四号、左缩进 5.5 字符、行距为 1.25 倍。

⑥ 添加“照片”框。

a. 单击“插入”→“插图”→“形状”按钮，从打开的形状列表中选择“矩形”工具。

b. 按住鼠标左键不放，在工作证中央位置拖曳出一个小矩形框，释放鼠标左键。

c. 选中矩形框，单击“绘图工具”→“格式”→“形状样式”→“形状填充”按钮，从打开的颜色列表中选择“无填充颜色”作为照片框的填充颜色。

d. 选中矩形框，单击“绘图工具”→“格式”→“形状样式”→“形状轮廓”按钮，从打开的列表中选择“虚线”→“短划线”作为照片框的轮廓。

e. 用鼠标右键单击矩形，从弹出的快捷菜单中选择“编辑文字”命令，然后输入文字“照片”，设置文字颜色为黑色。

⑦ 利用“直线”工具，在“姓名”“部门”和“员工号”后添加直线，效果如图 1.133 所示。

⑧ 保存工作证版式。

（3）邮件合并

① 打开数据源。

a. 单击“邮件”→“开始邮件合并”→“选择收件人”按钮，从打开的下拉菜单中选择“使用现有列表”命令，打开“选取数据源”对话框。

b. 选取保存在“E:\公司文档\行政部\工作证”文件夹中的“员工信息”作为邮件合并的数据源。

c. 单击“打开”按钮，建立起主文档“工作证版式”和数据源“员工信息”的连接。

② 插入合并域

a. 将光标定位于标签区域的“姓名:”之后，单击“邮件”→“编写和插入域”→“插入合并域”按钮，打开图 1.134 所示的“插入合并域”对话框。

b. 在“域”列表中选择与标签区域中对应的域名称“姓名”，单击“插入”按钮，将“姓名”域插入标签区域中。

c. 类似操作，分别将“部门”和“员工号”域插入到标签区域对应位置中，如图 1.135 所示。

图 1.133 “工作证”版式

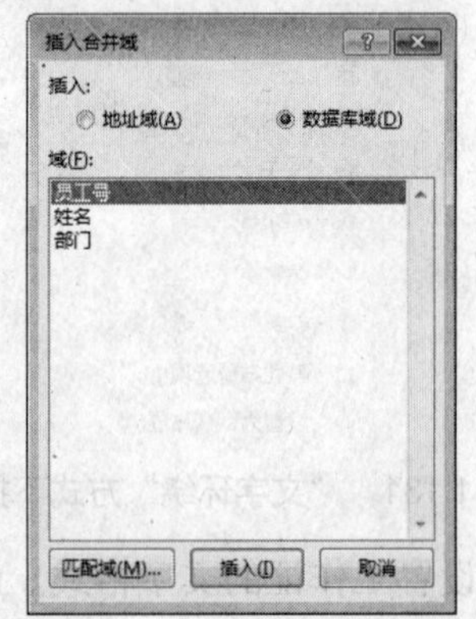

图 1.134 “插入合并域”对话框

（4）预览合并效果

① 单击“邮件”→“预览结果”→“预览结果”按钮，可以看到域名称已变成了实际的工作人员信息，如图 1.136 所示。

② 单击“预览结果”中的记录浏览按钮，可预览其他工作卡的效果。

（5）更新标签

在对标签类型的邮件合并文档进行预览时，我们看到只有一张标签有内容，如图 1.137 所示。接下来，我们更新其他学员的标签。

图 1.135 插入合并域的标签

图 1.136 工作证合并域后的预览效果

单击“邮件”→“编写和插入域”→“更新标签”按钮，生成图 1.138 所示的多张标签。

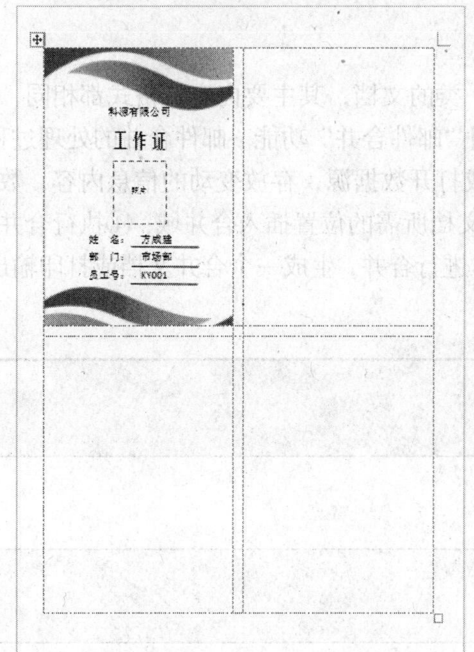

图 1.137 仅显示一张标签内容的文档

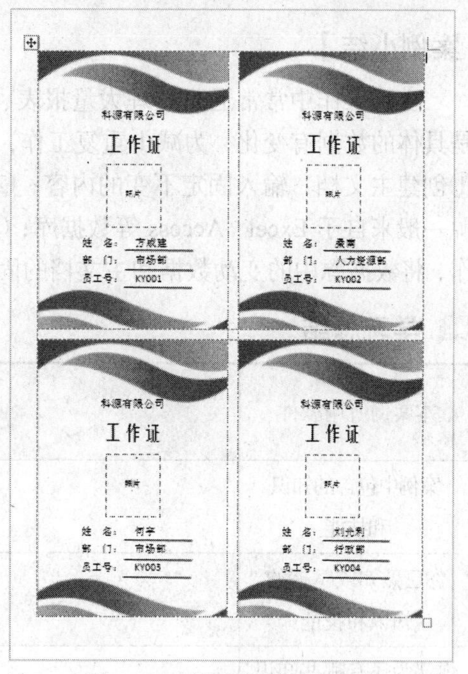

图 1.138 更新标签后的效果

（6）完成合并

图 1.138 所示的多张工作证仅为预览效果下的文档，接下来通过完成合并操作后可生成合并后的文档或打印文档。

① 单击“邮件”→“完成”→“完成并合并”按钮，从下拉菜单中选择“编辑个人文档”命令，打开“合并到新文档”对话框。

② 选择“全部”选项后，单击“确定”按钮，生成新文档“标签 1”。

③ 将合并后生成的新文档以“工作证”为名保存在“E:\公司文档\行政部\工作证”文件夹中。

活力小贴士

根据设置的标签尺寸，在一张 A4 纸上有 4 张标签，由于“员工信息”的记录数为 25 条，因此，合并后的新文档会有 7 页，在第 7 页中，将会产生一些空白标签，如图 1.139 所示。这些标签也可作为临时备用。

图 1.139　产生的空白标签

【案例小结】

实际工作中常常遇到处理大量报表、信件一类的文档，其主要内容、格式都相同，只是具体的数据有变化，为减少重复工作，可使用“邮件合并”功能。邮件合并的处理过程：①创建主文档，输入固定不变的内容；②创建或打开数据源，存放变动的信息内容，数据源一般来自于 Excel、Access 等数据库；③在主文档所需的位置插入合并域；④执行合并操作，将数据源中的变动数据和主文档的固定文本进行合并，生成一个合并文档或打印输出。

学习总结

本案例所用软件	
案例中包含的知识和技能	
你已熟知或掌握的知识和技能	
你认为还有哪些知识或技能需要进行强化	
案例中可使用的 Office 技巧	
学习本案例之后的体会	

1.5 案例5 利用Outlook管理日常工作

示例文件	原始文件：无 效果文件：无

【案例分析】

Microsoft Outlook 2013是Office 2013软件中自带的一款邮件管理软件，公司员工经常利用它来收发电子邮件、管理联系人信息、记日记、安排日程、分配任务等。

本案例行政部高亚玲将使用她的邮箱 ky_gaoyl@126.com 邮箱作为办公邮箱，利用Microsoft Outlook管理日常工作，如收发邮件、管理通信簿、添加收件人、群发邮件、定制会议等。

【知识与技能】

- 启动并配置Outlook
- 用Outlook收、发邮件
- 用Outlook管理联系人
- 制定工作日程
- 定制会议安排
- 备份数据文件

【解决方案】

步骤1 Outlook初始化设置

（1）单击“开始”按钮，选择“所有程序”→“Microsoft Office 2013”→“Outlook 2013”命令，启动Outlook 2013，弹出图1.140所示的“欢迎使用Outlook 2013”对话框。

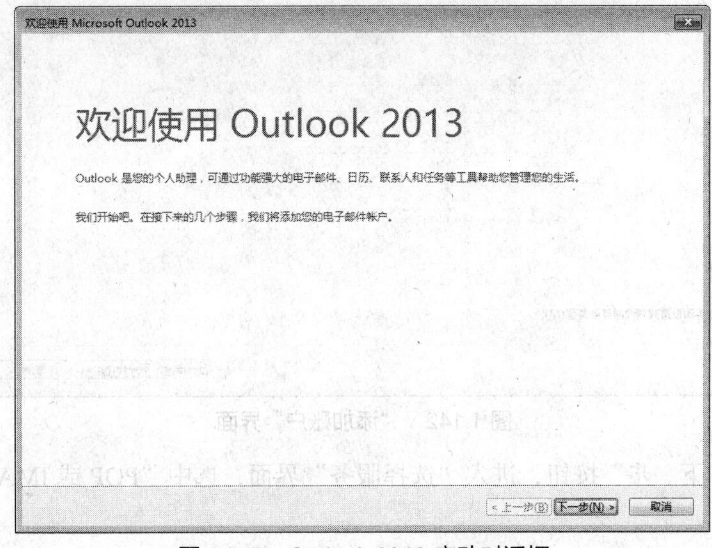

图1.140 Outlook 2013启动对话框

（2）单击“下一步”按钮，进入“账户配置”界面，选择“是”单选按钮，如图 1.141 所示。

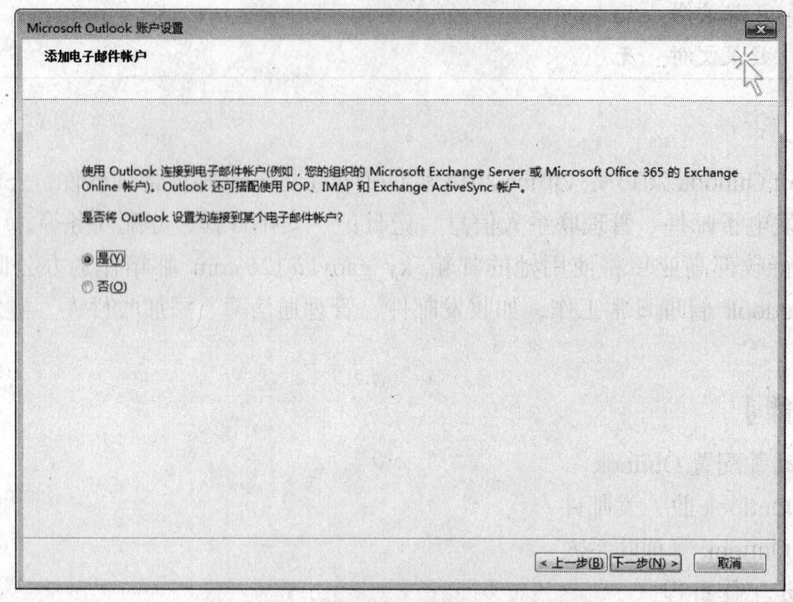

图 1.141　选择是否配置电子邮件账户

（3）单击“下一步”按钮，进入“添加账户”界面，选中“手动配置服务器设置或其他服务器类型”单选按钮，如图 1.142 所示。

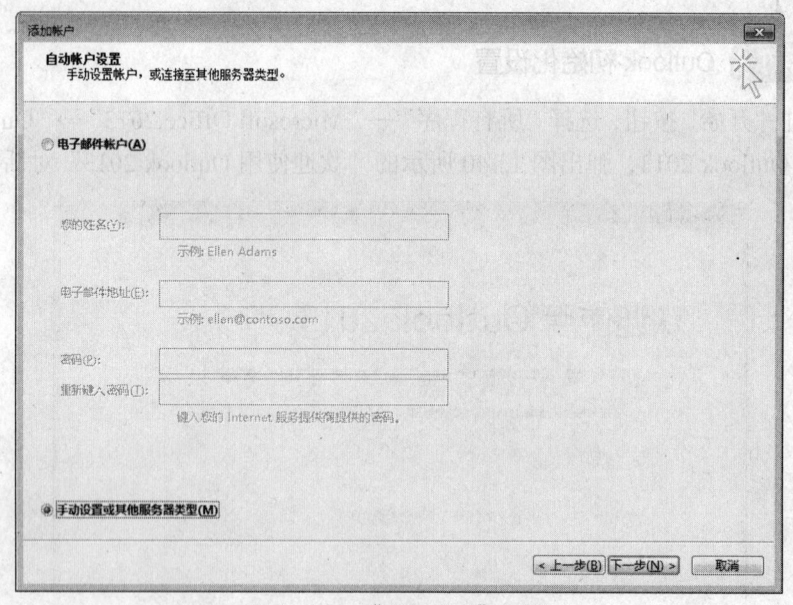

图 1.142　“添加账户”界面

（4）单击“下一步”按钮，进入“选择服务”界面，选中“POP 或 IMAP”单选按钮，如图 1.143 所示。

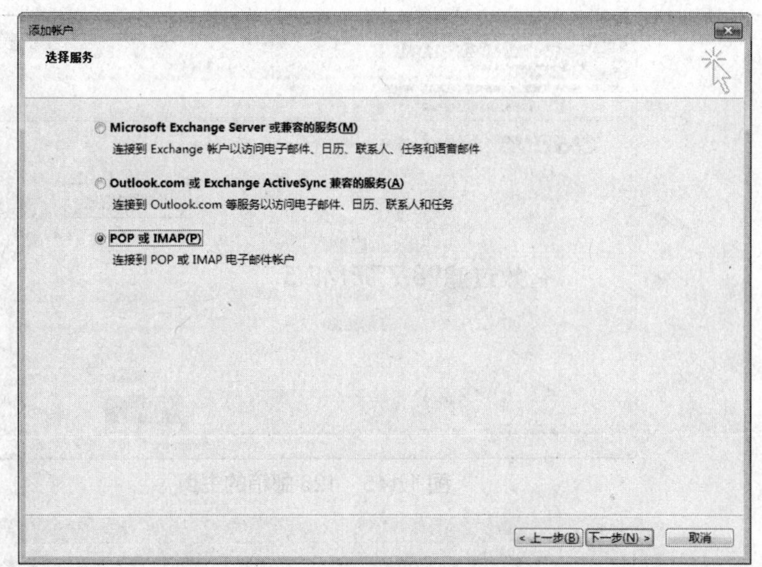

图 1.143 选择服务类型

（5）单击“下一步”按钮，进入“POP 或 IMAP 账户设置”界面，输入“用户信息”“服务器信息”及“登录信息”，如图 1.144 所示。

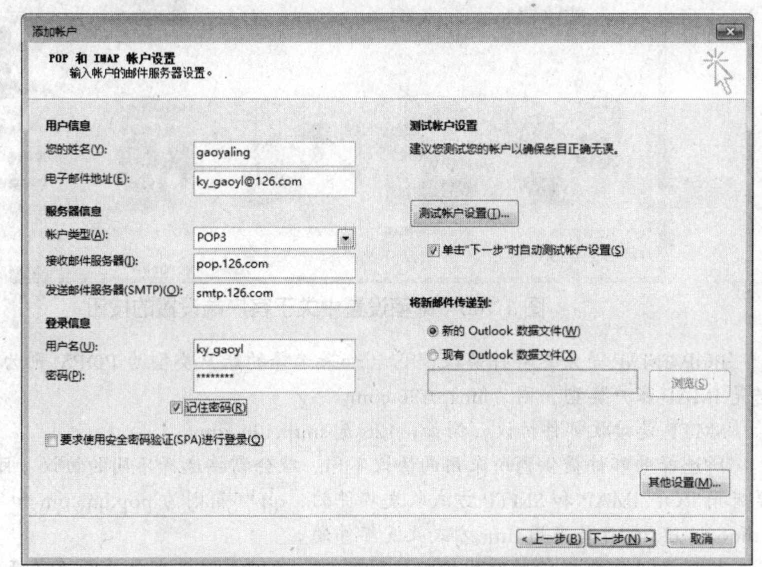

图 1.144 Internet 电子邮件设置

活力
小贴士

设置电子邮件的服务器名时，需要先查找使用邮件服务商提供的是哪种服务，再进行邮件服务器的设置，查找邮件服务器的方法如下（以 126 邮箱为例）。

① 启动网络浏览器，打开网易 www.126.com 的主页，如图 1.145 所示；

② 单击“帮助”，打开提供各类帮助信息的页面，如图 1.146 所示，可以在“快速帮助”框中输入“126 邮箱客户端”，再单击“快速帮助”选项，进入“常见问题”页面进行了解。

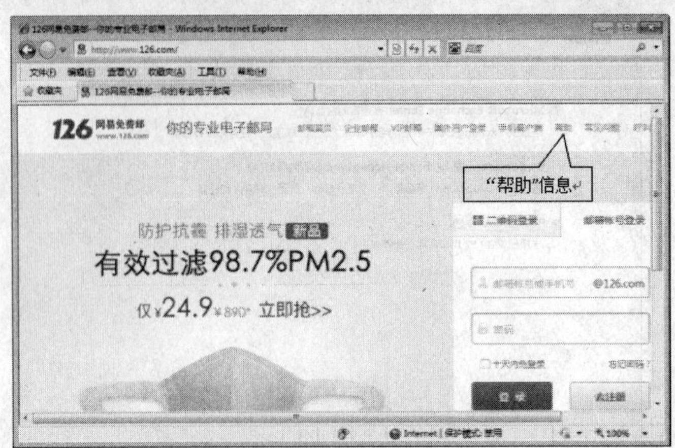

图 1.145　126 邮箱的主页

图 1.146　邮箱设置中关于客户端设置的按钮

POP/IMAP 是发送邮件协议，例如，如果选择的账户类型为 POP3，则为 pop.126.com，若是 IMAP 账户类型，则为 imap.126.com。

SMTP 是接收邮件协议，例如，126 是 smtp.126.com。

所选择的邮件提供商所采用的协议不同，就会需要选择不同的协议。目前 126 和 163 是采用 POP/IMAP 和 SMTP 方式收发邮件的，qq 邮箱则为 pop.qq.com 和 smtp.qq.com，yahoo 和 Hotmail 是采用 http 方式收发邮件的。

填写协议需要根据所使用的邮件服务，一般邮件服务网站上会有关于设置的帮助信息，可查询后再设置你计算机上 Outlook 中的相应协议。

另外，有些网站的电子邮箱服务器以及他们提供的聊天室附带的电邮服务不支持 Outlook Express，这样做可能是为了让你更多地登录他们的网站、使用他们的聊天工具、确保邮件安全，或者是其他什么原因。

（6）单击“其他设置”按钮，弹出“Internet 电子邮件设置”对话框，单击“发送服务器”选项卡，选中“我的发送服务器（SMTP）要求验证”复选框，如图 1.147 所示。单击“确定”按钮，返回“添加新电子邮件账户”对话框。单击“测试账户设置”按钮，弹出“测试账户设置”对话框，如图 1.148 所示。测试完毕，单击“关闭”按钮。

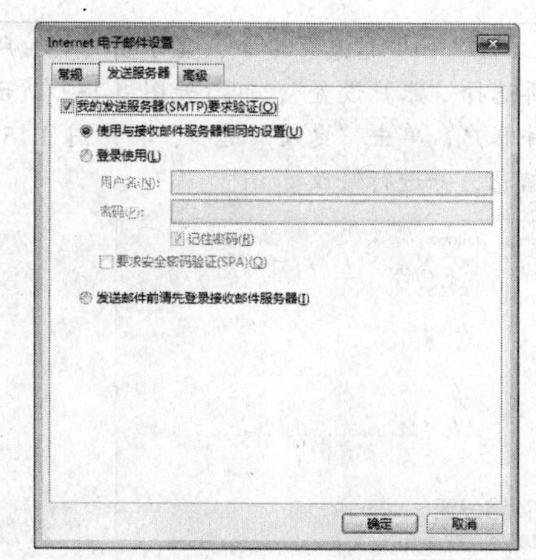

图 1.147 “Internet 电子邮件设置”对话框

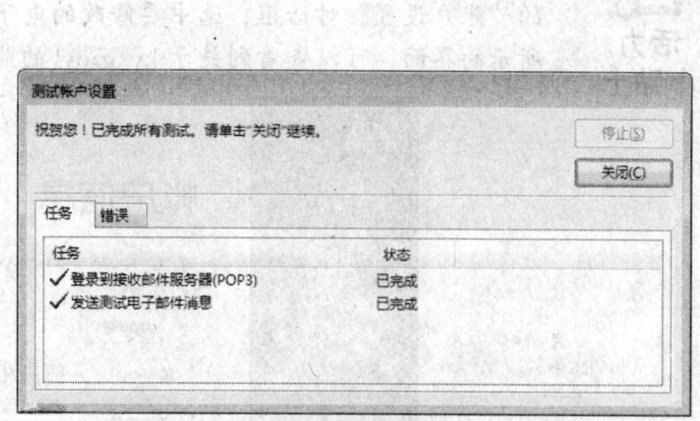

图 1.148 “测试账户设置”对话框

（7）单击“下一步”按钮，进入添加电子邮件账户的最后一步，如图 1.149 所示，单击“完成”按钮，完成账户的创建，弹出图 1.150 所示的 Outlook 窗口。

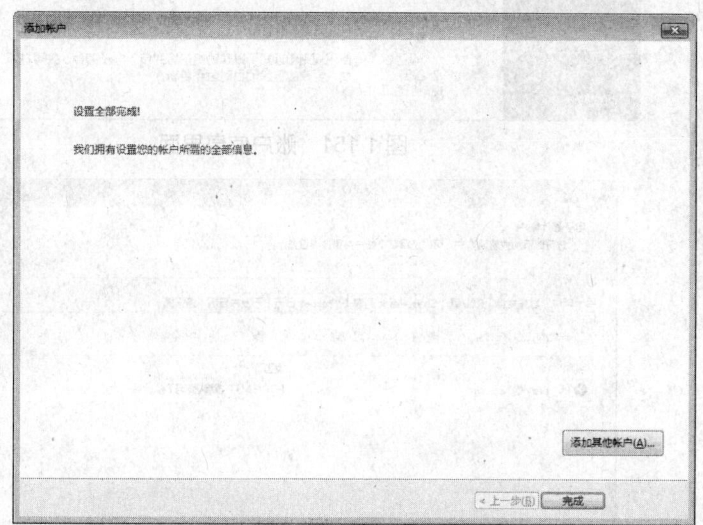

图 1.149 成功设置电子邮件账户

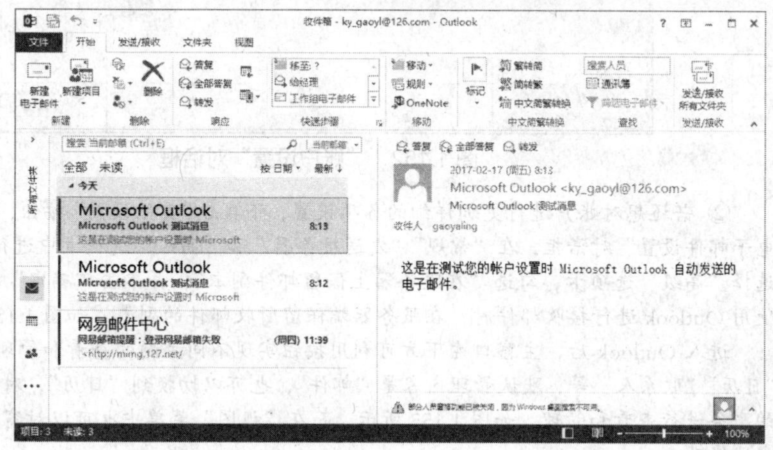

图 1.150 进入 Outlook 后的窗口

活力小贴士

① 如需对账户进行查看或修改，可选择“文件”→“信息”命令，显示图 1.151 所示的账户信息界面，单击“账户设置”按钮，再选择“账户设置”，可打开图 1.152 所示的“账户设置”对话框，选中要修改的电子邮件账户，单击“更改”选项，打开图 1.153 所示的界面，可以查看到关于 ky_gaoyl 的账户信息，并进行修改。

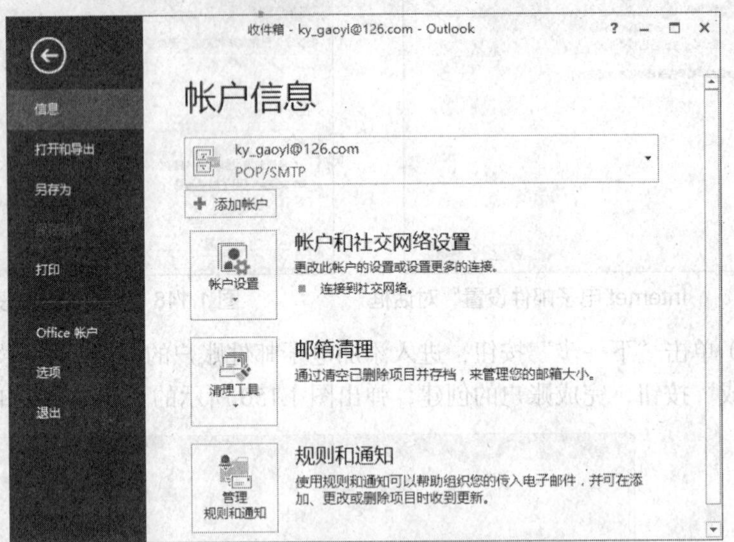

图 1.151　账户信息界面

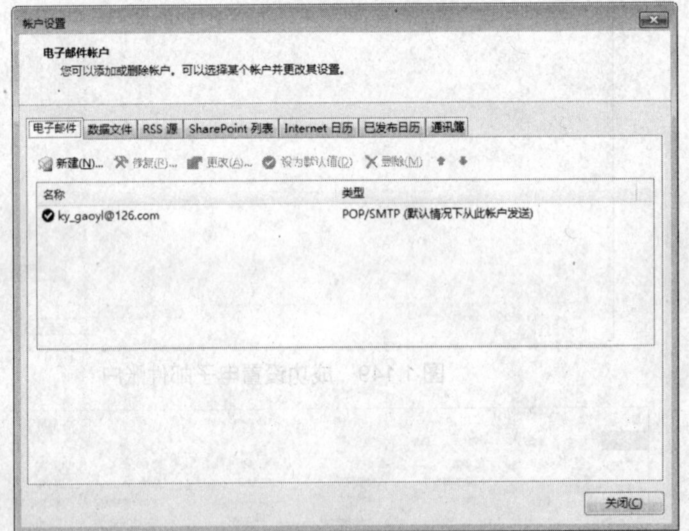

图 1.152　“账户设置”对话框

② 若还想对账户进行更加详细的各项设置，可单击“其他设置”按钮，打开“Internet 电子邮件设置”对话框，在“常规”“发送服务器”和“高级”选项卡中进行设置。例如，选择“高级”选项卡，勾选“在服务器上保留邮件副本”，并单击“确定”按钮，这样在使用 Outlook 进行接收邮件时，在服务器端保留所收邮件的副本，如图 1.154 所示。

进入 Outlook 后，主窗口左下方可利用按钮实现不同主题的查看和管理，如“邮件”“日历”“联系人”等，默认管理内容是“邮件”，也可以切换到“日历”，对今天各个时段的事务进行查看和管理，如图 1.155 所示。而在“视图”菜单中也可以对窗口的布局做适当地修改。

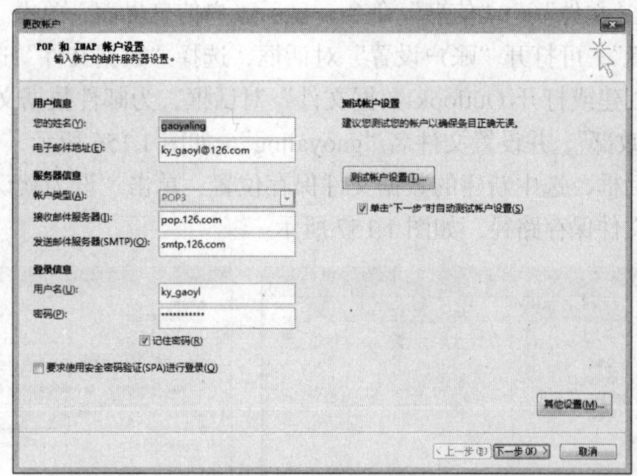

图 1.153 查看和修改 Internet 电子邮件账户设置

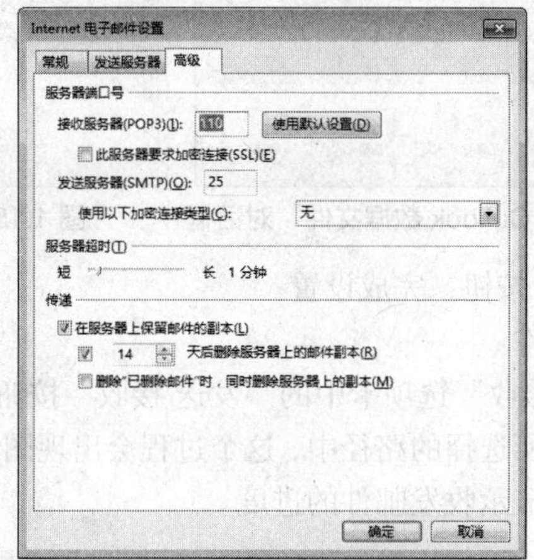

图 1.154 电子邮件账户“高级”设置

图 1.155 主界面为“日历”

步骤 2 收取邮件

（1）设置数据文件的存放位置。

① 选择“文件”→“信息”命令，显示账户信息界面，单击“账户设置”按钮，再选择“账户设置”，可打开“账户设置”对话框，选择“数据文件”选项卡，单击“添加”选项，打开“创建或打开 Outlook 数据文件”对话框，为邮件数据文件选择保存的路径“E:\公司文档\行政部”，并设置文件名“gaoyaling”，如图 1.156 所示，单击“确定”后返回“账户设置”对话框，选中新建的数据文件保存位置，单击“设为默认值”按钮，将其设置为默认的数据文件保存路径，如图 1.157 所示。

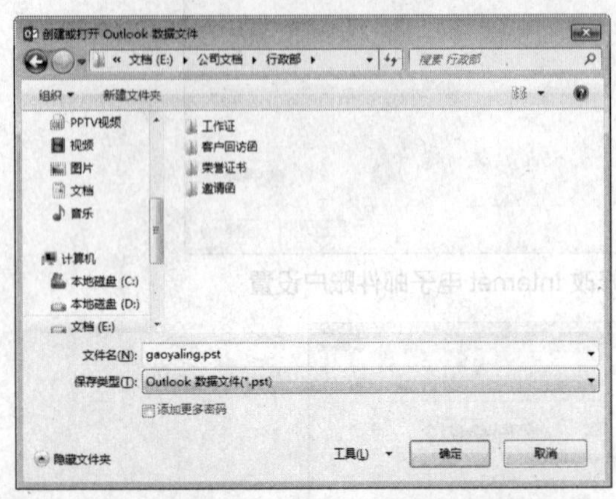

图 1.156 “创建或打开 Outlook 数据文件”对话框

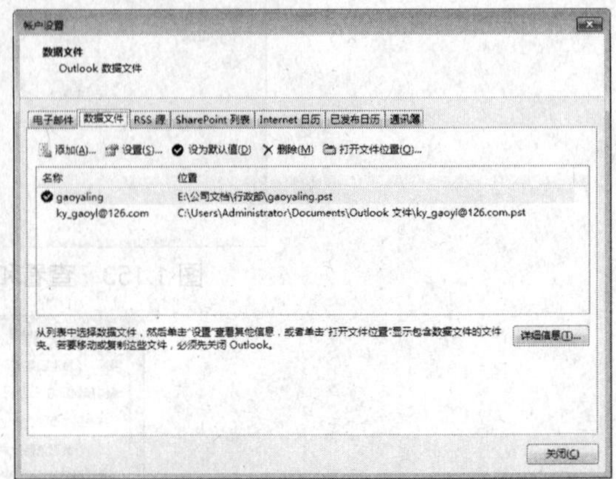

图 1.157 指定数据文件的默认保存位置

② 单击“关闭”按钮，完成设置。

（2）接收电子邮件。

① 单击“发送/接收”选项卡中的“发送/接收”按钮，就可以将刚才设置好的 126 邮箱中的邮件保存在所选择的路径中，这个过程会出现图 1.158 所示的“Outlook 发送/接收进度”对话框，用来显示收发邮件的进度。

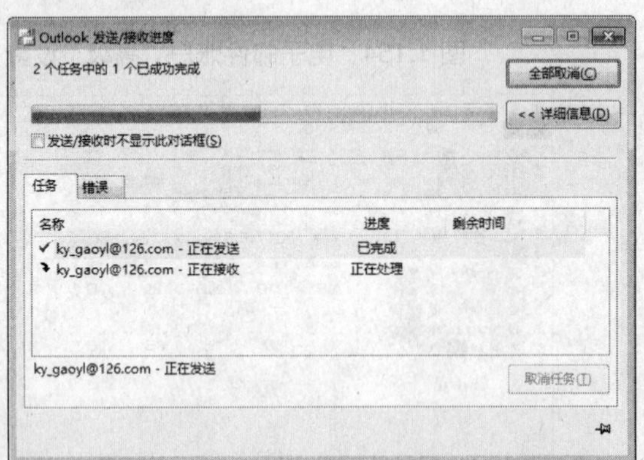

图 1.158 “Outlook 发送/接收进度”对话框

活力小贴士

也可以选择“发送/接收时不显示此对话框”，以后发送和接收邮件，将不再弹出此对话框。

② 此时，可看到原来 126 邮箱中的所有邮件都接收下来了，如图 1.159 所示。

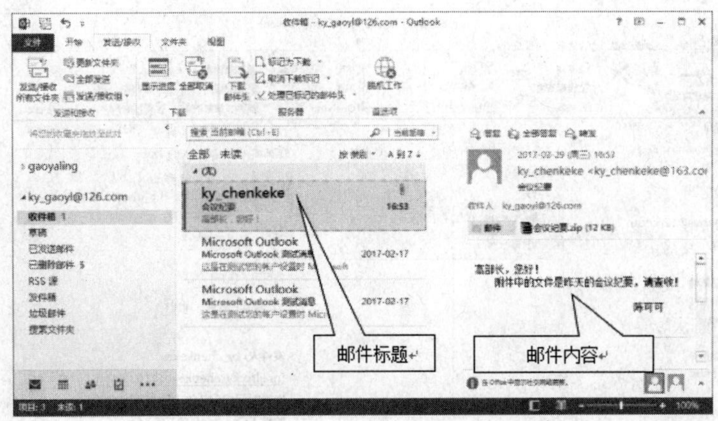

图 1.159 Outlook 收件箱

步骤 3 发送邮件（对收到的邮件进行回复）

（1）选中“ky_chenkeke”发来的邮件“会议纪要”，单击“开始”→“响应”→“答复”按钮，进入撰写邮件界面，如图 1.160 所示，将邮件内容写入邮件正文中。

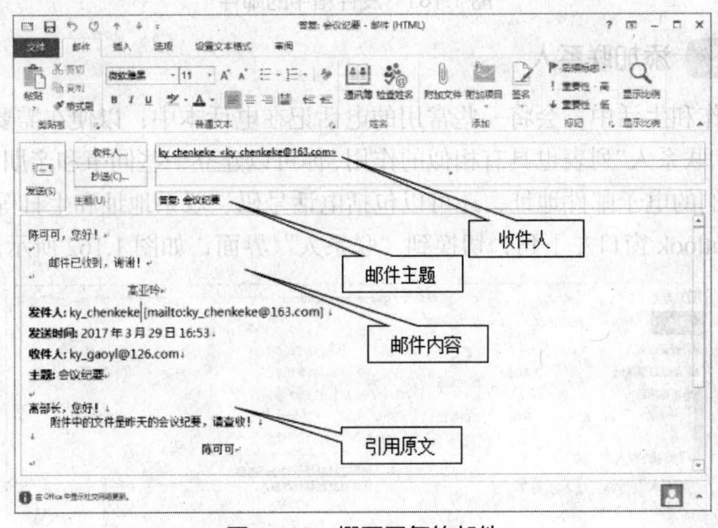

图 1.160 撰写回复的邮件

活力小贴士

若无需原文，可将原文删去。

在邮件中，可以做如下的进一步设置。

① 使用“附件文件”按钮，选择文件或 Outlook 中的项目作为邮件附件；

② 使用“通信簿”按钮，打开通信簿查找姓名、电话号码和电子邮件地址；

③ 使用“检查姓名”按钮，检查键入的姓名和电子邮件地址，确保能将邮件发送给他们；

④ 使用！重要性 - 高按钮，将此邮件设为高优先级；

⑤ 使用↓重要性 - 低按钮，将此邮件设为低优先级；

⑥ 使用后续标志 - 按钮，设置一个标志，提醒您以后跟踪此邮件。

（2）单击“发送”按钮，发送已经写好的邮件，则可以在“发件箱”中看到你发送的邮件，如图 1.161 所示。

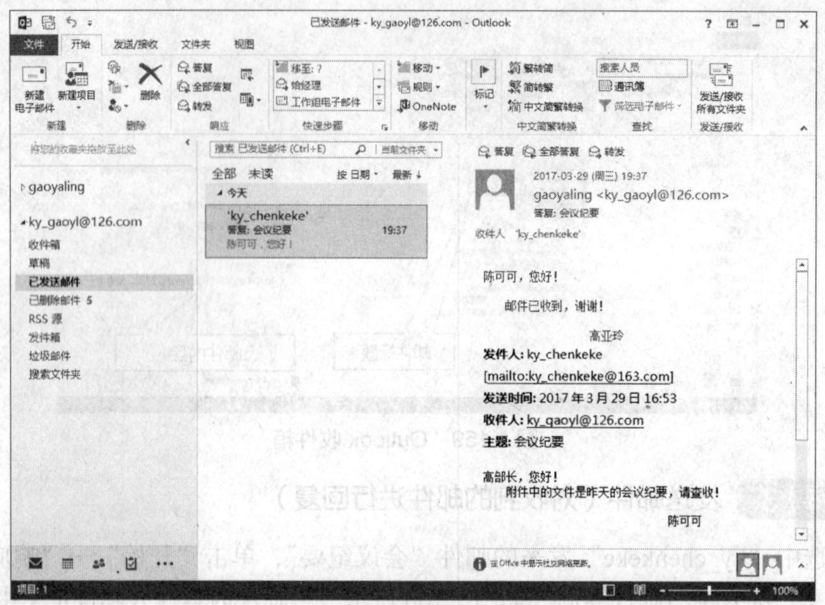

图 1.161　发件箱中的邮件

步骤 4　添加联系人

在日常工作和生活中，会将一些常用的电话记在电话本中，以便在需要时能够立即查阅。Outlook 的“联系人”列表也具有相似的作用，你可以建立一些同事和亲朋好友的通信簿，不仅能记录他们的电子邮件地址，还可以包括电话号码、联系地址和生日等资料。

（1）在 Outlook 窗口左下角，切换到“联系人”界面，如图 1.162 所示。

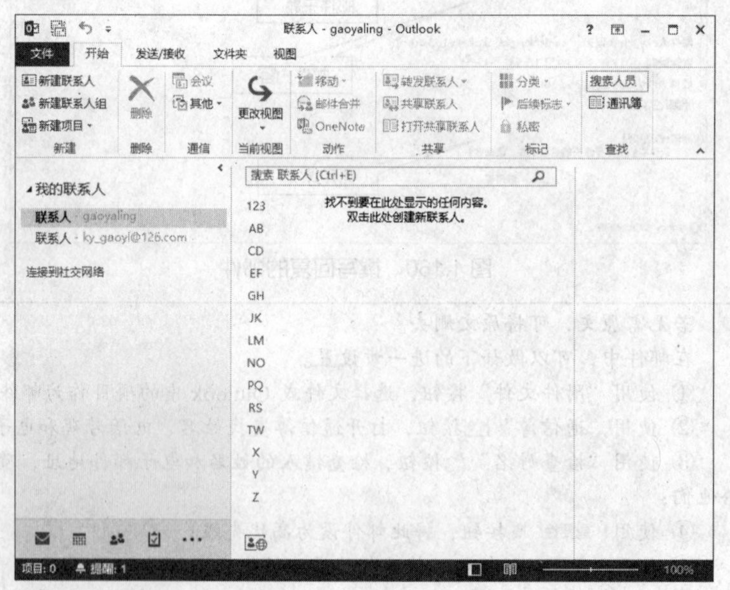

图 1.162　“联系人”界面

（2）此时可双击窗口中心处添加联系人，在弹出的“联系人”对话框中填入相应信息，图 1.163 所示为添加陈可可的联系人信息。

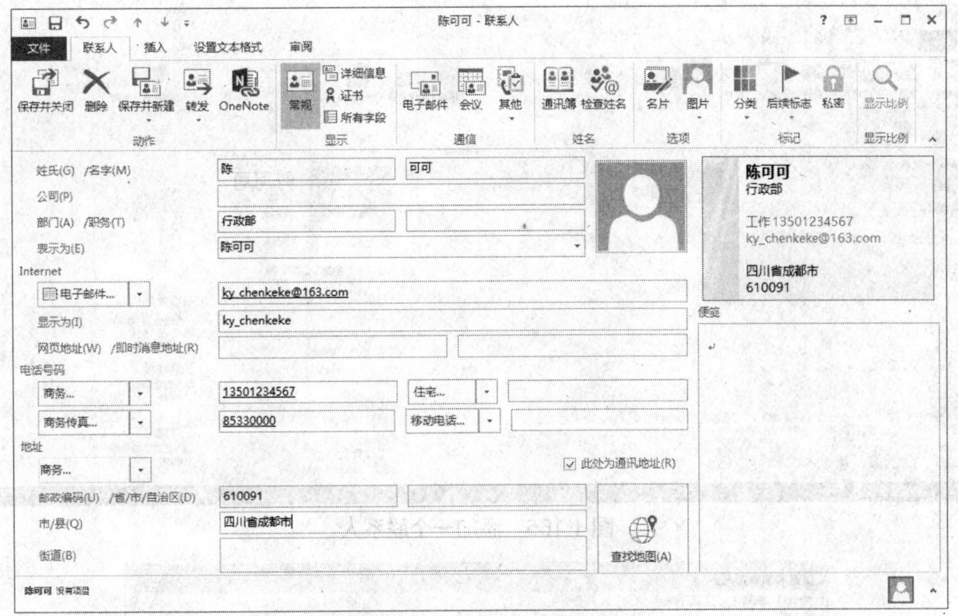

图 1.163 新建一个联系人

（3）单击“详细信息”按钮，切换到“详细信息”选项卡，为联系人设置更加详细的信息，如图 1.164 所示。

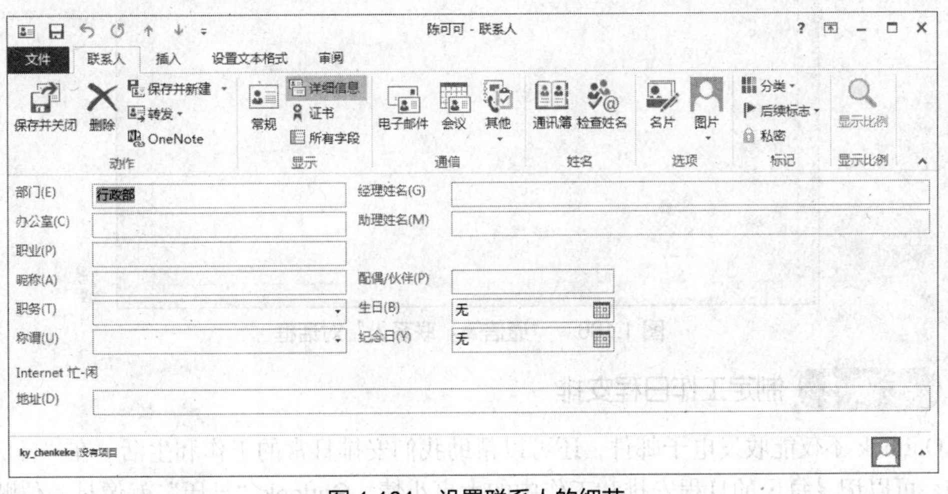

图 1.164 设置联系人的细节

（4）若切换到“活动”“证书”和“所有字段”选项卡，查看该联系人的相应信息，这里不做相关的设置。

（5）完成所有设置后，单击“保存并关闭”按钮，完成该联系人的设置，得到图 1.165 所示的结果。

（6）继续双击“联系人”窗口的空白处，可继续添加另外的联系人。

（7）如需修改某位联系人的信息，则双击具体联系人处，或单击“开始”→“查找”→“通信簿”按钮，会弹出图 1.166 所示的“通信簿：联系人”对话框，在其中选择需要修改的联系人来修改即可。

图 1.165　添加一个联系人

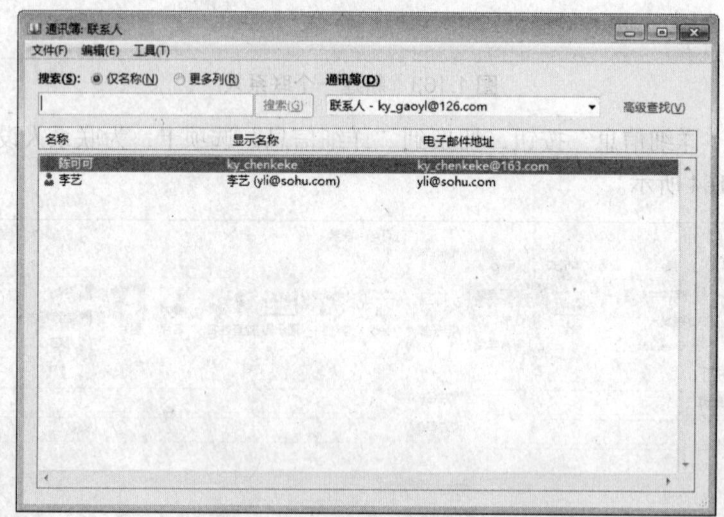

图 1.166　“通信簿：联系人”对话框

步骤 5　制定工作日程安排

Outlook 不仅能收发电子邮件，还可以帮助我们安排日常的工作和生活。在“日历”窗口中，可以记录每天的日程安排和工作中的大事小情，Outlook“日历”就像是一位贴身秘书，会自动提醒我们接下来将有哪些事要做。

（1）在 Outlook 中打开“日历”视图，在需要设置工作日程的时间上单击鼠标右键，从快捷菜单中选择图 1.167 所示的“新建约会”命令，打开“约会”窗口。

活力小贴士

“约会”就是在“日历”中安排的一项活动，工作和生活中的每一件事都可以看作是一个约会。

创建约会也可以单击“开始”→“新建”→“新建约会”按钮。

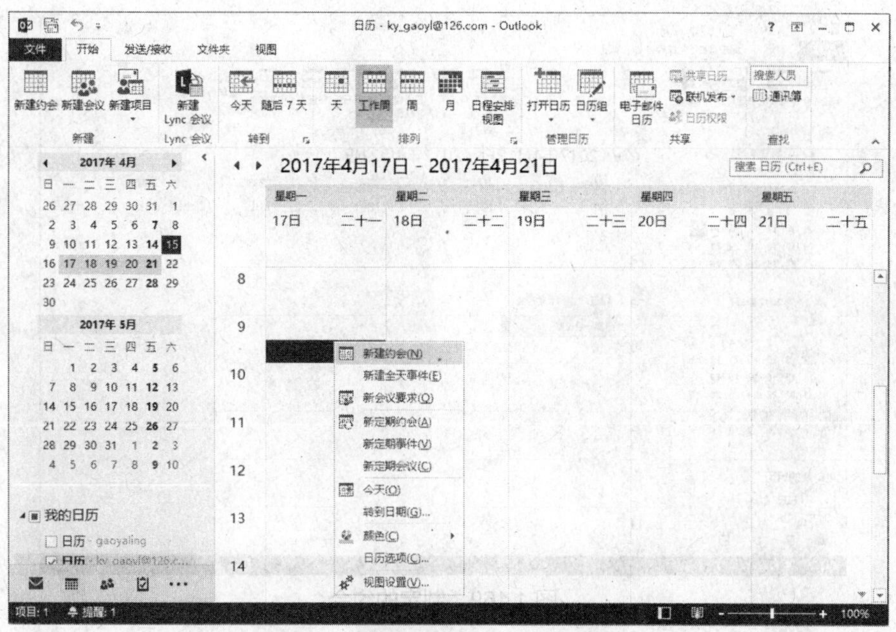

图 1.167 选择“新建约会”命令

（2）在“约会”窗口中输入约会事件的主题、地点和时间等信息，如图 1.168 所示。

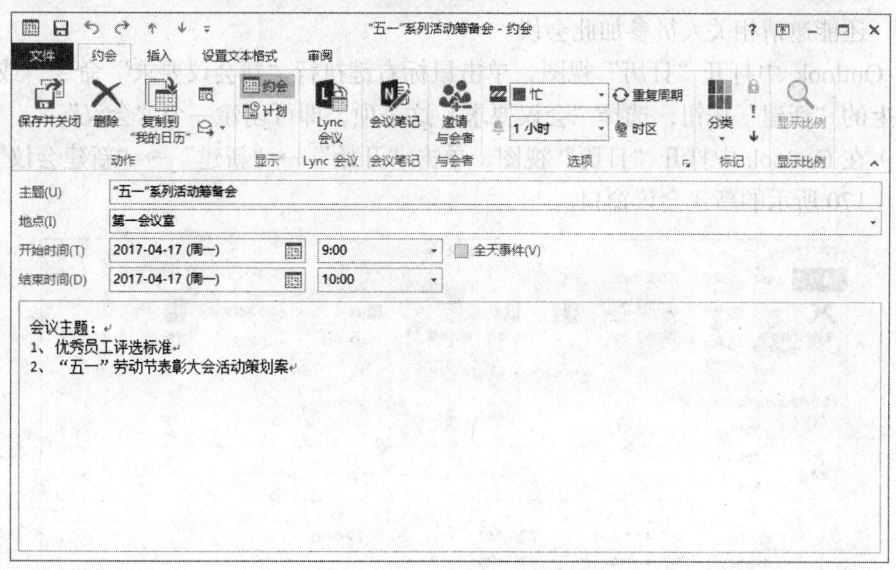

图 1.168 “约会”窗口

（3）输入完毕后，单击“约会”→“动作”→“保存并关闭”按钮，完成创建约会，如图 1.169 所示。

活力小贴士

如果你想在约会事件发生前得到 Outlook 的提醒，可以在“约会”窗口中设置“提醒”时间，如图 1.168 所示将时间设置为“提前 1 小时”提醒，并且能设定发出提醒声音。

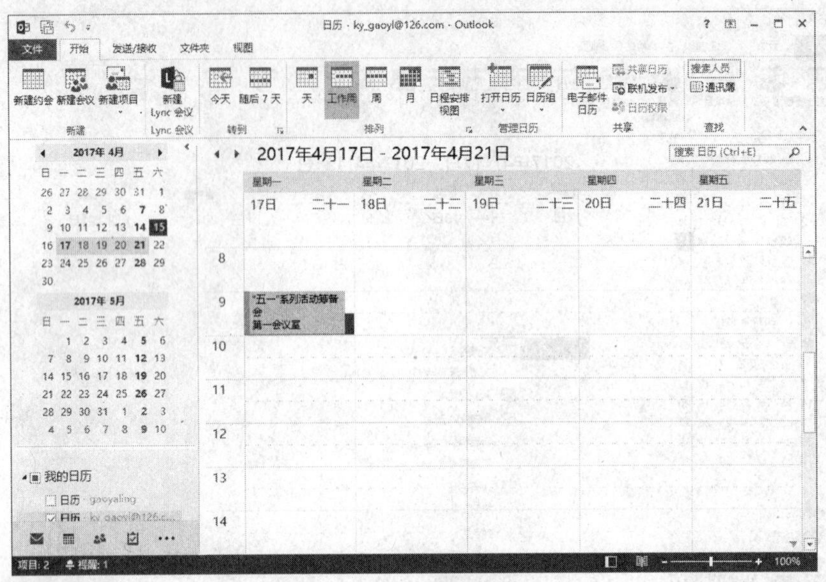

图 1.169　制定的约会

步骤 6　创建和发送会议邀请

Outlook“日历”中的一个重要功能就是创建“会议”，不仅可以设定会议的时间和相关信息，还能邀请相关人员参加此会议。

在 Outlook 中打开“日历”视图，单击鼠标右键执行“新会议要求”命令，或者单击工具栏上的“新建”按钮，选择“会议要求”这一项，即可创建一个“会议”。

（1）在 Outlook 中打开“日历”视图，单击“开始”→“新建”→“新建会议”按钮，打开图 1.170 所示的新建会议窗口。

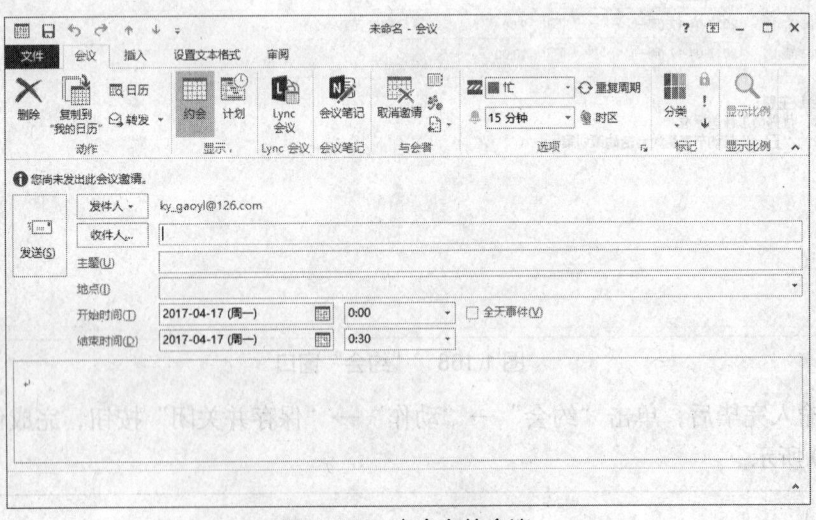

图 1.170　未命名的会议

（2）在“收件人”文本框中可输入收件人地址，也可单击“收件人”按钮，选择要发送邮件并邀请参加该会议的联系人，如图 1.171 所示。

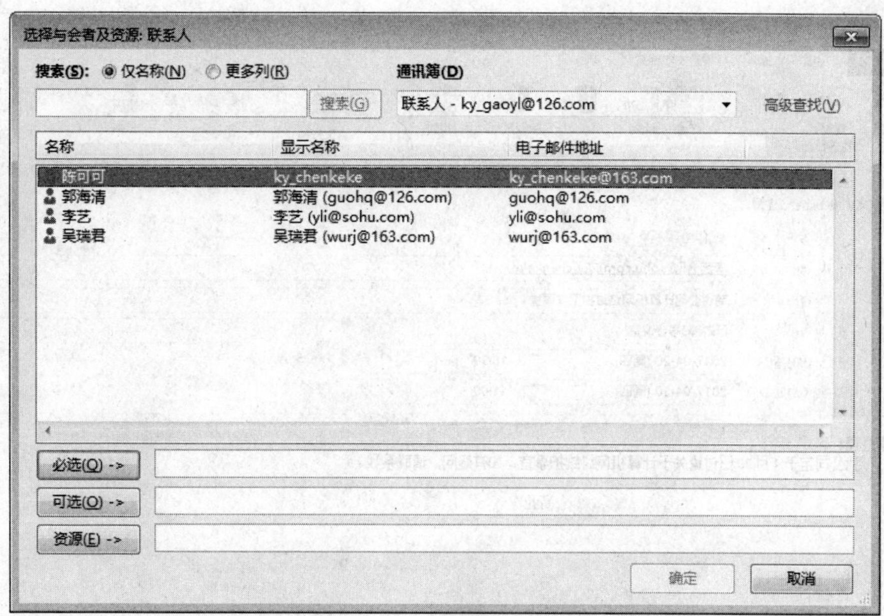

图 1.171　选择与会者

（3）输入会议的主题“商讨公司计算机网络维护工作事宜”，填入地点“行政部 3 号会议室”，开始时间和结束时间都可以通过单击日历和时间的下拉列表来确定，如图 1.172 所示。

图 1.172　选择开始日期

（4）选择提前 1 天提醒我，并输入会议邀请的内容，如图 1.173 所示。

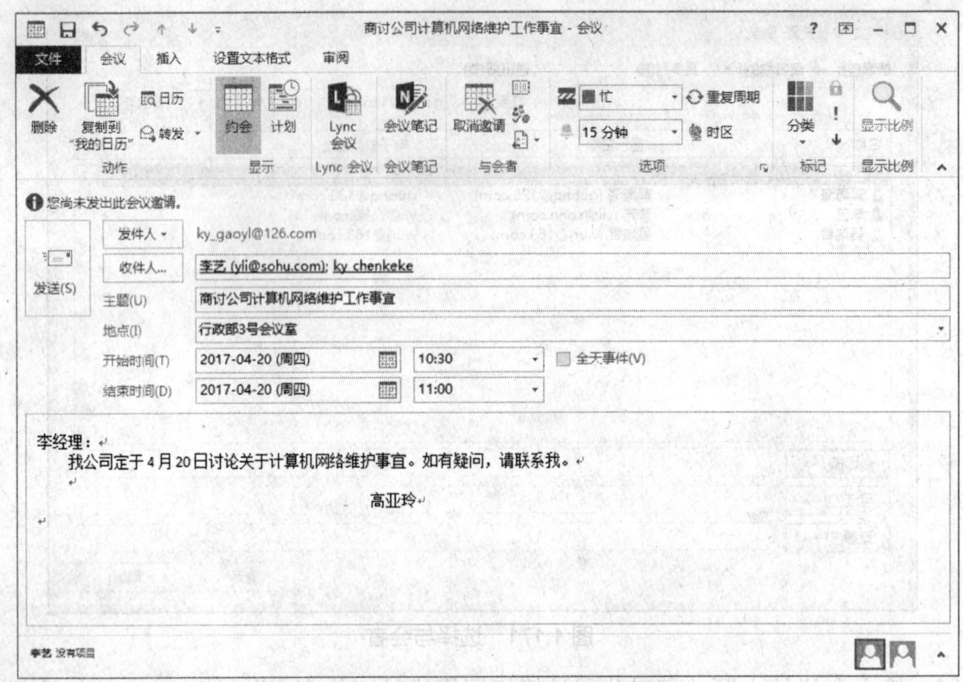

图 1.173　书写完内容的会议邀请

活力小贴士

如果一个会议重复进行，那么这个邀请邮件需要有一定的周期重复发送，我们可通过单击“重复周期”按钮，在弹出的图 1.174 所示的“约会周期”对话框中进行设置。

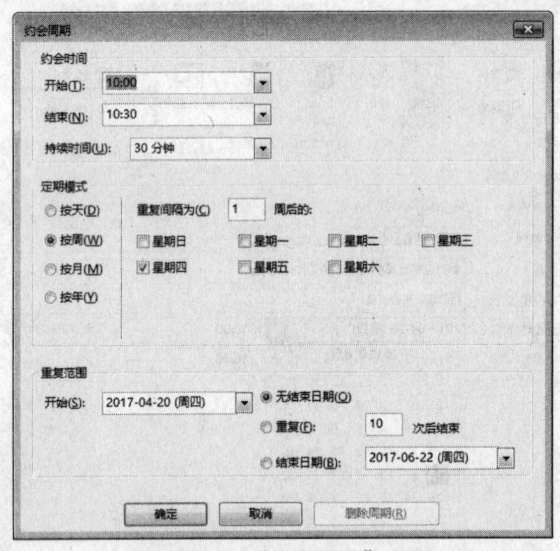

图 1.174　“约会周期”设置

（5）会议的其他设置，如粘贴附件、重要性等，与邮件设置类似。

（6）单击“发送”按钮，将此会议邀请发送到所选的收件人邮箱中。

（7）当选择的时间到达，或未阅读而过期打开 Outlook 时，会自动弹出图 1.175 所示的对话框来提示有会议或约会。

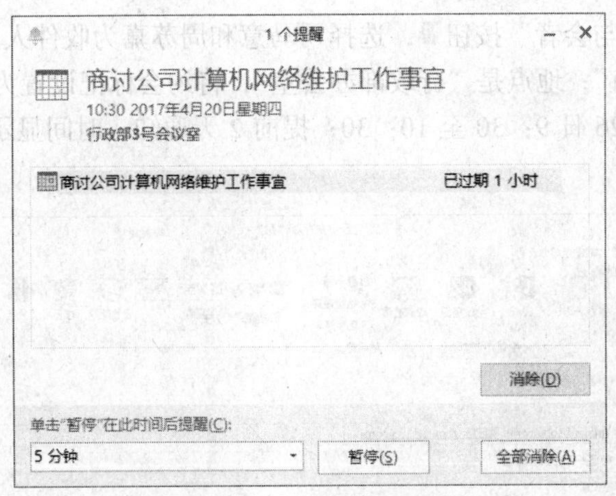

图 1.175　“提醒”对话框

【拓展案例】

1．管理自己的 Outlook 账户。

在计算机上，利用 Outlook 创建一个你自己使用的账户，用于收发你的某实际电子邮件服务器上的邮件并管理它们，同时在该账户中管理日历，定制一个约会，并发给一个或多个你的朋友。

2．利用 Outlook 创建一个每周一上午 9:00～9:30 的工作例会的任务。

【拓展训练】

利用 Outlook 创建一个邮件账户，定制一个举办公司“五一”庆祝活动的约会。并将高亚玲的数据文件备份到“E:\公司文档\行政部\”文件夹中。

其操作步骤如下。

（1）启动 Outlook，新建一个邮件账户。

（2）选择“开始”→“新建”→“新建项目”→“约会”命令，打开图 1.176 所示的“约会”窗口。

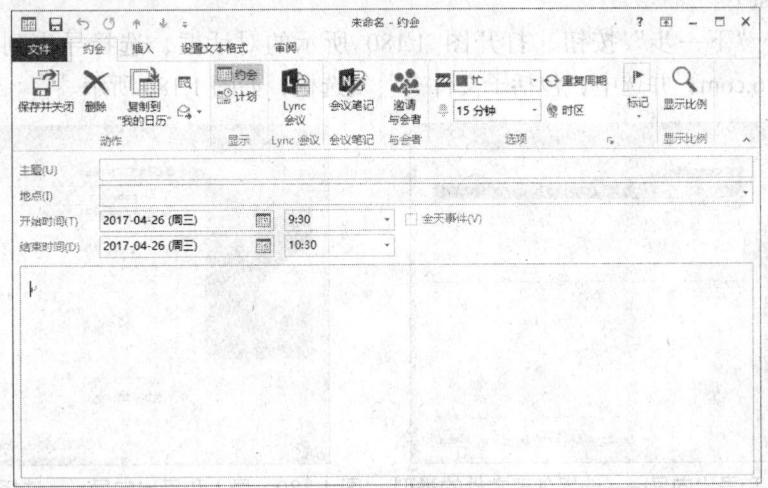

图 1.176　定制约会

（3）单击“邀请与会者”按钮，选择司马意和周苏嘉为收件人，主题为“关于公司‘五一’庆祝活动事宜”；地点是“行政部办公室”；将约会标记设置为“重要性：高”；时间为 2017 年 4 月 26 日 9：30 至 10：30；提前 2 天通知；时间显示为“暂定”；约会内容如图 1.177 所示。

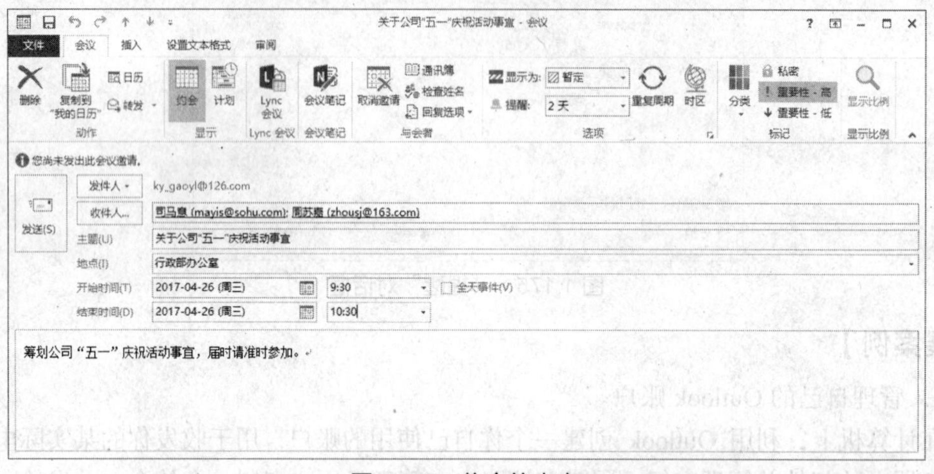

图 1.177　约会的内容

（4）单击“发送”按钮，将定制好的约会发送给与会者。

（5）备份高亚玲的账户数据文件。

① 选择“文件”→“打开和导出”→“导入和导出”选项，启动“导入和导出向导”，如图 1.178 所示，选择要执行的操作是“导出到文件”。

② 单击“下一步”按钮，弹出图 1.179 所示的对话框，选择创建文件的类型“Outlook 数据文件（pst）”。

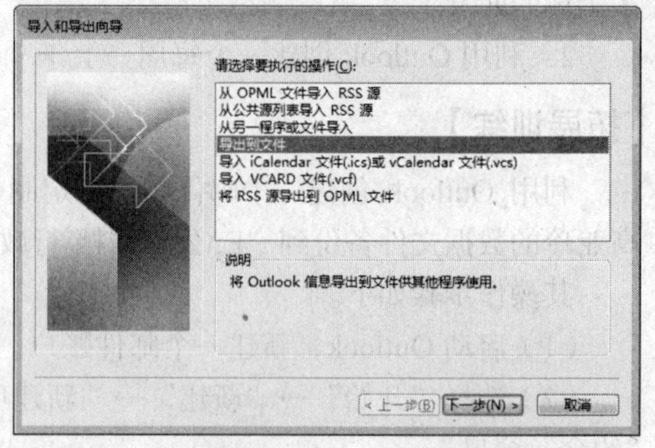

图 1.178　导入和导出向导——选择要执行的操作

③ 单击“下一步”按钮，打开图 1.180 所示的对话框，选择导出到个人文件夹 ky_gaoyl@126.com，并选中“包括子文件夹”复选框，如图 1.180 所示。

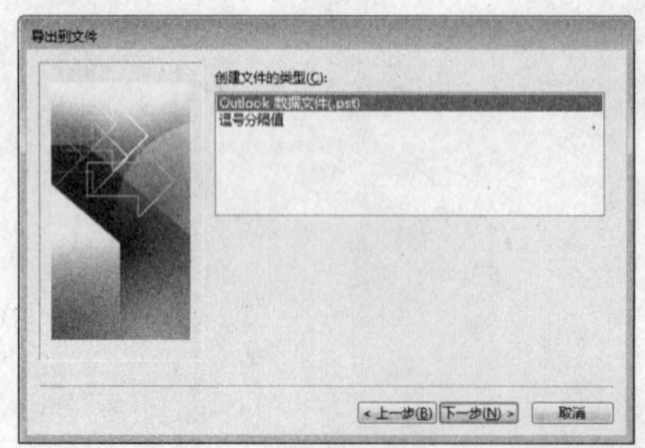

图 1.179　导入和导出向导——选择创建文件的类型

图 1.180　导入和导出向导——选择导出的文件夹

④ 单击“下一步”按钮，设置导出文件的保存路径和文件名，如图 1.181 所示。

⑤ 单击“完成”按钮时，会弹出图 1.182 所示的“创建 Outlook 数据文件”对话框，可以对导出的文件做加密设置，设置好后，单击“确定”按钮，完成保存。

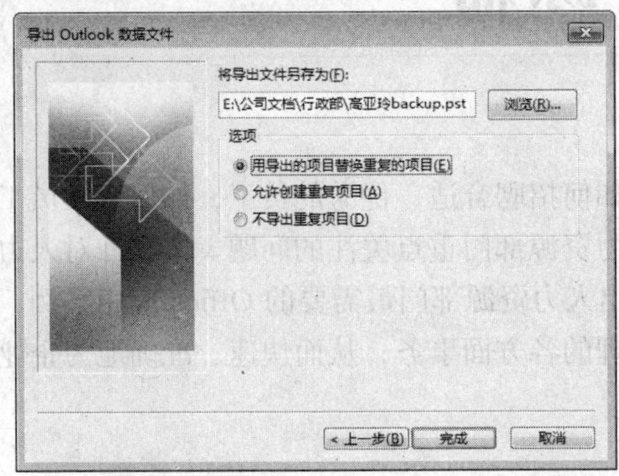

图 1.181　导出个人文件的保存路径

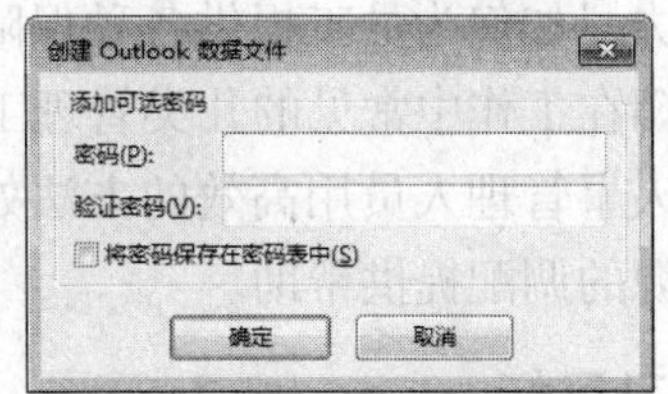

图 1.182　“创建 Outlook 数据文件”对话框

【案例小结】

本案例通过使用 Outlook 来收发位于网易 126 上的一个具体邮箱中的邮件、回复邮件、新建和管理联系人信息、制定工作日程安排、创建和发送会议、定制约会等，了解 Outlook 的常用操作，对其中的邮件管理、联系人管理、会议、约会、任务、日记等功能有了进一步的运用，这样可以在计算机上有序地管理日常工作。

📖 学习总结

本案例所用软件	
案例中包含的知识和技能	
你已熟知或掌握的知识和技能	
你认为还有哪些知识或技能需要进行强化	
案例中可使用的 Office 技巧	
学习本案例之后的体会	

第2篇 人力资源篇

人力资源部门在企业中的地位至关重要，如何招聘合适、优秀的员工，如何激发员工的创造力，如何为员工提供各种保障，都是人力资源部门重点关注的问题。本篇针对人力资源部门在工作中常见的几类管理工作，提炼出人力资源部门最需要的 Office 应用案例，以帮助人事管理人员用高效的方法处理人事管理的各方面事务，从而快速、准确地为企业人力资源的调配提供帮助。

学习目标

1. 利用 SmartArt 图形、形状等工具制作员工招聘流程图。
2. 运用 Word 表格制作员工信息登记表、员工培训计划表、面试表、工作业绩考核表、个人简历等常用人事管理表格。
3. 运用 PowerPoint 制作常见的会议、培训、演示等幻灯片。
4. 使用 Excel 电子表格记录、统计、分析和管理公司员工人事档案等基本信息。

2.1 案例 6 公司员工聘用管理

示例文件	原始文件：示例文件\素材\人力资源篇\案例 6\员工招聘流程图.xlsx、应聘人员面试成绩表.xlsx 效果文件：示例文件\效果\人力资源篇\案例 6\员工招聘流程图.xlsx、应聘人员面试成绩表.xlsx

【案例分析】

在现代社会中，人才是企业成功的关键因素。人员招聘是人力资源管理中的一项非常重要的工作。规范化的招聘流程管理是企业招聘到优秀、合适员工的前提。本案例将利用 Excel 制作“公司人员招聘流程图”和“应聘人员面试成绩表”，为企业人力资源管理人员在员工聘用管理工作方面提供实用简便的解决方案，效果如图 2.1 和图 2.2 所示。

公司人员招聘流程图

项目	流程	支持图表	责任部门
人力需求	• 部门人力需求申请 • 审核	人员需求表	人力需求部门 人力资源部
招聘计划	• 申请汇总 • 招聘计划 • 审核	岗位说明书 招聘计划表	人力需求部门 总经办
人员招聘	• 人员招聘 • 初试 • 复试 • 办理入职	应聘人员登记表 员工资料 劳动合同	人力需求部门 人力资源部 总经办 需求部门主管
试用	• 试用 • 入职培训	企业文化及 各项规章 制度资料	人力需求部门 人力资源部
聘用	• 正式聘用	员工试用期满 考核表	需求部门主管

图 2.1 公司人员招聘流程图

应聘人员面试成绩表

姓名	个人修养	求职意愿	综合素质	性格特征	专业知识和技能	语言能力	总评成绩	录用结论
李博阳	7	7	15	6	28	12	75	未录用
张雨菲	9	8	16	7	32	11	83	录用
王彦	6	8	12	5	21	9	61	未录用
刘启亮	9	9	16	7	23	8	72	未录用
郑威	7	9	17	6	26	11	76	未录用
程渝丰	9	10	18	8	33	13	91	录用
李晓敏	6	9	13	6	20	10	64	未录用
郑君乐	8	9	16	7	29	11	80	录用
陈远	8	7	17	8	31	12	83	录用
王秋琳	9	8	16	7	33	13	86	录用
赵筱鹏	7	8	13	4	28	11	71	未录用
孙原屏	9	7	16	8	30	13	83	录用
王乐泉	9	8	17	8	31	14	87	录用
段维东	8	10	18	9	25	12	82	录用
张婉玲	8	7	14	7	22	8	66	未录用

图 2.2 应聘人员面试成绩表

【知识与技能】

- 创建、保存工作簿
- 重命名工作表
- 设置表格格式
- 插入和编辑 SmartArt 图形
- 使用 SUM 和 IF 函数
- 取消显示编辑栏和网格线
- 美化修饰表格

【解决方案】

步骤 1 创建“公司人员招聘流程图”工作簿

（1）启动 Excel 2013，新建一个空白工作簿。

（2）将创建的工作簿以“公司人员招聘流程图”为名，保存在“E:\公司文档\人力资源部”中。

步骤 2 重命名工作表

（1）双击“Sheet1”工作表标签，进入标签重命名状态，输入“招聘流程图”。

（2）按“Enter”键确认。

步骤 3 绘制“招聘流程图”表格

（1）创建图 2.3 所示的“招聘流程图”表格。

	A	B	C	D
1	公司人员招聘流程图			
2	项目	流程	支持图表	责任部门
3			人员需求表	人力需求部门人力资源部
4			岗位说明书招聘计划表	人力需求部门总经办
5			应聘人员登记表员工资料劳动合同	人力需求部门人力资源部总经办需求部门主管
6			企业文化及各项规章制度资料	人力需求部门人力资源部
7			员工试用期满考核表	需求部门主管

图 2.3 “招聘流程图”表格

（2）设置表格标题格式。

① 选中 A1:D1 单元格区域，单击“开始”→“对齐方式”→“合并后居中”按钮，将表格标题合并居中。

② 将表格标题格式设置为宋体、28 磅、加粗。

（3）设置表格内文本的格式。

① 将表格列标题 A2:D2 单元格区域的文本格式设置为宋体、16 磅、加粗、水平居中、垂直居中。

② 将 A3:D7 单元格区域的文本格式设置为宋体、14 磅、水平居中、垂直居中、自动换行。

③ 将 C3:D7 单元格的文本内容按如图 2.4 所示进行手动换行处理。

2	项目	流程	支持图表	责任部门
3			人员需求表	人力需求部门 人力资源部
4			岗位说明书 招聘计划表	人力需求部门 总经办
5			应聘人员登记表 员工资料 劳动合同	人力需求部门 人力资源部 总经办 需求部门主管
6			企业文化及各项规章制度资料	人力需求部门 人力资源部
7			员工试用期满考核表	需求部门主管

图 2.4 文本手动换行

活力小贴士

单元格内文本的换行。

单元格中的内容，有时候因长度超过单元格宽度而需要排列成多行，自动将超过单元格宽度的文字排列到第二行，并进行一些手动设置。

（1）自动换行。

① 选中需要换行的单元格区域，单击“开始”→“对齐方式”→“自动换行”按钮

自动换行，将该区域中有内容超过列宽的单元格内的文字自动分行。

② 也可以单击“开始”→“对齐方式”→“设置单元格格式：对齐方式”按钮，弹出“设置单元格格式”对话框，在“对齐”选项卡“文本控制”栏选中“自动换行”复选框，如图 2.5 所示。

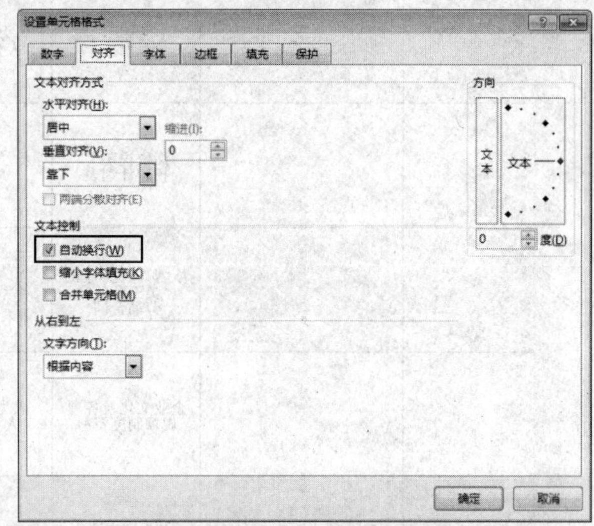

图 2.5　设置“自动换行”

（2）手动换行。

如果想在指定位置实现文本换行，可以进行手工调整。其操作是双击单元格，使单元格处于编辑状态，将光标定位于需要换行的位置，按“Alt”+“Enter”组合键实现手动换行，按“Enter”键确定。

（4）设置表格表框和底纹。

① 选中 A2:D7 单元格区域。

② 单击“开始”→“字体”→“框线”按钮右侧的下拉按钮，在打开下拉菜单中选择“所有框线”命令；再次单击“框线”按钮右侧的下拉按钮，在打开的下拉菜单中选择“粗匣框线”命令。

③ 将 A2:D2 单元格区域填充为橙色，其余单元格每行分别使用不同的浅色系颜色进行填充。

（5）调整表格的行高和列宽。

① 选中表格第 1 行，单击鼠标右键，从快捷菜单中选择“行高”命令，打开“行高”对话框，输入“60”，单击“确定”按钮。

② 类似的方法，将表格第 2 行的行高设置为 50，第 3～7 行的行高设置为 128。

③ 选中表格第 1 行，单击鼠标右键，从快捷菜单中选择“列宽”命令，打开“列宽”对话框，输入“22”，单击“确定”按钮。

④ 类似的方法，将表格第 2 列的列宽设置为 35，第 3 列和第 4 列的列宽设置为 25。

完成后的表格如图 2.6 所示。

公司人员招聘流程图			
项目	流程	支持图表	责任部门
		人员需求表	人力需求部门 人力资源部
		岗位说明书 招聘计划表	人力需求部门 总经办
		应聘人员登记表 员工资料 劳动合同	人力需求部门 人力资源部 总经办 需求部门主管
		企业文化及各项 规章制度资料	人力需求部门 人力资源部
		员工试用期 满考核表	需求部门主管

图 2.6　绘制完成的“招聘流程图”表格

步骤 4　应用 SmartArt 绘制“招聘流程图”

（1）单击“插入”→“插图”→“SmartArt”按钮，打开“选择 SmartArt 图形”对话框。

（2）在“选择 SmartArt 图形”对话框左侧的类型框中选择“列表”类型，再从中间的子类型框中选择“垂直块列表”，如图 2.7 所示。

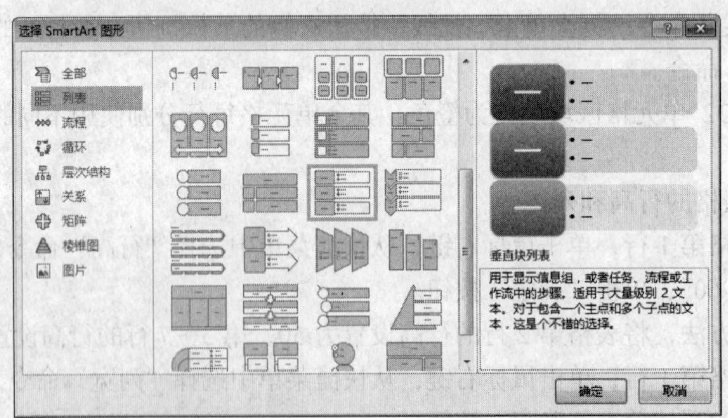

图 2.7　“选择 SmartArt 图形”对话框

（3）单击“确定”按钮，返回工作表中。在工作表中可见图 2.8 所示的 SmartArt 图形。

（4）添加形状。

插入的图形默认只有 3 组形状，由图 2.6 的表格可知，要绘制的招聘流程图需要 5 组形状。

① 单击“SmartArt 工具”→“设计”→“创建图形”→“添加形状”按钮，添加出图 2.9 所示的第 4 组形状的第一级。

图 2.8 垂直块列表的 SmartArt 图形

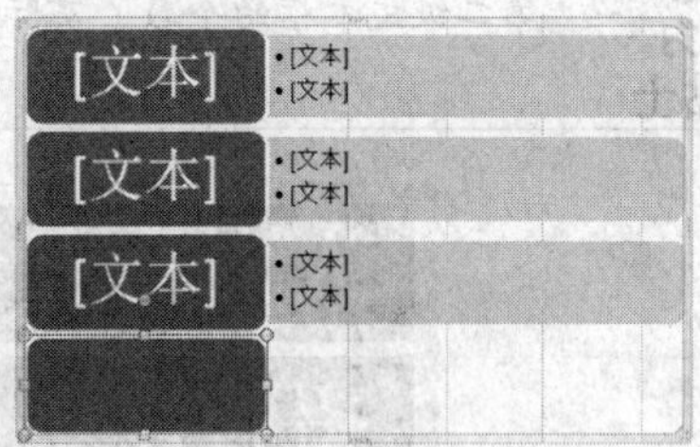

图 2.9 添加形状的第一级

② 选中新添加的形状，再单击“SmartArt 工具”→“设计”→“创建图形”→“添加形状”右侧的下拉按钮，打开图 2.10 所示的下拉列表，选择“在下方添加形状”命令，添加第 4 组第二级的形状，如图 2.11 所示。

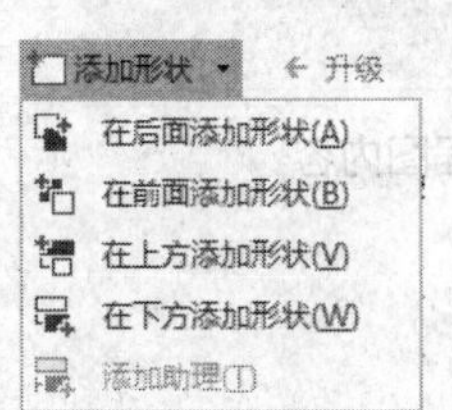

图 2.10 “添加形状”下拉列表

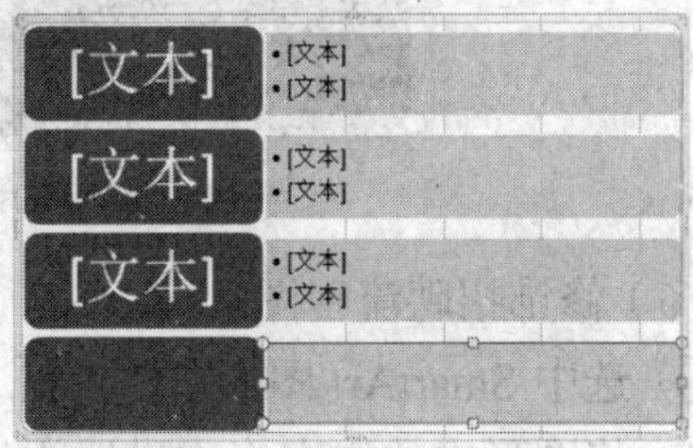

图 2.11 添加第二级的形状

③ 类似的操作，添加第 5 组形状。

（5）编辑流程图的内容。

编辑图形中的内容时，为便于输入文字，可打开文本窗格进行输入。

① 单击“SmartArt 工具”→“设计”→“创建图形”→“文本窗格”按钮，打开图 2.12 所示的文本窗格。

② 在文本窗格中输入图 2.13 所示的文字。在文本窗格中输入的内容会自动在 SmartArt 图形中显示，如图 2.14 所示。

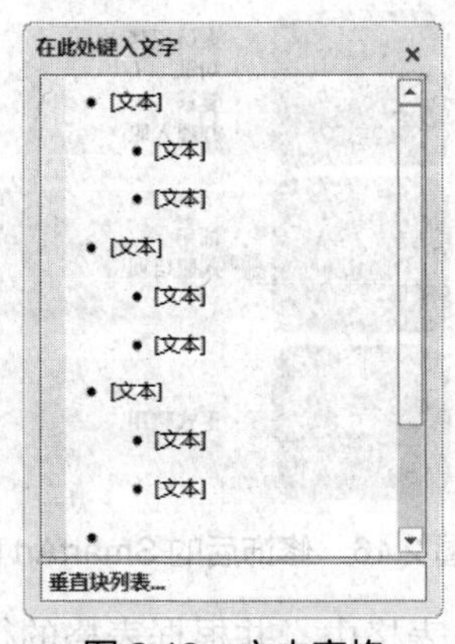

图 2.12 文本窗格

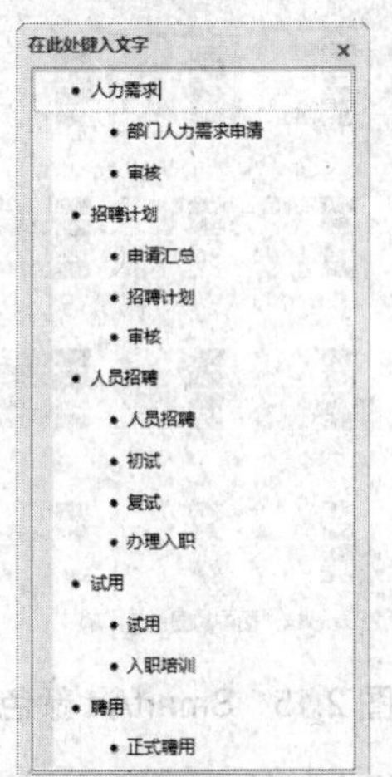

图 2.13 招聘流程图的文字内容

活力小贴士

在文本窗格中，默认的第二级文本框有两个，编辑时可根据内容的需要，增加或减少第二级文本框的个数，实际操作类似于添加或减少项目符号。

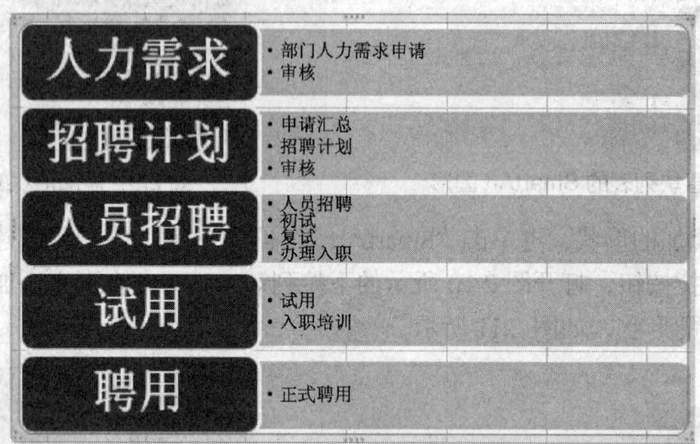

图 2.14　SmartArt 图形中显示的流程图内容

（6）修饰招聘流程图。

① 选中 SmartArt 图形。

② 将图形中的文本格式设置为宋体、16 磅、加粗。

③ 调整 SmartArt 图形大小，使 SmartArt 图形中的文本能清晰地显示在图形中。

④ 单击“SmartArt 工具”→“设计”→“SmartArt 样式”→“更改颜色”按钮，打开图 2.15 所示的颜色列表，选择“彩色”系列中的“彩色范围-强调文字颜色 3 至 4”。

修饰后的 SmartArt 图形效果如图 2.16 所示。

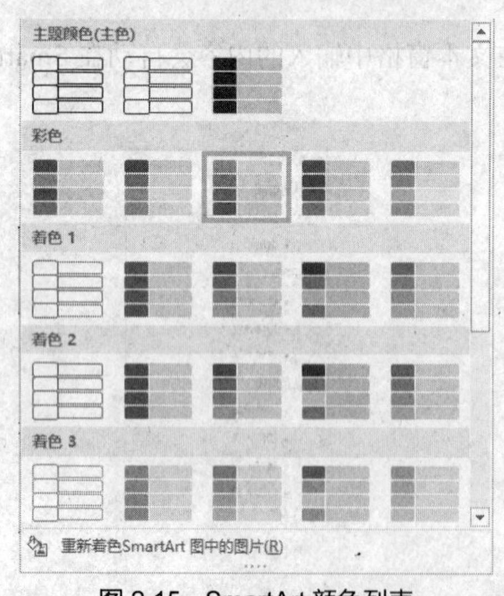

图 2.15　SmartArt 颜色列表

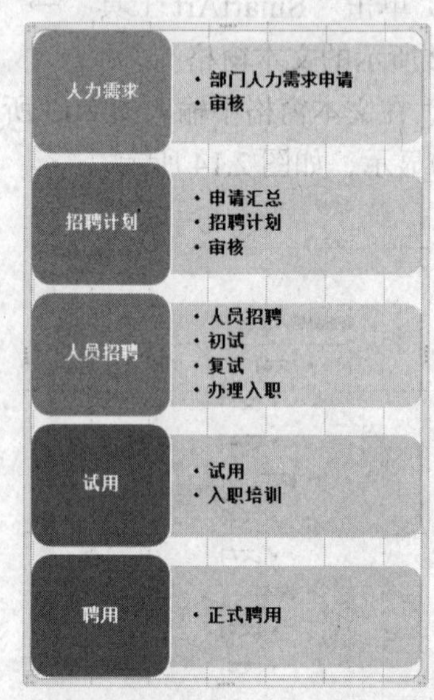

图 2.16　修饰后的 SmartArt 图形

（7）将绘制的 SmartArt 图形移动到“招聘流程图”表格中，并根据表格的行高和列宽适当调整 SmartArt 图形的大小，使其与表格内的内容相匹配。

（8）取消编辑栏和网格线的显示。单击“视图”选项卡，在“显示”命令组中，取消勾选“编辑栏”和“网格线”复选框。此时网格线被隐藏起来，工作表显得简洁美观。

（9）保存并关闭文档。

步骤 5 创建“应聘人员面试成绩表”

（1）启动 Excel 2013，新建一个空白工作簿。

（2）将创建的工作簿以“应聘人员面试成绩表”为名，保存在“E:\公司文档\人力资源部”中。

（3）将 Sheet1 工作表重命名为“面试成绩”。

（4）在“面试成绩”工作表中，输入图 2.17 所示的应聘人员面试成绩。

	A	B	C	D	E	F	G	H	I
1	姓名	个人修养	求职意愿	综合素质	性格特征	专业知识和技能	语言能力	总评成绩	录用结论
2	李博阳	7	7	15	6	28	12		
3	张雨菲	9	8	16	7	32	11		
4	王彦	6	8	12	5	21	9		
5	刘启亮	9	9	16	7	23	8		
6	郑威	7	9	17	6	26	11		
7	程渝丰	9	10	18	8	33	13		
8	李晓敏	6	9	13	6	20	10		
9	郑君乐	8	9	16	7	29	11		
10	陈远	8	7	17	8	31	12		
11	王秋琳	9	8	16	7	33	13		
12	赵筱鹏	7	8	13	4	28	11		
13	孙原屏	9	7	16	8	30	13		
14	王乐泉	9	8	17	8	31	14		
15	段维东	8	10	18	9	25	12		
16	张婉玲	8	7	14	7	22	8		

图 2.17 应聘人员面试成绩

步骤 6 统计面试“总评成绩”

（1）选中 H2 单元格。

（2）单击“开始”→“编辑”→“自动求和”按钮 Σ 自动求和，自动构造出图 2.18 所示的公式。

	A	B	C	D	E	F	G	H	I	J
1	姓名	个人修养	求职意愿	综合素质	性格特征	专业知识和技能	语言能力	总评成绩	录用结论	
2	李博阳	7	7	15	6	28	12	=SUM(B2:G2)		
3	张雨菲	9	8	16	7	32	11	SUM(number1, [number2], ...)		
4	王彦	6	8	12	5	21	9			
5	刘启亮	9	9	16	7	23	8			
6	郑威	7	9	17	6	26	11			
7	程渝丰	9	10	18	8	33	13			
8	李晓敏	6	9	13	6	20	10			
9	郑君乐	8	9	16	7	29	11			
10	陈远	8	7	17	8	31	12			
11	王秋琳	9	8	16	7	33	13			
12	赵筱鹏	7	8	13	4	28	11			
13	孙原屏	9	7	16	8	30	13			
14	王乐泉	9	8	17	8	31	14			
15	段维东	8	10	18	9	25	12			
16	张婉玲	8	7	14	7	22	8			

图 2.18 构造“总评成绩”计算公式

（3）确认参数区域正确后，按“Enter”键，得出计算结果。

（4）选中 H2 单元格，拖动填充柄至 H16 单元格，计算所有面试人员的总评成绩，如图 2.19 所示。

	A	B	C	D	E	F	G	H	I
1	姓名	个人修养	求职意愿	综合素质	性格特征	专业知识和技能	语言能力	总评成绩	录用结论
2	李博阳	7	7	15	6	28	12	75	
3	张雨菲	9	8	16	7	32	11	83	
4	王彦	6	8	12	5	21	9	61	
5	刘启亮	9	9	16	7	23	8	72	
6	郑威	7	9	17	6	26	11	76	
7	程渝丰	9	10	18	8	33	13	91	
8	李晓敏	6	9	13	6	20	10	64	
9	郑君乐	8	9	16	7	29	11	80	
10	陈远	8	7	17	8	31	12	83	
11	王秋琳	9	8	16	7	33	13	86	
12	赵筱鹏	7	8	13	4	28	11	71	
13	孙原屏	9	7	16	8	30	13	83	
14	王乐泉	9	8	17	8	31	14	87	
15	段维东	8	10	18	9	25	12	82	
16	张婉玲	8	7	14	7	22	8	66	

图 2.19　统计出面试“总评成绩”

步骤 7　显示面试“录用结论”

面试录用说明：总评成绩在 80 分以上予以录用，否则未录用。

（1）选中 I2 单元格。

（2）单击“公式”→“函数库”→“插入函数”按钮，打开图 2.20 所示的“插入参数”对话框。

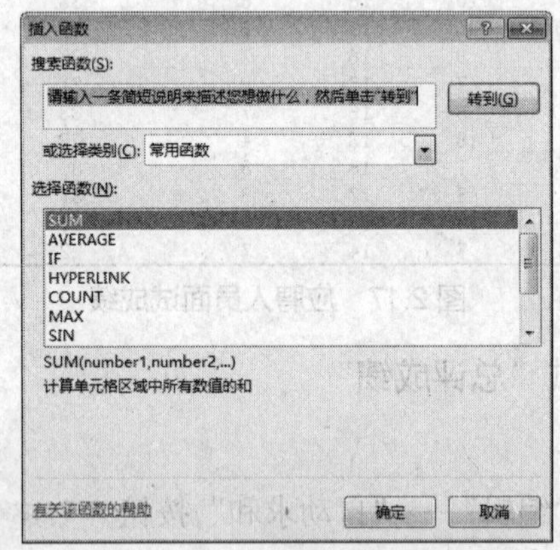

图 2.20　“插入参数”对话框

（3）从“选择函数”列表中选择“IF”函数，单击“确定”按钮，打开“函数参数”对话框。

活力小贴士

IF 函数，用于根据指定条件满足与否而返回不同的结果。如果指定条件的计算结果为 TRUE，IF 函数将返回某个值；如果该条件的计算结果为 FALSE，则返回另一个值。例如，=IF(A1=0,"零","非零")表示若 A1 等于 0，返回“零”；若 A1 大于 0，将返回“非零”。

语法：IF(Logical_test, [Value_if_true], [Value_if_false])

① Logical_test：计算结果可能为 TRUE 或 FALSE 的任意值或表达式。例如，A1=0 就是一个逻辑表达式；若单元格 A1 中的值为 0，表达式的结果为 TRUE；若 A1 中的值为其他值，结果为 FALSE。

② Value_if_true：当 Logical_test 参数的计算结果为 TRUE 时所要返回的值。若省略，则返回 0（零）。

③ Value_if_false：当 Logical_test 参数的计算结果为 FALSE 时所要返回的值。

这里，如果返回值是文本，用英文状态下的双引号括起来，如果返回值是数字、日期、公式的计算结果，都不用任何符号括起来。

（4）按图 2.21 所示设置参数，单击“确定”按钮，得到该区域中第一个人的成绩等级。

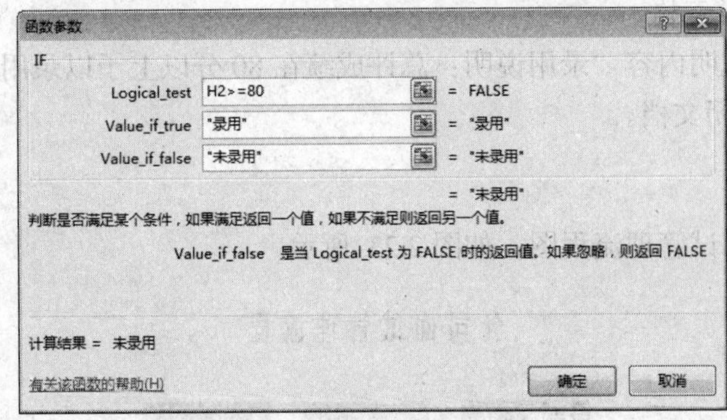

图 2.21 设置 IF 函数的参数

（5）选中区域 I2，使用填充柄自动填充其他面试人员的“录用结论”，如图 2.22 所示。

	A	B	C	D	E	F	G	H	I
1	姓名	个人修养	求职意愿	综合素质	性格特征	专业知识和技能	语言能力	总评成绩	录用结论
2	李博阳	7	7	15	6	28	12	75	未录用
3	张雨菲	9	8	16	7	32	11	83	录用
4	王彦	6	8	12	5	21	9	61	未录用
5	刘启亮	9	9	16	7	23	8	72	未录用
6	郑威	7	9	17	6	26	11	76	未录用
7	程渝丰	9	10	18	8	33	13	91	录用
8	李晓敏	6	9	13	6	20	10	64	未录用
9	郑君乐	8	9	16	7	29	11	80	未录用
10	陈远	8	7	17	8	31	12	83	录用
11	王秋琳	9	8	16	7	33	13	86	录用
12	赵筱鹏	7	8	13	4	28	11	71	未录用
13	孙原屏	9	7	16	8	30	13	83	录用
14	王乐泉	9	8	17	8	31	14	87	录用
15	段维东	8	10	18	9	25	12	82	录用
16	张婉玲	8	7	14	7	22	8	66	未录用

图 2.22 填充好所有人的录用结论

步骤 8 美化“应聘人员面试成绩表”

（1）添加表格标题。

① 选中表格第一行，单击“开始”→“单元格”→“插入”按钮，插入一个空白行。

② 输入表格标题文字“应聘人员面试成绩表”。

③ 设置表格标题格式为黑体、22 磅、合并居中。

④ 设置标题行行高为 42。

（2）设置表格列标题的格式。

① 选中 A2:I2 单元格区域。

② 设置单元格格式为宋体、11 磅、加粗、居中、自动换行。

③ 为 A2:I2 单元格区域添加蓝色底纹，并设置字体颜色为“白色，背景 1”。

（3）选中 A 列～I 列，设置表格的列宽为 9。

（4）设置表格边框。

① 选中 A2:I17 单元格区域。

② 单击“开始”→“字体”→“框线”按钮右侧的下拉按钮，在打开下拉菜单中选择“所有框线”命令；再次单击“框线”按钮右侧的下拉按钮，在打开下拉菜单中选择“粗匣框线”命令。

（5）添加“录用说明”。

① 选中 A19 单元格。

② 输入录用说明内容“录用说明：总评成绩在 80 分以上予以录用，否则未录用”。

（6）保存并关闭文档。

【拓展案例】

1．制作公司面试管理流程图，如图 2.23 所示。

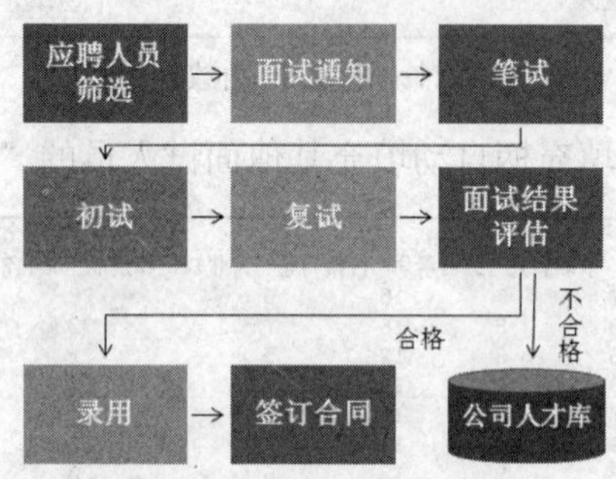

图 2.23　公司面试管理流程

2．制作员工试用期管理流程图，如图 2.24 所示。

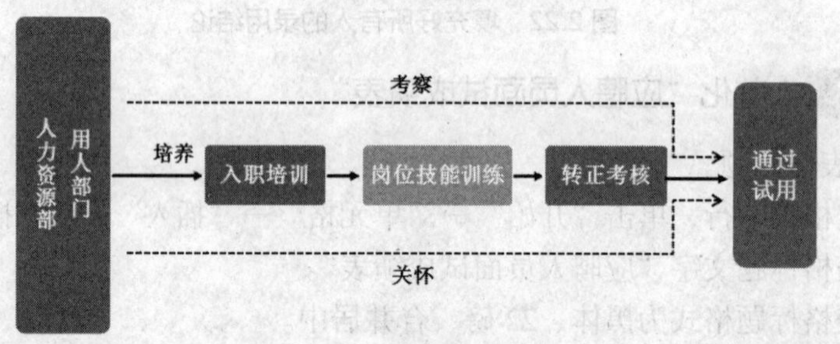

图 2.24　员工试用期管理流程

【拓展训练】

利用 SmartArt 图形中的棱锥图制作人力资源管理的经典激励理论——马斯洛需要层次图，要求效果如图 2.25 所示。

其操作步骤如下。

（1）启动 Excel 2013，新建一份空白工作簿，以“马斯洛需要层次图”为名保存在“E:\公司文档\人力资源部”文件夹中。

（2）单击“插入”→“插图”→“SmartArt”

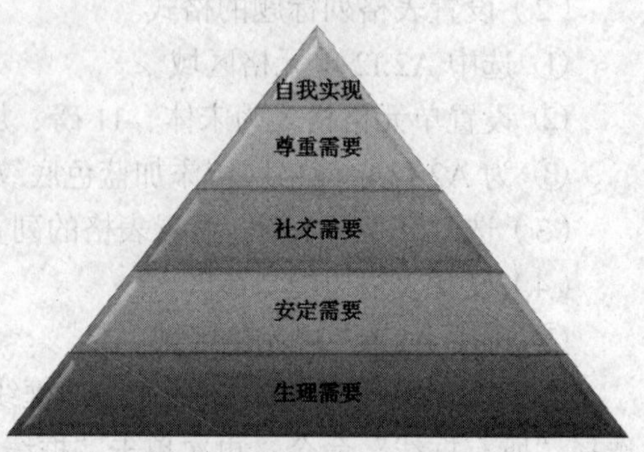

图 2.25　马斯洛需要层次图

按钮，打开“选择 SmartArt 图形”对话框。

（3）在“选择 SmartArt 图形”对话框中选择图 2.26 所示的“棱锥图”后单击“确定”按钮。

（4）此时在文档中出现图 2.27 所示的基本棱锥图。

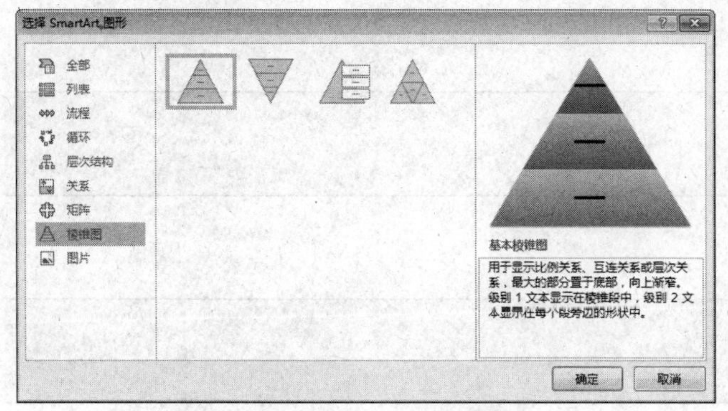

图 2.26　选择“基本棱锥图”

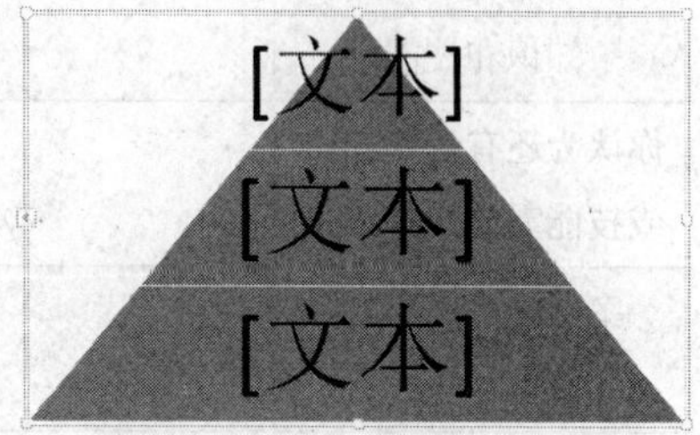

图 2.27　插入的基本棱锥图

（5）选中任一形状，单击“SmartArt 工具”→“设计”→“创建图形”→“添加形状”按钮，按需要添加相应的形状。

（6）分别在框图中输入图 2.25 所示的相应的文字内容。

活力小贴士　由于随着图示形状的添加，位于顶部的形状中的字符将会超出形状外。这里，我们可适当地采用一些小技巧来进行处理。例如，先在顶端的框中以一个空格字符将占位符占去，然后借助“文本框”工具来输入顶部的“自我实现”，适当地调整文本框位置来适应形状；再将文本框的填充色和线条颜色均设置为“无”。

（7）单击“SmartArt 工具”→“设计”→“SmartArt 样式”→“更改颜色”按钮，打开图 2.28 所示的下拉列表，选择“彩色”中的第 4 种颜色“彩色范围-着色 4 至 5”，设置整个组织结构图的配色方案。

（8）单击“SmartArt 工具”→“设计”→“SmartArt 样式”→“其他”按钮，打开“SmartArt 样式”列表，选择“三维”中的“嵌入”选项，对整个组织结构图应用新的样式。

（9）选中棱锥图，设置适当的字体、字号和文字颜色。

（10）取消编辑栏和网格线的显示。

（11）完成后的图形如图 2.25 所示，保存并关闭文件。

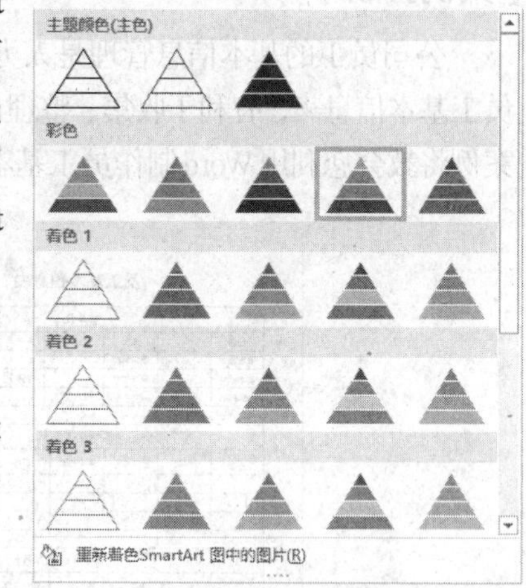

图 2.28　更改棱锥图颜色

【案例小结】

本案例通过制作“公司人员招聘流程图”和“应聘人员面试成绩表”，主要介绍了创建工作簿、编辑工作表、应用 SmartArt 工具创建和编辑图形、使用 SUM 和 IF 函数进行计算。此外，还介绍了合并居中、文本换行、设置文本格式，以及取消工作表的编辑栏和网格线等表格的美化修饰操作，以增强表格的显示效果。

学习总结

本案例所用软件	
案例中包含的知识和技能	
你已熟知或掌握的知识和技能	
你认为还有哪些知识或技能需要进行强化	
案例中可使用的 Office 技巧	
学习本案例之后的体会	

2.2 案例 7　制作员工基本信息表

示例文件	原始文件：示例文件\素材\人力资源篇\案例 7\员工基本信息表.docx 效果文件：示例文件\效果\人力资源篇\案例 7\员工基本信息表.docx

【案例分析】

公司员工的基本信息管理是人力资源管理的一项非常重要的工作。制作一份专业、规范的员工基本信息表，有利于收集、整理员工基本信息，也是实现员工信息管理工作的首要任务。本案例将教会您利用 Word 制作员工基本信息表的方法，要求员工基本信息表的效果如图 2.29 所示。

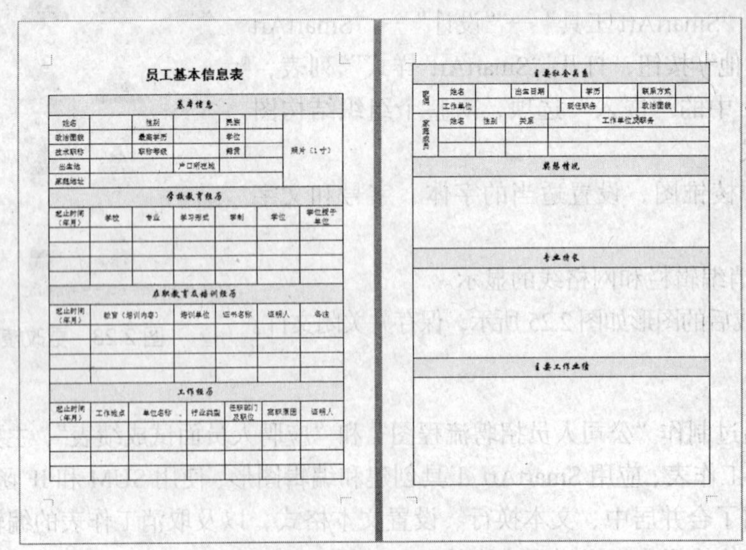

图 2.29　员工基本信息表效果

【知识与技能】

- 创建和保存文档
- 创建表格
- 合并和拆分单元格
- 插入行/列
- 调整表格的行高和列宽
- 改变文字方向
- 设置表格边框和底纹

【解决方案】

步骤 1 新建并保存文档

（1）启动 Word 2013，新建一份空白文档。

（2）将创建的新文档以“员工基本信息表”为名，保存在“E:\公司文档\人力资源部”文件夹中。

步骤 2 设置页面

（1）设置页面纸张大小为 A4。

（2）设置纸张方向为纵向，页边距为上下均为 2.5 厘米，左右均为 2 厘米。

步骤 3 创建表格

（1）输入表格标题“员工基本信息表”，按“Enter”键换行。

（2）插入表格。

① 单击“插入”→“表格”按钮，打开“表格”下拉菜单，从菜单中选择“插入表格”选项，打开“插入表格”对话框。

② 在“插入表格”对话框中设置要创建的表格列数为“7”，行数为“30”，然后单击“确定”按钮，在文档中插入一个空白表格。

活力小贴士

当表格的行数较多时，可先设置大概的行列数，然后在操作过程中根据需要进行行列的增加和删除。

步骤 4 编辑表格

（1）在表格中输入图 2.30 所示的内容。

（2）合并单元格。

① 选定表格第一行“基本信息”所在行的所有单元格，如图 2.31 所示。

② 单击“表格工具”→“布局”→“合并单元格”按钮，将选定的单元格合并为 1 个单元格。

基本信息						
姓名		性别		民族		照片（1 寸）
政治面貌		最高学历		学位		
技术职称		职称等级		籍贯		
出生地			户口所在地			
家庭地址						
学校教育经历						
起止时间（年月）	学校	专业	学习形式	学制	学位	学位授予单位
在职教育及培训经历						
起止时间（年月）	教育（培训内容）		培训单位	证书名称	证明人	备注
工作经历						
起止时间（年月）	工作地点	单位名称	行业类型	任职部门及职位	离职原因	证明人
奖惩情况						
专业特长						
主要工作业绩						

图 2.30　员工基本信息表的内容

基本信息						
姓名		性别		民族		照片（1 寸）
政治面貌		最高学历		学位		
技术职称		职称等级		籍贯		

图 2.31　选定需合并的区域

活力小贴士

若要合并单元格，还可以先选定要合并的单元格，单击鼠标右键，然后从弹出的快捷菜单中选择“合并单元格”命令。

③ 类似的操作，对“学校教育经历”“在职教育及培训经历”“工作经历”“奖惩情况”“专业特长”及“主要工作业绩”所在的行进行相应的合并操作。

④ 按照图 2.32 所示，对表格中其余需要合并的单元格进行合并。

基本信息						
姓名		性别		民族		照片（1寸）
政治面貌		最高学历		学位		
技术职称		职称等级		籍贯		
出生地			户口所在地			
家庭地址						
学校教育经历						
起止时间（年月）	学校	专业	学习形式	学制	学位	学位授予单位
在职教育及培训经历						
起止时间（年月）	教育（培训内容）		培训单位	证书名称	证明人	备注
工作经历						
起止时间（年月）	工作地点	单位名称	行业类型	任职部门及职位	离职原因	证明人
奖惩情况						
专业特长						
主要工作业绩						

图 2.32　合并处理后的表格

（3）在表格中添加“主要社会关系”内容。

① 选中表格最后 6 行。

② 单击“表格工具”→“布局”→“行和列”→“在上方插入”按钮，在选中的行之前添加 6 个空行。

③ 按图 2.33 所示，对添加的行进行拆分和合并，并输入相应的文字。

主要社会关系								
配偶	姓名		出生日期		学历		联系方式	
	工作单位				现任职务		政治面貌	
家庭成员	姓名		性别		关系		工作单位及职务	

图 2.33　在表格中添加“主要社会关系”内容

步骤 5　美化修饰表格

（1）设置表格的行高。

① 选中整个表格。

② 单击“表格工具”→“布局”→“表”→“属性”按钮，打开图 2.34 所示的“表格属性”对话框。

活力小贴士

选择整个表格有以下两种操作方法。

① 常规的选定方法：按住鼠标左键不放，通过拖曳鼠标进行选择。

② 将光标置于表格中，在表格左上角将出现“⊞”符号，单击此符号即选中整张表格。

③ 在“表格属性”对话框中单击“行”选项卡，选中“指定高度”选项，将行高设置为“0.8 厘米”，如图 2.35 所示。

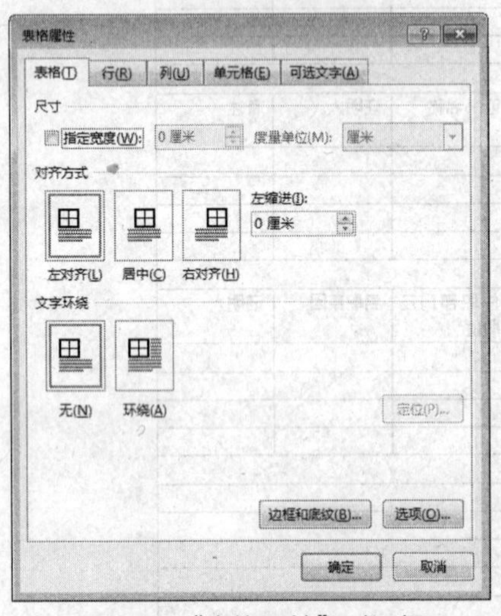

图 2.34 “表格属性”对话框

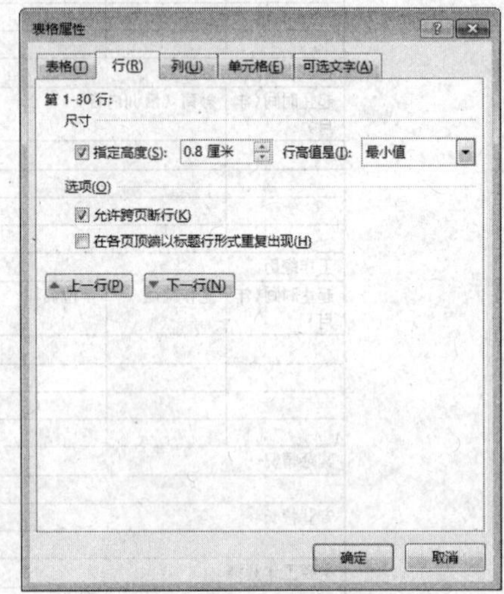

图 2.35 设置表格行高

（2）设置表格标题格式。

① 选中表格标题“员工基本信息表”。

② 将标题格式设置为黑体、二号、加粗、居中，段后间距 1 行。

（3）设置表格内文字格式。

① 选中整张表格。

② 将表格内所有文字设置为宋体、小四号。

③ 设置整张表格中所有文字的对齐方式为水平居中。

（4）设置表中各栏目的格式。

① 选中表格中的“基本信息”单元格，将字体设置为“华文行楷”，字号设置为“三号”。

② 单击“表格工具”→“设计”→“表样式”→“底纹”选项，打开图 2.36 所示的“底纹颜色”下拉列表，设置单元格底纹为“白色 背景 1，深色 5%”，设置后效果如图 2.37 所示。

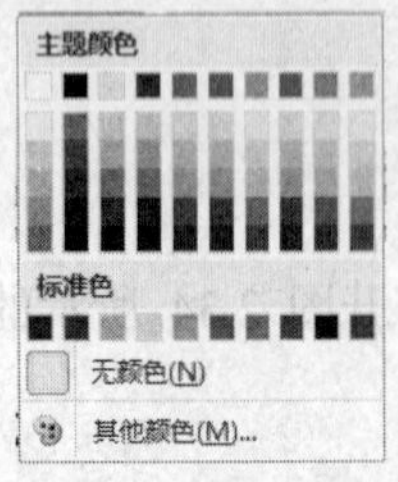

图 2.36 “底纹颜色”下拉列表

基本信息						
姓名		性别		民族		照片（1寸）
政治面貌		最高学历		学位		
技术职称		职称等级		籍贯		
出生地		户口所在地				
家庭地址						

图 2.37 设置字体和底纹后的效果

③ 用同样的方法将对“学校教育经历”“在职教育及培训经历”“工作经历”“主要社会关系”“奖惩情况”“专业特长”及“主要工作业绩”所在单元格的字体和底纹设置或相同的格式。

（5）设置文字方向。

① 选定“配偶”单元格。

② 单击“表格工具”→“布局”→“对齐方式”→“文字方向”按钮，将原来默认的横排方向改为竖排文字方向。

③ 用同样的方法将“家庭成员”单元格的文字方向改为竖排。

（6）设置表格边框。

① 选中整个表格。

② 选择“表格工具”→“设计”→“表样式”→“边框”下拉按钮选项，从弹出的菜单中选择“边框和底纹”命令，打开“边框和底纹”对话框，将表格边框设置为外边框 1.5 磅、内框线 0.75 磅，如图 2.38 所示。

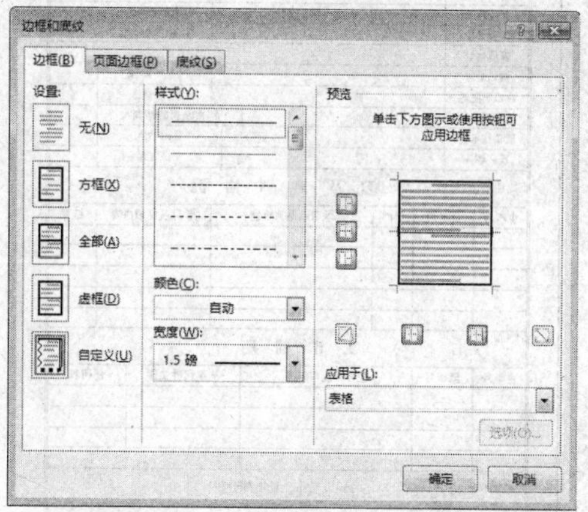

图 2.38 “边框和底纹”对话框

步骤 6 调整表格整体效果

（1）调整部分单元格的行高和列宽。适当减小“配偶”和“家庭成员”单元格的列宽，使其竖排文字刚好容纳。

（2）使用手动调整方式增加“奖惩情况”“专业特长”及“主要工作业绩”下方的内容单元格行高，以增加预留空间。

（3）根据单元格中文本的实际情况，适当地对整个表格作一些调整，一份专业而规范的员工基本信息表就制作完成了。

（4）保存美化后的表格。

【拓展案例】

1. 员工培训计划表，如图 2.39 所示。

员 工 培 训 计 划 表

单位____________ 编号____________

工号	培训类别 / 培训名称										备注
	姓名	工作类别									

批准________ 审核________ 拟订________

图 2.39 员工培训计划表

2．公司应聘人员登记表，如图 2.40 所示。

公司应聘人员登记表

基本资料						照片
姓名		性别		出生年月		
民族		婚姻状况		政治面貌		
身份证号码			籍贯			
文化程度		所学专业		技术职称		
毕业学校				毕业时间		
家庭住址						
通讯地址				邮编		
户口所在地				联系电话		
档案所在地				档案是否能够调入		
现工作单位				目前收入		
现任职务				专业工龄		

学习及培训情况					
由年月	至年月	学时	学习及培训单位	学习及培训内容	结果

工作简历				
由年月	至年月	在何单位何部门	从事何种工作	任何职
应聘岗位		预计到岗时间		

业务专长

工作业绩与研究成果			
其他特长			
面试记录			
考核项目	评价	考核项目	评价
专业知识		气质形象	
业务技能		性格潜力	
经验能力		语言文字	
其他项目			
综合评价			
面试结果			
部门主管及人力资源部主管意见			

图 2.40　公司应聘人员登记表

3．员工面试表，如图 2.41 所示。

面试表

面试职位		姓名		年龄		面试编号	
居住地		联系方式					
时间		毕业学校		专业			
学历		期望月薪		专长			
工作经历							

问题	回答	评价（分数）	
1		5 4 3 2 1	
		理由	
2		5 4 3 2 1	
		理由	
3		5 4 3 2 1	
		理由	
综合议价（分数） A B C D E	考官评语	分数总计	

图 2.41　员工面试表

4. 员工工作业绩考核表，如图 2.42 所示。

工作业绩考核表

重点工作项目	目标衡量标准	关键策略	权重(%)	资源支持承诺	参与评价者评分	自评得分	上级评分
1.							
2.							
3.							
4.							
5.							
合计	评价得分=∑（评分*权重）	100%					

图 2.42 员工工作业绩考核表

【拓展训练】

利用 Word 表格制作一份图 2.43 所示的员工工作态度评估表。

员工工作态度评估表

日期 姓名	第一季度	第二季度	第三季度	第四季度	平均分
慕容上	91	92	95	96	93.5
柏国力	88	84	80	82	83.5
全清晰	80	82	87	87	84.0
文留念	83	88	78	80	82.3
皮未来	90	80	70	70	77.5
段齐	84	83	82	85	83.5
费乐	84	84	83	84	83.8
高玲珑	85	83	84	82	83.5
黄信念	80	79	90	81	82.5

图 2.43 员工工作态度评估表

其操作步骤如下。

（1）启动 Word 2013，新建一个空白文档，以“员工工作态度评估表”为名保存在“E:\公司文档\人力资源部”文件夹中。

（2）输入表格标题文字“员工工作态度评估表”。

（3）单击“插入”→“表格”按钮，打开“表格”下拉菜单，从菜单中选择“插入表格”选项，打开“插入表格”对话框，插入一个 6 列、10 行的表格。

（4）根据图 2.44 所示输入表格中的数据。

	第一季度	第二季度	第三季度	第四季度	平均分
慕容上	91	92	95	96	
柏国力	88	84	80	82	
全清晰	80	82	87	87	
文留念	83	88	78	80	
皮未来	90	80	70	70	
段齐	84	83	82	85	
费乐	84	84	83	84	
高玲珑	85	83	84	82	
黄信念	80	79	90	81	

图 2.44 员工工作态度评估表原始数据

（5）计算平均分。

① 将光标置于第二行的“平均分”列单元格中，单击“表格工具”→“布局”→“数

据”→“公式”按钮 *fx*，打开图 2.45 所示的“公式”对话框。

② 在“公式”框中输入计算平均分的公式或从“粘贴函数”列表中选择需要的函数，输入参与计算的单元格，再在“编号格式”组合框中输入“0.0”的格式，将计算结果设置为 1 位小数，如图 2.46 所示，最后单击“确定”按钮。

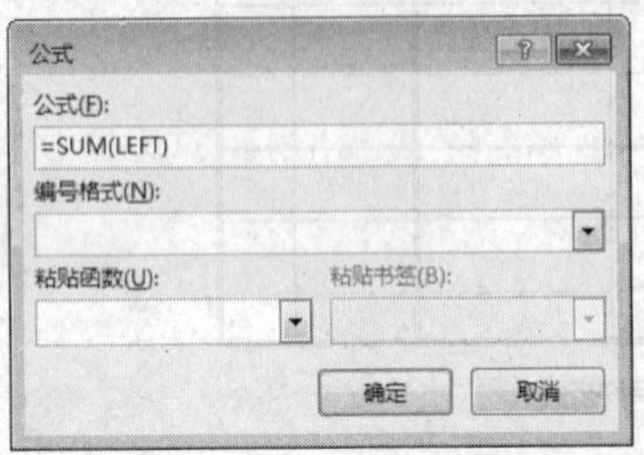

图 2.45 “公式”对话框

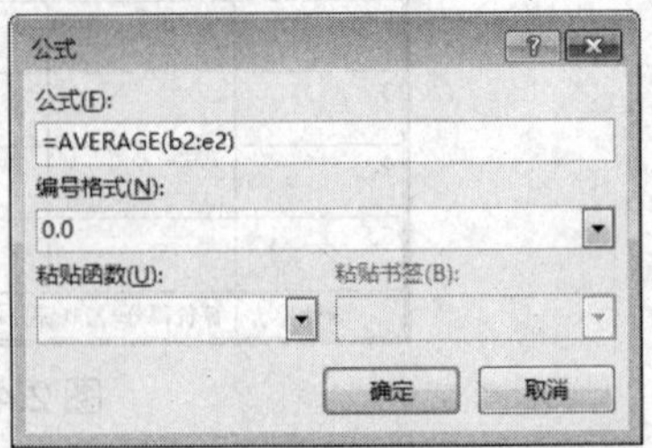

图 2.46 在“公式”对话框中输入所需函数

活力小贴士

在公式或函数中一般引用单元格的名称来表示参与运算的参数。单元格名称的表示方法是：列标采用字母 A，B，C，…来表示，行号采用数字 1，2，3，…来表示。因此，若表示第二列第三行的单元格时，其名称为“B3”。

（6）依次计算出其他行的平均分。

（7）设置表格标题的格式。

① 选中表格标题“员工工作态度评估表”。

② 将其设置为黑体、二号、加粗、居中，段后间距 1 行。

（8）添加斜线表头。

① 将光标置于表格中第一行第一列的单元格中。

② 首先输入“时间”，按“Enter”键后，再输入“姓名”。

③ 设置“时间”文本为“右对齐”，“姓名”为“左对齐”。

（9）设置表格边框。

① 选定整个表格，设置表格的边框为外粗内细的边框线。

② 添加斜线表头框线。将鼠标指针移至表头单元格左侧，当鼠标指针变成“➚”形状时，单击选中该单元格。再单击“表格工具”→“设计”→“表格样式”→“边框”按钮，打开“边框和底纹”对话框，选择 0.75 磅的单实线，单击⧅按钮，为该单元格加上斜线。

活力小贴士

绘制斜线表头的操作方法如下。

（1）通过设置表格边框添加斜线表头。将光标定位于要添加斜线表头的单元格，单击“表格工具”→“设计”→“表格样式”→“边框”→“斜线框线”⧅/“斜上框线”⧄按钮。

（2）通过“绘制表格”工具绘制斜线表头。单击“表格工具”→“设计”→“绘图边框”→“绘制表格”按钮，鼠标指针变为铅笔形状时，绘制斜线。

（3）通过插入形状绘制斜线表头。单击“插入”→“插图”→“形状”→“直线”按钮，可绘制单斜线或多斜线的表头。

（10）将表格中除斜线表头外的其他单元格的内容对齐方式设置为“水平居中”。

（11）适当地对整个表格作一些调整后，就完成了图 2.43 所示的“员工工作态度评估表”。

活力小贴士

(1) 重复标题行。

用 Word 制作表格时，当表格中的数据量较大时，表格长度往往会超过一页，Word 提供了重复标题行的功能，即让标题行反复出现在每一页表格的首行或数行，这样便于表格内容的理解，也能满足某些时候表格打印的要求。其操作方法如下。

① 选择一行或多行标题行，选定内容必须包括表格的第一行。

② 单击“表格工具”→“布局”→“数据”→“重复标题行”按钮。

要重复的标题行必须是该表格的第一行或开始的连续数行，否则“重复标题行”按钮将处于禁止状态。在每一页重复出现表格的表头，给阅读、使用表格带来了很大方便。

(2) 表格和文本之间的转换。

对于已经编辑好的 Word 文档来说，如果想把文本转换成表格的形式，或者想把表格转换成文本，也很容易实现。

① 文字转换成表格。

通常在制作表格时，都是采用先绘制表格再输入文字的方法来产生表格。也可先输入文字，再利用 Word 提供的表格与文字之间的相互转换功能，将文字转换成表格。

a. 插入分隔符 (分隔符：将表格转换为文本时，用分隔符标识文字分隔的位置，或在将文本转换为表格时，用其标识新行或新列的起始位置。例如逗号或制表符)，以指示将文本分成列的位置。使用段落标记指示要开始新行的位置，如图 2.47 和图 2.48 所示。

第一季度,第二季度,第三季度,第四季度↵
A,B,C,D↵

图 2.47 使用逗号作为分隔符

第一季度 → 第二季度 → 第三季度 → 第四季度↵
A → B → C → D↵

图 2.48 使用制表符作为分隔符

b. 选择要转换为表格的文本。

c. 单击“插入”→“表格”按钮，打开“表格”下拉菜单，从菜单中选择“文本转换为表格表格”命令，打开图 2.49 所示的“将文字转换成表格”对话框。

d. 在“文本转换成表格”对话框的“文字分隔位置”下，单击要在文本中使用的分隔符对应的选项。

e. 在“列数”框中，选择列数。

如果未看到预期的列数，则可能是文本中的一行或多行缺少分隔符。这里的行数由文本的段落标记决定，因此为默认值。

f. 选择需要的任何其他选项，然后单击“确定”按钮，可将文本转换成图 2.50 所示的表格。

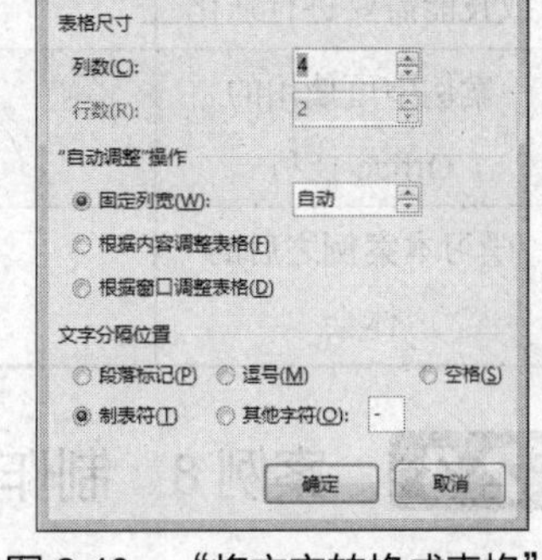

图 2.49 “将文字转换成表格”对话框

② 表格转换成文本。

a. 选择要转换成文本的表格。

b. 单击“表格工具”→“布局”→“数据”→“转换为文本”按钮，打开图 2.51 所示的“表格转换成文本”对话框。

第一季度↵	第二季度↵	第三季度↵	第四季度↵
A↵	B↵	C↵	D↵

图 2.50 由文本转换成的表格

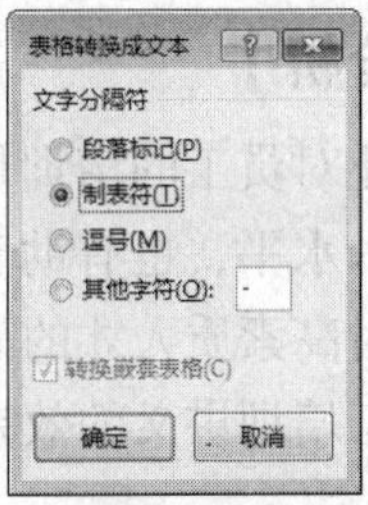

图 2.51 “表格转换成文本”对话框

c. 在“文字分隔位置”下，单击要用于代替列边界的分隔符对应的选项，表格各行默认用段落标记分隔。然后单击“确定”按钮即可将表格转换成文本。

【案例小结】

本案例通过制作“员工基本信息表”“员工培训计划表”“公司应聘人员登记表”“员工面试表”“员工工作业绩考核表”“员工工作态度评估表”等人力资源部门的常用表格，讲解了在 Word 中表格的创建和插入、设置表格的行高和列宽、插入和删除表格等基本操作，同时介绍了斜线表头的绘制、表格数据的计算处理。此外，还介绍了表格中单元格的合并和拆分、表格内字符的格式化处理、表格的边框和底纹设置等美化和修饰操作。

学习总结

本案例所用软件	
案例中包含的知识和技能	
你已熟知或掌握的知识和技能	
你认为还有哪些知识或技能需要进行强化	
案例中可使用的 Office 技巧	
学习本案例之后的体会	

2.3 案例 8 制作员工培训讲义

示例文件	原始文件：示例文件\素材\人力资源篇\案例 8\欢迎加入.jpg、奖杯.jpg 效果文件：示例文件\效果\人力资源篇\案例 8\新员工培训.pptx

【案例分析】

企业对员工的培训是人力资源开发的重要途径。对员工培训不仅能提高员工的思想认识和技术水平，也有助于培养公司员工的团队精神，增强员工的凝聚力和向心力，满足企业发展对高素质人才的需要。本案例运用 PowerPoint 制作培训讲义，以提高员工培训的效果。员工培训讲义的效果图如图 2.52 所示。

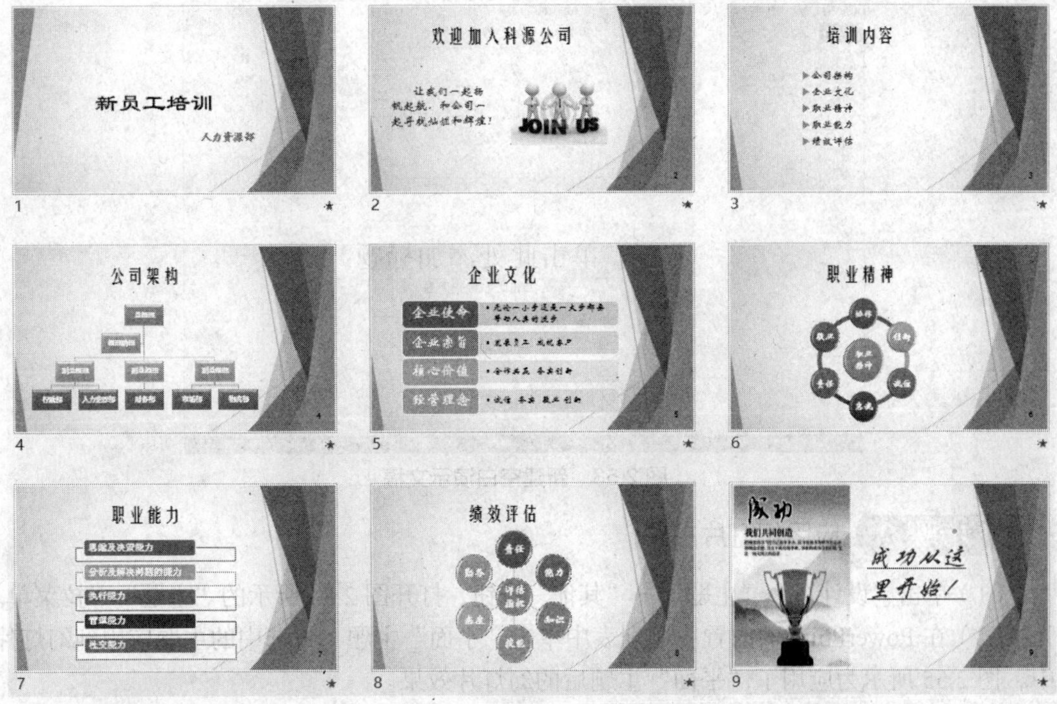

图 2.52 员工培训讲义效果

【知识与技能】

- 创建和保存演示文稿
- 插入幻灯片
- 设置幻灯片主题
- 修改幻灯片版式
- 编辑幻灯片内容
- 编辑图片、SmartArt 图形
- 设置幻灯片内容的格式
- 插入幻灯片编号
- 设置幻灯片动画和切换效果
- 设置和放映演示文稿

【解决方案】

步骤 1 新建并保存文档

（1）启动 Powerpoint 2013，新建一份空白演示文稿，出现一张“标题幻灯片”版式的幻灯片，如图 2.53 所示。

（2）将演示文稿按文件类型“演示文稿”，以“新员工培训”为名保存在“E:\公司文档\人力资源部”文件夹中。

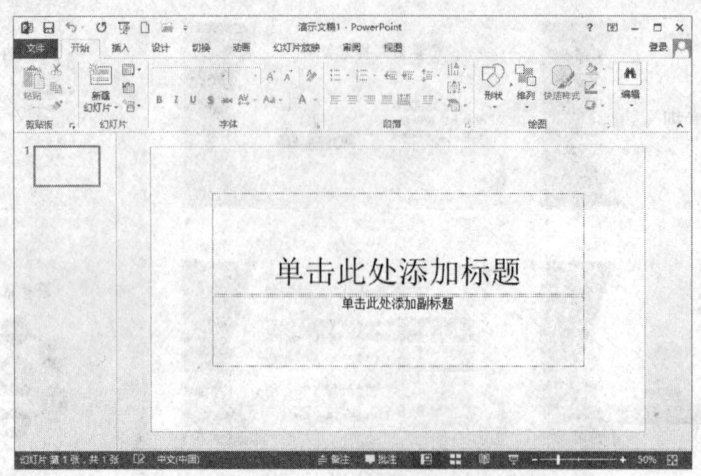

图 2.53　新建空白演示文稿

步骤 2　应用幻灯片主题

（1）单击“设计”→“主题”→“其他”按钮，打开图 2.54 所示的“主题”下拉菜单。

（2）在 PowerPoint 的内置主题列表中单击“平面”主题，将选中的主题应用到幻灯片中，图 2.55 所示为应用了“平面”主题后的幻灯片效果。

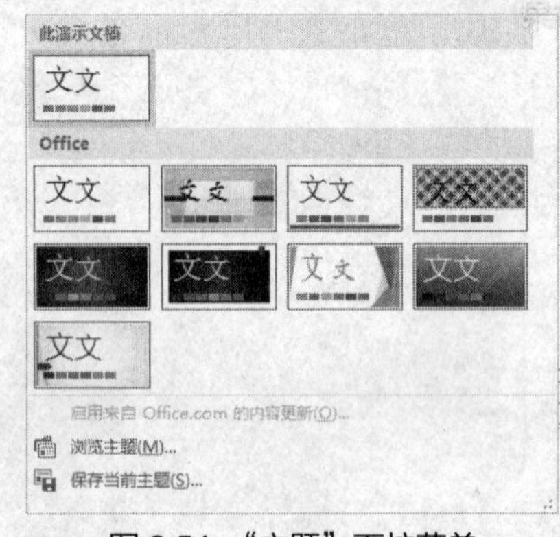

图 2.54　“主题”下拉菜单

图 2.55　应用了“平面”主题后的幻灯片效果

活力小贴士

使用主题可以简化专业设计师水准的演示文稿的创建过程。应用幻灯片主题不仅可以在 PowerPoint 中使用主题颜色、字体和效果，也可以使演示文稿具有统一的风格。应用幻灯片主题可在幻灯片编辑前进行，也可在编辑完幻灯片内容后再应用。

步骤 3　编辑培训讲义

（1）制作第 1 张幻灯片。

① 单击“单击此处添加标题”占位符，输入标题“新员工培训”，并将其字体设置为“隶书”、72 磅、深蓝色，段落为居中对齐。

② 单击“单击此处添加副标题”占位符，输入副标题“人力资源部”，并将其字体设置为“楷体”、32 磅、加粗。

（2）制作第 2 张幻灯片。

① 单击“开始”→“幻灯片”→“新建幻灯片”按钮，插入一张版式为“标题和内容”的新幻灯片，如图 2.56 所示。

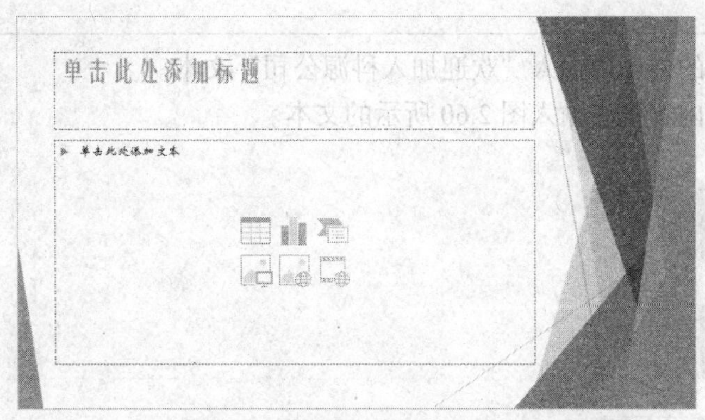

图 2.56 插入版式为“标题和内容”的新幻灯片

② 单击“开始”→“幻灯片”→“版式”选项，打开图 2.57 所示的幻灯片版式列表，在“Office 主题”列表中选择“两栏内容”版式，将插入的新幻灯片应用选择的版式，如图 2.58 所示。

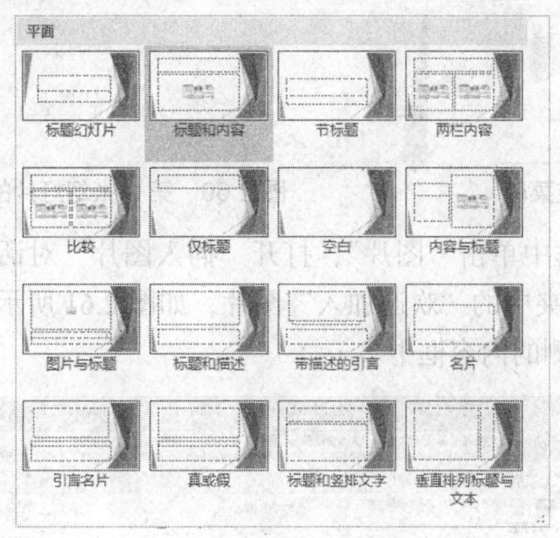

图 2.57 幻灯片版式列表

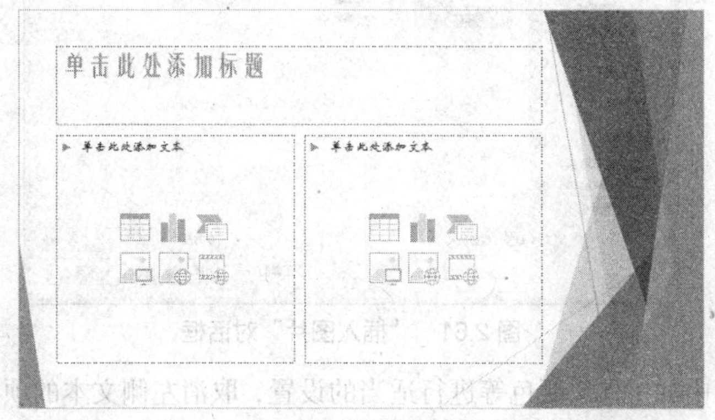

图 2.58 应用“两栏内容”版式

活力小贴士

若插入新幻灯片时，单击“开始”→“幻灯片”→“新建幻灯片”下拉按钮，可打开图 2.59 所示的“新幻灯片”下拉菜单，从中也可选择需要的版式。

③ 在幻灯片的标题中输入“欢迎加入科源公司”文本。

④ 在左侧的内容框中输入图 2.60 所示的文本。

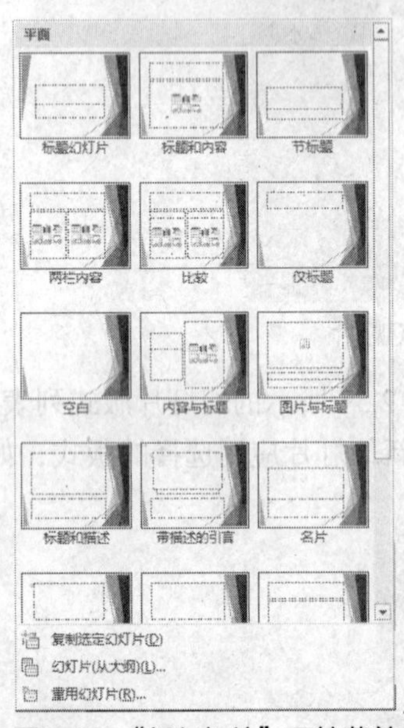

图 2.59 “新幻灯片”下拉菜单

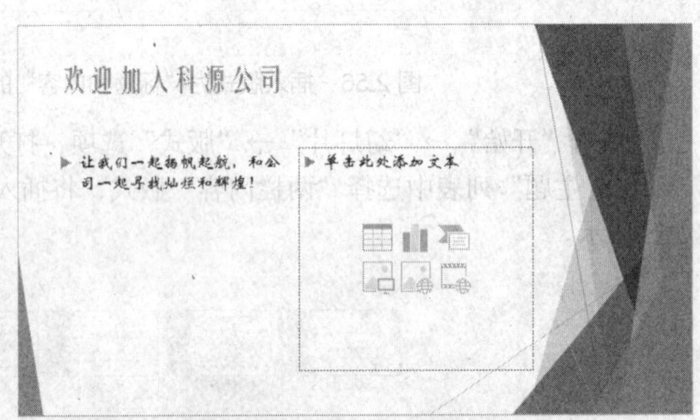

图 2.60 第 2 张幻灯片的标题和文本

⑤ 在右侧的内容框中单击“图片”，打开“插入图片”对话框。选择“E:\公司文档\人力资源部\素材”文件夹中的“欢迎加入”图片，如图 2.61 所示。再单击“插入”按钮，将选择的图片插入到右侧的内容框中。

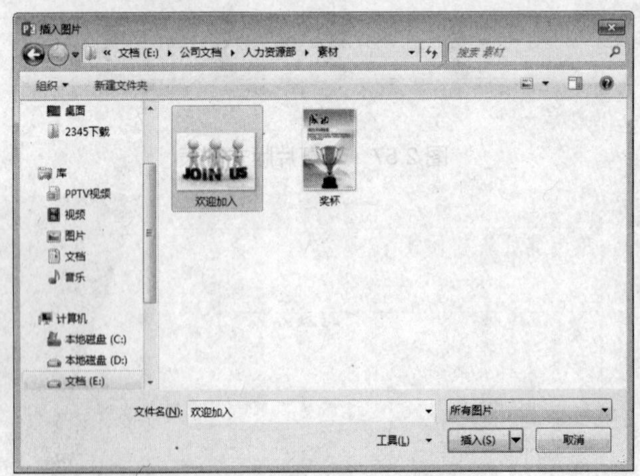

图 2.61 “插入图片”对话框

⑥ 对幻灯片中的字体、颜色等进行适当的设置，取消左侧文本的项目符号，再适当地调整图片的位置和大小，完成图 2.62 所示的第 2 张幻灯片。

（3）制作第 3 张新幻灯片，插入一张版式为“标题和内容”的新幻灯片，创建图 2.63 所示的演示文稿的第 3 张幻灯片。

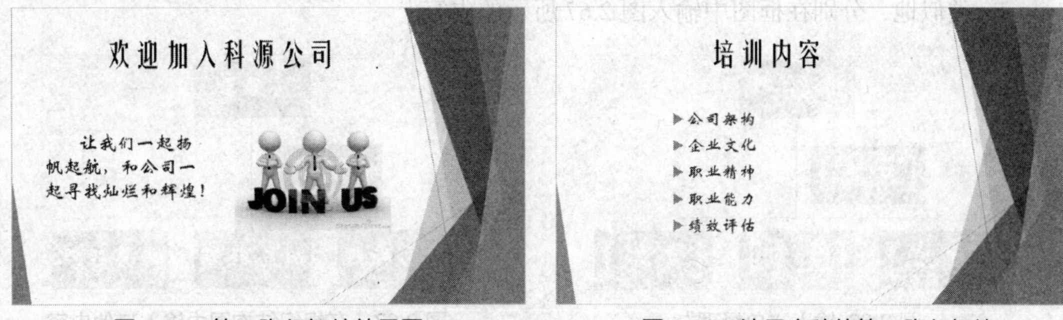

图 2.62　第 2 张幻灯片效果图　　图 2.63　演示文稿的第 3 张幻灯片

（4）制作第 4 张新幻灯片。

① 插入一张“标题和内容”版式的幻灯片。

② 在标题中输入“公司架构”文本，并适当设置标题格式。

③ 插入 SmartArt 图形。

a. 在下面的内容框中单击“插入 SmartArt 图形”，打开“选择 SmartArt 图形”对话框。

b. 在左侧的列表框中选择“层次结构”类型，然后在右侧的列表框中选择图 2.64 所示的“组织结构图”子类型。

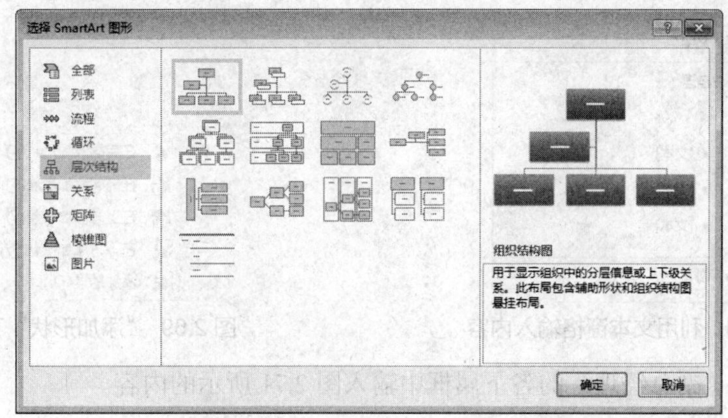

图 2.64　“选择 SmartArt 图形”对话框

c. 单击“确定”按钮，在幻灯片中插入图 2.65 所示的组织结构图。

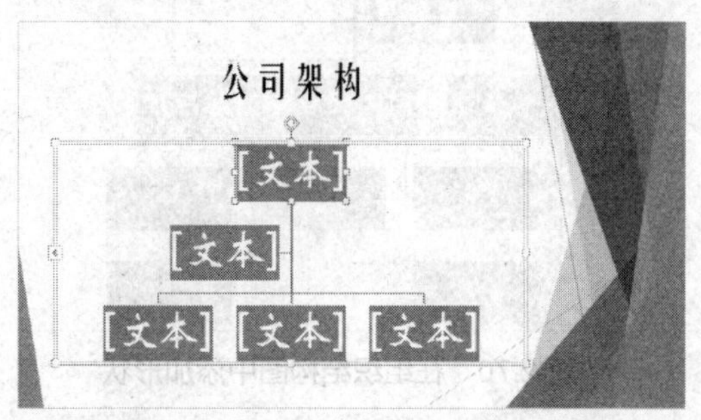

图 2.65　在幻灯片中插入组织结构图

④ 编辑 SmartArt 图形。

a. 单击第 1 行图形区域，在其中将显示光标插入点，输入“总经理”，如图 2.66 所示。

b. 类似地，分别在框图中输入图 2.67 所示的内容。

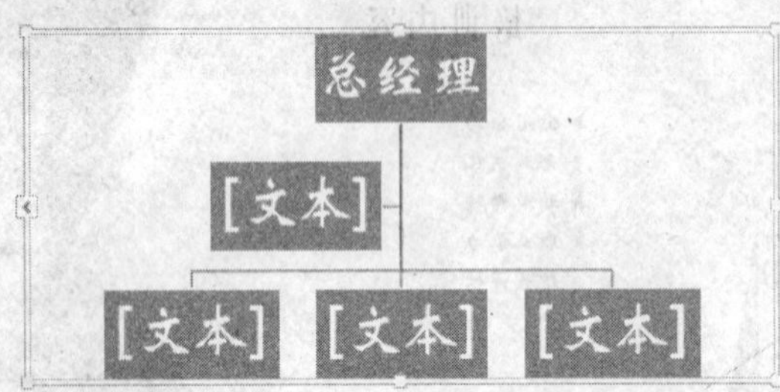

图 2.66 输入“总经理”

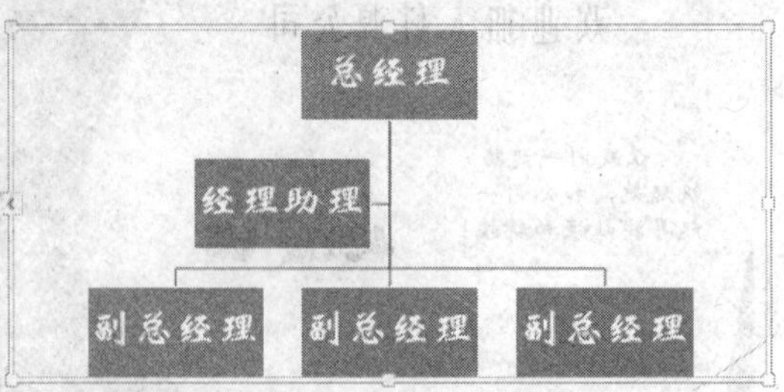

图 2.67 在组织结构图中输入其他内容

活力小贴士

输入组织结构图的文本内容时，也可单击组织结构图左边框的按钮打开文本窗格，在其中输入组织结构图内容，如图 2.68 所示。

c. 分别选中各个“副总经理”，单击“SmartArt 工具”→“设计”→“创建图形”→“添加形状”右侧的下拉按钮，打开图 2.69 所示的下拉菜单，选择“在下方添加形状”选项，添加图 2.70 所示的形状。

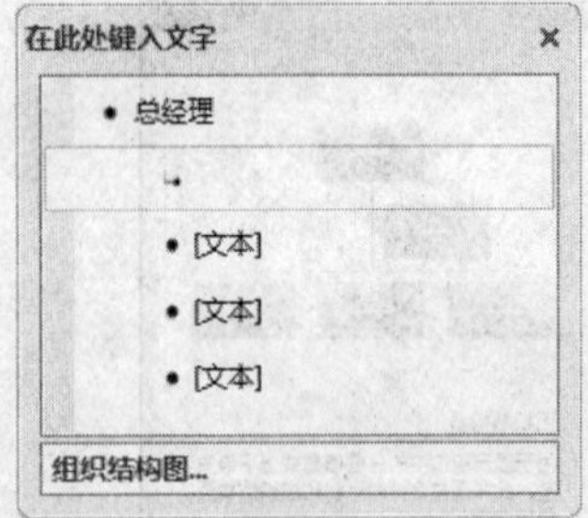

图 2.68 利用文本窗格输入内容

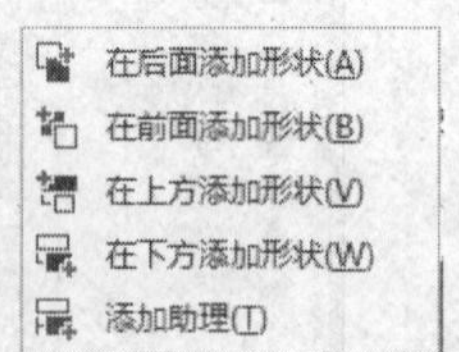

图 2.69 “添加形状”下拉菜单

d. 分别在“副总经理”的各下属框中输入图 2.71 所示的内容。

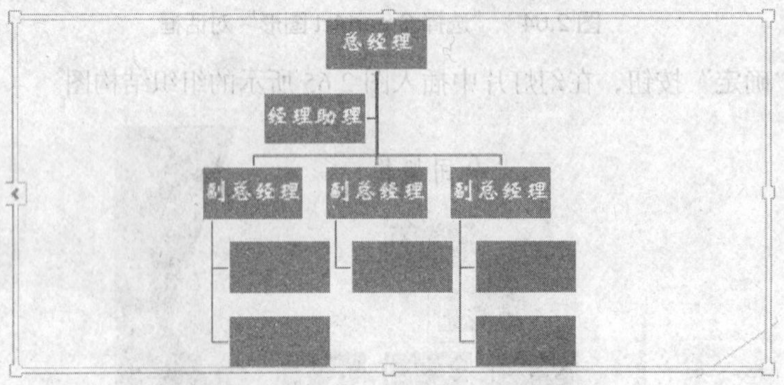

图 2.70 在组织结构图中添加形状

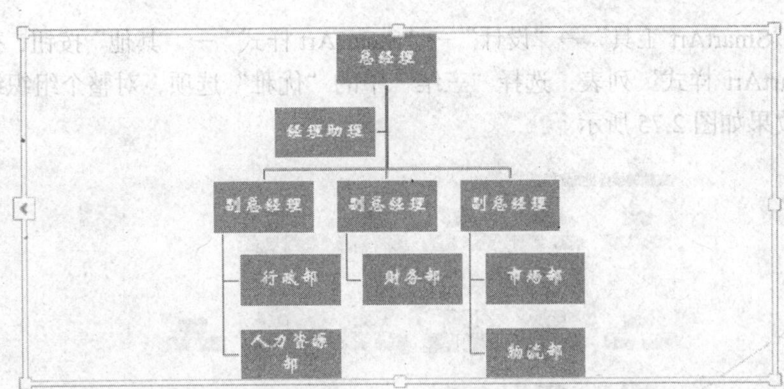

图 2.71 添加“副总经理”下属内容后的组织结构图

⑤ 修饰 SmartArt 图形。

a. 选中组织结构图。

b. 单击“SmartArt 工具”→“设计”→“SmartArt 样式”→“更改颜色”按钮，打开图 2.72 所示的下拉列表，选择“彩色”中的第 2 种颜色“彩色范围——着色 2 至 3”，设置整个组织结构图的配色方案，效果如图 2.73 所示。

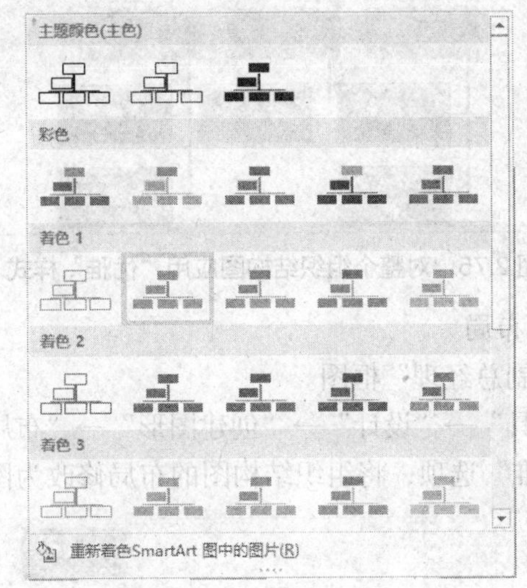

图 2.72 “更改颜色”下拉列表

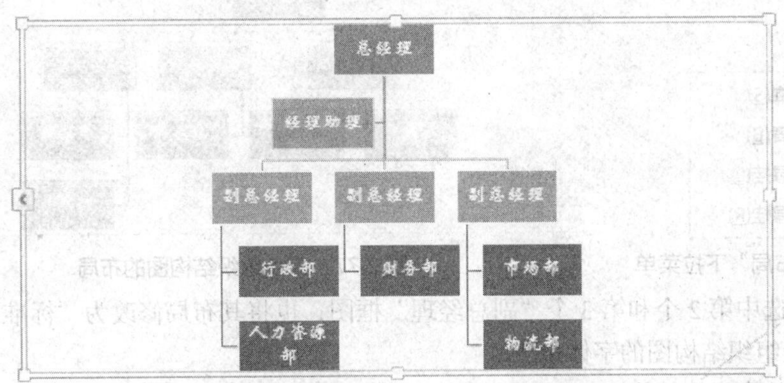

图 2.73 设置整个组织结构图的配色方案

c. 单击“SmartArt 工具”→“设计”→“SmartArt 样式”→“其他”按钮，打开图 2.74 所示的“SmartArt 样式”列表，选择“三维”中的“优雅”选项，对整个组织结构图应用新的样式，效果如图 2.75 所示。

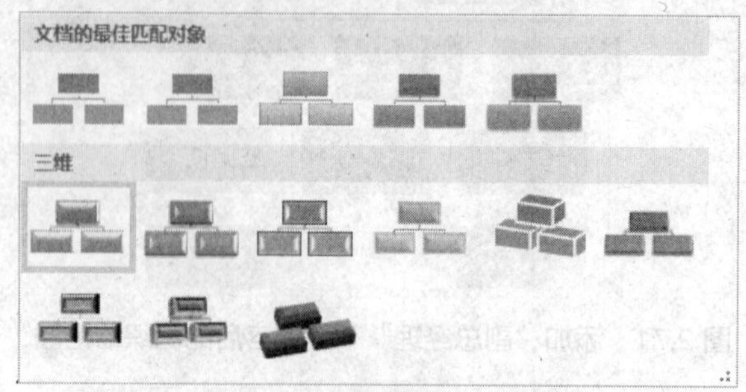

图 2.74 “SmartArt 样式”列表

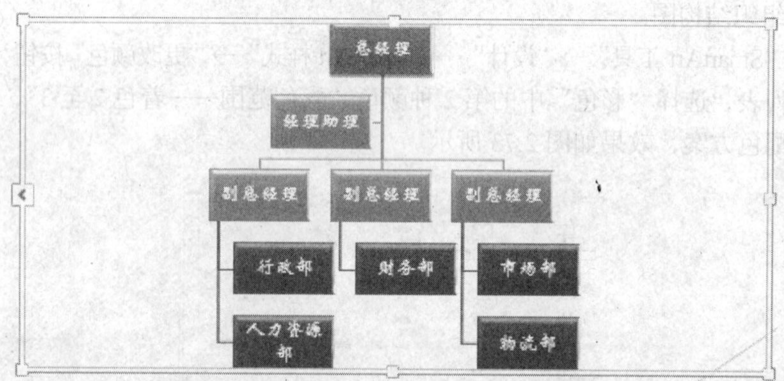

图 2.75 对整个组织结构图应用“优雅”样式

⑥ 修改组织结构图的布局。

a. 选中左边第一个“副总经理”框图。

b. 单击“SmartArt 工具”→“设计”→“创建图形”→“布局”按钮，打开图 2.76 所示的下拉菜单，选择“标准”选项，将组织结构图的布局修改为图 2.77 所示的样式。

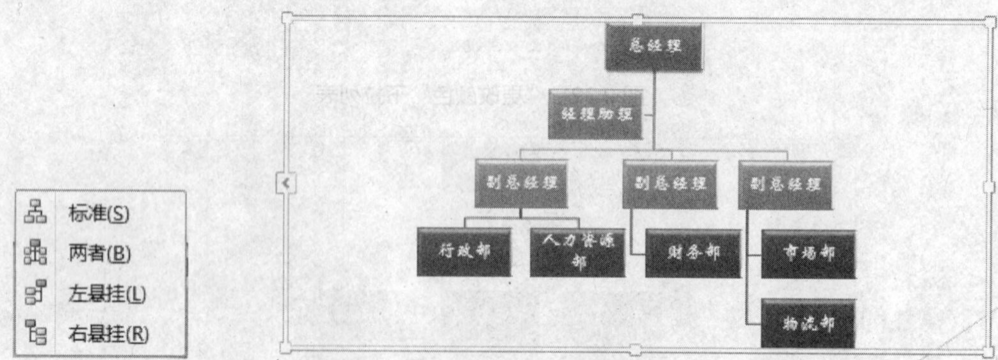

图 2.76 “布局”下拉菜单

图 2.77 改变组织结构图的布局

c. 分别选中第 2 个和第 3 个“副总经理”框图，也将其布局修改为“标准”样式。

⑦ 设置组织结构图的字体格式。

a. 选中整个组织结构图。

b. 将组织结构图中所有文本字体设置为宋体、20 磅、加粗。

第 4 张幻灯片完成后效果如图 2.78 所示。

图 2.78 演示文稿的第 4 张幻灯片

（5）制作第 5 张新幻灯片，利用 SmartArt 图形创建图 2.79 所示的演示文稿的第 5 张幻灯片。

图 2.79 演示文稿的第 5 张幻灯片

（6）制作第 6、7、8 张幻灯片。利用 SmartArt 图形，分别创建图 2.80、图 2.81 和图 2.82 所示的演示文稿的第 6、7、8 张幻灯片。

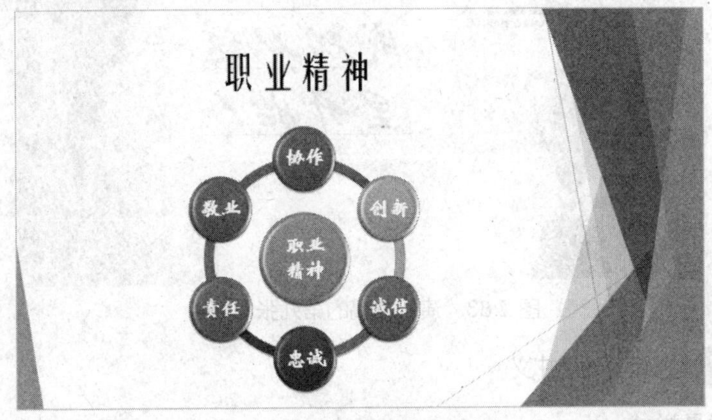

图 2.80 演示文稿的第 6 张幻灯片

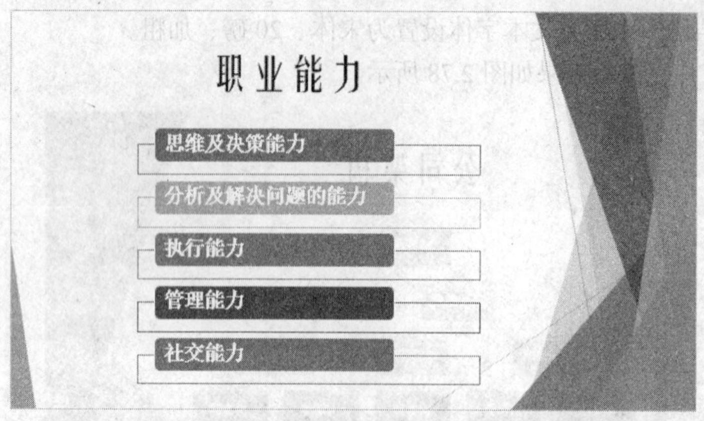

图 2.81　演示文稿的第 7 张幻灯片

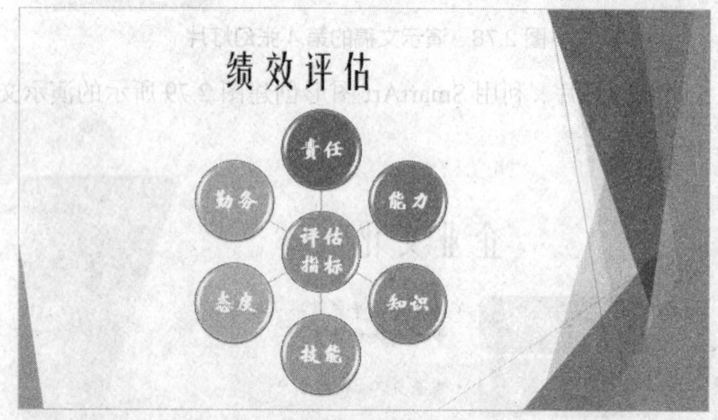

图 2.82　演示文稿的第 8 张幻灯片

（7）制作第 9 张幻灯片。插入一张“空白”版式的幻灯片，在幻灯片中插入一个文本框，输入文本“成功从这里开始!”，将文本字体设置为华文行楷、75 磅、倾斜、下划线、红色。在文字左侧插入一幅图片，如图 2.83 所示。至此，幻灯片的内容就制作完毕。

图 2.83　演示文稿的第九张幻灯片

步骤 4　修饰培训讲义

（1）设置背景样式。

① 选择“设计”→“变体”→“其他”按钮，从列表中选择“背景样式”选项，打开图 2.84 所示的“背景样式”下拉菜单。

② 从样式列表中单击“样式 10”，将选中的样式应用到所有幻灯片中。

活力小贴士

设置背景样式时，若只想将选定的样式应用于所选幻灯片中，可右击该样式，弹出图 2.85 所示的快捷菜单，选择“应用于所选幻灯片”选项即可。

图 2.84　“背景样式”下拉菜单

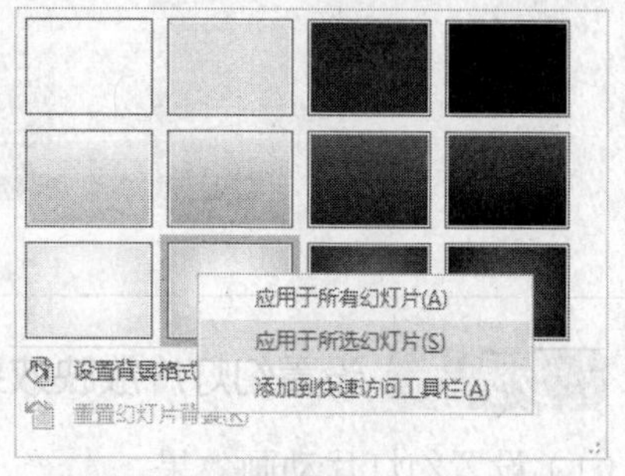

图 2.85　设置背景样式快捷菜单

（2）插入幻灯片编号。

① 单击“插入”→“文本”→“幻灯片编号”按钮，打开图 2.86 所示的“页眉和页脚”对话框。

图 2.86　“页眉和页脚”对话框

② 选择“幻灯片”选项卡，选中其中的“幻灯片编号”和“标题幻灯片中不显示”两项，然后单击“全部应用”按钮，在幻灯片中插入幻灯片编号。

活力小贴士

默认情况下，可能对插入的幻灯片编号不太令人满意，可单击“视图”→“母版视图”→“幻灯片模板”按钮，打开图 2.87 所示的幻灯片母版视图，对幻灯片编号的字体、字号以及编号位置进行调整。

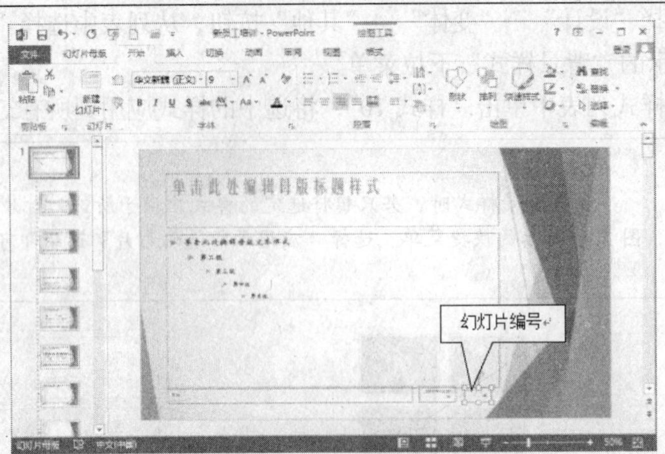

图 2.87　幻灯片母版视图

步骤 5　设置幻灯片放映效果

（1）设置幻灯片动画效果。

① 选择第 1 张幻灯片，选中标题文本“新员工培训”，单击“动画”→“动画”→“其他”按钮，打开图 2.88 所示的“动画”样式列表。

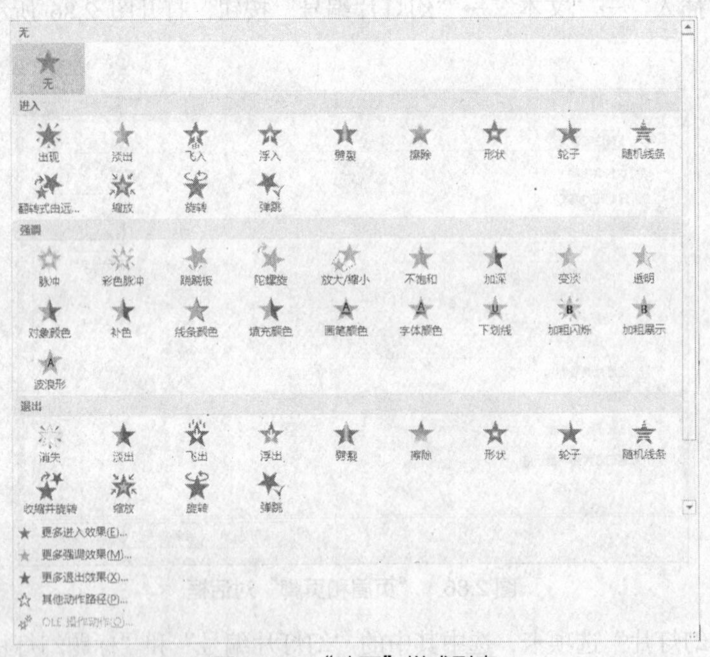

图 2.88　“动画”样式列表

② 单击“进入”中的“形状”效果，为标题添加进入动画效果“形状”。

活力小贴士

（1）PowerPoint 提供有对象进入、强调及退出的动画效果，此外还可设置动作路径，将对象动画按设定路径进行展现。

（2）如需要设置其他进入动画效果，单击图 2.88 所示的“动画”样式列表中的“更改进入效果”命令，打开图 2.89 所示的“更改进入效果”对话框。单击“更改强调效果”

命令，可打开图 2.90 所示的“更改强调效果”对话框。单击“更改退出效果”命令，可打开图 2.91 所示的“更改退出效果”对话框。单击“其他动作路径”命令，可打开图 2.92 所示的“更改动作路径”对话框。

图 2.89 “更改进入效果”对话框

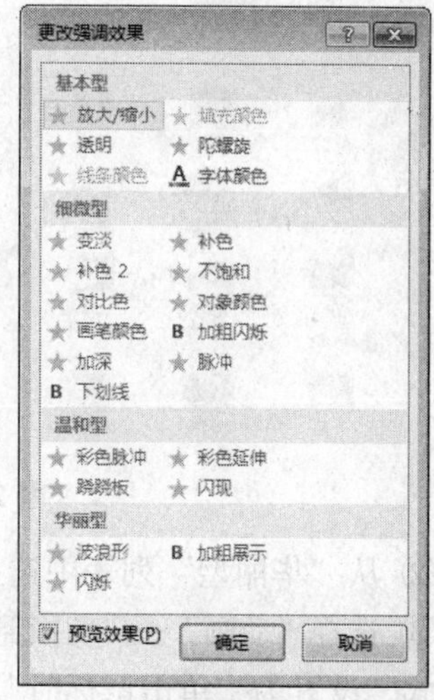

图 2.90 “更改强调效果”对话框

图 2.91 “更改退出效果”对话框

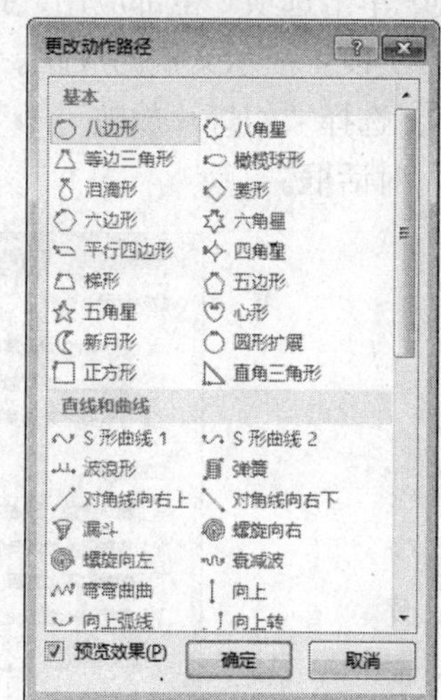

图 2.92 “更改动作路径”对话框

③ 单击“动画”→“动画”→“效果选项”按钮，打开 “效果选项”列表，从列表中选择形状为 “菱形”。

④ 设置动画速度。设置“动画”→“计时”→“持续时间”为“1”秒（即快速）。

⑤ 同样，选中幻灯片副标题，将其进入效果设置自左侧擦除，速度为中速（2 秒）。

⑥ 选中其他幻灯片中的对象，为其定义适当的动画效果。

（2）设置幻灯片切换效果。

① 选中演示文稿中的任意一张幻灯片，选择“动画”→“切换到此幻灯片”→“其他”按钮，打开图 2.93 所示的“幻灯片切换效果”下拉列表。

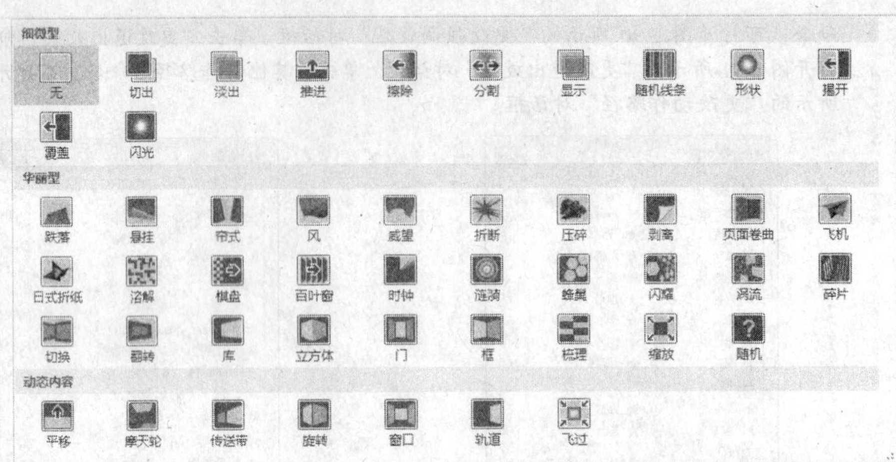

图 2.93 “幻灯片切换效果”下拉列表

② 从“华丽型”列表中选择“立方体”。

③ 选择“动画”→“切换到此幻灯片”选项，设置切换持续时间为“1.5 秒”，再将“换片方式”设置为“单击鼠标时”。

④ 单击选项“全部应用”按钮，将选择的幻灯片切换效果应用于所有幻灯片。

（3）设置演示文稿的放映。

① 选择“幻灯片放映”→“设置幻灯片放映”选项，打开图 2.94 所示的“设置放映方式”对话框。

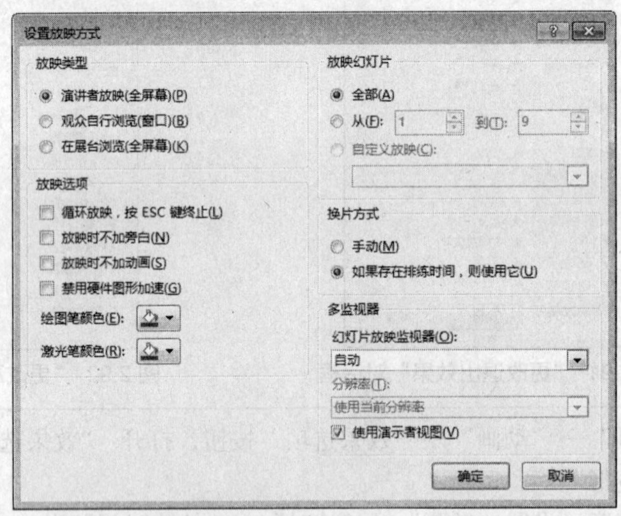

图 2.94 “设置放映方式”对话框

② 对幻灯片的放映方式进行设置。设置放映类型为“演讲者放映（全屏幕）”，换片方式为“手动”。

（4）放映幻灯片。演示文稿设置完毕，选择“幻灯片放映”→“开始放映幻灯片”→“从头开始”或者“从当前幻灯片开始”选项，可进入幻灯片放映视图，观看幻灯片。

（5）保存演示文稿后关闭 PowerPoint 程序。

若用户需要将演示文稿直接用于播放，也可将文件类型保存为"PowerPoint 放映"格式，即文件以".ppsx"格式保存。但需注意的是，"PowerPoint 放映"格式的演示文稿不能再进行编辑。

【拓展案例】

1．制作公司年度总结报告演示文稿，如图 2.95 所示。

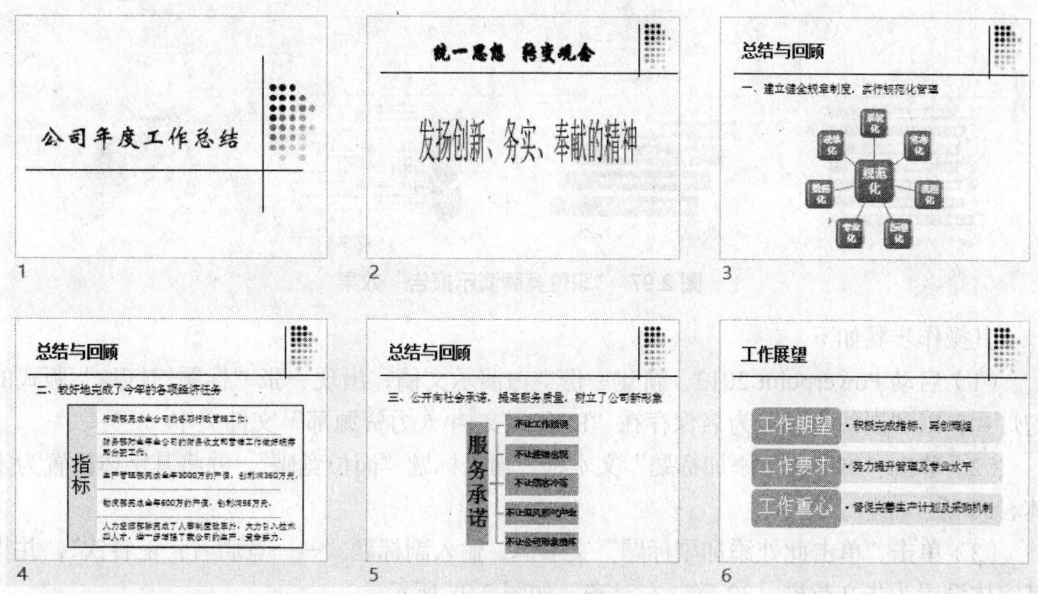

图 2.95　公司年度总结报告演示文稿

2．制作述职报告演示文稿，如图 2.96 所示,。

图 2.96　述职报告演示文稿

【拓展训练】

利用 PowerPoint 制作“岗位竞聘”演示报告，用于岗位竞聘时播放，如图 2.97 所示。

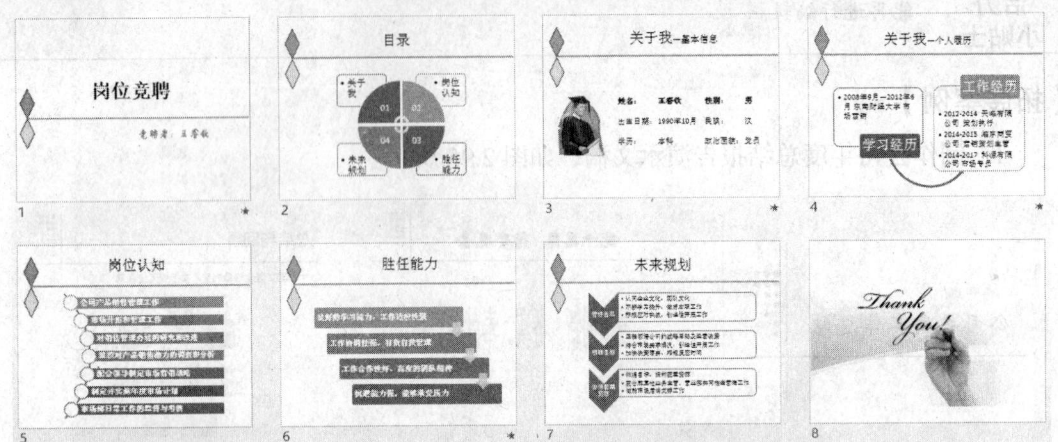

图 2.97 “职位竞聘演示报告”效果

其操作步骤如下。

（1）启动 Powerpoint 2013，新建一份空白演示文稿，出现一张“标题幻灯片”版式的幻灯片，以“岗位竞聘”为名保存在“E:\公司文档\人力资源部”文件夹中

（2）单击“单击此处添加标题”文本框，输入标题“岗位竞聘”，并将其字体设置为宋体、60 磅、加粗、居中。

（3）单击“单击此处添加副标题”文本框，输入副标题“——竞聘者：王睿钦”，并将其字体设置为华文行楷、32 磅、右对齐，如图 2.98 所示。

（4）单击“开始”→“幻灯片”→“新建幻灯片”按钮，插入一张版式为“标题和内容”的新幻灯片，在该幻灯片的相应位置上分别制作图 2.99 所示的内容，并对字体、颜色等进行适当的设置。

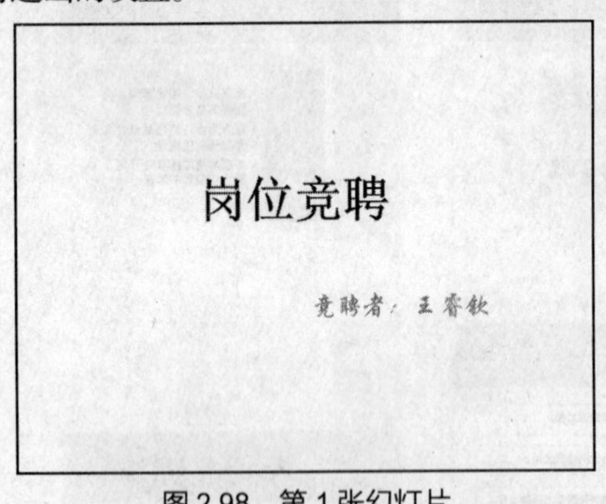

图 2.98 第 1 张幻灯片

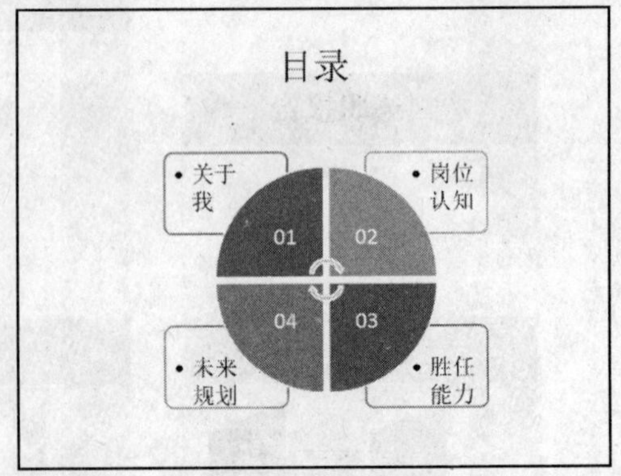

图 2.99 第 2 张幻灯片

（5）插入一张版式“两栏内容”版式的新幻灯片，在该幻灯片的相应位置上分别制作图 2.100 所示的内容，并对字体、颜色等进行适当地设置。

（6）插入新的幻灯片，创建第 4、5、6、7 张幻灯片，如图 2.101、图 2.102、图 2.103 和图 2.104 所示。

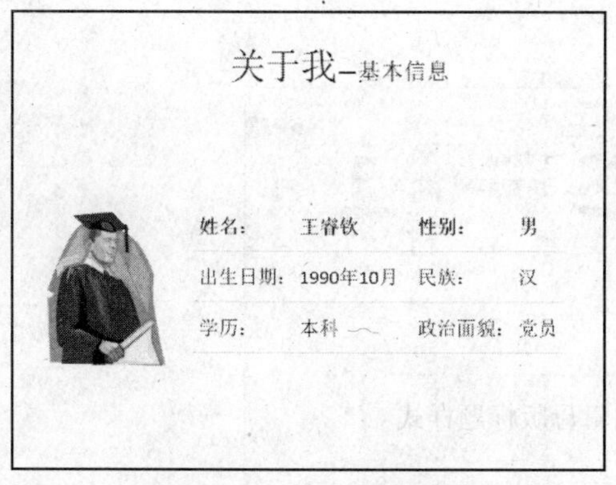

图 2.100　第 3 张幻灯片

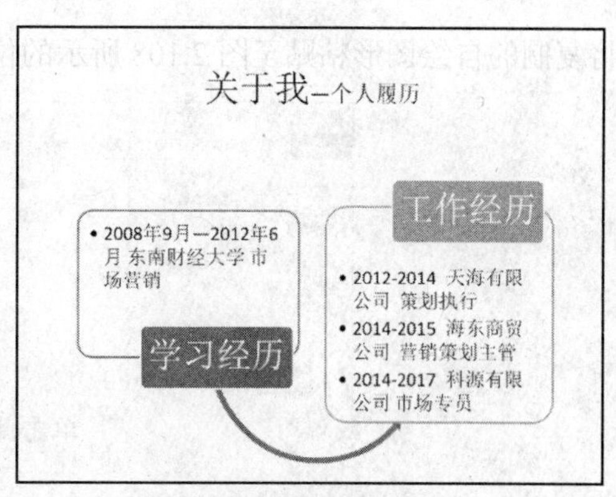

图 2.101　第 4 张幻灯片

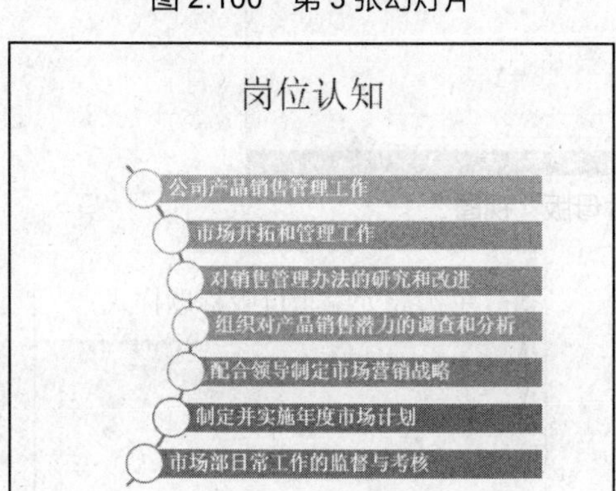

图 2.102　第 5 张幻灯片

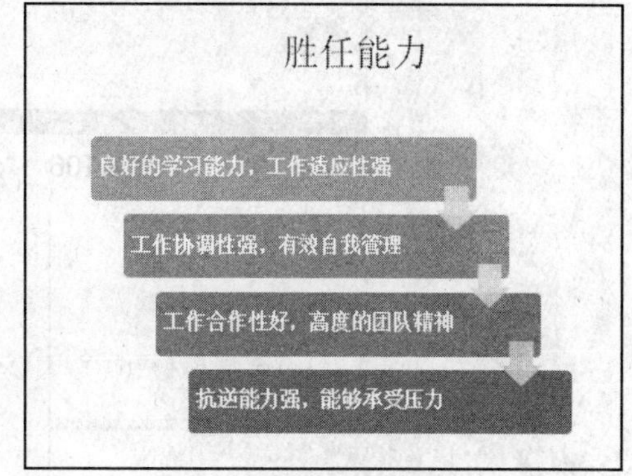

图 2.103　第 6 张幻灯片

（7）最后，插入一张版式为“空白”的幻灯片，在幻灯片中插入图片“Thank you!”，并适当地调整图片的大小和位置，如图 2.105 所示。

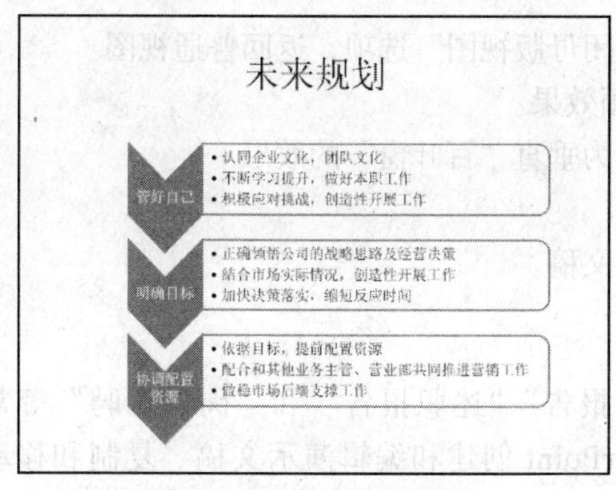

图 2.104　第 7 张幻灯片

图 2.105　第 8 张幻灯片

（8）设计幻灯片母版。

① 单击“视图”→“演示文稿视图”→“幻灯片母版”选项，切换到“幻灯片母版”视图，如图 2.106 所示。

② 在“标题幻灯片”版式中插入两个菱形和一条直线，并适当地设置它们的格式，将这 3 个图形进行组合后，移至图 2.107 所示的位置。

③ 复制标题幻灯片母版中的自绘图形，单击窗口左侧的“标题和内容”幻灯片版式，

将复制的自绘图形粘贴至图 2.108 所示的位置。

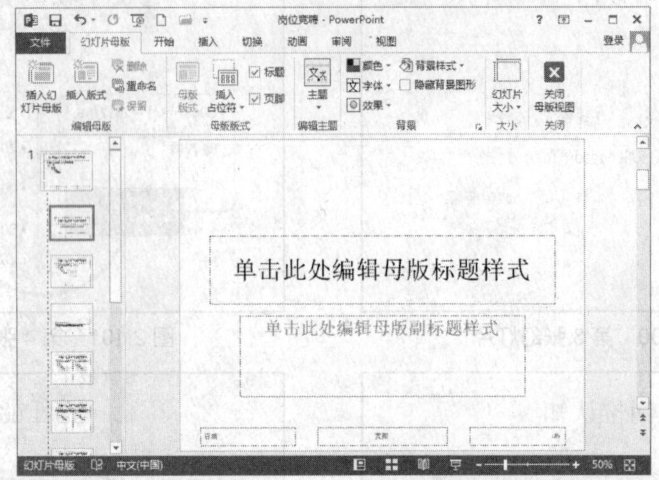

图 2.106 “幻灯片母版”视图

图 2.107 在“标题幻灯片”版式中插入自绘图形

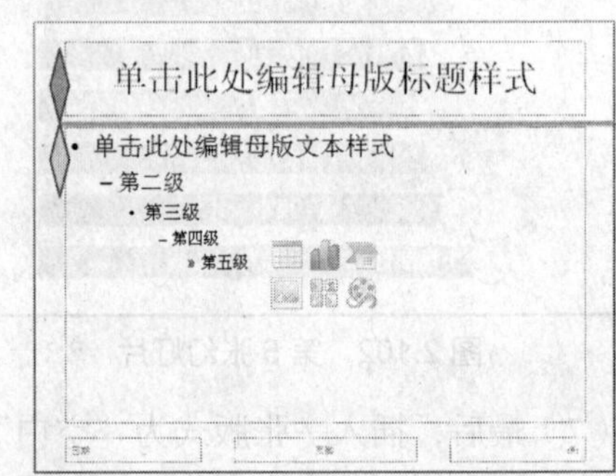

图 2.108 在“标题和内容”版式中插入自绘图形

④ 单击“幻灯片母版”→“关闭”→“关闭母版视图”选项，返回普通视图。

（9）分别为幻灯片中的对象设置适当的动画效果。

（10）将演示文稿中的幻灯片切换方式设置为垂直“百叶窗”的效果。

（11）保存演示文稿。

（12）观看幻灯片放映，浏览所创建的演示文稿。

【案例小结】

本案例以制作“新员工培训”“年度总结报告”“述职报告”和“岗位竞聘”等常见的幻灯片演示文稿为例，讲解了利用 PowerPoint 创建和编辑演示文稿、复制和移动幻灯片等相关操作，然后介绍了利用模板和幻灯片母版对演示文稿进行美化和修饰的操作方法。

幻灯片演示文稿的另外一个重要功能是实现了演示文稿的动画播放。本案例通过介绍演示文稿中对象的进入动画，讲解了自定义动画方案、幻灯片切换以及幻灯片播放等知识。

📖 学习总结

本案例所用软件	
案例中包含的知识和技能	
你已熟知或掌握的知识和技能	
你认为还有哪些知识或技能需要进行强化	
案例中可使用的Office技巧	
学习本案例之后的体会	

2.4 案例9 制作员工人事档案表

示例文件	原始文件：示例文件\素材\人力资源篇\案例9\员工人事档案表.xlsx 效果文件：示例文件\效果\人力资源篇\案例9\员工人事档案表.xlsx

【案例分析】

人事档案、工资管理是企业人力资源部门的主要工作之一，它涉及对企业所有员工的基本信息、基本工资、津贴、薪级工资等数据进行整理分类、计算以及汇总等比较复杂的处理。在本案例中，使用Excel可以使管理变得简单、规范，并且提高工作效率。

员工人事档案管理是人力资源部门的基础工作。员工人事档案表是企业对员工基本信息掌握的一个重要途径。通过员工人事档案表不但可以了解员工基本信息，还可以随时对员工的基本情况进行查看、统计和分析等。本案例以“制作员工人事档案表”为例，介绍Excel在员工信息管理中的应用，效果如图2.109所示。

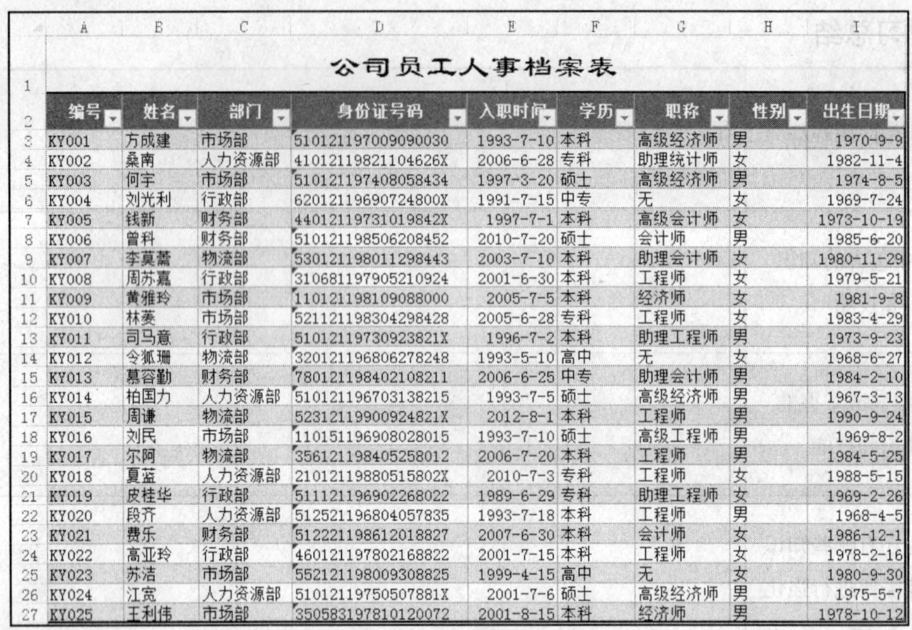

公司员工人事档案表

编号	姓名	部门	身份证号码	入职时间	学历	职称	性别	出生日期
KY001	方成建	市场部	510121197009090030	1993-7-10	本科	高级经济师	男	1970-9-9
KY002	桑南	人力资源部	41012119821104626X	2006-6-28	专科	助理统计师	女	1982-11-4
KY003	何宇	市场部	510121197408058434	1997-3-20	硕士	高级经济师	男	1974-8-5
KY004	刘光利	行政部	62012119690724800X	1991-7-15	中专	无	女	1969-7-24
KY005	钱新	财务部	44012119731019842X	1997-7-1	本科	高级会计师	女	1973-10-19
KY006	曾科	财务部	510121198506208452	2010-7-20	硕士	会计师	男	1985-6-20
KY007	李莫薷	物流部	530121198011298443	2003-7-10	本科	助理会计师	女	1980-11-29
KY008	周苏嘉	行政部	310681197905210924	2001-6-30	本科	工程师	女	1979-5-21
KY009	黄雅玲	市场部	110121198109088000	2005-7-5	本科	经济师	女	1981-9-8
KY010	林菱	市场部	521121198304298428	2005-6-28	专科	工程师	女	1983-4-29
KY011	司马意	行政部	51012119730923821X	1996-7-2	本科	助理工程师	男	1973-9-23
KY012	令狐珊	物流部	320121196806278248	1993-5-10	高中	无	女	1968-6-27
KY013	慕容勤	财务部	780121198402108211	2006-6-25	中专	助理会计师	男	1984-2-10
KY014	柏国力	人力资源部	510121196703138215	1993-7-5	硕士	高级经济师	男	1967-3-13
KY015	周谦	物流部	52312119900924821X	2012-8-1	本科	工程师	男	1990-9-24
KY016	刘民	市场部	110151196908028015	1993-7-10	硕士	高级工程师	男	1969-8-2
KY017	尔阿	物流部	356121198405258012	2006-7-20	本科	工程师	男	1984-5-25
KY018	夏蓝	人力资源部	21012119880515802X	2010-7-3	专科	工程师	女	1988-5-15
KY019	皮桂华	行政部	511121196902268022	1989-6-29	专科	助理工程师	女	1969-2-26
KY020	段齐	人力资源部	512521196804057835	1993-7-18	本科	工程师	男	1968-4-5
KY021	费乐	财务部	512221198612018827	2007-6-30	本科	会计师	女	1986-12-1
KY022	高亚玲	行政部	460121197802168822	2001-7-15	本科	工程师	女	1978-2-16
KY023	苏洁	市场部	552121198009308825	1999-4-15	高中	无	女	1980-9-30
KY024	江宽	人力资源部	51012119750507881X	2001-7-6	硕士	高级经济师	男	1975-5-7
KY025	王利伟	市场部	350583197810120072	2001-8-15	本科	经济师	男	1978-10-12

图 2.109　员工人事档案表

【知识与技能】

- 创建工作簿、重命名工作表
- 数据的输入
- 数据有效性设置
- 函数 IF、MOD、TEXT、MID、COUNTIF 的使用
- 导出文件
- 工作表的修饰
- 复制工作表

【解决方案】

步骤 1　创建工作簿，重命名工作表

（1）启动 Excel 2013，创建一个空白工作簿。

（2）以“员工人事档案表”为名，将新建的工作簿保存在“E:\公司文档\人力资源部”文件夹中。

（3）将“员工人事档案表”中的 Sheet1 工作表重命名为“员工信息”。鼠标右键单击 Sheet1 工作表标签，从弹出的快捷菜单中选择“重命名”命令，输入新的工作表名称“员工信息”，按“Enter”键确认。

步骤 2　创建“员工人事档案表”基本框架

（1）输入表格标题字段。在 A1:I1 单元格中分别输入表格各个字段的标题内容，如图 2.110 所示。

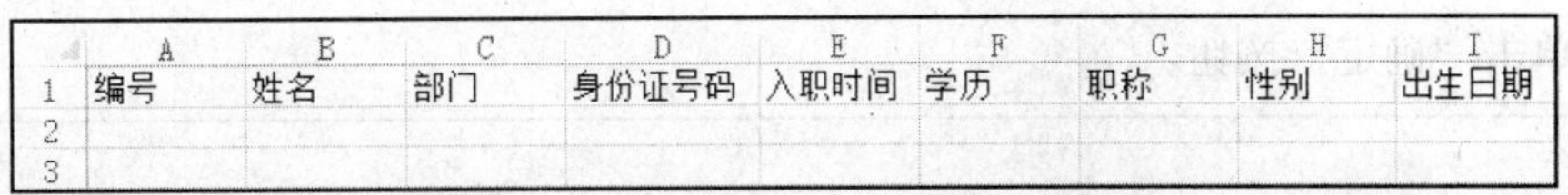

图 2.110 “员工人事档案表”列标题

（2）输入“编号”。

① 在 A2 单元格中输入“KY001”。

② 选中 A2 单元格，按住鼠标左键拖曳其右下角的填充柄至 A26 单元格，如图 2.111 所示。填充后的“编号”数据如图 2.112 所示。

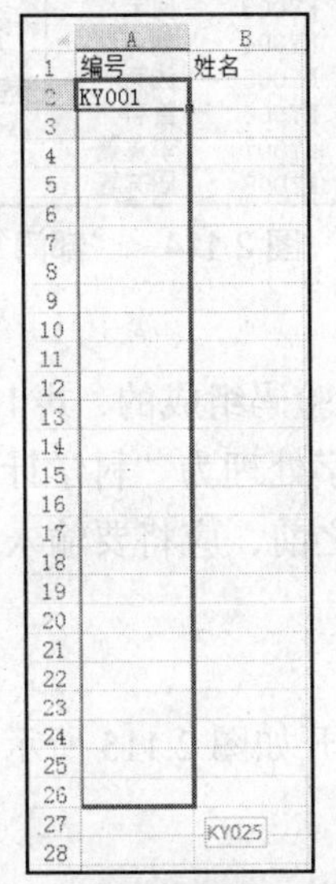

图 2.111 使用填充柄填充“编号”

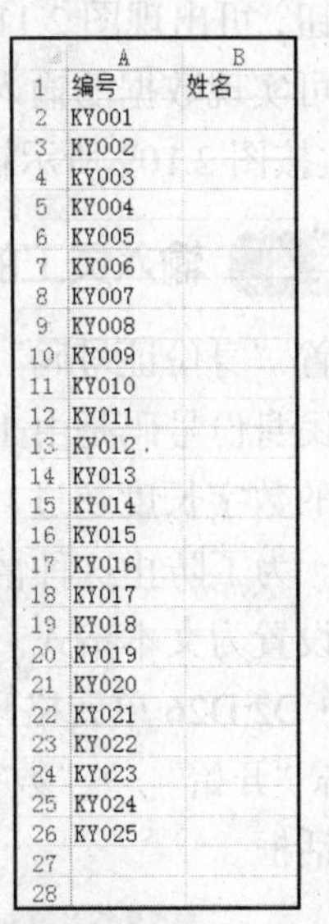

图 2.112 填充后的“编号”

（3）参照图 2.109 输入员工“姓名”。

步骤 3 输入员工的“部门”

（1）为“部门”设置有效数据序列。

对于一个公司而言，它的工作部门是一个相对固定的一组数据，为了提高输入效率，我们可以为“部门”定义一组序列值，这样在输入的时候，可以直接从提供的序列值中选取。

① 选中 C2:C26 单元格区域。

② 单击“数据”→“数据工具”→“数据验证”下拉按钮，从列表中选择“数据验证”选项，打开“数据验证”对话框。

③ 在“设置”选项卡中，单击“允许”右侧的下拉按钮，在下拉列表中，选择“序列”选项，然后在下面“来源”框中输入“行政部,人力资源部,市场部,物流部,财务部”，并选中“提供下拉箭头”选项，如图 2.113 所示。

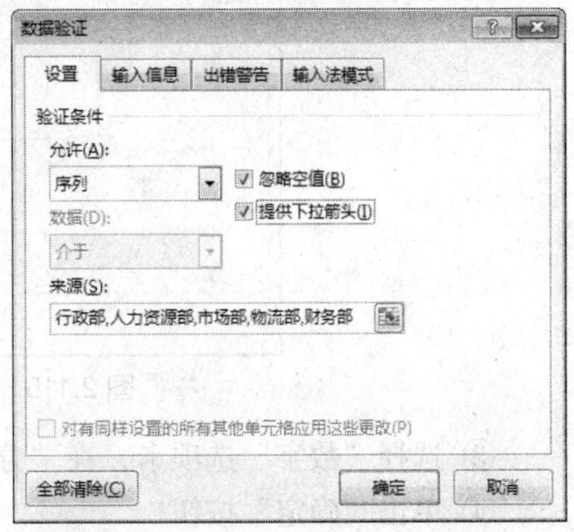

图 2.113 为“部门”设置有效数据序列

④ 单击“确定”按钮。

活力小贴士

这里“行政部,人力资源部,市场部,物流部,财务部”之间的逗号“,”均为英文状态下的逗号。

（2）利用数据有效性输入员工的“部门”。

① 选中 C2 单元格，其右侧将出现下拉按钮，单击下拉按钮，可出现图 2.114 所示的下拉列表，单击列表中的值可实现数据的输入。

② 依次按图 2.109 所示输入每个员工的部门。

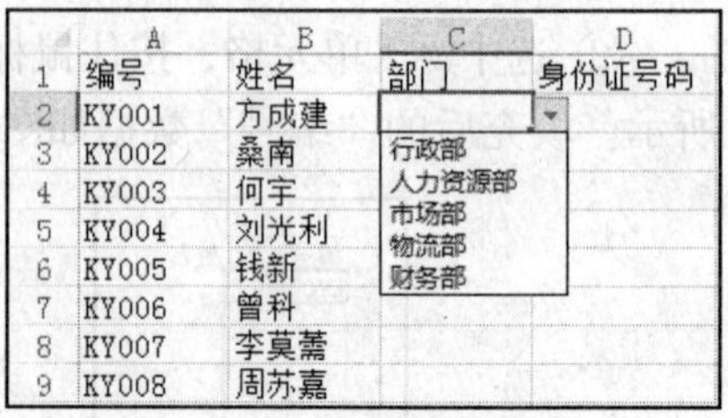

	A	B	C	D
1	编号	姓名	部门	身份证号码
2	KY001	方成建	行政部 人力资源部 市场部 物流部 财务部	
3	KY002	桑南		
4	KY003	何宇		
5	KY004	刘光利		
6	KY005	钱新		
7	KY006	曾科		
8	KY007	李莫薷		
9	KY008	周苏嘉		

图 2.114 “部门”下拉列表

步骤 4 输入员工的“身份证号码”

（1）设置“身份证号码”的数据格式。

我国公民身份号码是由 17 位数字本体码和 1 位数字校验码组成的，共 18 位。在 Excel 中，当输入的数字长度超过 11 位时，系统将自动将该数字处理为“科学计数”格式，如“5.10E+17”。为了防止这种情况出现，我们输入身份证号之前，应将要输入身份证号码的单元格区域设置为文本格式。

① 选中 D2:D26 单元格区域。

② 单击“开始”→“数字”→“数字格式”按钮，打开如图 2.115 所示的“设置单元格格式”对话框。

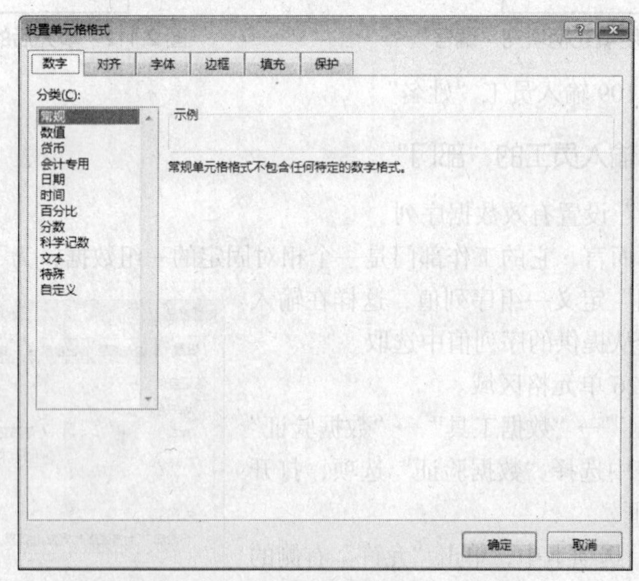

图 2.115 “设置单元格格式”对话框

③ 选择“数字”选项卡，在“分类”列表框中选择“文本”。

④ 单击“确定”按钮。

这样，在设置好的单元格区域中就可以自由地输入数字了，当输入完数字时，会在单元格左上角显示一个绿色小三角。

活力小贴士

输入超过 11 位长数字还有如下的技巧。

① 在输入数字之前先输入英文状态下的单引号“'”，如 552121198009308825。

② 先将要输入长数字的单元格格式设置为“自定义”中的“@”，然后输入数字。

（2）设置身份证号码的“数据有效性”。

在 Excel 中录入数据时，有时会要求某列或某个区域的单元格数据具有唯一性，如我们这里要输入的身份证号码。但我们在输入时有时会出错致使数据相同，而又难以发现，这时可以通过“数据有效性”来防止重复输入。

① 选中 D2:D26 单元格区域。

② 单击“数据”→“数据工具”→“数据验证”下拉按钮，从列表中选择“数据验证”选项，打开“数据验证”对话框。在“设置”选项卡中，单击“允许”右侧的下拉按钮，在弹出的下拉菜单中，选择“自定义”选项，然后在下面“公式”文本框中输入公式“=COUNTIF($D$2:$D$26,$D2)=1”，如图 2.116 所示。

③ 切换到“出错警告”选项卡，在样式下拉列表中选择“警告”图标，在“标题”文本框中输入“输入错误”，在“错误信息”文本框中输入“身份证号码重复!”，如图 2.117 所示。

④ 单击“确定”按钮。

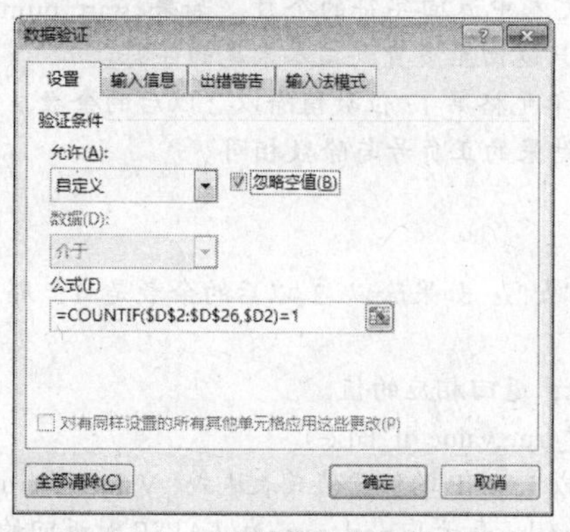

图 2.116 设置数据有效性条件

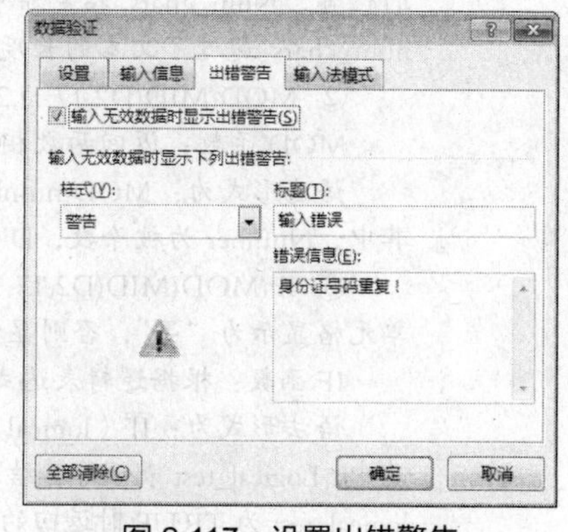

图 2.117 设置出错警告

活力小贴士

设置身份证号码唯一的数据有效性规格后，如果在设定范围的单元格区域输入重复的号码时就会弹出图 2.118 所示的提示对话框。

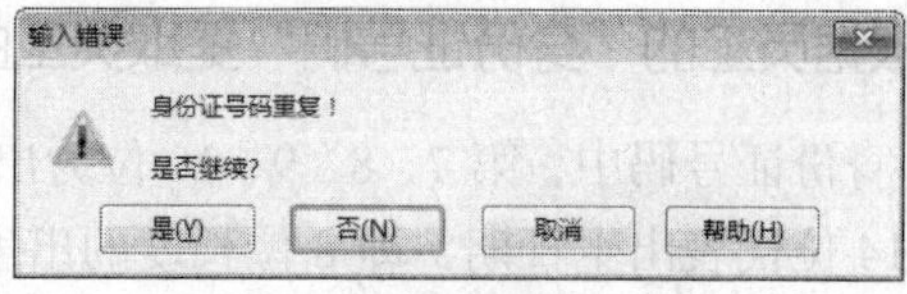

图 2.118 提示对话框

（3）参照图 2.109 输入员工的身份证号码。

步骤 5 输入“入职时间”“学历”和“职称”

（1）参照图 2.109 在 E2:E26 单元格区域中输入员工的“入职时间”。

（2）参照“部门”的输入方式，输入员工的“学历”。

（3）参照“部门”的输入方式，输入员工的“职称”。

步骤 6 根据员工的“身份证号码”提取员工的“性别”

身份证号码与一个人的性别、出生年月、籍贯等信息是紧密相连的，其中都保存了相关的个人信息。

对于现行的 18 位身份证号码第 17 位代表性别，奇数为男，偶数为女。

如果能想办法从这些身份证号码中将上述个人信息提取出来，不仅快速简便，而且不容易出错，核对时也只需要对身份证号码进行检查，可以大大提高工作效率。

这里，我们将使用 IF、MOD 和 MID 函数从身份证号码中提取性别。

（1）选中 H2 单元格。

（2）在 H2 单元格中输入公式“=IF(MOD(MID(D2,17,1),2)=1,"男","女")”。

活力小贴士

该公式的作用为判断 D2 单元格中数值的第 17 位数值能否被 2 整除，如果能整除，则在 H2 单元格中输入“女”，否则，输入“男”。公式中的参数说明如下。

① MID(D2,17,1)：提取 D2 单元格中第 17 位数值。

MID 函数：从文本字符串中指定的起始位置起，返回指定长度的字符。

语法形式为：MID(text,start_num,num_chars)

其中，Text 是包含要提取字符的文本字符串，Start_num 是文本中要提取的第 1 个字符的位置。Num_chars 指定希望 MID 从文本中返回字符的个数。如果 start_num 加上 num_chars 超过了文本的长度，则 MID 只返回至多直到文本末尾的字符。

② MOD(MID(D2,17,1),2)：返回 D2 单元格第 17 位数值除以 2 以后的余数。

MOD 函数：返回两数相除的余数。结果的正负号与除数相同。

语法形式为：MOD(number,divisor)

其中，Number 为被除数，Divisor 为除数。

③ IF(MOD(MID(D2,17,1),2)=1,"男","女")：如果除以 2 以后的余数是 1，那么 H2 单元格显示为“男”，否则显示为“女”。

IF 函数：根据逻辑表达式测试的结果，返回相应的值。

语法形式为：IF（logical_test, value_if_true,value_if_false）

其中，Logical_test 表示计算结果为 TRUE 或 FALSE 的任意值或表达式，Value_if_true 表示 logical_test 为 TRUE 时返回的值，Value_if_false 表示 logical_test 为 FALSE 时返回的值。

（3）选中 H2 单元格，用鼠标拖曳其填充柄至 H26 单元格，将公式复制到 H3:H26 单元格区域中，可得到所有员工的性别。

步骤 7 根据员工的“身份证号码”提取员工的“出生日期”

在现行的 18 位身份证号码中，第 7、8、9、10 位为出生年份(四位数)，第 11、12 位为出生月份，第 13、14 位代表出生日期，即 8 位长度的出生日期码。

这里，我们使用 IF、LEN、MID 和 TEXT 函数从员工的身份证号码中提取员工的出生日期。

（1）选中 I2 单元格。

（2）在 I2 单元格中输入公式“=--TEXT(MID(D2,7,8),"0-00-00")”。

该公式的作用是提取出身份证号码对应的出生日期部分的字符，并将提取出的文本型数据转换为数值。公式中的参数说明如下。

① MID(D2,7,8)：从 D2 的第 7 位开始取出 8 位长度的出生日期码。如身份证号码“31068119790521092X”，取出的日期为“19790521”，是一个非常规的日期格式。

② TEXT(MID(D2,7,8),"0-00-00")：将提取出来的出生日期码转换为文本型日期。

③ --TEXT(MID(D2,7,8),"0-00-00")：其中的“--”为“减负运算”，由两个“-”组成，将提取出来的数据转换为真正的日期，即将文本型数据转换为数值。

（3）将 I2 单元格的数据格式设置为“日期”格式。由于日期型数据为特殊的数值，我们只需要按前面讲过的设置单元格格式的操作，将其“数字”格式设置为“日期”格式即可。

（4）选中设置好的 I2 单元格，按住鼠标左键，拖曳其填充柄至 I26 单元格，将其公式和格式复制到 I3:I26 单元格区域，可得到所有员工的出生日期。

（5）保存文档。

提取性别和出生日期后的工作表如图 2.119 所示。

	A	B	C	D	E	F	G	H	I
1	编号	姓名	部门	身份证号码	入职时间	学历	职称	性别	出生日期
2	KY001	方成建	市场部	510121197009090030	1993-7-10	本科	高级经济师	男	1970-9-9
3	KY002	桑南	人力资源部	41012119821104626X	2006-6-28	专科	助理统计师	女	1982-11-4
4	KY003	何宇	市场部	510121197408058434	1997-3-20	硕士	高级经济师	男	1974-8-5
5	KY004	刘光利	行政部	62012119690724800X	1991-7-15	中专	无	女	1969-7-24
6	KY005	钱新	财务部	44012119731019842X	1997-7-1	本科	高级会计师	女	1973-10-19
7	KY006	曾科	财务部	510121198506208452	2010-7-20	硕士	会计师	男	1985-6-20
8	KY007	李莫薷	物流部	530121198011298443	2003-7-10	本科	助理会计师	女	1980-11-29
9	KY008	周苏嘉	行政部	310681197905210924	2001-6-30	本科	工程师	女	1979-5-21
10	KY009	黄雅玲	市场部	110121198109088000	2005-7-5	本科	经济师	女	1981-9-8
11	KY010	林菱	市场部	521121198304298428	2005-6-28	专科	工程师	女	1983-4-29
12	KY011	司马意	行政部	51012119730923821X	1996-7-2	本科	助理工程师	男	1973-9-23
13	KY012	令狐珊	物流部	320121196806278248	1993-5-10	高中	无	女	1968-6-27
14	KY013	慕容勤	财务部	780121198402108211	2006-6-25	中专	助理会计师	男	1984-2-10
15	KY014	柏国力	人力资源部	510121196703138215	1993-7-5	硕士	高级经济师	男	1967-3-13
16	KY015	周谦	物流部	52312119900924821X	2012-8-1	本科	工程师	男	1990-9-24
17	KY016	刘民	市场部	110151196908028015	1993-7-10	硕士	高级工程师	男	1969-8-2
18	KY017	尔阿	物流部	356121198405258012	2006-7-20	本科	工程师	男	1984-5-25
19	KY018	夏蓝	人力资源部	21012119880515802X	2010-7-3	专科	工程师	女	1988-5-15
20	KY019	皮桂华	行政部	511121196902268022	1989-6-29	专科	助理工程师	女	1969-2-26
21	KY020	段齐	人力资源部	512521196804057835	1993-7-18	本科	工程师	男	1968-4-5
22	KY021	费乐	财务部	512221198612018827	2007-6-30	本科	会计师	女	1986-12-1
23	KY022	高亚玲	行政部	460121197802168822	2001-7-15	本科	工程师	女	1978-2-16
24	KY023	苏洁	市场部	552121198009308825	1999-4-15	高中	无	女	1980-9-30
25	KY024	江宽	人力资源部	51012119750507881X	2001-7-6	硕士	高级经济师	男	1975-5-7
26	KY025	王利伟	市场部	350583197810120072	2001-8-15	本科	经济师	男	1978-10-12

图 2.119　根据身份证号码提取性别和出生日期

步骤 8　导出“员工信息”表

员工人事档案表编辑完毕，我们可以将此数据导出，以备其他工作中需要时，不必重新输入数据，例如，要建立员工信息数据库等。

（1）选中“员工信息”表。

（2）单击“文件”→“另存为”命令，打开“另存为”对话框。

（3）将“员工信息”表保存为“带格式文本文件（空格分隔）”类型，保存位置为“E:\公司文档\人力资源部”文件夹中，文件名为“员工信息”，如图 2.120 所示。

（4）单击“保存”按钮，弹出图 2.121 所

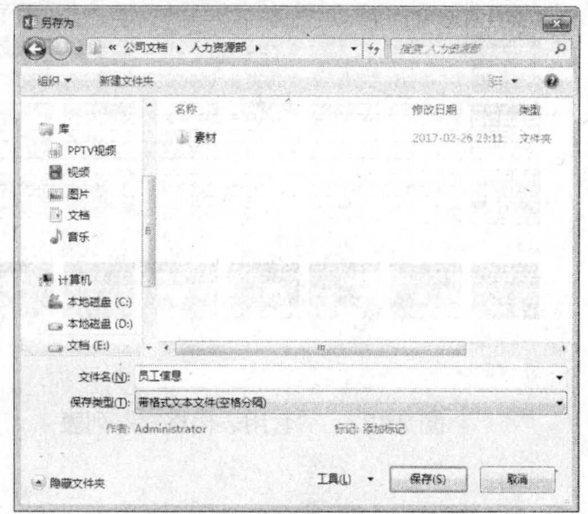

图 2.120　“另存为”对话框

示的提示框。

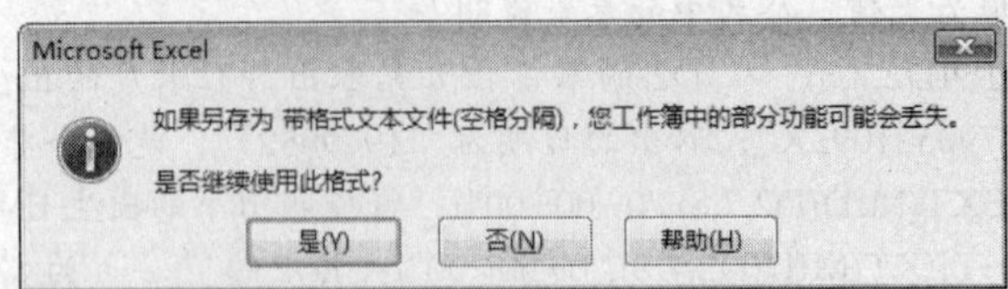

图 2.121　保存为“带格式文本文件（空格分隔）”时的提示框

（5）单击“是”按钮。完成文件的导出，导出的文件格式为“.prn”。

（6）关闭“员工信息”文档。

步骤 9　使用自动套用格式美化“员工信息”工作表

使用 Excel 软件编辑好“员工信息”工作表，为了进一步对表格进行美化，我们可以对表格的字体、边框、底纹、对齐方式等进行设置。使用“自动套用格式”可以简单、快捷地对工作表进行格式化。

（1）打开“员工人事档案表”工作簿。

（2）选中 A1:I26 单元格区域。

（3）单击“开始”→“样式”→“套用表格格式”按钮，打开图 2.122 所示的“套用表格格式”列表。

（4）从样式列表中选择“表样式中等深浅 6”，打开图 2.123 所示的“套用表格式”对话框，保持默认的数据区域不变，单击“确定”按钮，将选定的表样式应用到所选的区域，如图 2.124 所示。

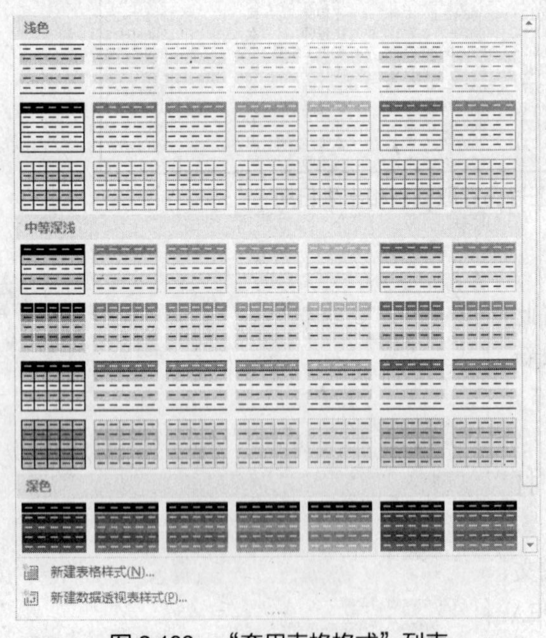

图 2.122　“套用表格格式”列表

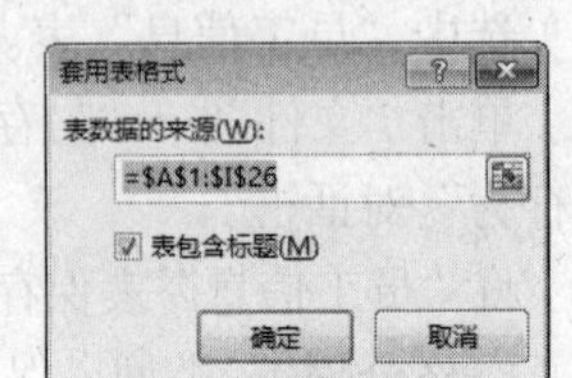

图 2.123　“套用表格式”对话框

	A	B	C	D	E	F	G	H	I
1	编号	姓名	部门	身份证号码	入职时间	学历	职称	性别	出生日期
2	KY001	方成建	市场部	510121197009090030	1993-7-10	本科	高级经济师	男	1970-9-9
3	KY002	桑南	人力资源部	41012119821104626X	2006-6-28	专科	助理统计师	女	1982-11-4
4	KY003	何宇	市场部	510121197408058434	1997-3-20	硕士	高级经济师	男	1974-8-5
5	KY004	刘光利	行政部	62012119690724800X	1991-7-15	中专	无	女	1969-7-24
6	KY005	钱新	财务部	44012119731019842X	1997-7-1	本科	高级会计师	女	1973-10-19
7	KY006	曾科	财务部	510121198506208452	2010-7-20	硕士	会计师	男	1985-6-20
8	KY007	李莫薷	物流部	530121198011298443	2003-7-10	本科	助理会计师	女	1980-11-29
9	KY008	周苏嘉	行政部	310681197905210924	2001-6-30	本科	工程师	女	1979-5-21
10	KY009	黄雅玲	市场部	110121198109088000	2005-7-5	本科	经济师	女	1981-9-8
11	KY010	林菱	市场部	521121198304298428	2005-6-28	专科	工程师	女	1983-4-29
12	KY011	司马意	行政部	51012119730923821X	1996-7-2	本科	助理工程师	男	1973-9-23
13	KY012	令狐珊	物流部	320121196806278248	1993-5-10	高中	无	女	1968-6-27
14	KY013	慕容勤	财务部	780121198402108211	2006-6-25	中专	助理会计师	男	1984-2-10
15	KY014	柏国力	人力资源部	510121196703138215	1993-7-5	硕士	高级经济师	男	1967-3-13
16	KY015	周谦	物流部	52312119900924821X	2012-8-1	本科	工程师	男	1990-9-24
17	KY016	刘民	市场部	110151196908028015	1993-7-10	硕士	高级工程师	男	1969-8-2
18	KY017	尔阿	物流部	356121198405258012	2006-7-20	本科	工程师	男	1984-5-25
19	KY018	夏蓝	人力资源部	21012119880515802X	2010-7-3	专科	工程师	女	1988-5-15
20	KY019	皮桂华	行政部	511121196902268022	1989-6-29	专科	助理工程师	女	1969-2-26
21	KY020	段齐	人力资源部	512521196804057835	1993-7-18	本科	工程师	男	1968-4-5
22	KY021	费乐	财务部	512221198612018827	2007-6-30	本科	会计师	女	1986-12-1
23	KY022	高亚玲	行政部	460121197802168822	2001-7-15	本科	工程师	女	1978-2-16
24	KY023	苏洁	市场部	552121198009308825	1999-4-15	高中	无	女	1980-9-30
25	KY024	江宽	人力资源部	51012119750507881X	2001-7-6	硕士	高级经济师	男	1975-5-7
26	KY025	王利伟	市场部	350583197810120072	2001-8-15	本科	经济师	男	1978-10-12

图 2.124　套用表格格式后的“员工信息”工作表

步骤 10　使用手动方式格式美化“员工信息”工作表

由于自动套用格式种类的限制而且样式比较固定，在自动套用格式进行工作表美化的基础上，我们可以通过手动进一步对工作表进行修饰。

（1）在表格之前插入 1 空行作为标题行。

① 将光标置于第 1 行任一单元格。

② 单击“开始”→“单元格”→“插入”按钮下方的下拉按钮，打开图 2.125 所示的“插入”下拉列表，选择“插入工作表行”命令，在表格第 1 行出现一行空行。

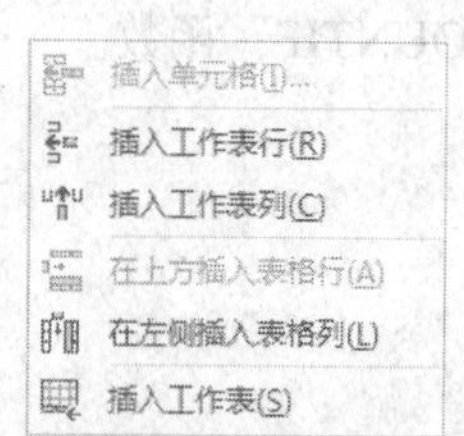

图 2.125　“插入”下拉列表

（2）制作表格标题。

① 选中 A1 单元格。

② 输入表格标题文字“公司员工人事档案表”。

③ 选中 A1:I1 单元格，单击“开始”→“对齐方式”→“合并后居中”按钮。

④ 将标题的文字格式设置为“隶书”“22 磅”。

（3）设置表格边框。

① 选中 A2:I27 单元格。

② 单击“开始”→“数字”→“数字格式”按钮，打开“设置单元格格式”对话框，单击“边框”选项卡，如图 2.126 所示。

③ 从“线条”样式列表框中选择“细实线”（第 1 列第 7 行），然后从“颜色”列表中选择“白色 背景 1，深色 35%”，然后单击“预置”中的“内部”按钮，为表格添加

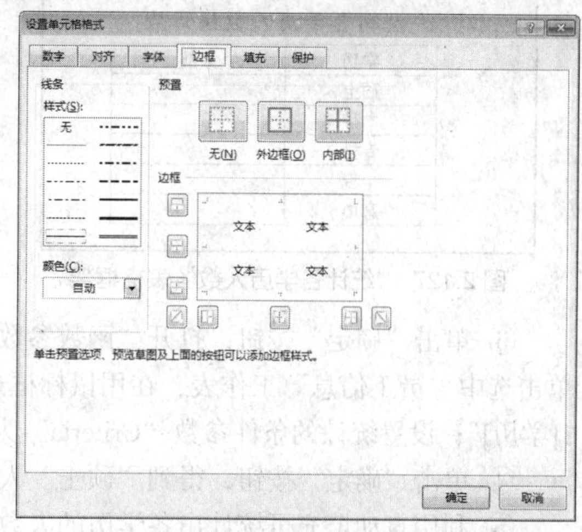

图 2.126　“设置单元格格式”对话框的“边框”选项卡

内框线。

④ 从“线条”样式列表框中选择“粗实线”（第 2 列第 5 行），然后从“颜色”列表中选择“自动”，然后单击“预置”中的“外边框”按钮，为表格添加外框线。

（4）调整行高。

① 选中第 1 行，设置行高值为“40”。

② 将表格第 2 行的行高设置为“25”。

（5）将第 2 行的列标题对齐方式设置为“水平居中”

设置好格式的表格如图 2.109 所示。

步骤 11　统计各学历的人数

（1）创建新工作表“统计各学历人数”。

① 插入一张新工作表。单击工作表标签“员工信息”右侧的“新工作表”按钮⊕，插入一张的新工作表 Sheet2，将工作表重命名为“统计各学历人数”。

② 在“统计各学历人数”工作表中创建图 2.127 所示的表格框架。

（2）统计各学历人数。

① 选中 C4 单元格。

② 单击“公式”→“函数库”→“插入函数”按钮，打开图 2.128 所示的“插入函数”对话框，从“或选择类别”下拉列表中选择“统计”类别，再从“选择函数”列表中选择“COUNTIF”函数。

公司各学历人数统计表

学历	人数
硕士	
本科	
专科	
中专	
高中	

图 2.127　“统计各学历人数”表格框架

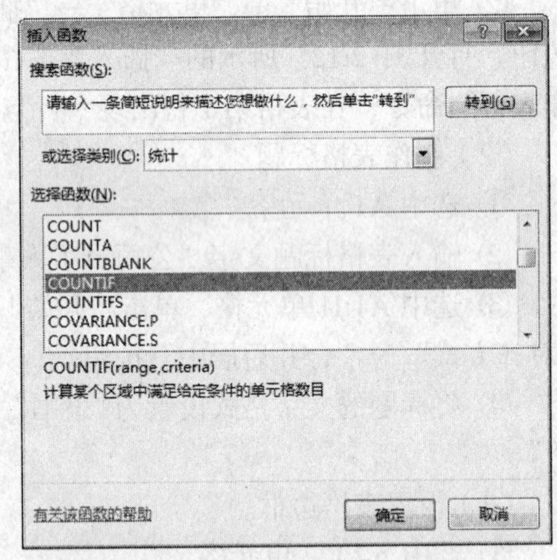

图 2.128　“插入函数”对话框

③ 单击“确定”按钮，打开“函数参数”对话框，将光标置于“Range”参数框中，单击选中“员工信息”工作表，在用鼠标框选“F3:F27”单元格区域，得到统计范围“表1[学历]”；设置统计的条件参数“Criteria”为 B4，如图 2.129 所示。

④ 单击“确定”按钮，得到“硕士”人数。

⑤ 利用自动填充可统计出各学历的人数，如图 2.130 所示。

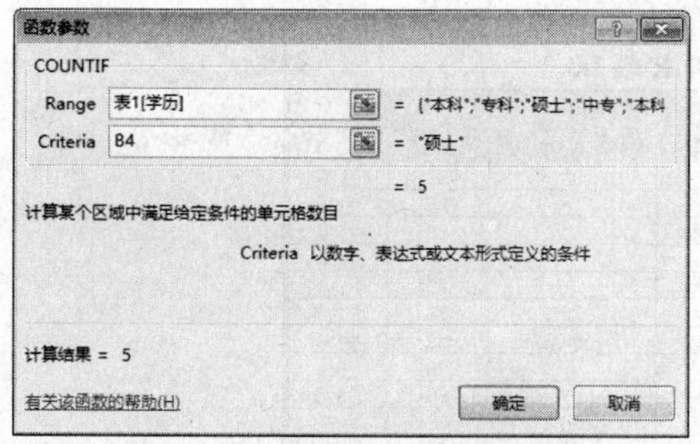

图 2.129 “函数参数”对话框

公司各学历人数统计表	
学历	人数
硕士	5
本科	12
专科	4
中专	2
高中	2

图 2.130 各学历人数统计结果

活力小贴士

由于 Excel 2013 套用表格格式过程中自动嵌套了“创建列表”的功能，如图 2.131 所示，在编辑栏的名称框列表中可见已创建了“表 1”。因此，上面在选定统计区域时显示为“表 1”，选定的“F3:F27”单元格区域正好就是表 1 的学历字段。因此，上面的统计范围显示为“表 1[学历]”。

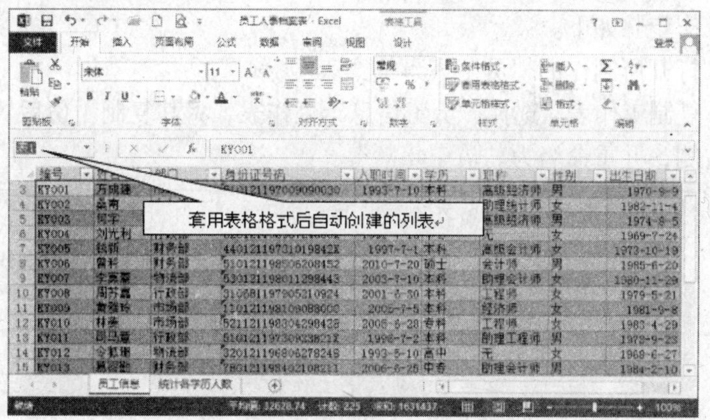

图 2.131 套用表格格式后自动创建列表

套用表格格式后，若想使表格除了套用的格式外，还具备普通区域的功能（如“分类汇总”），需将套用了表格格式的表格转换为区域后，则可按普通数据区域。

【拓展案例】

1．制作员工业绩评估表，如图 2.132 所示。

市场部员工业绩评估表													
编号	员工姓名	第一季度销售额	奖金比例	业绩奖金	第二季度销售额	奖金比例	业绩奖金	第三季度销售额	奖金比例	业绩奖金	第四季度销售额	奖金比例	业绩奖金
1	方成建	51250	5%	2562.5	62000	5%	3100	112130	8%	8970.4	145590	13%	18926.7
2	何宇	31280	0%	0	43210	5%	2160.5	99065	8%	7925.2	40000	5%	2000
3	黄雅玲	76540	5%	3827	65435	5%	3271.75	56870	5%	2843.5	44350	5%	2217.5
4	林菱	55760	5%	2788	50795	5%	2539.75	41000	5%	2050	20805	0%	0
5	刘民	56780	5%	2839	43265	5%	2163.25	78650	5%	3932.5	28902	0%	0
6	苏洁	34250	0%	0	45450	5%	2272.5	26590	0%	0	41000	5%	2050
7	王利伟	189050	15%	28357.5	65080	5%	3254	35480	0%	0	29080	0%	0

图 2.132 员工业绩评估表

2．制作员工培训成绩表，如图 2.133 所示。

员工编号	员工姓名	Word文字处理	Excel电子表格分析	PowerPoint幻灯片演示	平均分	结果
员工培训成绩表						
0001	方成建	93	98	88	93	合格
0002	桑南	90	80		85	合格
0003	何宇	82	90		86	合格
0004	刘光利		88		88	合格
0005	钱新	76	78		77	不合格
0006	曾科	70	70	88	76	不合格
0007	李莫萱	90	88		89	合格
0008	周苏嘉		90		90	合格
0009	黄雅玲	65	67		66	不合格
0010	林菱		88	90	89	合格
0011	司马意			78	78	不合格
0012	令狐珊			90	90	合格
各科平均成绩		80.9	83.7	86.8	83.9	

图 2.133　员工培训成绩表

【拓展训练】

利用前面创建的“员工人事档案表”文件，计算员工年龄、统计出各部门的人数。

其操作步骤如下。

（1）打开所制作的“员工人事档案表”。

（2）复制工作表。选择“员工信息”工作表，将其复制 1 份后置于“统计各学历人数”工作表右侧，并重命名为“员工年龄”。

活力小贴士

复制工作表的方法有以下 3 种。

① 选中要复制的工作表，单击“开始”→“单元格”→“格式”选项，打开“格式”下拉菜单，从菜单中选择“移动或复制工作表”选项，打开图 2.134 所示的“移动或复制工作表”对话框，单击“下列选定工作表之前”列表中的“(移至最后)”，选中“建立副本”复选框，再单击“确定”按钮。

② 用鼠标右键单击工作表标签，从快捷菜单中选择“移动或复制工作表”命令。

③ 按下“Ctrl”键，拖动要复制的工作表标签，到达新的位置后释放鼠标和“Ctrl”键（此方法只适用于在同一工作簿中复制工作表）。

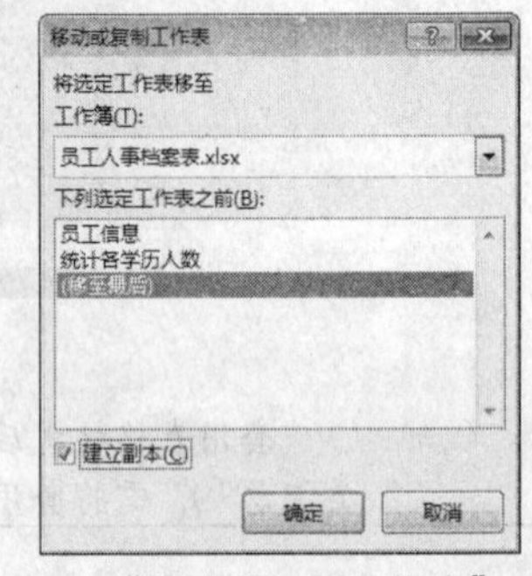

图 2.134　“移动或复制工作表”对话框

（3）计算员工年龄。

① 添加“年龄”列。

a. 选中 H 列。

b. 选择“开始”→“单元格”→“插入”按钮，从打开的菜单中选择“插入工作表列”选项，在 H 列上插入一个空列，原来 H 列的数据后移。

c. 单击 H2 单元格，将插入列后默认的列标题“列 1”修改为“年龄”。

②计算员工年龄。

a. 选择 H3 单元格，输入年龄的计算公式“=YEAR(TODAY())-YEAR(J3)”，再按下“Enter”键。

活力小贴士

在公式“=YEAR(TODAY())−YEAR(J3)”中，“YEAR(TODAY())”表示取当前系统日期的年份，“YEAR(J3)”表示对出生日期取年份，两者之差即为员工年龄。

由于“员工信息”工作表之前套用于表格格式后生成了列表，这里输入公式后按回车键，可在该列中得到所有员工的计算结果。

若年龄的计算结果不是一个常规数据，而是一个日期数据，可将其转换为数字格式。

b. 选中H3:H27单元格区域，单击“开始”→“数字”→“数字格式”下拉按钮选项，从下拉列表中选择“常规”选项，可得到图2.135所示的员工年龄。

公司员工人事档案表

编号	姓名	部门	身份证号码	入职时间	学历	职称	年龄	性别	出生日期
KY001	方成建	市场部	510121197009090030	1993-7-10	本科	高级经济师	47	男	1970-9-9
KY002	桑南	人力资源部	41012119821104626X	2006-6-28	专科	助理统计师	35	女	1982-11-4
KY003	何宇	市场部	510121197408058434	1997-3-20	硕士	高级经济师	43	男	1974-8-5
KY004	刘光利	行政部	62012119690724800X	1991-7-15	中专	无	48	女	1969-7-24
KY005	钱新	财务部	44012119731019842X	1997-7-1	本科	高级会计师	44	女	1973-10-19
KY006	曾科	财务部	510121198506208452	2010-7-20	硕士	会计师	32	男	1985-6-20
KY007	李莫薷	物流部	530121198011298443	2003-7-10	本科	助理会计师	37	女	1980-11-29
KY008	周苏嘉	行政部	310681197905210924	2001-6-30	本科	工程师	38	女	1979-5-21
KY009	黄雅玲	市场部	110121198109088000	2005-7-5	本科	经济师	36	女	1981-9-8
KY010	林菱	市场部	521121198304298428	2005-6-28	专科	工程师	34	女	1983-4-29
KY011	司马意	行政部	51012119730923821X	1996-7-2	本科	助理工程师	44	男	1973-9-23
KY012	令狐珊	物流部	320121196806278248	1993-5-10	高中	无	49	女	1968-6-27
KY013	慕容勤	财务部	780121198402108211	2006-6-25	中专	助理会计师	33	男	1984-2-10
KY014	柏国力	人力资源部	510121196703138215	1993-7-5	硕士	高级经济师	50	男	1967-3-13
KY015	周谦	物流部	52312119900924821X	2012-8-1	本科	工程师	27	男	1990-9-24
KY016	刘民	市场部	110151196908028015	1993-7-10	硕士	高级工程师	48	男	1969-8-2
KY017	尔阿	物流部	356121198405258012	2006-7-20	本科	工程师	33	男	1984-5-25
KY018	夏蓝	人力资源部	21012119880515802X	2010-7-3	专科	工程师	29	女	1988-5-15
KY019	皮桂华	行政部	511121196902268022	1989-6-29	专科	助理工程师	48	女	1969-2-26
KY020	段齐	人力资源部	512521196804057835	1993-7-18	本科	工程师	49	男	1968-4-5
KY021	费乐	财务部	512221198612018827	2007-6-30	本科	会计师	31	女	1986-12-1
KY022	高亚玲	行政部	460121197802168822	2001-7-15	本科	工程师	39	女	1978-2-16
KY023	苏洁	市场部	552121198009308825	1999-4-15	高中	无	37	女	1980-9-30
KY024	江宽	人力资源部	51012119750507881X	2001-7-6	硕士	高级经济师	42	男	1975-5-7
KY025	王利伟	市场部	350583197810120072	2001-8-15	本科	经济师	39	男	1978-10-12

图2.135 统计员工年龄

（4）统计各部门员工的人数。

① 插入新工作表“统计各部门人数”。在“员工年龄”工作表后插入一张新的工作表，将插入的工作表重命名为“统计各部门员工人数”。

② 在“统计各部门员工人数”工作表中创建图2.136所示的表格框架。

③ 选中C4单元格。

④ 单击编辑栏中的插入函数按钮 *fx*，打开“插入函数”对话框，从“或选择类别”下拉列表中选择“统计”类别，再从“选择函数”列表中选择“COUNTIF”函数。

⑤ 单击“确定”按钮，打开“函数参数”对话框，设置图2.137所示的参数。

公司各部门人数统计表

学历	人数
行政部	
人力资源部	
市场部	
物流部	
财务部	

图2.136 “统计各部门员工人数”表格框架

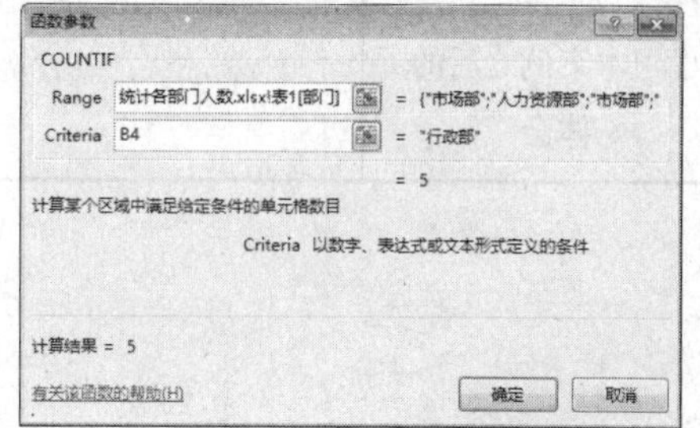

图2.137 “函数参数”对话框

⑥ 单击“确定”按钮，得到“行政部”人数。

⑦ 利用自动填充，可统计出各部门的人数，如图 2.138 所示。

	A	B	C	D
1				
2		公司各部门人数统计表		
3		学历	人数	
4		行政部	5	
5		人力资源部	5	
6		市场部	7	
7		物流部	4	
8		财务部	4	
9				

图 2.138　统计各部门员工人数

【案例小结】

本案例通过制作“员工人事档案表”，主要介绍了创建工作簿、重命名工作表、复制工作表、Excel 中数据的输入技巧、数据的有效性设置，以及利用 IF、MOD、TEXT、MID 等函数从身份证号码中提出员工性别、出生日期等信息。为便于数据的利用，我们将生成的员工信息数据导出为“带格式的文本文件”。在编辑好表格的基础上，使用“自动套用格式”和手动方式对工作表进行美化修饰。此外，通过 COUNTIF 函数对各学历人数进行了统计分析。

📖 学习总结

本案例所用软件	
案例中包含的知识和技能	
你已熟知或掌握的知识和技能	
你认为还有哪些知识或技能需要进行强化	
案例中可使用的 Office 技巧	
学习本案例之后的体会	

第3篇 市场篇

在激烈的市场竞争中，企业要想立于不败之地，必须不断发展、成长、壮大。在市场开发的过程中，用到各种各样的电子文档来诠释公司的发展思路。其中，经常使用的是用Word软件来进行常规文档文件的处理，使用Excel电子表格软件来制作市场销售的表格，使用PowerPoint制作宣传文档来展示市场发展的情况。

学习目标

1. 通过Word长文档排版，熟悉长文档版面设置、页眉和页脚、分节符、题注、样式以及目录等的使用。

2. 应用PowerPoint软件中的自选图形、SmartArt图形等制作幻灯片，以及懂得图形操作中的对齐和分布操作。

3. 应用Excel软件的公式和函数进行汇总、统计。

4. 掌握Excel软件中数据格式的设置。

5. 应用Excel软件的分类汇总、数据透视表、图表等功能进行数据分析。

3.1 案例10 制作市场部工作手册

示例文件	原始文件：示例文件\素材\市场篇\案例10\市场部工作手册（原文）.docx、封面.jpg 效果文件：示例文件\效果\市场篇\案例10\市场部工作手册.docx

【案例分析】

公司市场部为了规范日常的经营和管理活动，现在需要制作一份工作手册。对于工作手册这样类似于书籍的长文档的设计和制作，除了一般文档的排版和设置之外，通常需要有封面、目录、页眉和页脚、插图等。要使文档能自动生成目录，设置标题格式时，不同级别的标题需要采用不同的格式，即使用样式模板来实现。制作好的市场部工作手册如图3.1所示。

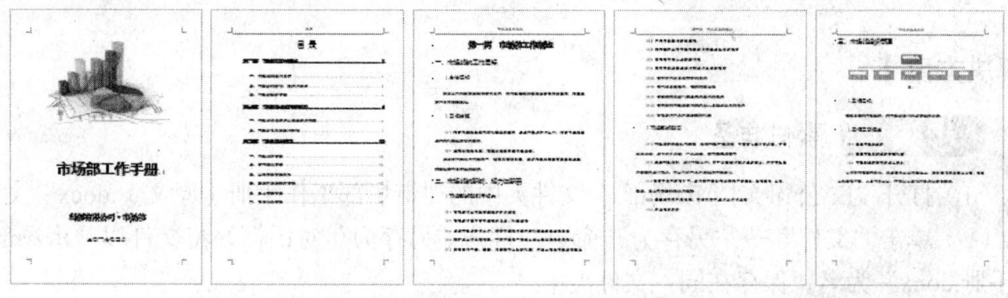

图3.1 “市场部工作手册”效果图

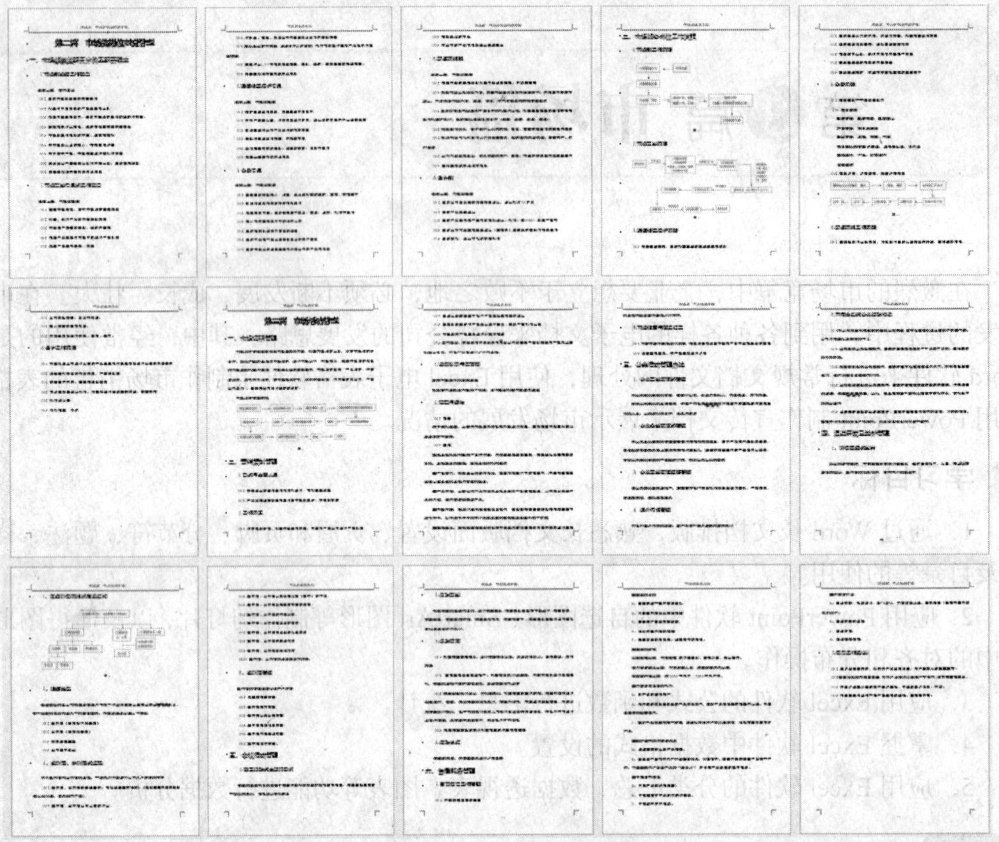

图 3.1 “市场部工作手册”效果图（续）

【知识与技能】

- 设置文档版面
- 插入分节符
- 插入题注
- 设置和应用样式
- 设计和制作文档封面
- 设置页眉和页脚
- 生成文档目录
- 创建和保存模板

【解决方案】

步骤 1 素材准备

（1）打开“E:\公司文档\市场部\”文件夹中的“市场部工作手册（原文）.docx”文档。

（2）单击“文件”→“另存为”命令，打开“另存为”对话框，将文件以“市场部工作手册.docx”为名，保存在同一文件夹中。

步骤 2 设置版面

（1）单击“页面布局”→“页面设置”按钮，打开“页面设置”对话框。

（2）在“纸张”选项卡中，将纸张大小设置为 16K。

（3）选择“页边距”选项卡，设置纸张方向为“纵向”；在页码范围的多页下拉列表中，选择“对称页边距”，再将上、下页边距设置为 2.5 厘米，内侧和外侧边距设置为 2.2 厘米，如图 3.2 所示。

活力小贴士

默认情况下，一般页码范围中的多页下拉列表中显示为“普通”，则在页边距中显示为上、下、左、右。由于这里我们设置了“对称页边距”，则页边距中显示为上、下、内侧、外侧。

（4）选择“版式”选项卡，在“页眉和页脚”中，选中“奇偶页不同”复选框，以便后面可以设置奇偶页不同的页眉和页脚。分别将页眉和页脚距边界的距离均设置为 1.5 厘米，如图 3.3 所示。

（5）在“应用于”下拉列表中选择“整篇文档”选项，单击“确定”按钮。

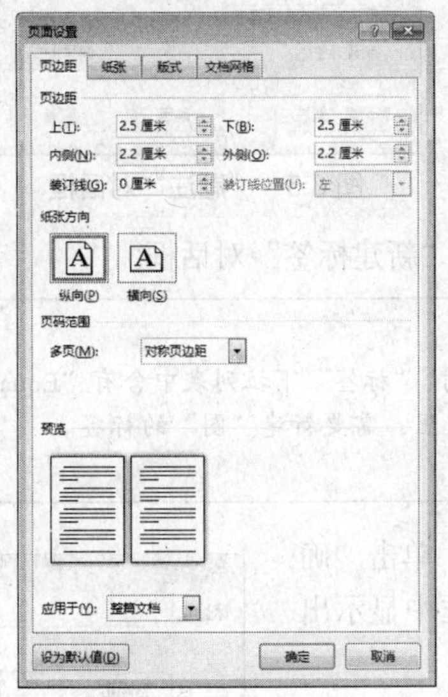

图 3.2 设置页边距

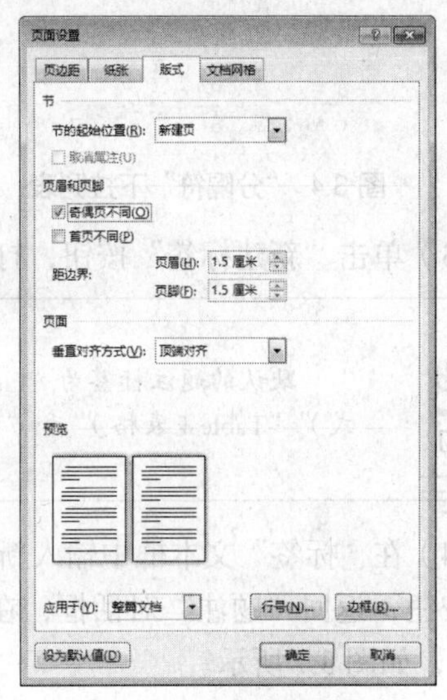

图 3.3 设置页面版式

步骤 3 插入分节符

（1）将光标置于文档的最前面位置。

（2）选择“页面布局”→“页面设置”→“分隔符”按钮，打开图 3.4 所示的“分隔符”下拉列表。

（3）在“分节符”类型中选择“下一页”选项，在文档的最前面为封面预留出一个空白页。

（4）将光标置于“第一篇　市场部工作概述”之前，再次插入一个分隔符“下一页”，在此之前再为“目录”预留一个空白页。

（5）分别在“第二篇　市场部岗位职责管理”和“第三篇　市场活动管理”之前插入分节符，使各篇单独成为一节。这样，使整个文档分为 5 节。

步骤 4　为图片插入题注

（1）选中文档中第一张图片。

（2）单击“引用”→“题注”→“插入题注”按钮，打开图 3.5 所示的“题注”对话框。

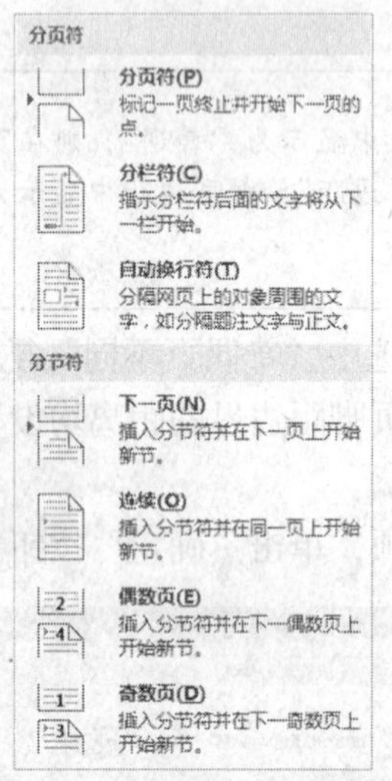

图 3.4　“分隔符”下拉列表

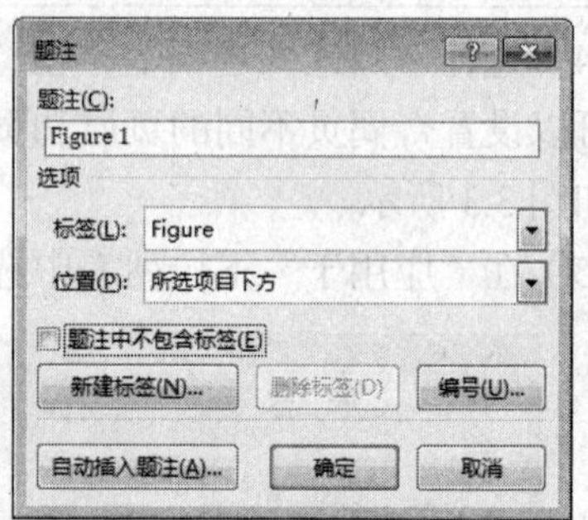

图 3.5　“题注”对话框

（3）单击“新建标签”按钮，打开图 3.6 所示的“新建标签”对话框。

活力小贴士

默认的题注标签为“Figure（图表）”，此时，“标签”下拉列表中含有“Equation（公式）”“Table（表格）”和“Figure（图表）”。这里，需要新建“图”的标签。

（4）在“标签”文本框中输入新的标签名“图”。单击“确定”按钮，返回“题注”对话框，在“题注”名称框中显示出“图 1”，如图 3.7 所示。

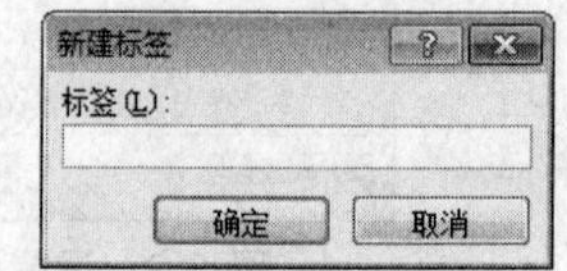

图 3.6　“新建标签”对话框

（5）在“位置”右侧的下拉列表中选择“所选项目的下方”。

（6）单击“确定”按钮，在文档中第 1 个图片下方添加题注“图 1”，如图 3.8 所示。

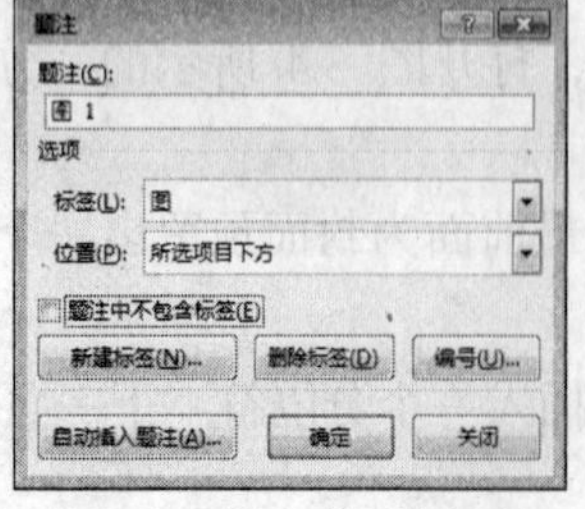

图 3.7　新建“图”标签

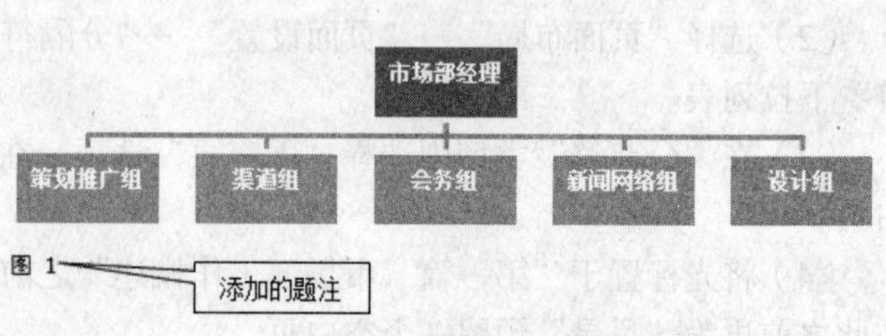

图 3.8　添加的题注效果

（7）类似地，依次在文档中的所有图片下方添加题注。图的编号将实现自动连续编号。

步骤 5　设置样式

（1）修改“正文”的样式。将“正文”的格式定义为宋体、小四号，首行缩进 2 字符，行距为最小值 26 磅。

① 单击“开始”→“样式”按钮，打开图 3.9 所示的”样式”任务窗格。

② 用鼠标右键单击样式名“正文”，从快捷菜单中选择“修改”命令，打开图 3.10 所示的“修改样式”对话框。

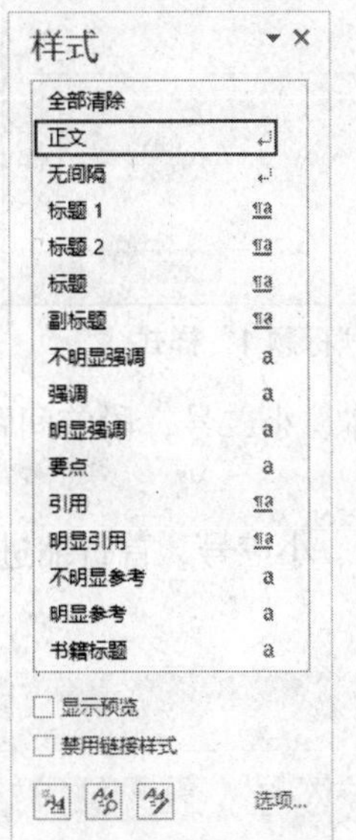

图 3.9　“样式”任务窗格

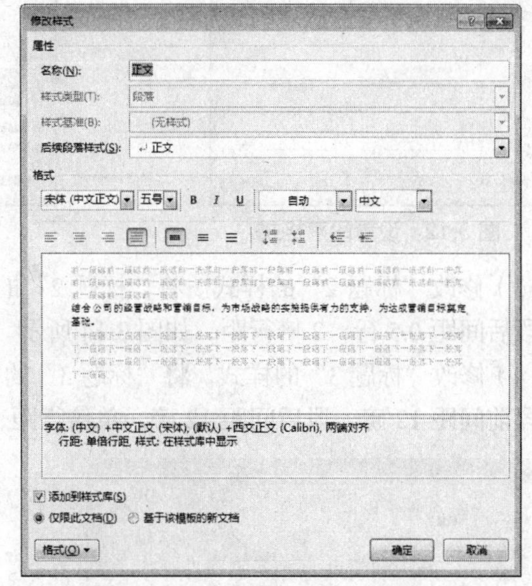

图 3.10　“修改样式”对话框

③ 在“修改样式”对话框中，将字体格式设置为宋体、“小四”号。

④ 单击“格式”按钮，打开图 3.11 所示的“格式”菜单。

⑤ 选择“段落”命令，打开“段落”对话框，按图 3.12 所示设置段落格式。

⑥ 单击“确定”按钮，返回到“修改样式”对话框中。

⑦ 单击“确定”按钮，完成“正文”的格式修改。

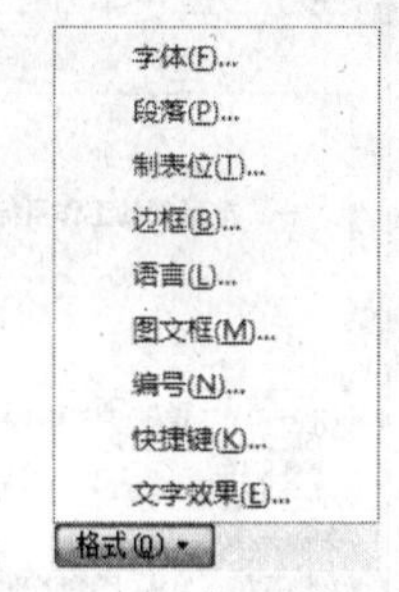

图 3.11　“格式”菜单

活力小贴士

由于文档中的文本格式默认样式为“正文”，当修改正文样式后，“正文”样式将自动应用于文档中。

（2）修改“标题 1”的样式。将“标题 1”的格式定义为宋体，二号，加粗，段前间距 1 行，段后间距 1 行，1.5 倍行距，居中对齐，如图 3.13 所示。

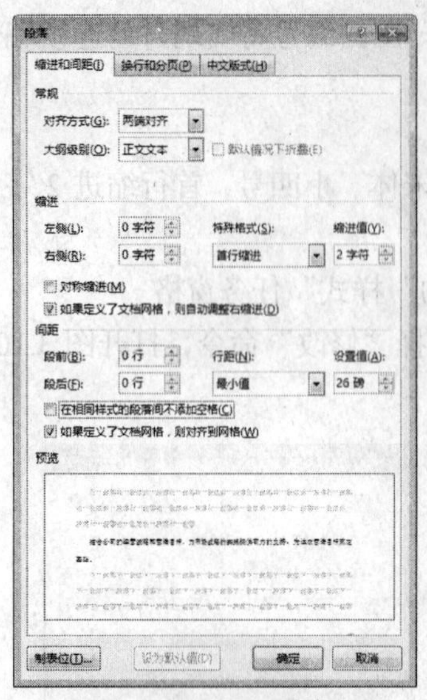

图 3.12　设置段落格式

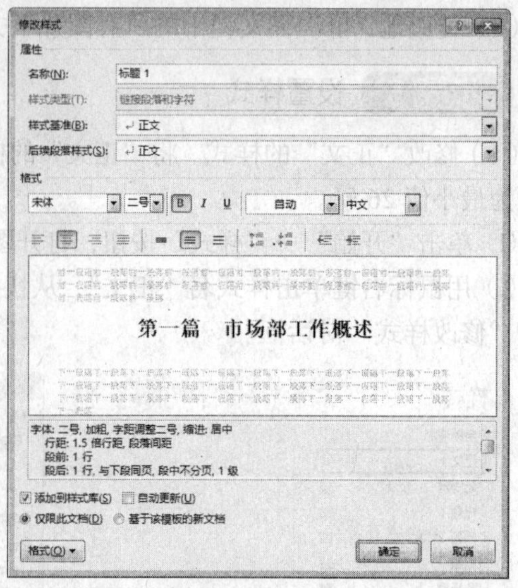

图 3.13　修改“标题 1”样式

（3）修改“标题 2”的样式。将“标题 2”的格式定义为黑体、小二号，段前间距 0.5 行，段后间距 0.5 行，2 倍行距，如图 3.14 所示。

（4）修改“标题 3”的样式。将“标题 3”的格式定义为黑体、小三号，首行缩进 2 字符，段前间距 12 磅，段后间距 12 磅，单倍行距，如图 3.15 所示。

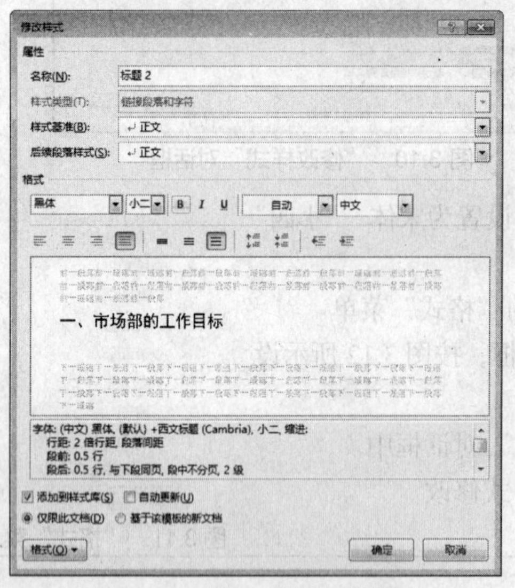

图 3.14　修改“标题 2”样式

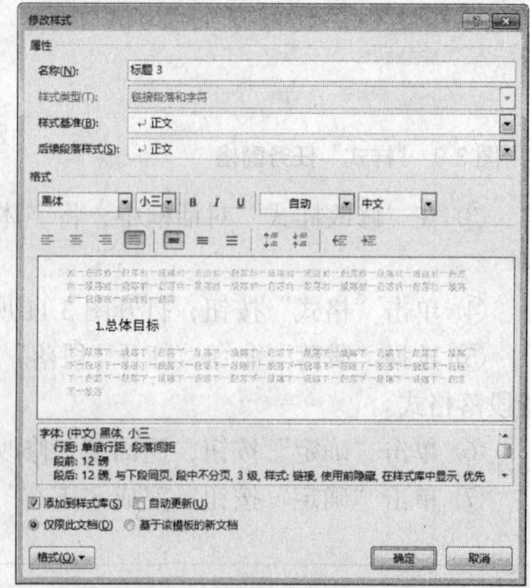

图 3.15　修改“标题 3”样式

活力小贴士

默认情况下，样式列表中显示的为“推荐的样式”。要显示更多的样式，可单击“样式”任务窗格右下角的“选项”，打开图 3.16 所示的“样式窗格选项”对话框。从“选择要显示的样式”下拉列表中选择“所有样式”，即可在样式列表中显示所有样式，如图 3.17 所示。

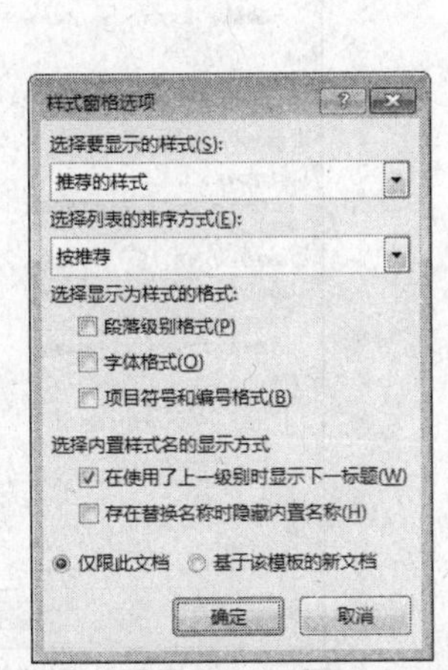

图 3.16 “样式窗格选项”对话框

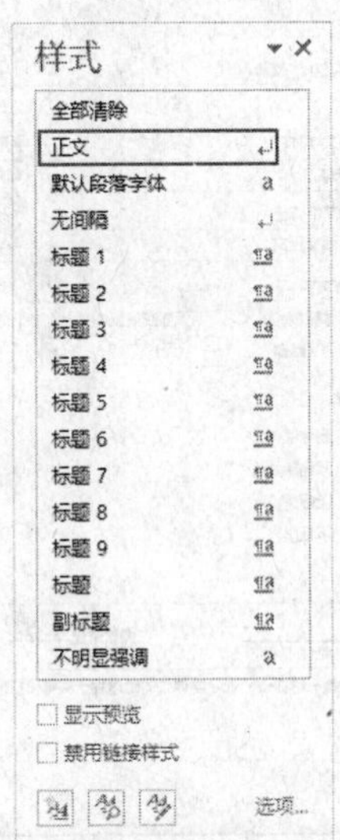

图 3.17 显示所有样式的任务窗格

（5）定义新样式“图题”。将“图题”的格式定义为宋体、小五号，段前间距 6 磅，段后间距 6 磅，行距为最小值 16 磅，居中对齐。

① 单击“开始”→“样式”按钮，打开“样式”任务窗格。

② 单击“新建样式”按钮，打开图 3.18 所示的“根据格式设置新建样式”对话框。

③ 在“名称”框中键入样式的名称“图题”。

④ 在“样式基准”下拉列表框中，选中“正文”为基准样式。

⑤ 单击“格式”按钮，打开“格式”菜单，选中“字体”命令，在“字体”对话框中将字体设置为宋体、小五号，如图 3.19 所示。单击“确定”按钮，返回“根据格式设置新建样式”对话框中。

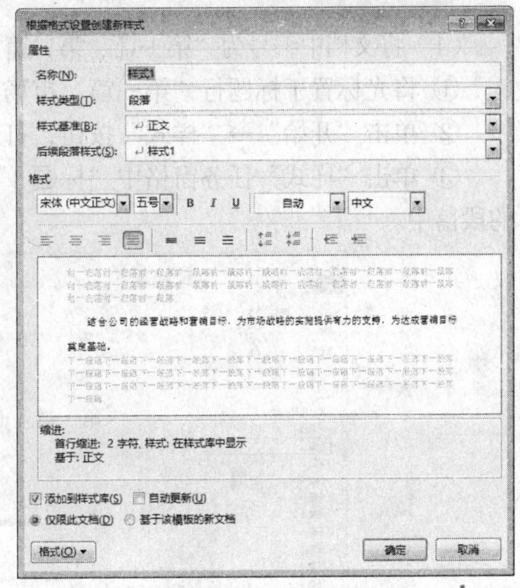

图 3.18 “根据格式设置新建样式”对话框

⑥ 单击“格式”按钮，打开“格式”下拉菜单，再选中“段落”命令，将“段落”对话框中对齐方式设置为居中，设置段前间距 6 磅、段后间距 6 磅，行距为最小值 16 磅，如图 3.20 所示。设置完成后单击“确定”按钮，返回到“根据格式设置新建样式”对话框中。

⑦ 单击“确定”按钮，完成新样式的创建，在“样式”任务窗格的样式列表中将出现新建的样式名“图题”。

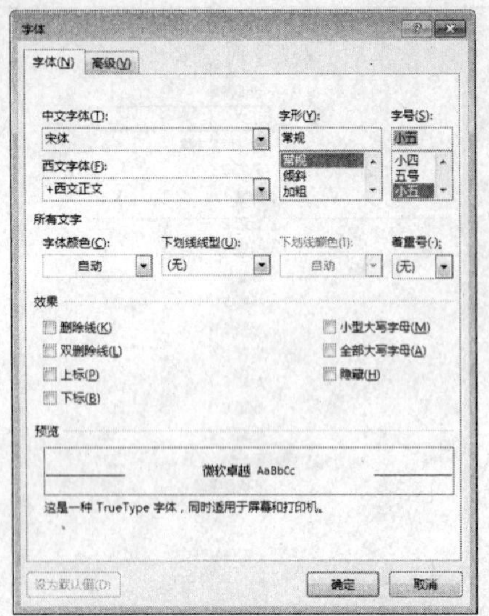

图 3.19　设置新样式的字体格式

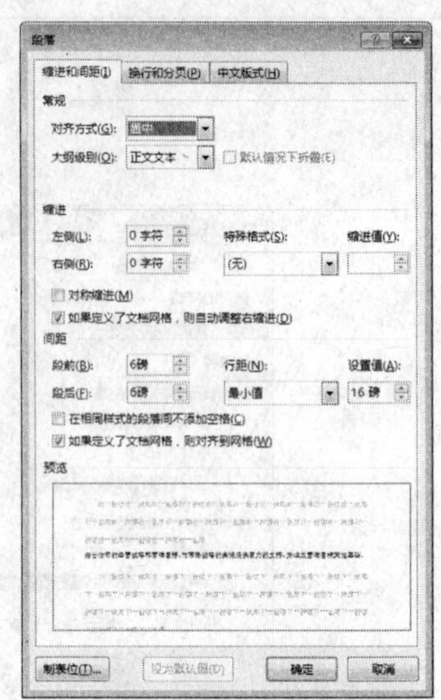

图 3.20　设置新样式的段落格式

步骤 6　应用样式

（1）将文档中编号为“第一篇、第二篇、第三篇……”的标题行应用“标题 1”的样式。

① 将光标置于标题行“第一篇　市场部工作概述”的段落中。

② 单击“开始”→“样式”按钮，打开“样式”任务窗格。

③ 单击“样式”任务窗格中“标题 1”，如图 3.21 所示，将标题 1 的样式应用到选中的段落中。

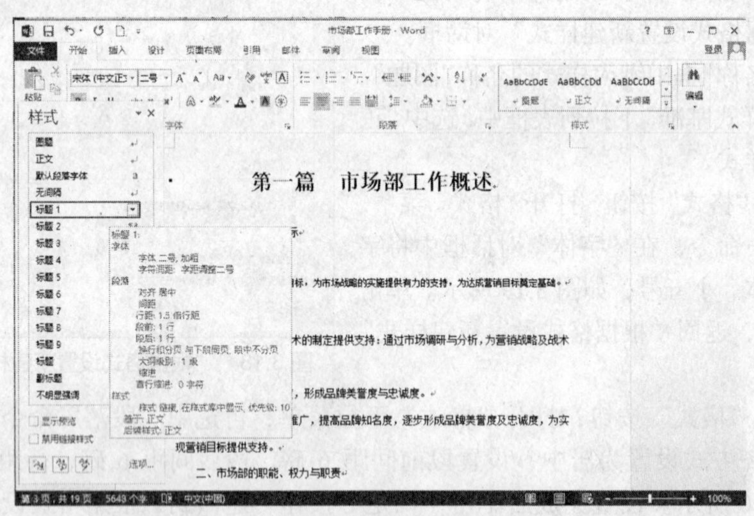

图 3.21　应用“标题 1”样式的效果

④ 分别将标题行“第二篇　市场部岗位职责管理”和“第三篇　市场活动管理”应用样式“标题 1”。

（2）将文档中编号为“一，二，三…”的标题行应用“标题 2”的样式。

（3）将文档中编号为“1，2，3…”的标题行应用“标题 3”的样式。

（4）将文档中所有图片下方的题注应用“图题”的样式。

（5）选中“视图”→“显示”→“导航窗格”复选按钮，将在窗口左侧弹出图3.22所示的导航窗格，用户可以按标题快速地定位到要查看的文档内容。

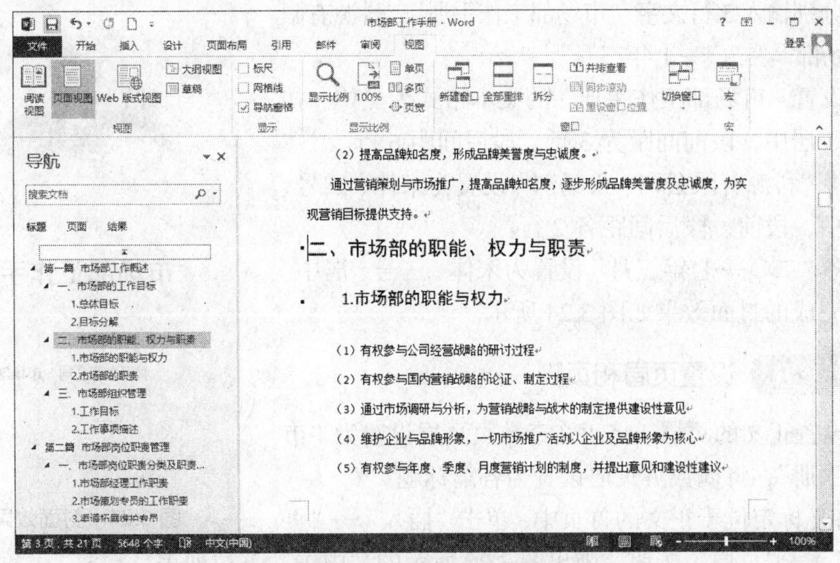

图3.22 文档导航窗格

活力小贴士

借助文档导航窗格，也可以组织整个文档的结构，查看文档的结构是否合理。取消“导航窗格”复选按钮，将取消文档结构显示窗口。

单击“视图”→“文档视图”→“大纲视图”按钮，将进入该文档的大纲视图显示模式，如图3.23所示。在该模式下将自动显示“大纲”选项卡的工具栏，通过该选项卡上的按钮，可以快速调整文档的整个大纲结构，也可以快速移动整节的内容。

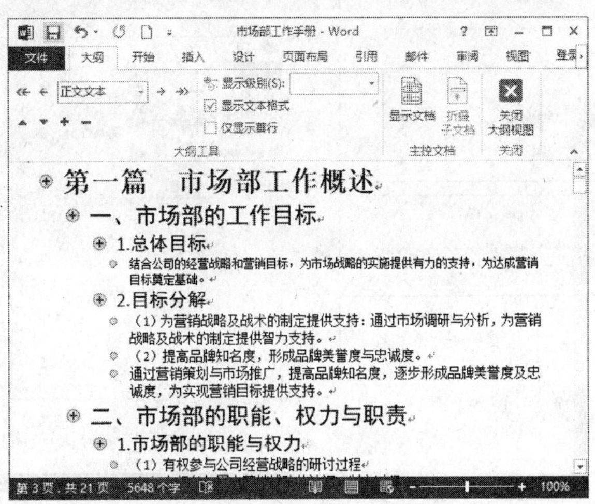

图3.23 文档的大纲视图

步骤7 设计封面

（1）将光标置于文档的第一个空白页。

（2）插入封面图片。

① 单击“插入”→“插图”→“图片”按钮，打开“插入图片”对话框。

② 选择“E:\公司文档\市场部\素材”文件夹中“封面”图片文件，单击“插入”按钮，插入选中的图片，设置图片居中对齐，首行缩进为“无”。

（3）分别输入 3 行文字“市场部工作手册”“科源有限公司 · 市场部”“二〇一七年三月”。

（4）设置“市场部工作手册”的文本格式为黑体、初号、加粗、居中，段前间距为 3 行、段后间距 6 行。

（5）将“科源有限公司 · 市场部”设置为宋体、二号、加粗，居中，段前、段后间距各 2 行。

（6）将“二〇一七年三月”设置为宋体、三号、居中。

设置完成的封面效果如图 3.24 所示。

图 3.24　封面效果图

步骤 8　设置页眉和页脚

（1）设置正文的页眉。将正文奇数页页眉设置为“市场部工作手册”，将偶数页页眉设置为各篇标题。

① 将光标定位于正文的首页中，单击“插入”→“页眉和页脚”→“页眉”按钮，弹出图 3.25 所示的“内置”下拉列表。

② 从下拉列表中选择“空白”样式的页眉，将文档切换到“页眉和页脚”视图，如图 3.26 所示。

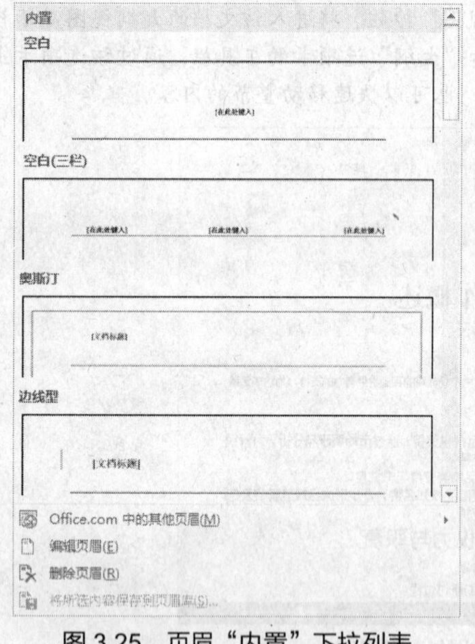

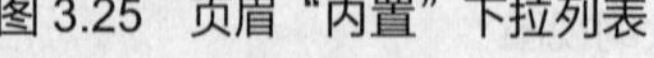

图 3.25　页眉“内置”下拉列表

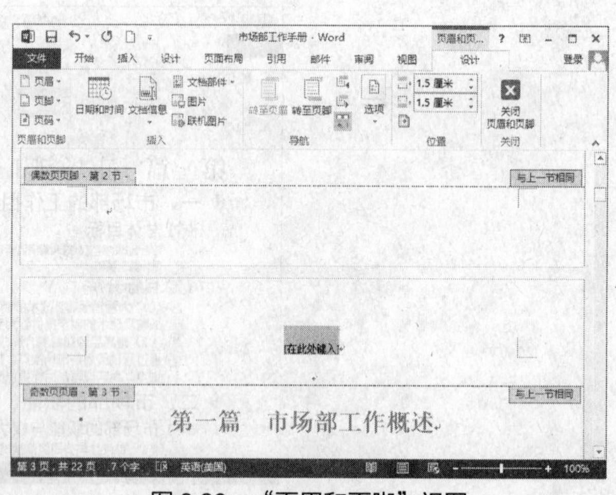

图 3.26　“页眉和页脚”视图

活力小贴士

此时可以发现，由于之前进行了文档的分节，在“页眉和页脚”视图中将显示出不同的节。例如，从正文开始的这一节为“第 3 节”。且在页面设置时，因为设置了“奇偶页不同”的页眉和页脚选项，这里正文的首页中显示出“奇数页页眉”。

③ 单击“页眉和页脚工具”→“设计”→“链接到前一条页眉”按钮，使

其处于弹起状态，取消本节与前一节奇数页页眉的链接关系。

④ 在奇数页的页眉中输入“市场部工作手册”，并将页眉设置为楷体、五号、居中，如图 3.27 所示。

图 3.27 奇数页的页眉效果

⑤ 单击“页眉和页脚工具”→“设计”→“导航”→“下一节”按钮下一节，切换到偶数页页眉，再单击“链接到前一条页眉”按钮，使其处于弹起状态，取消本节与前一节偶数页页眉的链接关系。

⑥ 将光标置于偶数页页眉中，单击“插入”→“文本”→“文档部件”按钮，打开文档部件下拉菜单，选择“域”命令，打开图 3.28 所示的“域”对话框。

⑦ 从“类别”下拉列表中选择“链接与引用”类型，从“域名”列表框中选择“StyleRef”，如图 3.29 所示。再从右边的“样式名”列表框中选择“标题 1”。

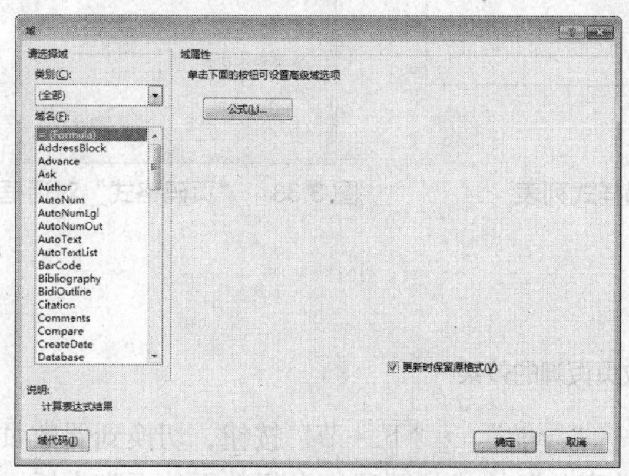

图 3.28 “域”对话框

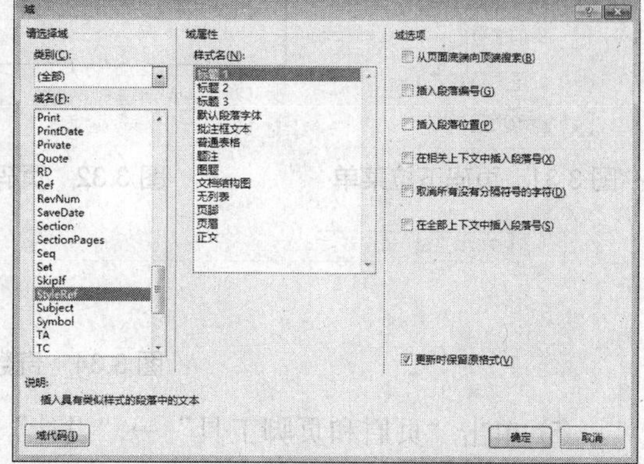

图 3.29 插入“StyleRef”域

⑧ 单击“确定”按钮，生成图 3.30 所示的偶数页页眉，并设置页眉格式为楷体、五号、居中。

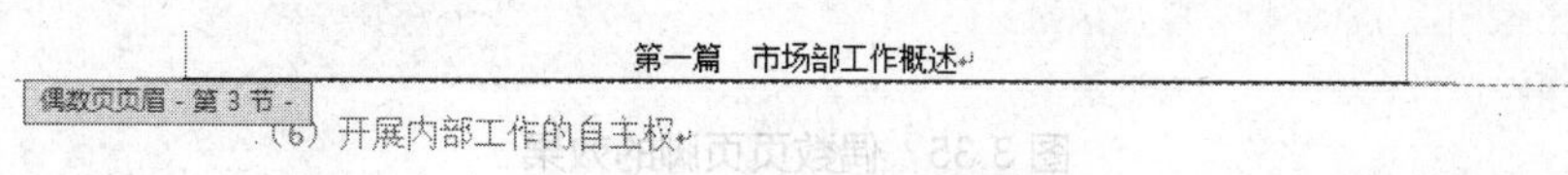

图 3.30 偶数页页眉的效果

（2）设置正文的页脚。

① 单击“页眉和页脚工具”→“设计”→“导航”→“转至页脚”按钮，切换到页脚区。再单击“上一节”按钮上一节，使光标置于奇数页的页脚区中。

② 单击“链接到前一条页眉”按钮，使其处于弹起状态，取消与前一节的链接关系。

③ 单击“页眉和页脚工具”→“设计”→“页眉和页脚”→“页码”按钮，打开图 3.31 所示的页码下拉菜单。选择“页面底端”选项，显示图 3.32 所示的页码样式列表。在列表中选择“简单”组中的“普通数字 2”选项，则在页脚中插入当前页码。

④ 单击“页眉和页脚工具”→“设计”→“页眉和页脚”→“页码”按钮，从下拉菜

单中选择“设置页码格式”命令，打开“页码格式”对话框。在“页码编号”选项区中选中“起始页码”单选按钮，并将起始编号设置为“1”，如图 3.33 所示，单击“确定”按钮，生成图 3.34 所示的奇数页页码。

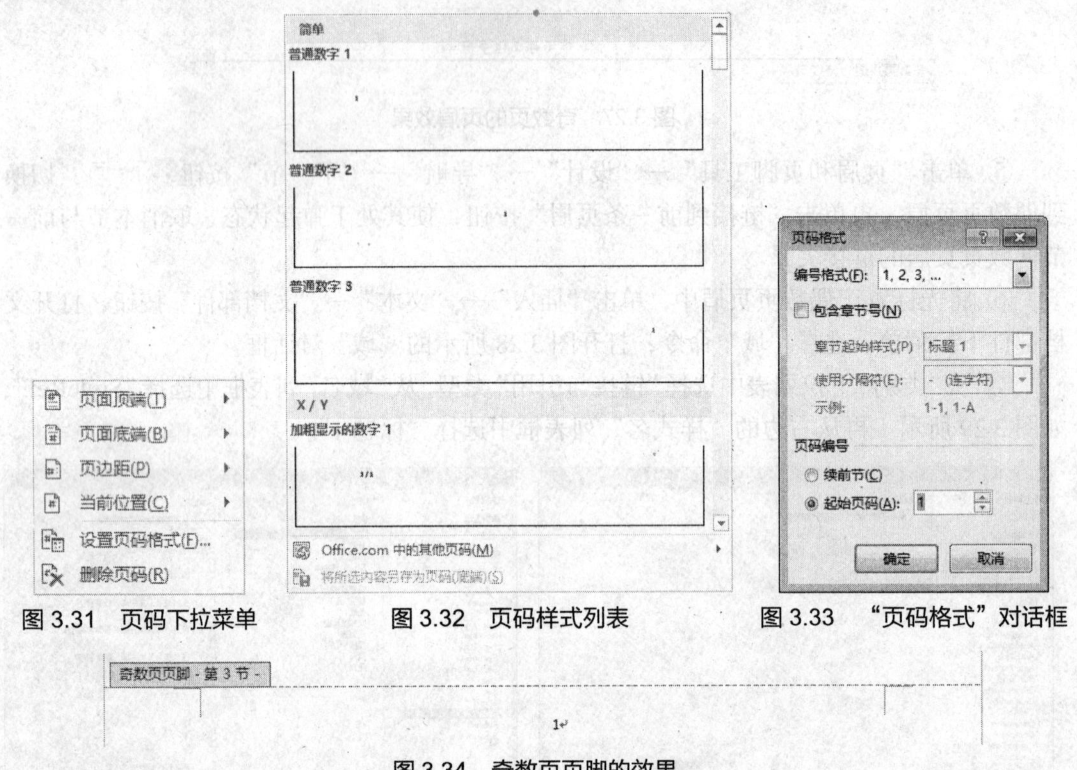

图 3.31　页码下拉菜单　　图 3.32　页码样式列表　　图 3.33　“页码格式”对话框

奇数页页脚 - 第 3 节 -

1

图 3.34　奇数页页脚的效果

⑤ 单击“页眉和页脚工具”→“设计”→“导航”→“下一节”按钮，切换到偶数页页脚区中，再次执行在页面底端插入“普通数字 2”格式的页码，在偶数页的页脚中插入页码，如图 3.35 所示。

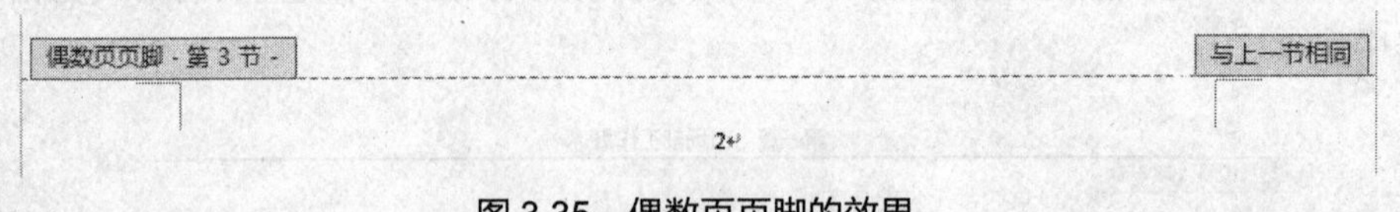

图 3.35　偶数页页脚的效果

（3）设置“目录”页的页眉。

① 在“页眉和页脚”视图下，将光标移至正文前预留的目录页的页眉区中。

② 单击“链接到前一条页眉”按钮，使其处于弹起状态，断开与前一节的链接关系。

③ 在页眉输入文字“目录”，设置页眉格式为楷体、五号、居中对齐。

（4）单击“关闭页眉和页脚”按钮，关闭“页眉和页脚”视图，返回页面视图。

步骤 9　自动生成目录

（1）将光标移至正文前预留的目录页中。

（2）在文档中输入“目录”，按“Enter”键换行。

（3）将光标置于目录下方，单击“引用”→“目录”→“目录”按钮，打开图3.36所示的“目录”菜单。

（4）选择“插入目录”命令，打开“目录”对话框。在“格式”下拉列表中选择“来自模板”风格，将显示级别设置为“2”；选中“显示页码”和“页码右对齐”复选框，如图3.37所示。

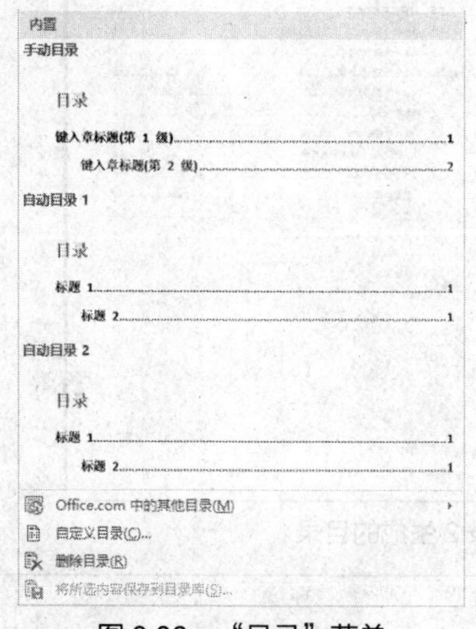

图3.36　“目录”菜单

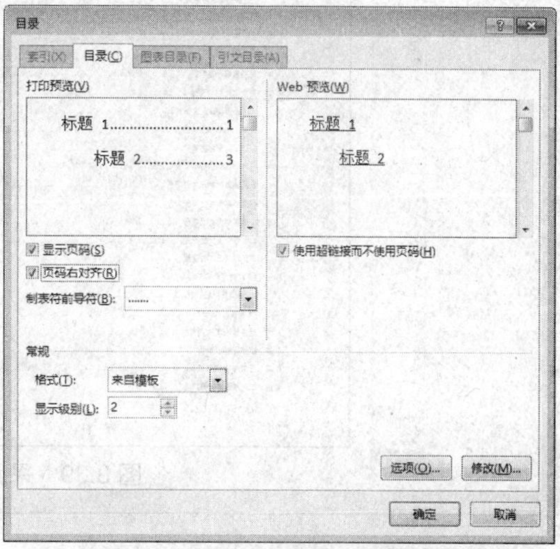

图3.37　“目录”对话框

（5）单击“确定”按钮，目录自动插入到文档中。

（6）将标题“目录”格式设置为黑体、二号，字符间距6磅，段前段后间距各1行，居中对齐。

（7）选中生成的目录的1级标题，将字体设置为宋体、四号、加粗、段前段后各0.5行间距，如图3.38所示。

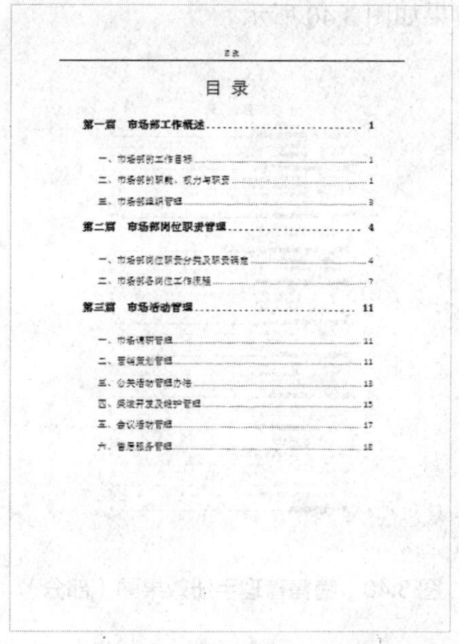

目录

第一篇　市场部工作概述......1
一、市场部的工作目标......1
二、市场部的职能、权力与职责......1
三、市场部组织管理......3
第二篇　市场部岗位职责管理......4
一、市场部岗位职责分类及职责确定......4
二、市场部各岗位工作规范......7
第三篇　市场活动管理......11
一、市场调研管理......11
二、营销策划管理......11
三、公关活动管理办法......13
四、渠道开发及维护管理......15
五、会议活动管理......17
六、售后服务管理......18

图3.38　生成的目录效果图

活力小贴士

若在图 3.36 所示的“目录”菜单中选择自动目录，可快速生成默认的目录，自动目录的内容包含用标题 1～3 样式进行了格式设置的文本。图 3.39 为采用自动目录 2 生成的目录。

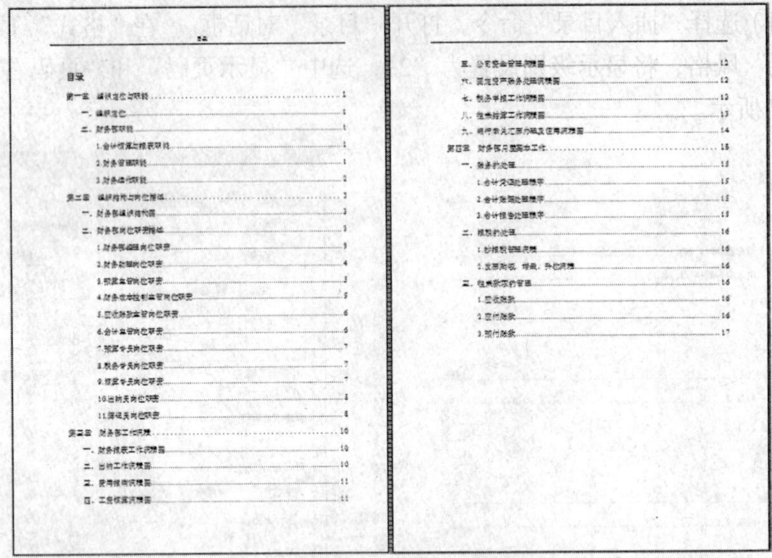

图 3.39　采用自动目录 2 生成的目录

步骤 10　预览和打印文档

（1）减小窗口右下角的显示比例，可对整个文档进行预览，对不满意的地方可进行修改。

（2）单击“文件”→“打印”命令，在“打印”界面中进行打印设置，单击“打印”按钮可进行打印。

【拓展案例】

制作销售管理手册，效果如图 3.40 所示。

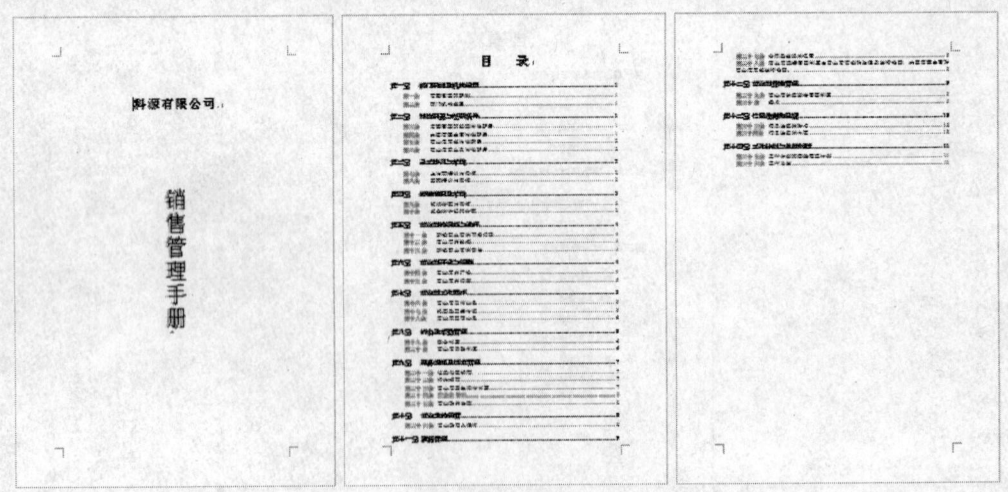

图 3.40　销售管理手册效果图（部分）

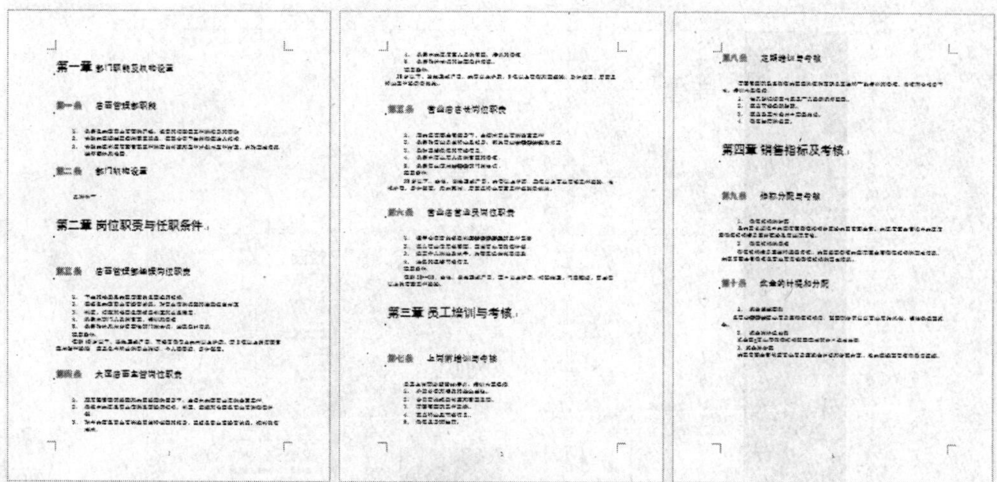
第一章 部门职能及机构设置

第一条 店面管理部职能

第二条 部门机构设置

第二章 岗位职责与任职条件

第三条 店面管理部经理岗位职责

第四条 大区店面主管岗位职责

第五条 营业店店长岗位职责

第六条 营业店营业员岗位职责

第三章 员工培训与考核

第七条 上岗前培训与考核

第八条 定期培训与考核

第四章 销售指标及考核

第九条 销售分配与考核

第十条 奖金的计提和分配

图 3.40 销售管理手册效果图（部分）（续）

【拓展训练】

利用 Word 制作“业绩报告”模板，并利用模板制作一份“市场部 2016 年度业绩报告”，如图 3.41 所示。

其操作步骤如下。

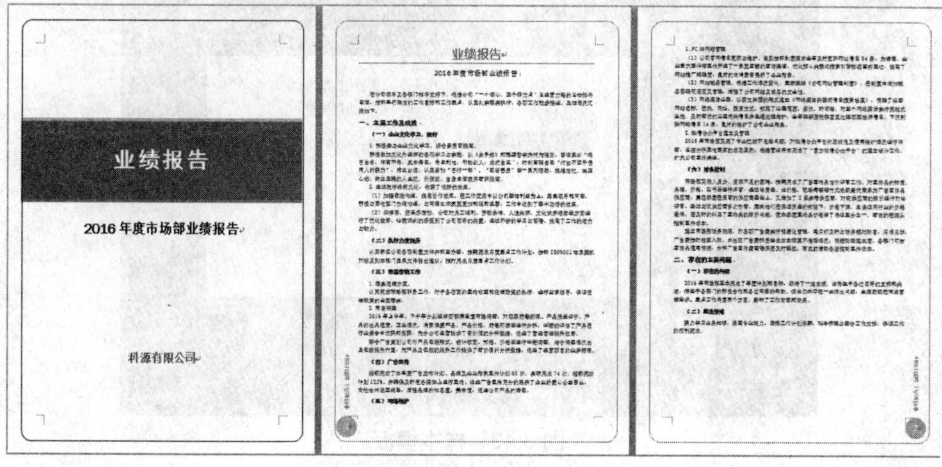
业绩报告

2016 年度市场部业绩报告

科源有限公司

图 3.41 “业绩报告”效果

（1）启动 Word 2013。

（2）制作“业绩报告”模板。

① 单击“文件”→“新建”命令，打开图 3.42 所示的“新建”界面。

② 在“新建”界面中“建议的搜索”列表中选择“设计方案集”，在提供的样本模板列表中会显示出一系列的模板文件，选择“报表（平衡主题）”，出现图 3.43 所示的样本模板。

活力小贴士

若使用的计算机连接了 Internet，在使用模板时，可选择“Office.com 模板”，使用在线方式下载相关的模板。

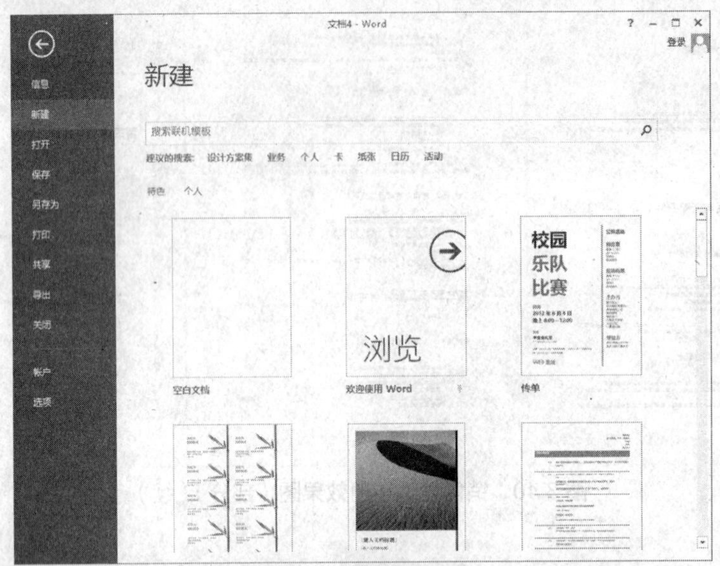

图 3.42 “新建”界面

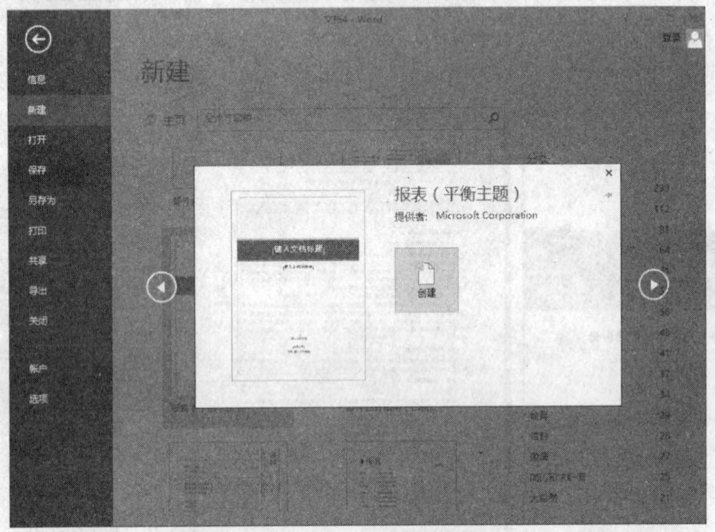

图 3.43 样本模板

③ 单击“创建”按钮后，便以“报表（平衡报告）”模板为基准创建了一个文档。然后我们修改其中的文字和样式，从而得到符合自己需要的模板。

④ 修改模板文字内容。在“键入文档标题”处输入“业绩报告”，在“键入文档副标题”处输入“××年度××部门业绩报告”。这样，第 2 页中的标题也随之更改，以后用此模板新建文档时就不必再重新输入了。

⑤ 在第 1 页下方“键入公司名称”处输入公司名称“科源有限公司”。

⑥ 删除第 1 页下方的“选取日期”和“作者”两行，并将第 2 页中的“键入报告正文”部分的文本内容删除，完成后的效果如图 3.44 所示。

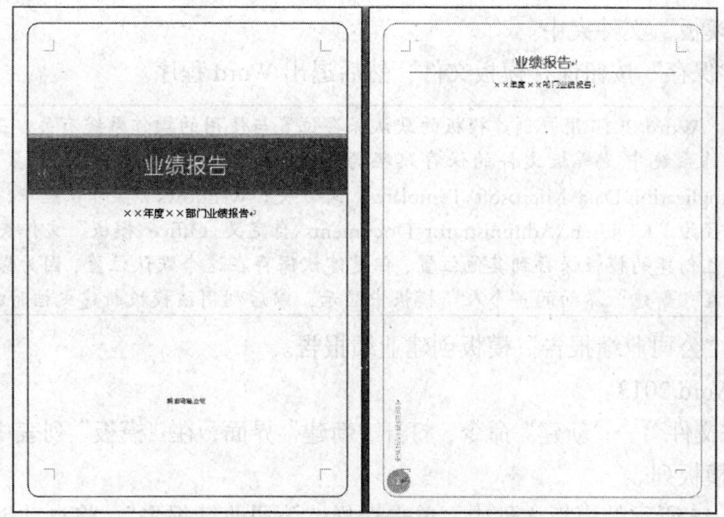

图 3.44 模板的初步效果

（3）利用“样式”进一步修改模板，以满足公司企业对文档外观的需要。

① 单击“开始”→“样式”按钮，打开“样式”窗格。

② 新建“封面标题”样式并应用于封面标题“业绩报告”。从“样式”窗格中单击“新建样式”按钮，打开“根据格式设置创建新样式”对话框，以“标题”为基准样式新建“封面标题”样式，将封面标题的样式设置为黑体、初号、加粗、居中、白色、字符间距加宽量为 5 磅，段前段后间距各为 3 行，如图 3.45 所示；选中封面标题“业绩报告”，并将新建好的“封面标题”样式应用于“业绩报告”文字。

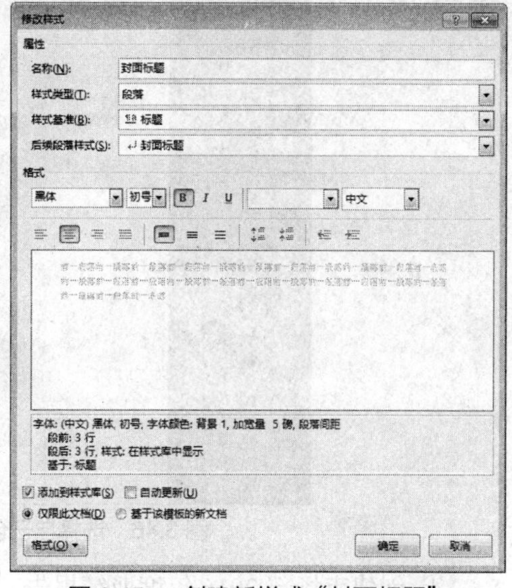

图 3.45 创建新样式“封面标题”

③ 新建“封面副标题”样式并应用于封面副标题“××年度××部门业绩报告”。类似于“封面标题”样式的创建，以“副标题”为基准样式新建“封面副标题”样式，将封面副标题的样式设置为宋体、一号、加粗、居中、段前间距 2 行；选中封面副标题“××年度××部门业绩报告”，并将新建好的“封面副标题”样式应用于“××年度××部门业绩报告”文字。

④ 新建“公司名”样式并应用于封面中的公司名称“科源有限公司”。类似于“封面标题”样式的创建，以“正文”为基准样式新建“公司名”样式，将“公司名”的样式修改为宋体、二号、加粗、居中；选中封面中的公司名称“科源有限公司”，并将新建好的“公司名”样式应用于“科源有限公司”文字。

（4）以“公司业绩报告”为名保存所做的模板。

① 单击“文件”→“保存”命令，打开“另存为”对话框，将文档以“Word 模板”为保存类型、“公司业绩报告”为名保存到默认的模板文件路径“C:\Users\Administrator\Documents\

自定义 Office 模板”文件夹中。

② 单击“保存”按钮保存模板文件，然后退出 Word 程序。

活力小贴士

Word 2013 用户创建模板的默认保存位置与使用的操作系统有关，若在 Windows XP 操作系统中，模板文件的保存路径为“C:\Documents and Settings\××（用户账号）\Application Data\Microsoft\Templates”文件夹；Windows 7 操作系统中，模板文件的保存路径为“C:\Users\Administrator\Documents\自定义 Office 模板”文件夹。当然也可以把自己创建的模板保存到其他位置，但是建议保存在这个默认位置，因为保存在这里的模板会在“新建”界面的“个人”模板中显示，以后利用该模板新建文档时方便选用。

（5）应用“公司业绩报告”模板创建业绩报告。

① 启动 Word 2013。

② 单击“文件”→“新建”命令，打开“新建”界面，在“模板”列表中选择“个人”，显示“个人”模板列表。

③ 在图 3.46 所示的模板文件中，单击选择“公司业绩报告”，将自动创建所选模板的新文档。

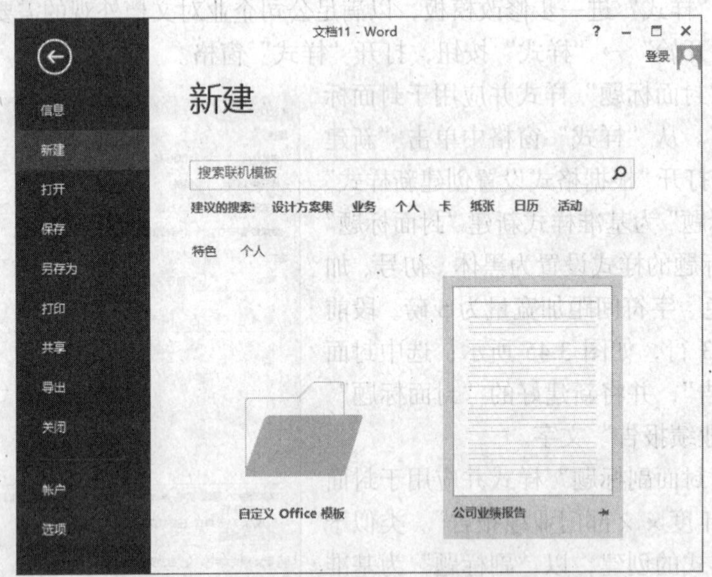

图 3.46 选择自己创建的“公司业绩报告”模板

④ 创建市场部 2016 年度业绩报告。

⑤ 以“市场部 2016 年度业绩报告”为名，将新建的 Word 文档保存在“E:\公司文档\市场部”文件夹中。

【案例小结】

本案例通过制作“市场部工作手册”“公司业绩报告”，介绍了长文档排版和模板的操作，其中包括版面设置、插入分节符、设计封面、插入题注、设计和应用样式、设置奇偶页不同的页眉页脚、创建和使用模板等，在此基础上能自动生成所需的目录。此外，还了解了运用导航窗格查看复杂文档的方法。

📖 学习总结

本案例所用软件	
案例中包含的知识和技能	
你已熟知或掌握的知识和技能	
你认为还有哪些知识或技能需要进行强化	
案例中可使用的 Office 技巧	
学习本案例之后的体会	

3.2 案例 11 制作产品销售数据分析模型

示例文件	原始文件：示例文件\素材\市场篇\案例 11\工作.jpg 效果文件：示例文件\效果\市场篇\案例 11\产品销售数据分型模型.pptx

【案例分析】

在企业的经营过程中，营销管理是企业管理中一个非常重要的工作环节。在为企业进行销售数据分析时，通过对历史数据的分析，从产品线设置、价格制定、渠道分布等多角度分析客户营销体系中可能存在的问题，将为制订有针对性和便于实施的营销战略奠定良好的基础。本案例利用 PowerPoint 制作销售数据分析模型，效果如图 3.47 所示。

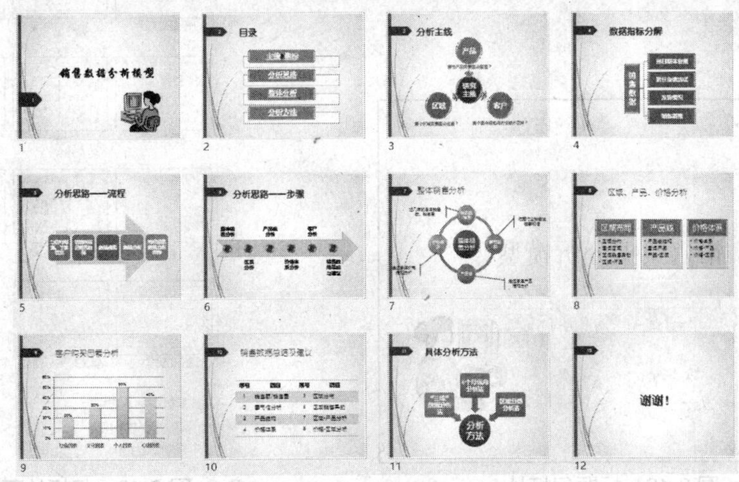

图 3.47 产品销售数据分型模型

【知识与技能】

- 创建和保存演示文稿
- 设置幻灯片主题
- 编辑幻灯片内容
- 在幻灯片中插入和编辑图片、文本框、SmartArt 图形
- 设置幻灯片内容的格式
- 插入超链接
- 修改主题颜色
- 设置和放映演示文稿

【解决方案】

步骤 1 创建、保存演示文稿

（1）启动 PowerPoint 2013，新建一份空白演示文稿。

（2）以“产品销售数据分析模型”为名，保存在“E:\公司文档\市场部”文件夹中。

步骤 2 编辑演示文稿

（1）制作“标题”幻灯片。

① 在幻灯片标题中输入文本“销售数据分析模型”。

② 在标题幻灯片中插入“E:\公司文档\市场部\素材”文件夹中“工作”图片，如图 3.48 所示。

（2）编辑“目录”幻灯片。

① 单击“开始”→“幻灯片”→“新幻灯片”下拉按钮，打开图 3.49 所示的幻灯片下拉列表，从“Office 主题”列表中选择“仅标题”的幻灯片版式。

图 3.48 标题幻灯片

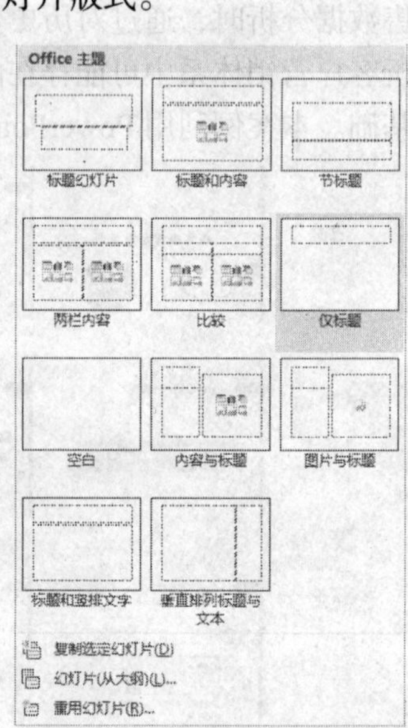

图 3.49 幻灯片下拉列表

② 添加标题文本“目录”。

③ 选择“插入”→“插图”→“SmartArt”选项，打开图 3.50 所示的“选择 SmartArt 图形”对话框。

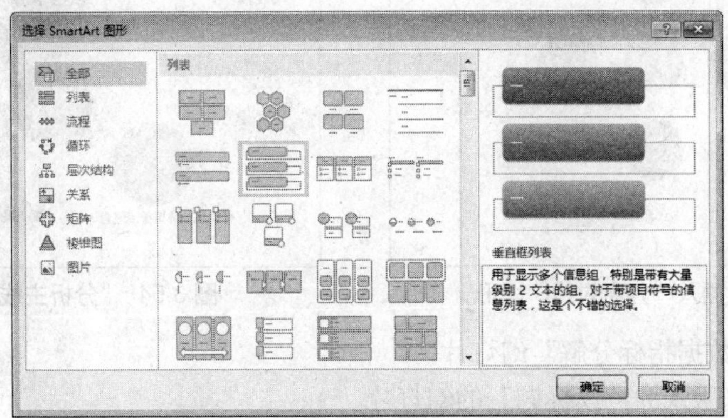

图 3.50 “选择 SmartArt 图形”对话框

④ 选择“垂直框列表”图形，单击“确定”按钮，在幻灯片中插入图 3.51 所示的图形。

⑤ 选择“SmartArt 工具”→“设计”→“创建图形”→“添加形状”选项，添加一个列表框。

⑥ 在各列表框中输入图 3.52 所示的文本。

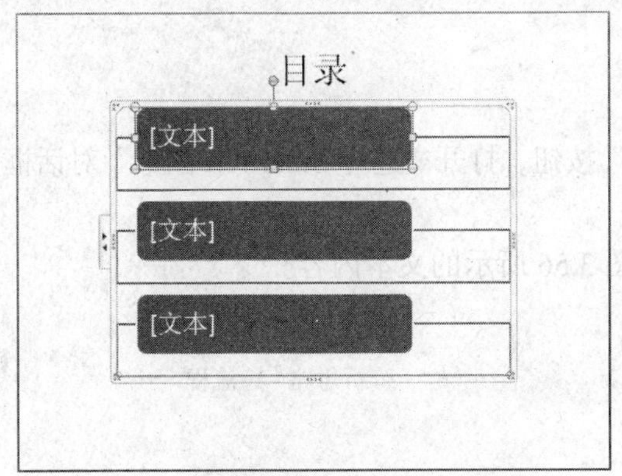

图 3.51 插入的“垂直框列表”图形

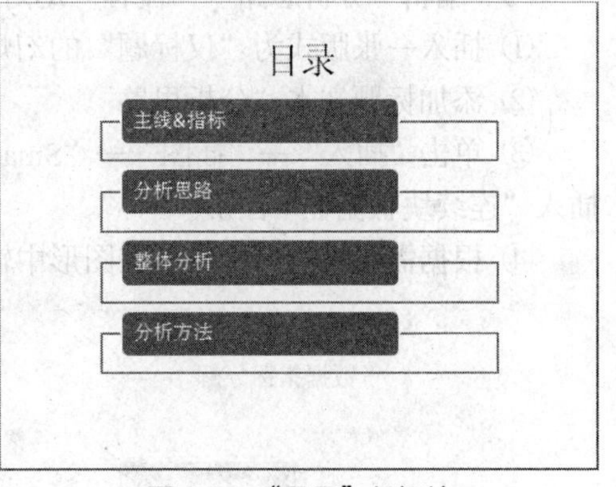

图 3.52 “目录”幻灯片

（3）编辑“分析主线”幻灯片。

① 插入一张版式为“仅标题”的幻灯片。

② 添加标题文本“分析主线”。

③ 单击“插入”→“插图”→“SmartArt”按钮，打开“选择 SmartArt 图形”对话框，插入“分离射线”图形，如图 3.53 所示。

④ 在中心圆形中输入文本“研究主线”，在环绕的圆形中分别输入文本“产品”“区域”和“客户”，并将多余的圆形删除。

⑤ 在各环绕圆形的下方插入文本框，分别输入图 3.54 所示的文本。

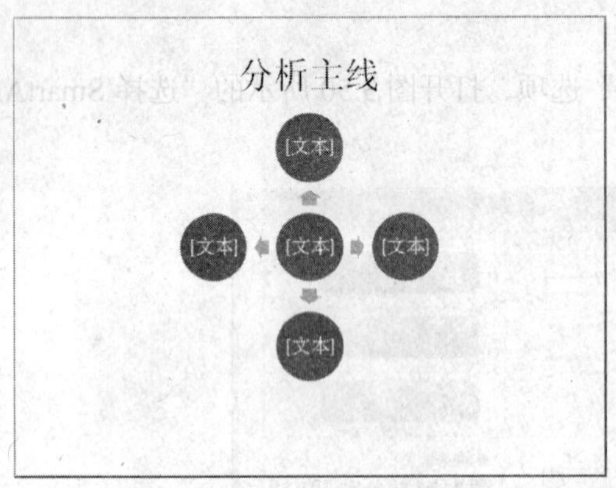

图 3.53　插入“分离射线”图形

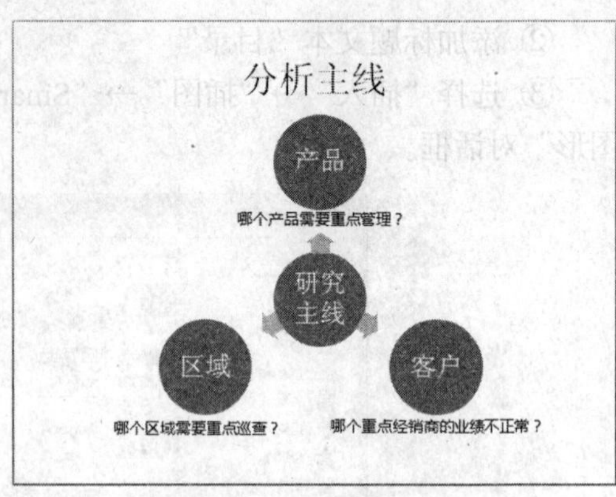

图 3.54　“分析主线”幻灯片

（4）编辑“数据指标分解”幻灯片。

① 插入一张版式为“仅标题”的幻灯片。

② 添加标题文本“数据指标分解”。

③ 单击“插入”→“插图”→“SmartArt”按钮，打开“选择 SmartArt 图形”对话框，插入“水平多层层次结构”图形。

④ 根据需要添加形状后，在图形中输入图 3.55 所示的文本内容，并将第一层文本框的文字方向设置为“所有文字旋转 90°”，使文字竖直排列。

（5）编辑“分析思路——流程”幻灯片。

① 插入一张版式为“仅标题”的幻灯片。

② 添加标题文本“分析思路”。

③ 单击“插入”→“插图”→“SmartArt”按钮，打开“选择 SmartArt 图形”对话框，插入“连续块状流程”图形。

④ 根据需要添加形状后，在图形中输入图 3.56 所示的文本内容。

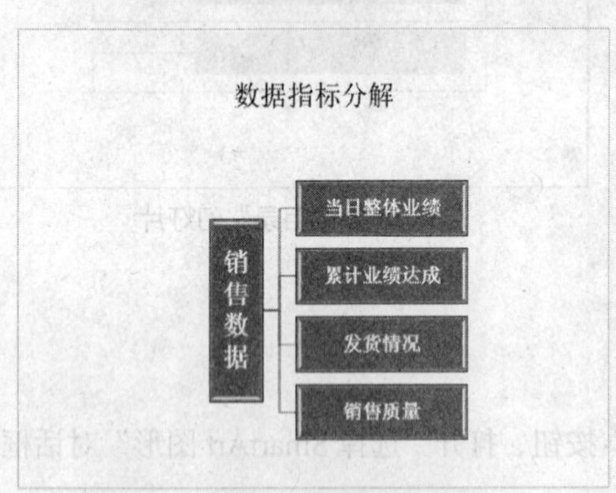

图 3.55　“数据指标分解”幻灯片

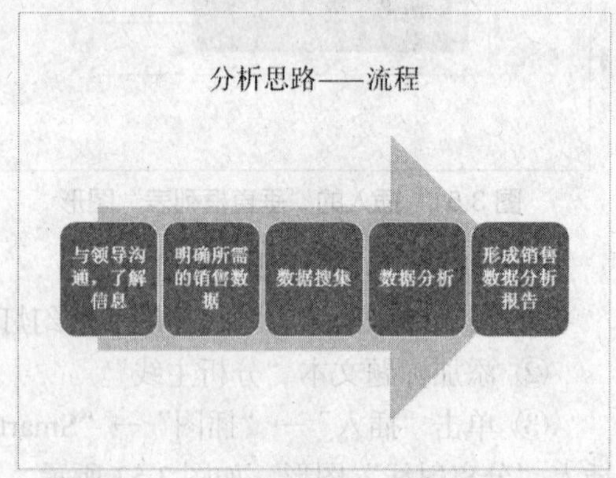

图 3.56　“分析思路——流程”幻灯片

（6）编辑“分析思路——步骤”幻灯片。

① 插入一张版式为“仅标题”的幻灯片。

② 添加标题文本“分析思路”。

③ 单击“插入”→“插图”→“SmartArt”按钮，打开“选择 SmartArt 图形”对话框，

插入“基本日程表”图形。

④ 根据需要添加形状后，在图形中输入图 3.57 所示的文本内容。

（7）编辑“整体销售分析”幻灯片。

① 插入一张版式为“仅标题”的幻灯片。

② 添加标题文本“整体销售分析”。

③ 单击“插入”→“插图”→“SmartArt”按钮，打开“选择 SmartArt 图形”对话框，插入“射线循环”图形。

④ 在射线循环图形中输入图 3.58 所示的文本内容。

⑤ 单击“插入”→“插图”→“形状”按钮，打开形状列表，选择“线性标注 1”，分别为射线循环图中的各形状添加标注，如图 3.59 所示。

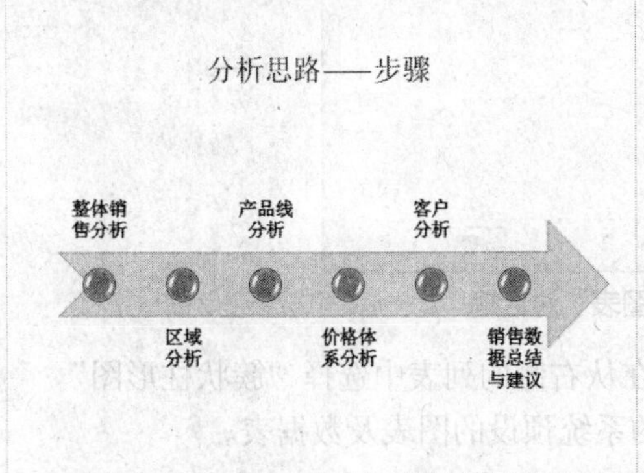

图 3.57 “分析思路——步骤”幻灯片

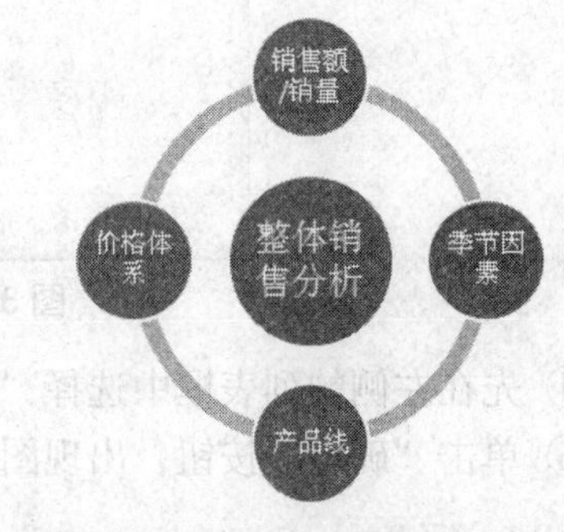

图 3.58 输入射线循环图形中的文本

（8）编辑“区域、产品、价格分析”幻灯片。

① 插入一张版式为“仅标题”的幻灯片。

② 添加标题文本“区域、产品、价格分析”。

③ 单击“插入”→“插图”→“SmartArt”按钮，打开“选择 SmartArt 图形”对话框，插入“水平项目符号列表”图形。

④ 在图形中输入图 3.60 所示的文本内容。

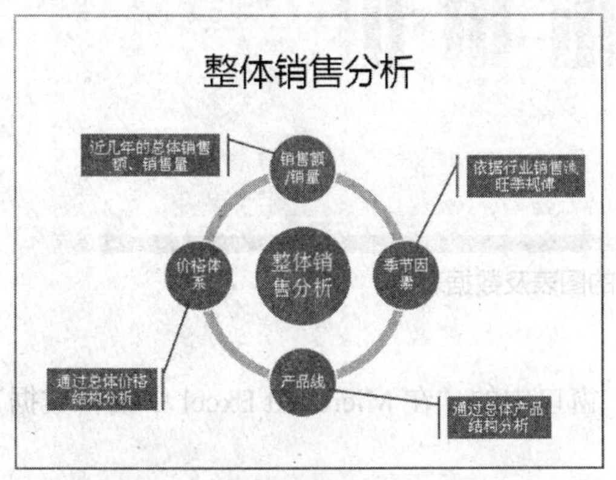

图 3.59 “整体销售分析”幻灯片

图 3.60 “区域、产品、价格分析”幻灯片

（9）编辑“客户购买因素分析”幻灯片。

① 插入一张版式为“标题和内容”的幻灯片。

② 添加标题文本“客户购买因素分析”。

③ 在内容图标组中单击“插入图表”图标，打开图 3.61 所示的“插入图表”对话框。

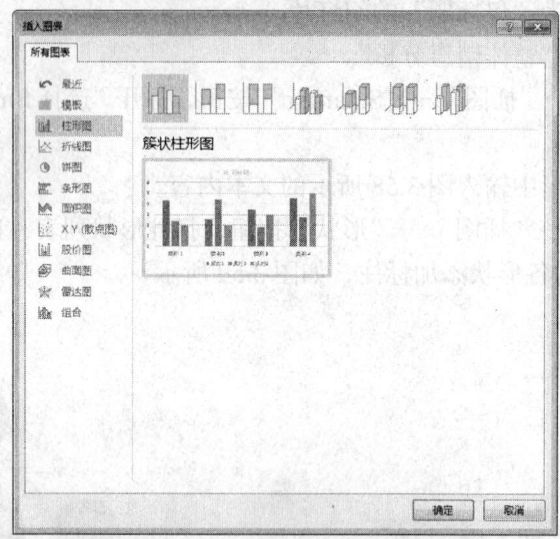

图 3.61 “插入图表”对话框

④ 先在左侧的列表框中选择“柱形图”，在从右侧的列表中选择“簇状柱形图”。

⑤ 单击“确定”按钮，出现图 3.62 所示的系统预设的图表及数据表。

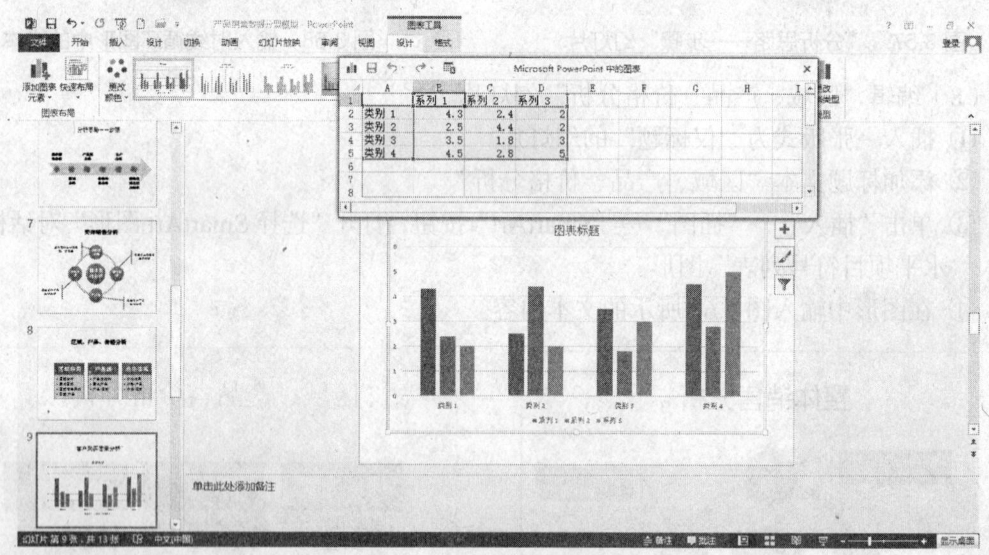

图 3.62 系统预设的图表及数据表

⑥ 编辑数据表。

a. 单击“Microsoft PowerPoint 中的图表”窗口中的“在 Microsoft Excel 中编辑数据”按钮，打开 Excel 窗口。

b. 按图 3.63 所示编辑表中的数据，关闭 Excel 数据表，返回演示文稿，生成图 3.64 所示的图表。

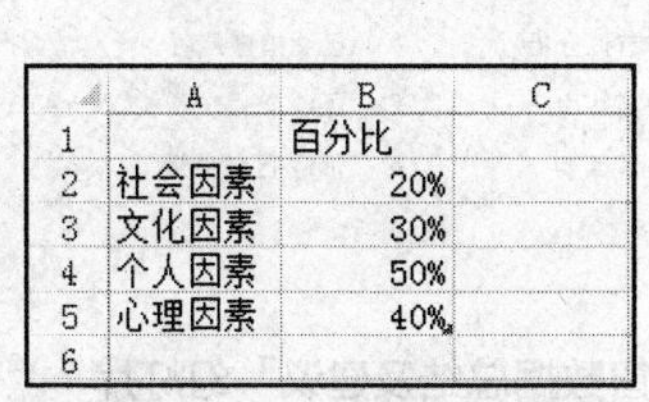

	A	B	C
1		百分比	
2	社会因素	20%	
3	文化因素	30%	
4	个人因素	50%	
5	心理因素	40%	
6			

图 3.63 编辑表中的数据

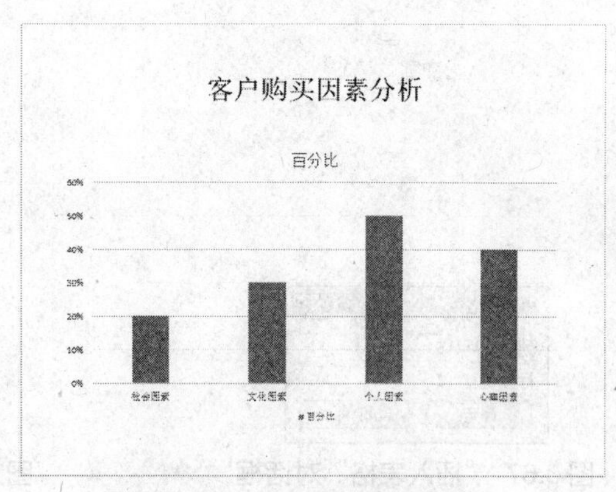

图 3.64 编辑数据后的图表

⑦ 修改图表。

a. 删除图表中的图表标题和图例。

b. 在图表中添加数据标签。选中图表，单击“图表工具”→“设计”→“图表布局”→“添加图表元素”按钮，打开图 3.65 所示的“图表元素”列表，选择“数据标签”→“数据标签外”选项，在图表显示数据标签。

c. 适当调整图表中数据标签、坐标轴的字体格式以及图表中数据系列的格式，得到图 3.66 所示的幻灯片。

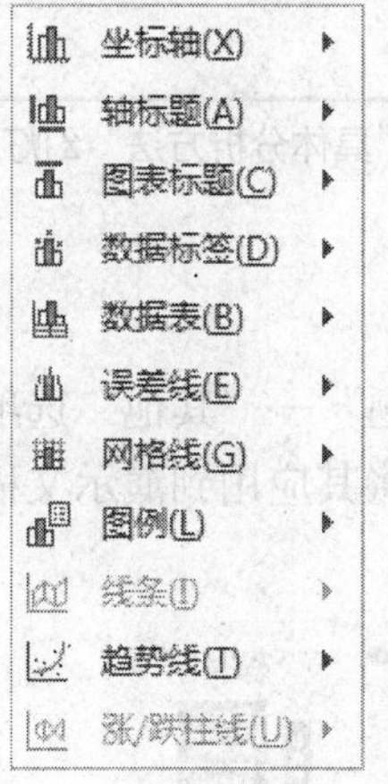

图 3.65 “图表元素”列表

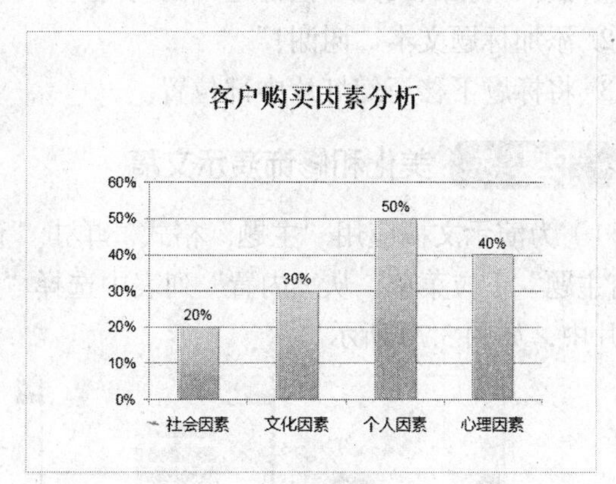

图 3.66 “客户购买因素分析”幻灯片

（10）编辑“销售数据总结及建议”幻灯片。

① 插入一张版式为“标题和内容”的幻灯片。

② 添加标题文本“销售数据总结及建议”。

③ 单击内容框中的“插入表格”按钮，出现图 3.67 所示的“插入表格”对话框，设置表格的列数为 4、行数为 5，在幻灯片标题下方插入一张 5 行 4 列的表格。

④ 在表格中输入图 3.68 所示的文本内容。

⑤ 将表格应用“浅色样式 1——强调 4”的样式。

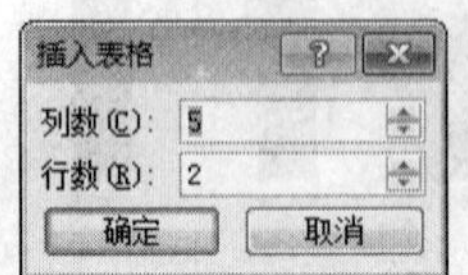

图 3.67 “插入表格”对话框

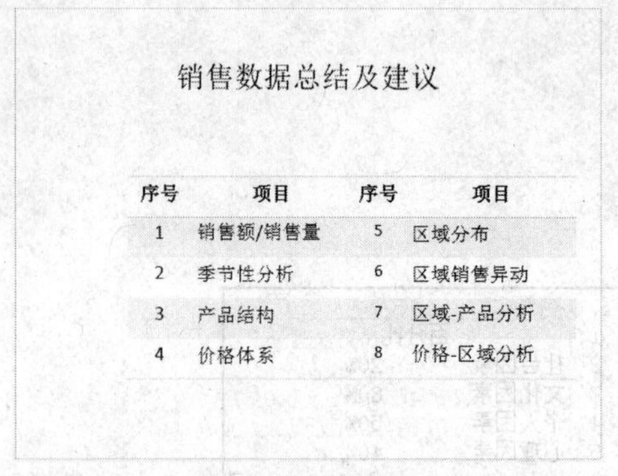

序号	项目	序号	项目
1	销售额/销售量	5	区域分布
2	季节性分析	6	区域销售异动
3	产品结构	7	区域-产品分析
4	价格体系	8	价格-区域分析

图 3.68 “销售数据总结及建议”幻灯片

（11）编辑“具体分析方法”幻灯片。

① 插入一张版式为“仅标题”的幻灯片。

② 添加标题文本“具体分析方法”。

③ 单击“插入”→“插图”→“SmartArt”按钮，打开“选择 SmartArt 图形”对话框，插入“聚合射线”图形。

④ 在图形中输入图 3.69 所示的文本内容。

（12）编辑最后一张幻灯片。

① 插入一张版式为“仅标题”的幻灯片。

② 添加标题文本“谢谢!”。

③ 将标题下移至幻灯片中部位置。

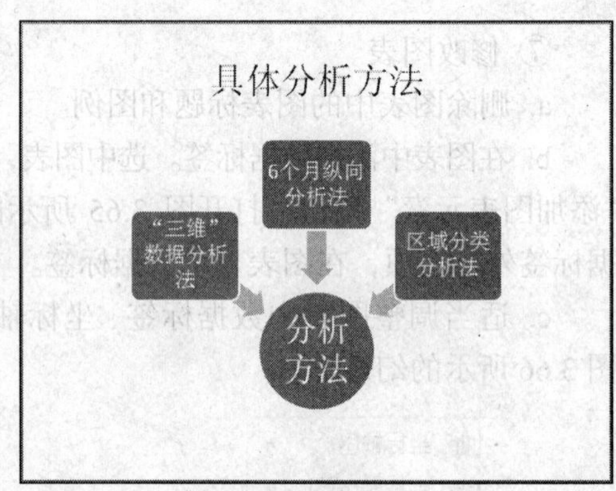

图 3.69 “具体分析方法”幻灯片

步骤 3 美化和修饰演示文稿

（1）为演示文稿应用“主题”格式。单击“设计”→“主题”→“其他”选项，打开“所有主题”下拉菜单，从“内置”列表中选择“丝状”主题，将其应用到演示文稿的所有幻灯片中，如图 3.70 所示。

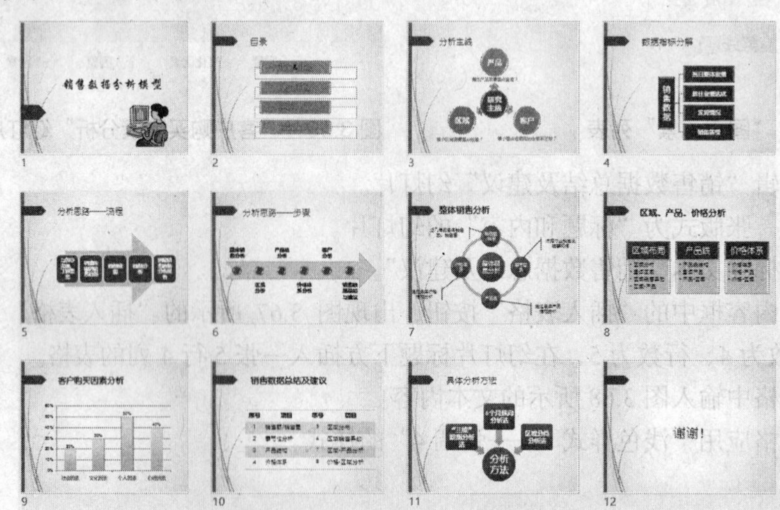

图 3.70 应用“丝状”主题的演示文稿

（2）设置“标题”幻灯片格式。将标题幻灯片中的标题格式设置为华文行楷、54 磅、深蓝色。

（3）设置“目录”幻灯片格式。选中目录幻灯片中的 SmartArt 图形，单击“设计”→“SmartArt 样式”→“更改颜色”按钮，打开颜色列表，选择“彩色范围——着色 5 至 6”，再单击右侧“卡通”三维样式，最后将图形中的文本设置为宋体、32 磅、加粗、居中。

（4）类似地，分别为其他幻灯片中图形和文本设置适当的颜色和样式。

（5）分别将“整体销售分析”“区域、产品、价格分析”“客户购买因素分析”以及“销售数据总结及建议”幻灯片中的标题文本格式设置为宋体、36 磅、红色，以便和一级标题进行区分。

（6）选择“插入”→“文本”→“幻灯片编号”选项，打开“页眉和页脚”对话框，为所有幻灯片添加编号。

步骤 4 添加超链接

（1）选中“目录”幻灯片中的“主线”文本。

（2）单击“插入”→“链接”→“超链接”按钮，打开“插入超链接”对话框。

（3）从左侧的“链接到”列表中选择“本文档中的位置”选项，再从中间“请选择文档中的位置”列表中选择第 3 张幻灯片“分析主线”，如图 3.71 所示。

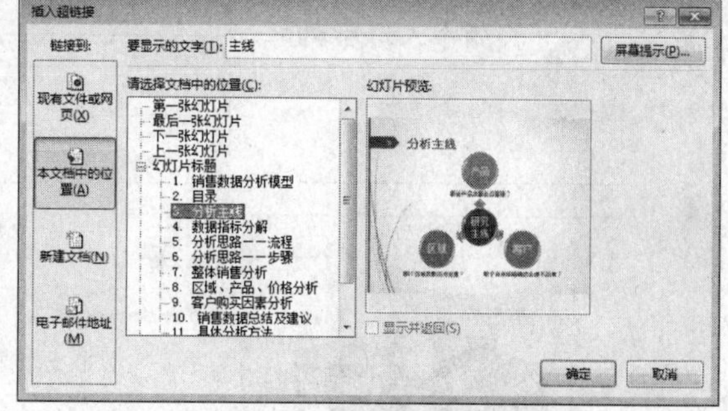

图 3.71 “插入超链接”对话框

（4）单击“确定”按钮，实现超链接。

（5）类似地，将目录中的其他文本链接到相应的幻灯片。

（6）修改超链接的主题颜色。

① 单击“设计”→“变体”→“其他”按钮，打开图 3.72 所示的“颜色”列表，选择“自定义颜色”选项，打开图 3.73 所示的“新建主题颜色”对话框。

图 3.72 “颜色”列表

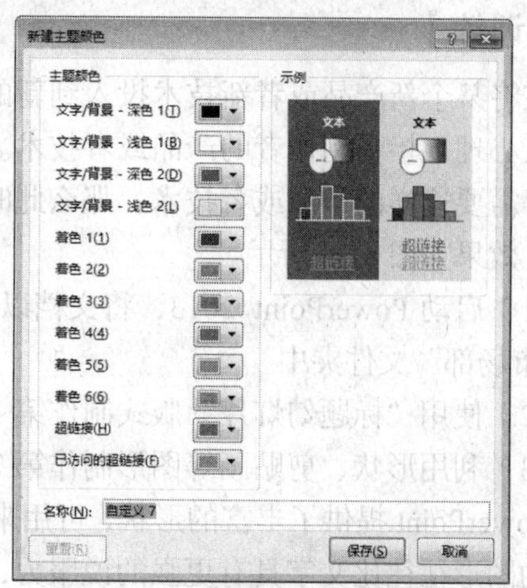

图 3.73 “新建主题颜色”对话框

② 单击“超链接”右侧的下拉按钮，显示“主题颜色”列表，选择“白色，文字 1”，单击“保存”按钮，将演示文稿中的超链接颜色设置为“白色”。

步骤 5 放映演示文稿

（1）单击“视图”→“演示文稿视图”→“幻灯片浏览”按钮，可浏览演示文稿中所有幻灯片。

（2）单击“幻灯片放映”→“设置”→“设置幻灯片放映”按钮，可设置幻灯片放映类型、选项等。

（3）单击“幻灯片放映”→“开始放映幻灯片”→“从头开始”按钮，可观看整个幻灯片。

【拓展案例】

市场部在制订一项城市白领的个人消费调查表，用以了解当前社会中白领的消费状况，为将来市场部的下一步运作提供参考数据和依据，制订出的效果图如图 3.74 所示。

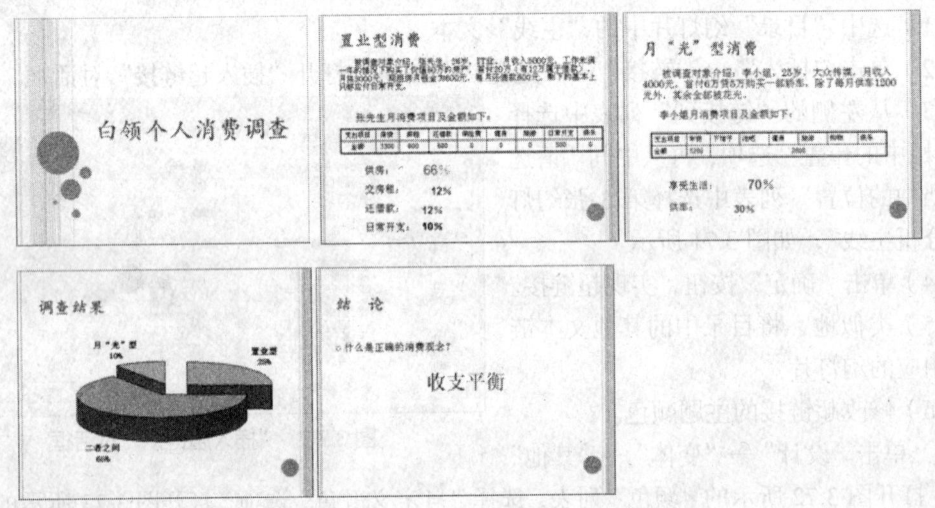

图 3.74 “白领个人消费调查”效果图

【拓展训练】

在将某个新产品或者新技术投入到新的行业之前，首先必须要说服该行业的人员，使他们从心理上接受制作者的产品或者技术。而要想让他们接受，最直接的办法就是要让他们觉得需要这样的产品或者技术，那么此时一份全面且详细的产品行业推广方案是必不可少的。效果如图 3.75 所示。

（1）启动 PowerPoint 2013，将文档以“CRM 行业推广方案”为名，保存在“E:\公司文档\市场部”文件夹中 。

（2）使用“标题幻灯片”版式制作第 1 张幻灯片。

（3）利用形状、剪贴画等图形制作第 2 张幻灯片。

PowerPoint 提供了丰富的形状，可用来创建多种简单或者复杂的图形，在进行演示时，直观的图形往往比文字具有更强的说服力，第 2 张、第 3 张和第 4 张幻灯片分别用不同的自选图形来制作。其具体操作步骤如下。

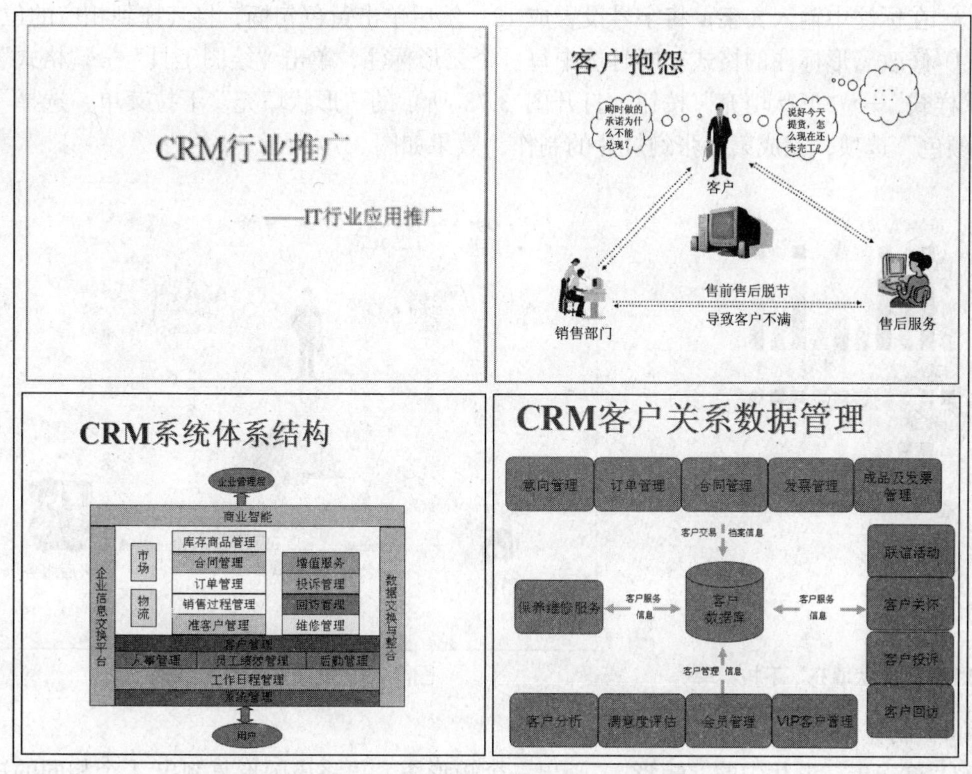

图 3.75 “产品行业推广方案”效果

① 插入一张“仅标题”版式的幻灯片。输入标题文字，如图 3.76 所示，插入并调整图片；利用文本框输入文字，并选择“插入”→“插图”→“形状”选项，从列表中选择“线条”类中的“箭头”绘制箭头线图形，再将“形状轮廓”设置为“圆点”虚线。

② 单击“插入”→“插图”→“形状”按钮，从列表中选择“标注”类中的“云形标注”绘制标注图形，如图 3.77 所示。

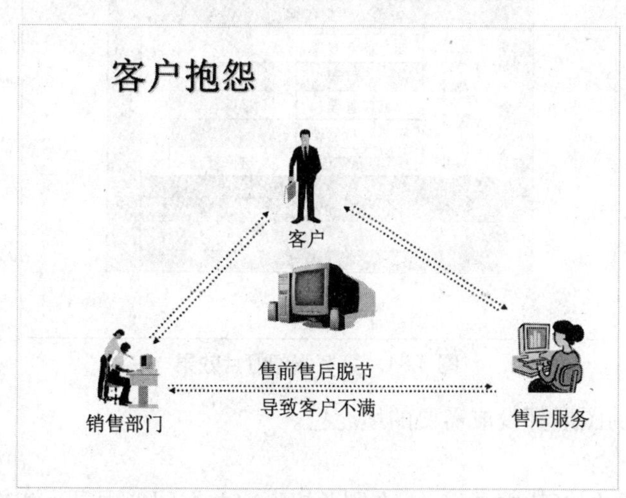

图 3.76 初始图形

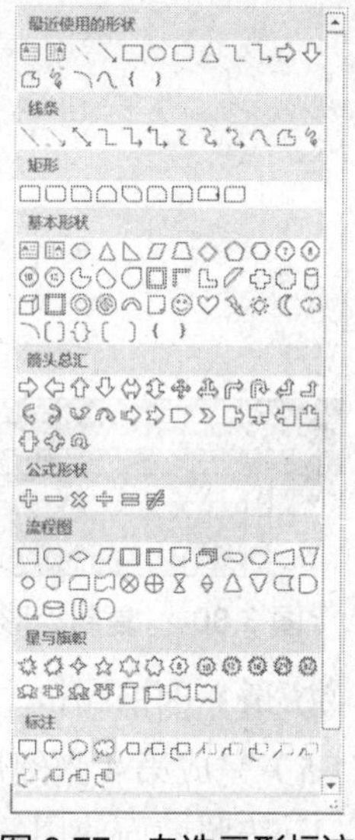

图 3.77 自选云形标注

③ 在标注中输入文字，将字号设置成 12，然后单击黄色句柄，将其拖到相应的位置。

④ 修改云形标注的格式。同时选中每一个云形标注，单击“绘图工具”→“格式”→“形状样式”→“形状填充”按钮，打开图 3.78 所示的“形状填充”下拉菜单，选择“无填充颜色”选项，完成第 2 张幻灯片的制作，效果如图 3.79 所示。

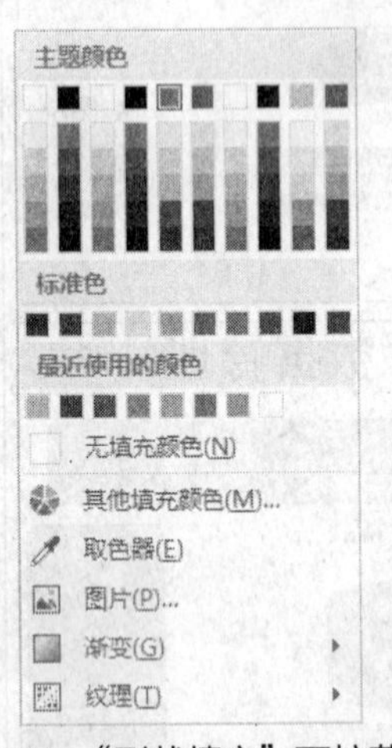

图 3.78 “形状填充”下拉菜单

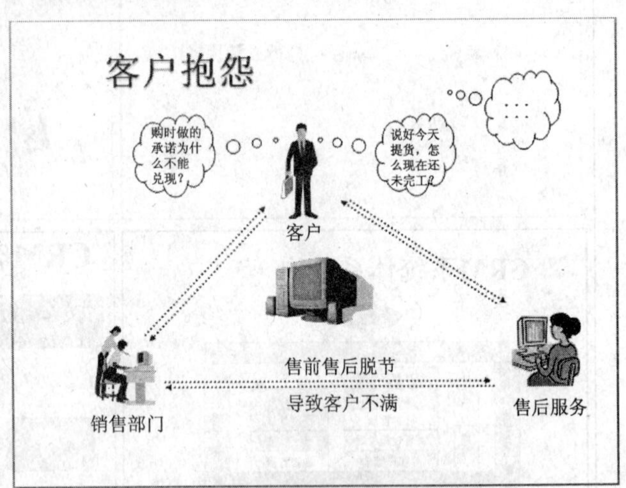

图 3.79 第 2 张幻灯片效果

（4）制作第 3 张幻灯片。

① 首先选择形状中的“矩形”，画出一个矩形图，再将该图形复制出 4 个相同的矩形图，如图 3.80 所示。

② 按照前面的绘制形状方法，制作出图 3.81 所示的所有矩形图形，再绘制出两个椭圆图形和两个箭头，并在每个自选图形中编辑文字，字号都设成 18。

图 3.80 复制矩形图

图 3.81 第 3 张幻灯片效果

③ 填充图形颜色，将每个不同的图形都设成需要的填充色。

（5）完成第 4 张幻灯片。

① 按照前面使用的复制方法，在幻灯片中画好 14 个圆角矩形，并在图形中录入相应

的文字。

② 按住“Shift”键，同时选中需要水平对齐的图形，即最上面的一排图形。

③ 单击“绘图工具”→“格式”→“绘图”→“排列”→“对齐”选项，展开图 3.82 所示的“对齐”菜单，先选择“顶端对齐”选项，再选择“横向分布”选项，则可使对应的矩形框在水平方向上间隔平均分布，形成图 3.83 所示的效果。

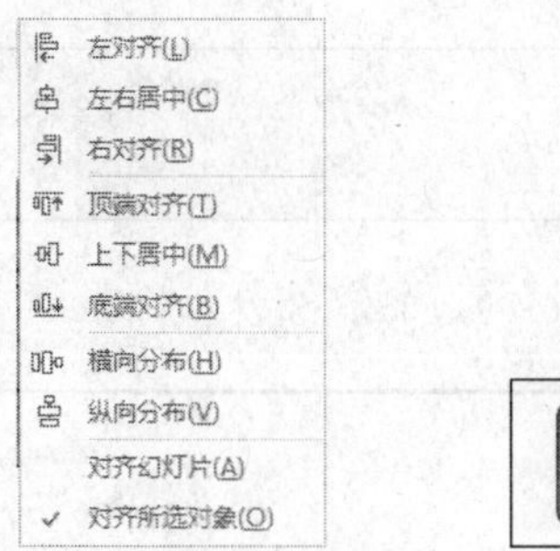

图 3.82　对齐分布菜单

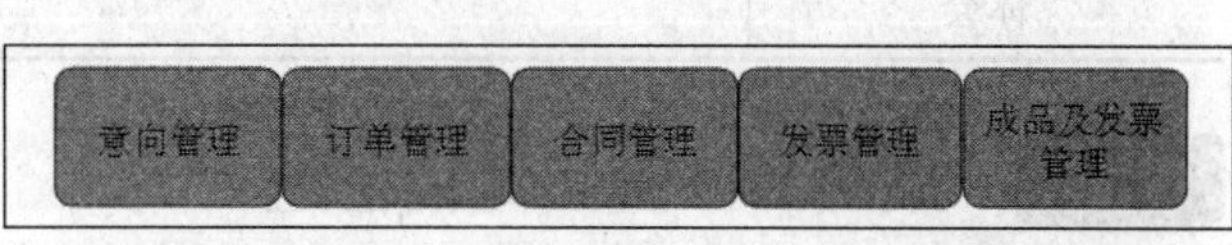

图 3.83　水平分布效果

④ 分别在相应的位置上添加圆柱体、箭头和文本框，结合前面所讲的设置填充颜色等操作，最终的效果如图 3.84 所示。

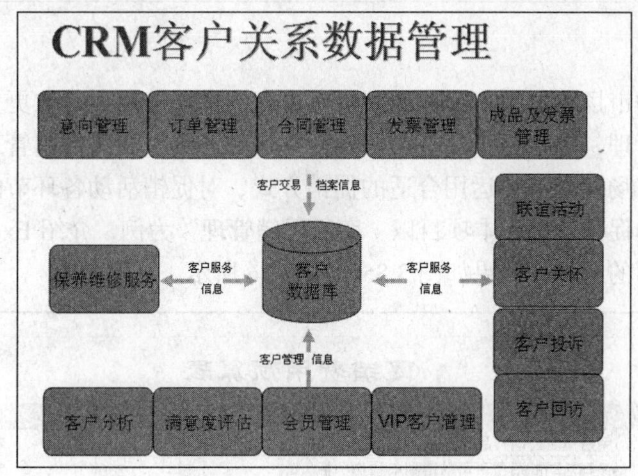

图 3.84　第 4 张幻灯片效果

【案例小结】

通过本案例的学习，您将学会利用 PowerPoint 软件中的形状、SmartArt 图形、图片、文本框、表格等自由地组织演示文稿，以图文并茂的方式展示所讲的内容，并通过使用图形对齐和分布的方式快速地调整图形、设计和美化演示文稿样式。

📖 学习总结

本案例所用软件	
案例中包含的知识和技能	

续表

你已熟知或掌握的知识和技能	
你认为还有哪些知识或技能需要进行强化	
案例中可使用的 Office 技巧	
学习本案例之后的体会	

3.3 案例 12 商品促销管理

示例文件	原始文件：示例文件\素材\市场篇\案例 12\商品促销管理.xlsx 效果文件：示例文件\效果\市场篇\案例 12\商品促销管理.xlsx

【案例分析】

在日益激烈的市场竞争中，企业想要抢占更大的市场份额，争取更多顾客，需要不断加强商品的销售管理，特别是新品上市，要树立品牌形象，商品促销管理显得尤为重要。在合适的时间和市场环境下，运用合适的促销方式、对促销活动各环节的工作细致布置和执行决定了企业的促销效果。本项目以“商品促销管理”为例，介绍 Excel 促销经费预算、促销任务安排方面的应用，效果如图 3.85 和图 3.86 所示。

	A	B	C	D	E	F
1	促销费用预算表					
2	类别	费用项目	成本或比例	数量／天	天数／次数	预算
3	促销费用	免费派发公司样品的数量	3.65	100	7	2,555.00
4		参与活动的消费者可以得到卡通扇一把	0.5	200	7	700.00
5		购买产品获得公司小礼品	5	100	7	3,500.00
6		商品降价金额	5%	3000	7	1,050.00
7	小计					7,805.00
8	店内宣传标识	巨幅海报	400	1		400.00
9		小型宣传单张	0.15	1000	7	1,050.00
10		DM	1200	1		1,200.00
11	小计					2,650.00
12	促销执行费用	聘用促销人员费用	80	2	7	1,120.00
13		上缴卖场促销人员管理费	30	2	7	420.00
14		其他可能发生的费用(赞助费/入场费等)	2000			2,000.00
15	小计					3,540.00
16	其他费用	交通费				300.00
17		赠品运输与管理费用				1,000.00
18	小计					1,300.00
19	总费用					15,295.00

图 3.85 促销费用预算表

促销任务安排表

	计划开始日	天数	计划结束日
促销计划立案	2017-4-11	2	2017-4-12
促销战略决定	2017-4-15	5	2017-4-19
采购、与卖家谈判	2017-4-20	2	2017-4-21
促销商品宣传设计与印制	2017-4-22	7	2017-4-28
促销准备与实施	2017-4-30	10	2017-5-9
成果评估	2017-5-10	2	2017-5-11

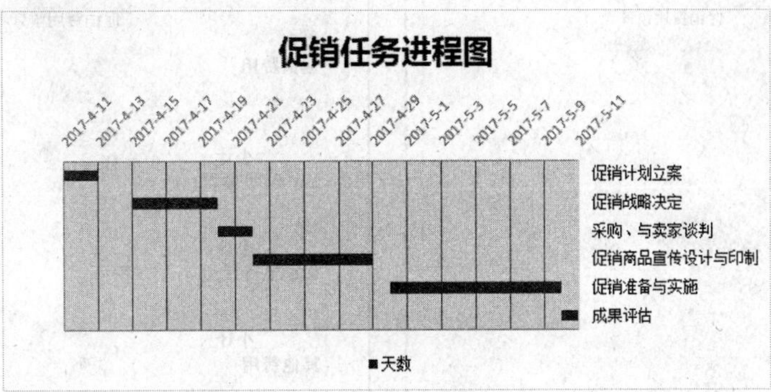

图 3.86　促销任务安排

【知识与技能】

- 创建工作簿、重命名工作表
- 设置数据格式
- 选择性粘贴
- SUM、SUMIF 和 DATEDIF 函数的应用
- 创建和编辑图表
- 打印图表
- 绝对地址和相对地址
- 条件格式的应用

【解决方案】

步骤 1　创建工作簿，重命名工作表

（1）启动 Excel 2013，新建一份空白工作簿。

（2）将创建的工作簿以“商品促销管理”为名，保存在“E:\公司文档\市场部”文件夹中。

（3）将 Sheet1 工作表重命名为“促销费用预算”。

步骤 2　创建“促销费用预算表”

（1）输入表格标题。在“促销费用预算”工作表中，选中 A1:F1 单元格，设置“合并后居中”，并输入标题“促销费用预算表”。

（2）输入预算项目标题。分别在 A2:A3、A8、A12、A16 和 A19 单元格区域中输入个字段的标题名称，并设置“加粗”，如图 3.87 所示。

（3）输入和复制各小计项标题。

① 选中 A7:B7 单元格区域，设置合并后居中，输入“小计”，并设置“加粗”。

② 选中 A7:B7 单元格区域，单击“开始”→“剪贴板”→“复制”按钮。

③ 按住“Ctrl”键，同时选中 A11、A15 和 A18 单元格，单击“开始”→“剪贴板”→“粘贴”按钮，将 A7:B7 单元格区域的内容和格式一起复制到以上选中的单元格区域，如图 3.88 所示。

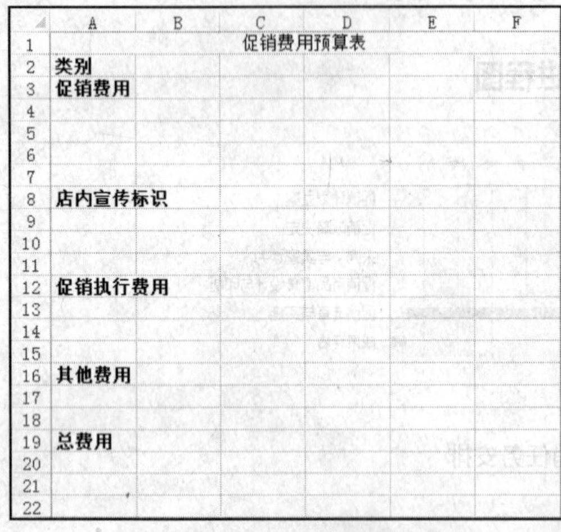

	A	B	C	D	E	F
1			促销费用预算表			
2	类别					
3	促销费用					
4						
5						
6						
7						
8	店内宣传标识					
9						
10						
11						
12	促销执行费用					
13						
14						
15						
16	其他费用					
17						
18						
19	总费用					
20						
21						
22						

图 3.87　输入预算项目标题

	A	B	C	D	E	F
1			促销费用预算表			
2	类别					
3	促销费用					
4						
5						
6						
7	小计					
8	店内宣传标识					
9						
10						
11	小计					
12	促销执行费用					
13						
14						
15	小计					
16	其他费用					
17						
18	小计					
19	总费用					
20						
21						

图 3.88　输入和复制各小计项标题

（4）输入预算数据。参照图 3.89 所示，输入各项预算数据，并适当调整单元格的列宽。

	A	B	C	D	E	F
1			促销费用预算表			
2	类别	费用项目	成本或比例	数量／天	天数／次数	预算
3	促销费用	免费派发公司样品的数量	3.65	100	7	
4		参与活动的消费者可以得到卡通扇一把	0.5	200	7	
5		购买产品获得公司小礼品	5	100	7	
6		商品降价金额	0.05	3000	7	
7	小计					
8	店内宣传标识	巨幅海报	400	1		
9		小型宣传单张	0.15	1000	7	
10		DM	1200	1		
11	小计					
12	促销执行费用	聘用促销人员费用	80	2	7	
13		上缴卖场促销人员管理费	30	2	7	
14		其他可能发生的费用(赞助费/入场费等)	2000			
15	小计					
16	其他费用	交通费				
17		赠品运输与管理费用				
18	小计					
19	总费用					
20						

图 3.89　输入各项预算数据

（5）设置数据格式。

① 设置百分比格式。选中 C6 单元格，单击“开始”→“数字”→“百分比样式”按钮%。

② 设置数值格式。选中 F3:F19 单元格区域，单击“开始”→“数字”→“数字格式”按钮，打开“设置单元格格式”对话框，在“分类”列表中选择“数值”类型，在右侧设置小数位数为“2”，并勾选“使用千位分隔符”复选框，如图 3.90 所示。

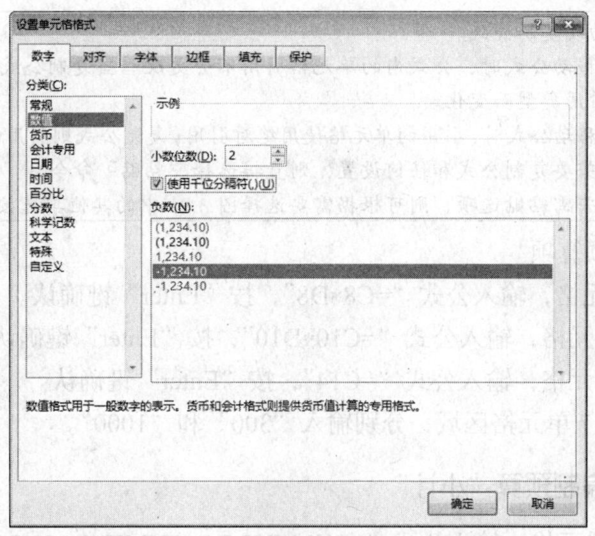

图 3.90 “设置单元格格式”对话框

步骤 3 编制预算项目

(1) 选中 F3 单元格，输入公式“=C3*D3*E3”，按“Enter”键确认。

(2) 选择性粘贴。

① 选中 F3 单元格，按“Ctrl”+“C”组合键复制。

② 按住“Ctrl”键，同时选中 F4:F6、F9 和 F12:F13 单元格区域，单击“开始”→“剪贴板”→“粘贴”下拉按钮，从下拉菜单中选择“选择性粘贴”命令，打开图 3.91 所示的“选择性粘贴”对话框，选择“公式”单选按钮。

③ 单击“确定”按钮。

此时，F4:F6、F9 和 F12:F13 单元格区域都复制了 F3 单元格相同的公式，如图 3.92 所示。

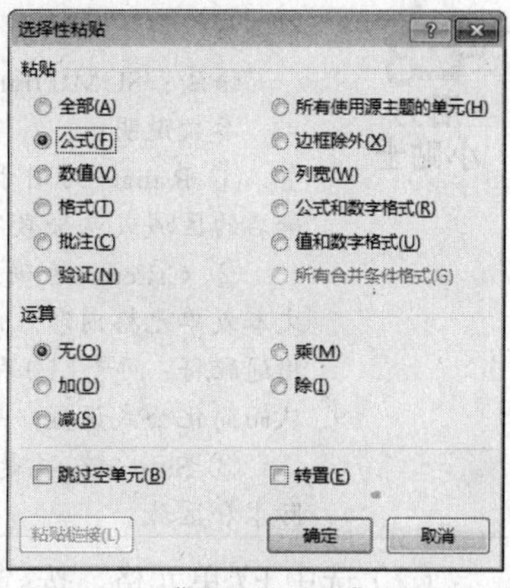

图 3.91 “选择性粘贴”对话框

	A	B	C	D	E	F	G
1		促销费用预算表					
2	类别	费用项目	成本或比例	数量／天	天数／次数	预算	
3	**促销费用**	免费派发公司样品的数量	3.65	100	7	2,555.00	
4		参与活动的消费者可以得到卡通扇一把	0.5	200	7	700.00	
5		购买产品获得公司小礼品	5	100	7	3,500.00	
6		商品降价金额	5%	3000	7	1,050.00	
7		**小计**					
8	**店内宣传标识**	巨幅海报	400	1			
9		小型宣传单张	0.15	1000	7	1,050.00	
10		DM	1200	1			
11		**小计**					
12	**促销执行费用**	聘用促销人员费用	80	2	7	1,120.00	
13		上缴卖场促销人员管理费	30	2	7	420.00	
14		其他可能发生的费用(赞助费/入场费等)	2000				
15		**小计**					
16	**其他费用**	交通费					
17		赠品运输与管理费用					
18		**小计**					
19	**总费用**						
20							

图 3.92 选择性粘贴“公式”的效果

活力小贴士

移动或复制公式。

① 移动公式时，公式内的单元格引用不会更改。当复制公式时，单元格引用将根据所用的引用类型而变化。

② 移动公式时，引用的单元格使用绝对引用；复制公式则引用的单元格使用相对引用。

③ 若要复制公式和任何设置，则直接选择“粘贴”命令。

④ 若需粘贴选项，则可根据需要选择图 3.91 中的其他单选按钮。

（3）编制其他预算项。

① 选中 F8 单元格，输入公式“=C8*D8”，按“Enter”键确认。

② 选中 F10 单元格，输入公式“=C10*D10”，按“Enter”键确认。

③ 选中 F14 单元格，输入公式“=C14”，按“Enter”键确认。

④ 选中 F16:F17 单元格区域，分别输入“300”和“1000”。

步骤 4 编制预算“小计”

（1）选中 F7 单元格，输入公式“=SUM(F$3:F6)-SUMIF($A$3:$A6,$A7,F$3:F6)*2”，按“Enter”键确认。

活力小贴士

SUMIF 函数是 Microsoft Excel 中根据指定条件对若干单元格、区域或引用求和的一个函数。

语法：SUMIF(range，criteria，sum_range)

参数说明：

① Range 为用于条件判断的单元格区域。每个区域中的单元格可以包含数字、数组、命名的区域或包含数字的引用。忽略空值和文本值。

② Criteria 为确定哪些单元格将被相加求和的条件，其形式可以为数字、表达式、文本或单元格内容。例如，条件可以表示为 32、"32"">32""apples"或 A1。条件还可以使用通配符：问号(?)和星号(*)，如需要求和的条件为第二个数字为 2 的，可表示为“?2*”，从而简化公式设置。

③ Sum_range 是需要求和的实际单元格。当省略 sum_range 时，则条件区域就是实际求和区域。

（2）选中 F7 单元格，按“Ctrl+C”组合键复制公式。

（3）按住“Ctrl”键，同时选中 F11、F15 和 F18 单元格,。

（4）按“Ctrl”+“V”组合键粘贴公式。

活力小贴士

① 公式“=SUM(F$3:F6)−SUMIF($A$3:$A6,$A7,F$3:F6)*2”表示指定 SUMIF 函数从 A3:A6 单元格区域中，查找是否等于 A7 单元格“小计”的记录，并对 F 列中同一行的相应单元格的值进行汇总，因为不等于“小计”，所以 SUMIF 函数值为 0。则 F7 单元格等于 F3:F6 单元格区域之和。

② 公式“=SUM(F$3:F10)−SUMIF($A$3:$A10,$A11,F$3:F10)*2”表示指定 SUMIF 函数从 A3:A10 单元格区域中，查找是否等于 A11 单元格“小计”的记录，并对 F 列中同一行的相应单元格的值进行汇总，因为 A7 单元格等于“小计”，所以 SUMIF 函数值计算 F3:F10 单元格区域中 F7 单元格之和。则 F11 单元格等于 F3:F10 单元格区域之和减去 2 倍的 F7 单元格的值，即 F8:F10 单元格区域之和。

③ 公式“=SUM(F$3:F14)−SUMIF($A$3:$A14,$A15,F$3:F14)*2”表示指定 SUMIF 函数从 A3:A14 单元格区域中，查找是否等于 A15 单元格“小计”的记录，并对 F 列中同一行的相应单元格的值进行汇总，因为 A7 和 A11 单元格等于“小计”，所以 SUMIF 函数值计算 F3:F14 单元格区域中 F7 和 F11 单元格之和。则 F15 单元格等于 F3:F14 单元格区域之

和减去2倍的F7和F11单元格之和的值，即F12:F14单元格区域之和。

④ 公式“=SUM(F$3:F17)-SUMIF($A$3:$A17,$A18,F$3:F17)*2”表示指定SUMIF函数从A3:A17单元格区域中，查找是否等于A18单元格“小计”的记录，并对F列中同一行的相应单元格的值进行汇总，因为A7、A11和A15单元格等于“小计”，所以SUMIF函数值计算F3:F17单元格区域中F7、F11和F15单元格之和。则F18单元格等于F3:F17单元格区域之和减去2倍的F7、F11和F15单元格之和的值，即F16:F17单元格区域之和。

步骤5 统计“总费用”

（1）选中F19单元格。

（2）输入公式“=SUM(F3:F18)/2”，按“Enter”键确认。

步骤6 美化“促销费用预算表”

（1）设置表格标题字体为“华文隶书”、字号为“22”，行高为42.。

（2）设置表格列标题字体为“华文中宋”、字号为“12”、加粗、白色字体，居中对齐，并填充“深蓝，文字2，淡色60%”的底纹。

（3）分别对各类别标题进行合并后居中设置。

（4）为各“小计”行和“总费用”行添加“水绿色，着色5，淡色80%”的底纹，并设置行高为19。

（5）为表格添加主题颜色为“蓝色，着色1”的内外边框线。

（6）调整各明细行的行高为16.5。

（7）取消“编辑栏”和“网格线”的显示。

步骤7 创建“促销任务安排表”

（1）在“商品促销管理”工作簿插入一张新工作表，并重命名为“促销任务安排”。

（2）输入表格标题。选中A1:D1单元格区域，设置“合并后居中”，输入表格标题“促销任务安排表”，设置字体为“黑体”、加粗、字号为“14”。

（3）输入表格内容。

① 在B2:D2和A3:A8单元格区域中输入表格字段标题和促销任务名称，并适当地调整表格列宽，如图3.93所示。

② 在B3:B8和D3:D8单元格区域中输入图3.94所示的表格内容。

	A	B	C	D
1	促销任务安排表			
2		计划开始日	天数	计划结束日
3	促销计划立案			
4	促销战略决定			
5	采购、与卖家谈判			
6	促销商品宣传设计与印制			
7	促销准备与实施			
8	成果评估			

图3.93 “促销任务安排表”框架

	A	B	C	D
1	促销任务安排表			
2		计划开始日	天数	计划结束日
3	促销计划立案	2017-4-11		2017-4-12
4	促销战略决定	2017-4-15		2017-4-19
5	采购、与卖家谈判	2017-4-20		2017-4-21
6	促销商品宣传设计与印制	2017-4-22		2017-4-28
7	促销准备与实施	2017-4-30		2017-5-9
8	成果评估	2017-5-10		2017-5-11

图3.94 “促销任务安排表”内容

（4）计算“天数”。

① 选中C3单元格，输入公式“=DATEDIF(B3,D3+1,"d")”，按“Enter”键确认。

② 选中C3单元格，拖曳右下角的填充柄至C8单元格，将公式复制到C4:C8单元格区域。

活力小贴士

DATEDIF 函数是 Excel 隐藏函数，在帮助和插入公式里面没有，但却用途广泛。返回两个日期之间的年\月\日间隔数。常使用 DATEDIF 函数计算两日期之间的天数、月数和年数。

语法：DATEDIF(start_date,end_date,unit)

参数说明：

① Start_date 为一个日期，它代表时间段内的第一个日期或起始日期。

② End_date 为一个日期，它代表时间段内的最后一个日期或结束日期。

③ Unit 为所需信息的返回类型。

注：结束日期必须大于起始日期。

假如 A1 单元格写的也是一个日期，那么下面的 3 个公式可以计算出 A1 单元格的日期和今天的时间差，分别是年数差，月数差，天数差。注意下面公式中的引号、逗号和括号都是在英文状态下输入的。

=DATEDIF(A1,TODAY(),"Y")计算年数差

=DATEDIF(A1,TODAY(),"M")计算月数差

=DATEDIF(A1,TODAY(),"D")计算天数差

"Y" 时间段中的整年数。

"M" 时间段中的整月数。

"D" 时间段中的天数。

（5）美化工作表。

① 设置表格 A2:D2 和 A3:A8 单元格区域中的字体加粗，并添加“白色，背景 1，深色 15%”的填充色。

② 设置表格 B3:D8 单元格区域的内容居中对齐。

③ 适当调整表格的行高和列宽。

④ 添加表格框线。

其效果如图 3.95 所示。

	A	B	C	D
1	促销任务安排表			
2		计划开始日	天数	计划结束日
3	促销计划立案	2017-4-11	2	2017-4-12
4	促销战略决定	2017-4-15	5	2017-4-19
5	采购、与卖家谈判	2017-4-20	2	2017-4-21
6	促销商品宣传设计与印制	2017-4-22	7	2017-4-28
7	促销准备与实施	2017-4-30	10	2017-5-9
8	成果评估	2017-5-10	2	2017-5-11

图 3.95 “促销任务安排表”效果

步骤 8 绘制“促销任务进程图”

（1）插入堆积条形图。

① 选中 A2:D8 单元格区域。

② 单击“插入”→“图表”→“插入条形图”按钮，在打开的下拉菜单中选择图 3.96 所示的“二维条形图”中的“堆积条形图”，在工作表中生成图 3.97 所示的堆积条形图。

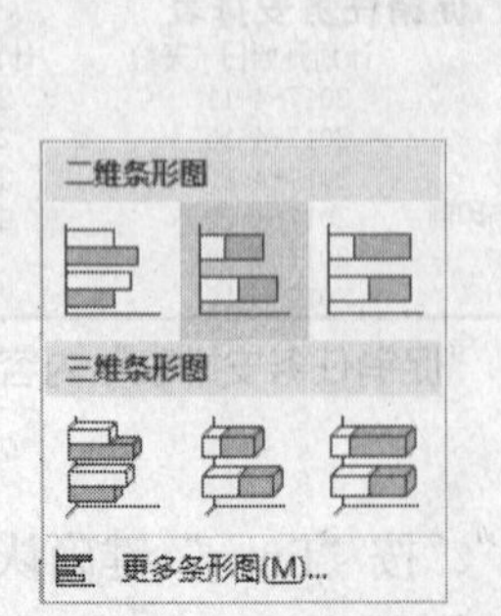

图 3.96 “条形图”下拉菜单

图 3.97 生成的堆积条形图

（2）调整图表位置。

① 单击选中图表。

② 按住鼠标左键不放，将堆积条形图拖曳至数据表下方。

（3）设置数据系列格式。

① 选中生成的图表。

② 单击“图表工具”→“格式”→“当前所选内容”→“图表元素”下拉按钮，从打开的下拉列表中选择“系列‘计划开始日’”选项，如图 3.98 所示。

促销任务安排表

	计划开始日	天数	计划结束日
促销计划立案	2017-4-11	2	2017-4-12
促销战略决定	2017-4-15	5	2017-4-19
采购、与卖家谈判	2017-4-20	2	2017-4-21
促销商品宣传设计与印制	2017-4-22	7	2017-4-28
促销准备与实施	2017-4-30	10	2017-5-9
成果评估	2017-5-10	2	2017-5-11

图 3.98 选择“系列‘计划开始日’”选项

③ 再单击“设置所选内容的格式”命令按钮，打开“设置数据系列格式”窗格。

④ 单击“填充线条（&L）”按钮◇，切换到“填充”选项，单击展开“填充”项，选择“无填充”单选按钮，如图 3.99 所示。

⑤ 单击“设置数据系列格式”窗格中的“系列选项”下拉按钮，从列表中选择系列“计划结束日”，在“填充”选项中单击“无填充”单选按钮。

（4）调整纵坐标轴格式。

① 单击“图表工具”→“格式”→“当前所选内容”→“图表元素”下拉按钮，从打开的下拉列表中选择“垂直（类别）轴”选项，再单击“设置所选内容的格式”命令按钮，打开“设置坐标轴格式”窗格。

② 单击“坐标轴选项”按钮▮▮▮，在“坐标轴选项”中选中“逆序类别”复选框，如图 3.100 所示。

（5）调整横坐标轴格式。

① 单击“图表工具”→“格式”→“当前所选内容”→“图表元素”下拉按钮，从打开的下拉列表中选择“水平（值）轴”选项，再单击“设置所选内容的格式”命令按钮，

打开“设置坐标轴格式”窗格。

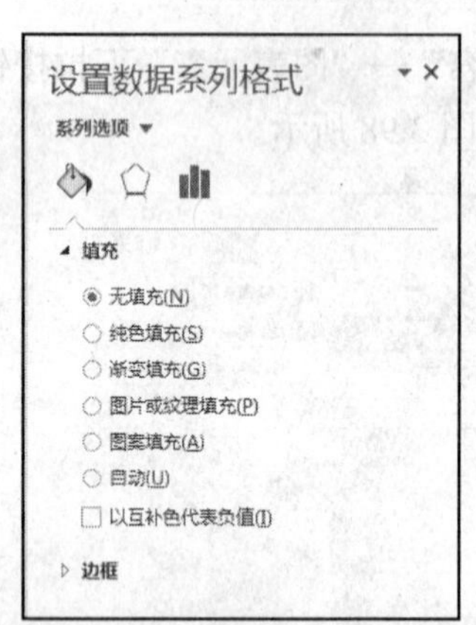

图 3.99 “设置数据系列格式”窗格

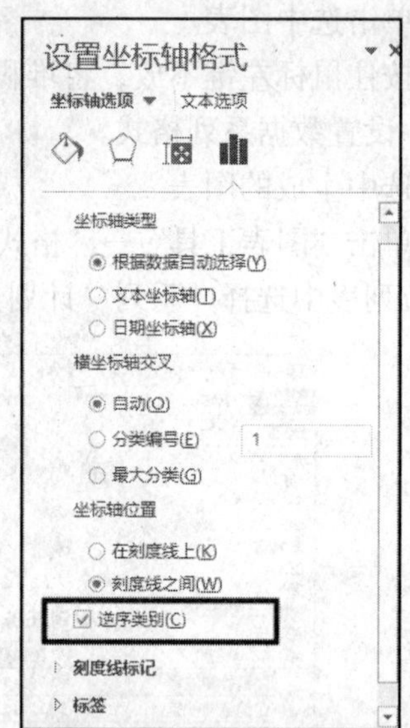

图 3.100 设置纵坐标轴格式

② 单击“坐标轴选项”按钮，在 “最小值”“最大值”和“主要单位”右侧的文本框中分别输入“42836.0”“42866.0”和“2.0”。在下方的“纵坐标轴交叉”栏中单击“最大坐标轴值”单选按钮，如图 3.101 所示。

活力小贴士

设置横坐标轴刻度。

在设置横坐标轴刻度时，这些值是一系列数字，代表取值水平轴上用到的日期。最小值 42836 表示日期 2017-4-11，最大值 42866 表示日期 2017-5-11。主要刻度单位 2 表示两天。要查看日期的序列号，请在单元格中输入日期 2017-4-11，然后应用“常规”数字格式设置该单元格的格式，即为 42836。

③ 单击“设置坐标轴格式”窗格上方的“文本选项”，再单击“文本框”按钮，在 “自定义角度”文本框中输入“-45° ”。

（6）放大图表。单击选中图表的绘图区，将鼠标指针移到绘图区的四个顶点的任意一个之上，向外拖曳即可放大。

（7）删除图例中的“计划开始日”和“计划结束日”两个系列。

① 选中图例，单击“计划开始日”系列，按“Delete”键删除选中的系列。

② 同样的方式，删除图例中的“计划结束日”系列。

（8）编辑图表标题。

① 选中图表标题，拖动鼠标选中“图表标题”文本，将图表标题修改为“促销任务进程图”。

② 设置图表标题字体为“微软雅黑”、加粗、字号为“18”。

（9）设置绘图区格式。

① 单击“图表工具”→“格式”→“当前所选内容”→“图表元素”下拉按钮，从打开的下拉列表中选择“绘图区”选项，再单击“设置所选内容的格式”命令按钮，打开“设置绘图区格式”窗格。

② 在“填充”选项卡中，单击“纯色填充”单选按钮，此时在下方开展了“颜色”和“透明度”两个选项。

③ 单击“颜色”按钮，右侧的下拉按钮，在打开的颜色面板中选择“白色,背景 1，深色 15%”，如图 3.102 所示。

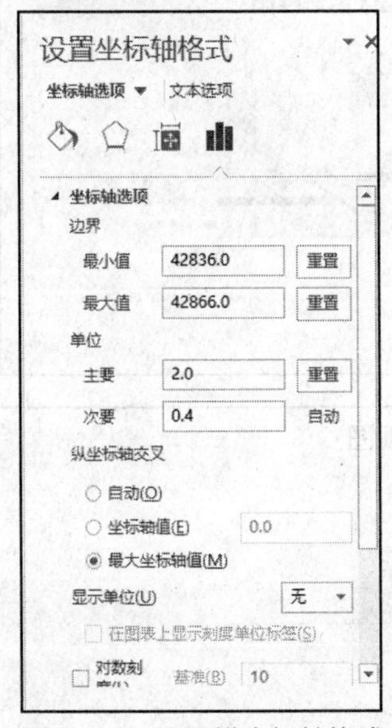

图 3.101 设置横坐标轴格式

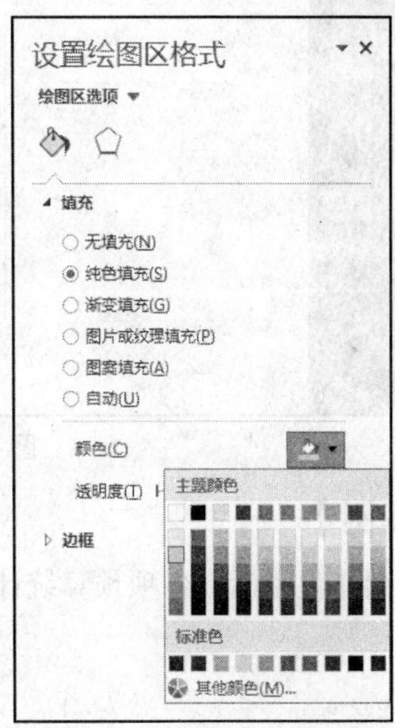

图 3.102 设置绘图区填充色

④ 单击展开下面的“边框”选项，选择“实线”单选按钮。

（10）设置数据系列格式。

① 用鼠标右键单击图例中的“天数”，从弹出的快捷菜单中选择“设置数据系列格式”命令，打开“设置数据系列格式”窗格。

② 在“填充”选项中单击“纯色填充”单选按钮。

③ 单击“颜色”按钮右侧的下拉按钮，在打开的颜色面板中选择标准色中的“深红”。

（11）设置“水平（值）轴 主要网格线”格式。

① 单击“图表工具”→“格式”→“当前所选内容”→“图表元素”下拉按钮，从打开的下拉列表中选择“水平（值）轴主要网格线”选项，再单击“设置所选内容的格式”命令按钮，打开“设置主要网格线格式”窗格。

② 在“填充线条”选项中单击“实线”单选按钮。

③ 单击“颜色”按钮右侧的下拉按钮，在打开的颜色面板中选择标准色中的“蓝-灰，文字 2”。

（12）美化工作表。取消“编辑栏”和“网格线”的显示。

（13）打印预览图表。

① 单击选中图表。

② 选择“文件”→“打印”命令，出现图 3.103 所示的打印预览视图。

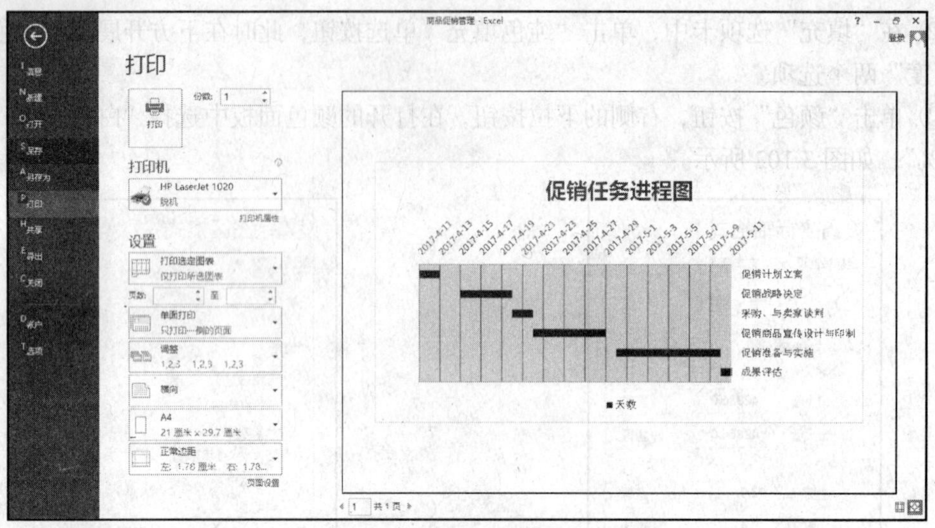

图 3.103　图表打印预览视图

【拓展案例】

1．制作促销活动各项预算统计图，如图 3.104 所示。

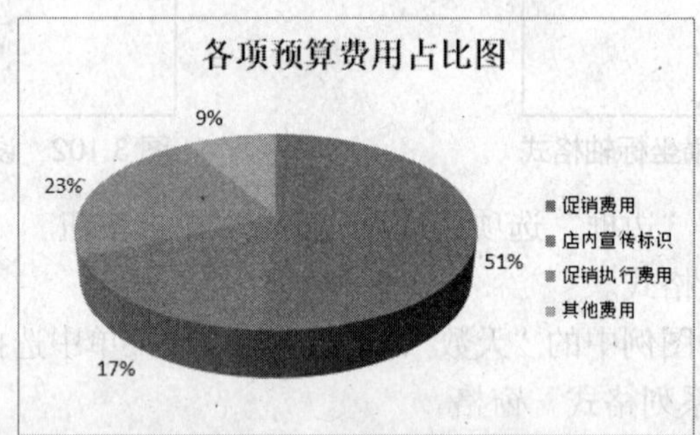

图 3.104　促销活动各项预算统计图

2．制作产品报价清单，效果如图 3.105 所示。

产品报价清单

序号	品牌	产品名称	单价	数量	金额	备注
17-001	联想	ThinkPad SL400 2743NCC 笔记本电脑	￥4,299	5	￥21,495	配置清单见附件
17-002	三星	Samsung R453-DS0E 笔记本电脑	￥3,788	3	￥11,364	
17-003	华硕	ASUS F6K42VE-SL 笔记本电脑	￥4,769	10	￥47,690	
17-004	东芝	Toshiba Satellite L332 笔记本电脑	￥3,999	2	￥7,998	
17-005	联想	ThinkPad X200S 7462-A14 笔记本电脑	￥6,288	7	￥44,016	
17-006	宏基	Acer AS4535G-652G32Mn 笔记本	￥4,099	2	￥8,198	
17-007	惠普	HP 4416s VH422PA#AB2	￥4,199	6	￥25,194	
17-008	清华同方	TongFang 锋锐K40笔记本	￥2,599	2	￥5,198	
17-009	苹果	Apple MacbookAir MB940CH/A 笔记本	￥19,999	1	￥19,999	
17-010	海尔	Haier A600-T3400G10160BGLJ 笔记本	￥2,799	1	￥2,799	
17-011	三星	Samsung N310-KA05 笔记本电脑	￥3,699	3	￥11,097	
17-012	微星	MSI Wind U100X-615CN 笔记本	￥2,299	5	￥11,495	
合计金额		￥216,543	大写金额：	贰拾壹万陆仟伍佰肆拾叁 元		

图 3.105　“产品报价清单”效果图

【拓展训练】

产品是企业的核心，是了解企业的窗口，而客户除了了解企业信息之外，对企业的产品和价格也很感兴趣。这里制作的产品目录及价格表，就是希望通过产品目录及价格使客户能清楚地了解到企业信息，从而赢得商机，为企业带来经济效益。“产品目录及价格表”的效果图如图 3.106 所示。

	A	B	C	D	E	F	G	H	I
1	产品目录及价格表								
2	公司名称:						零售价加价率:	20%	
3	公司地址:						批发价加价率:	10%	
4	序号	产品编号	产品类型	产品型号	单位	出厂价	建议零售价	批发价	备注
5	000001	C10001001	CPU	Celeron E1200 1.6GHz(盒)	颗	¥275.00	¥330.00	¥302.50	
6	000002	C10001002	CPU	Pentium E2210 2.2GHz(盒)	颗	¥390.00	¥468.00	¥429.00	
7	000003	C10001003	CPU	Pentium E5200 2.5GHz(盒)	颗	¥480.00	¥576.00	¥528.00	
8	000004	R10001002	内存条	宇瞻 经典2GB	根	¥175.00	¥210.00	¥192.50	
9	000005	R20001001	内存条	威刚 万紫千红2GB	根	¥180.00	¥216.00	¥198.00	
10	000006	R30001001	内存条	金士顿 1GB	根	¥100.00	¥120.00	¥110.00	
11	000007	D10001001	硬盘	希捷酷鱼7200.12 320GB	块	¥340.00	¥408.00	¥374.00	
12	000008	D20001001	硬盘	西部数据320GB(蓝版)	块	¥305.00	¥366.00	¥335.50	
13	000009	D30001001	硬盘	日立 320GB	块	¥305.00	¥366.00	¥335.50	
14	000010	V10001001	显卡	昂达 魔剑P45+	块	¥699.00	¥838.80	¥768.90	
15	000011	V20001002	显卡	华硕 P5QL	块	¥569.00	¥682.80	¥625.90	
16	000012	V30001001	显卡	微星 X58M	块	¥1,399.00	¥1,678.80	¥1,538.90	
17	000013	M10001004	主板	华硕 9800GT冰刃版	块	¥799.00	¥958.80	¥878.90	
18	000014	M10001005	主板	微星 N250GTS-2D暴雪	块	¥798.00	¥957.60	¥877.80	
19	000015	M10001006	主板	盈通 GTX260+游戏高手	块	¥1,199.00	¥1,438.80	¥1,318.90	
20	000016	LCD001001	显示器	三星 943NW+	台	¥899.00	¥1,078.80	¥988.90	
21	000017	LCD002002	显示器	优派 VX1940w	台	¥990.00	¥1,188.00	¥1,089.00	
22	000018	LCD003003	显示器	明基 G900HD	台	¥760.00	¥912.00	¥836.00	

图 3.106 “产品目录及价格表”效果图

其操作步骤如下。

（1）创建、保存工作簿。

① 启动 Excel 2013，新建一份工作簿，将工作簿以“产品目录及价格表”为名保存在“E:\公司文档\市场部”文件夹中。

② 将 Sheet1 工作表重命名为“价格表”。

③ 在“价格表”工作表中录入图 3.107 所示的数据。

	A	B	C	D	E	F	G	H	I
1	产品目录及价格表								
2	公司名称:						零售价加价率:	20%	
3	公司地址:						批发价加价率:	10%	
4	序号	产品编号	产品类型	产品型号	单位	出厂价	建议零售价	批发价	备注
5	1	C10001001	CPU	Celeron E1200 1.6GHz(盒)	颗	275			
6	2	C10001002	CPU	Pentium E2210 2.2GHz(盒)	颗	390			
7	3	C10001003	CPU	Pentium E5200 2.5GHz(盒)	颗	480			
8	4	R10001002	内存条	宇瞻 经典2GB	根	175			
9	5	R20001001	内存条	威刚 万紫千红2GB	根	180			
10	6	R30001001	内存条	金士顿 1GB	根	100			
11	7	D10001001	硬盘	希捷酷鱼7200.12 320GB	块	340			
12	8	D20001001	硬盘	西部数据320GB(蓝版)	块	305			
13	9	D30001001	硬盘	日立 320GB	块	305			
14	10	V10001001	显卡	昂达 魔剑P45+	块	699			
15	11	V20001002	显卡	华硕 P5QL	块	569			
16	12	V30001001	显卡	微星 X58M	块	1399			
17	13	M10001004	主板	华硕 9800GT冰刃版	块	799			
18	14	M10001005	主板	微星 N250GTS-2D暴雪	块	798			
19	15	M10001006	主板	盈通 GTX260+游戏高手	块	1199			
20	16	LCD001001	显示器	三星 943NW+	台	899			
21	17	LCD002002	显示器	优派 VX1940w	台	990			
22	18	LCD003003	显示器	明基 G900HD	台	760			

图 3.107 “产品目录及价格表”数据

（2）计算“建议零售价”和“批发价”。

这里，设定“建议零售价 = 出厂价*（1+零售价加价率）”“批发价 = 出厂价*（1+批发价加价率）"。

① 选中 G5 单元格，输入公式"＝F5*（1+$H$2）"，按"Enter"键，可计算出相应的"建议零售价"；

② 选中 H5 单元格，输入公式"＝F5*（1+$H$3）"，按"Enter"键，可计算出相应的"批发价"。

③ 选中 G5 单元格，拖动其填充句柄至 G22 单元格，可计算出所有的"建议零售价"数据。

④ 类似地，拖动 H5 的填充句柄至 H22 单元格，可计算出所有的"批发价"数据。生成的结果如图 3.108 所示。

	A	B	C	D	E	F	G	H	I
1	产品目录及价格表								
2	公司名称:						零售价加价率:	20%	
3	公司地址:						批发价加价率:	10%	
4	序号	产品编号	产品类型	产品型号	单位	出厂价	建议零售价	批发价	备注
5	1	C10001001	CPU	Celeron E1200 1.6GHz（盒）	颗	275	330	302.5	
6	2	C10001002	CPU	Pentium E2210 2.2GHz（盒）	颗	390	468	429	
7	3	C10001003	CPU	Pentium E5200 2.5GHz（盒）	颗	480	576	528	
8	4	R10001002	内存条	宇瞻 经典2GB	根	175	210	192.5	
9	5	R20001001	内存条	威刚 万紫千红2GB	根	180	216	198	
10	6	R30001001	内存条	金士顿 1GB	根	100	120	110	
11	7	D10001001	硬盘	希捷酷鱼7200.12 320GB	块	340	408	374	
12	8	D20001001	硬盘	西部数据320GB(蓝版)	块	305	366	335.5	
13	9	D30001001	硬盘	日立 320GB	块	305	366	335.5	
14	10	V10001001	显卡	昂达 魔剑P45+	块	699	838.8	768.9	
15	11	V20001002	显卡	华硕 P5QL	块	569	682.8	625.9	
16	12	V30001001	显卡	微星 X58M	块	1399	1678.8	1538.9	
17	13	M10001004	主板	华硕 9800GT冰刃版	块	799	958.8	878.9	
18	14	M10001005	主板	微星 N250GTS-2D暴雪	块	798	957.6	877.8	
19	15	M10001006	主板	盈通 GTX260+游戏高手	块	1199	1438.8	1318.9	
20	16	LCD001001	显示器	三星 943NW+	台	899	1078.8	988.9	
21	17	LCD002002	显示器	优派 VX1940w	台	990	1188	1089	
22	18	LCD003003	显示器	明基 G900HD	台	760	912	836	

图 3.108 计算"建议零售价"和"批发价"后的结果

活力小贴士

① 绝对引用的概念。

有时候，在公式中需要引用的单元格，无论在哪个结果单元格中，它都固定使用某单元格的数据，不能随着公式的位置变化而变化，这种引用单元格的方式叫作绝对引用。

② 绝对引用的书写方法。

引用单元格时有同时固定列号和行号、只固定列号、只固定行号这 3 种方法。直接输入单元格名称时，在要固定的列号或行号前面直接输入"$"符号。或者在编辑栏中，将光标置于需要设置为绝对引用的单元格名称处，按功能键"F4"，可分别在列号和行号、行号、列号前添加绝对引用符号"$"。

（3）设置数据格式。

① 设置"序号"数据格式。

a. 选中序号所在列数据区域 A5:A22。

b. 单击"开始"→"单元格"→"格式"按钮，从下拉菜单中选择"设置单元格格式"命令，打开"设置单元格格式"对话框。

c. 在"数字"选项卡左侧的"分类"列表中选择"自定义"，在右侧"类型"下方的文本框中输入"000000"，如图 3.109 所示，然后单击"确定"按钮，将选定的数据区域格式设置为 6 位数字编码的序号。

② 设置货币格式。

a. 选中"出厂价""建议零售价"和"批发价"对应三列数据区域。

b. 单击“开始”→“数字”→“数字格式”下拉按钮选项，打开图 3.110 所示的“数字格式”下拉列表，选择“货币”样式，则完成选定单元格的货币样式的设置，其效果如图 3.111 所示。

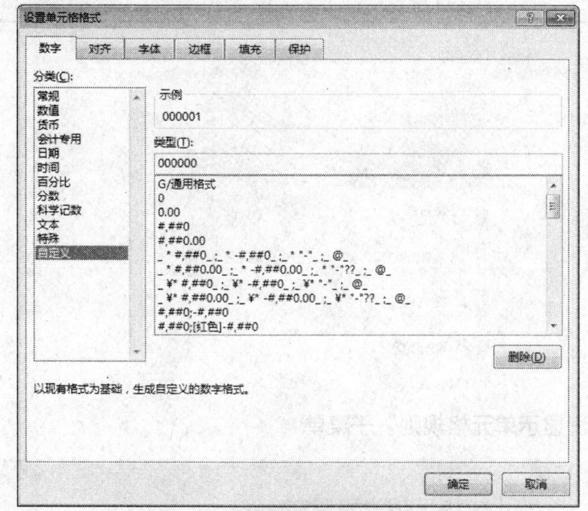

图 3.109 “设置单元格格式”对话框

图 3.110 “数字格式”下拉列表

	A	B	C	D	E	F	G	H	I
1	产品目录及价格表								
2	公司名称:						零售价加价率:	20%	
3	公司地址:						批发价加价率:	10%	
4	序号	产品编号	产品类型	产品型号	单位	出厂价	建议零售价	批发价	备注
5	000001	C10001001	CPU	Celeron E1200 1.6GHz（盒）	颗	¥275.00	¥330.00	¥302.50	
6	000002	C10001002	CPU	Pentium E2210 2.2GHz（盒）	颗	¥390.00	¥468.00	¥429.00	
7	000003	C10001003	CPU	Pentium E5200 2.5GHz（盒）	颗	¥480.00	¥576.00	¥528.00	
8	000004	R10001002	内存条	宇瞻 经典2GB	根	¥175.00	¥210.00	¥192.50	
9	000005	R20001001	内存条	威刚 万紫千红2GB	根	¥180.00	¥216.00	¥198.00	
10	000006	R30001001	内存条	金士顿 1GB	根	¥100.00	¥120.00	¥110.00	
11	000007	D10001001	硬盘	希捷酷鱼7200.12 320GB	块	¥340.00	¥408.00	¥374.00	
12	000008	D20001001	硬盘	西部数据320GB(蓝版)	块	¥305.00	¥366.00	¥335.50	
13	000009	D30001001	硬盘	日立 320GB	块	¥305.00	¥366.00	¥335.50	
14	000010	V10001001	显卡	昂达 魔剑P45+	块	¥699.00	¥838.80	¥768.90	
15	000011	V20001002	显卡	华硕 P5QL	块	¥569.00	¥682.80	¥625.90	
16	000012	V30001001	显卡	微星 X58M	块	¥1,399.00	¥1,678.80	¥1,538.90	
17	000013	M10001004	主板	华硕 9800GT冰刃版	块	¥799.00	¥958.80	¥878.90	
18	000014	M10001005	主板	微星 N250GTS-2D暴雪	块	¥798.00	¥957.60	¥877.80	
19	000015	M10001006	主板	盈通 GTX260+游戏高手	块	¥1,199.00	¥1,438.80	¥1,318.90	
20	000016	LCD001001	显示器	三星 943NW+	台	¥899.00	¥1,078.80	¥988.90	
21	000017	LCD002002	显示器	优派 VX1940w	台	¥990.00	¥1,188.00	¥1,089.00	
22	000018	LCD003003	显示器	明基 G900HD	台	¥760.00	¥912.00	¥836.00	

图 3.111 设置数据格式的效果图

活力小贴士

当设置货币样式之后，随着货币符号和小数位数的增加，部分单元格将出现“###”符号，则只需适当地调整列宽即可。

（4）使用条件格式分析数据。

① 突出显示批发价在 500～1000 元的产品，即采用红色、加粗、倾斜的格式显示。

a. 选定要设置条件格式的单元格区域 H5:H22。

b. 单击“开始”→“样式”→“条件格式”按钮，打开“条件格式”下拉菜单。

c. 从菜单中选择图 3.112 所示的“突出显示单元格规则”→“介于”选项，弹出图 3.113 所示的“介于”对话框。

活力小贴士

在设置条件格式时，可以选择预定义的条件规则，也可以自己新建规则，最终的效果是符合条件的单元格按照设置的格式来显示。

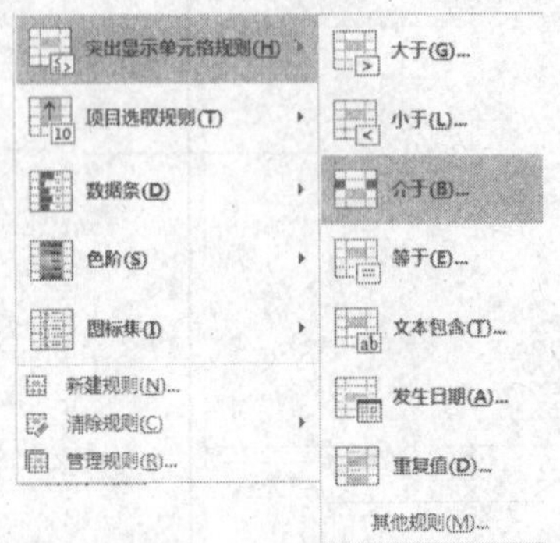

图 3.112 “突出显示单元格规则”子菜单

图 3.113 “介于”对话框

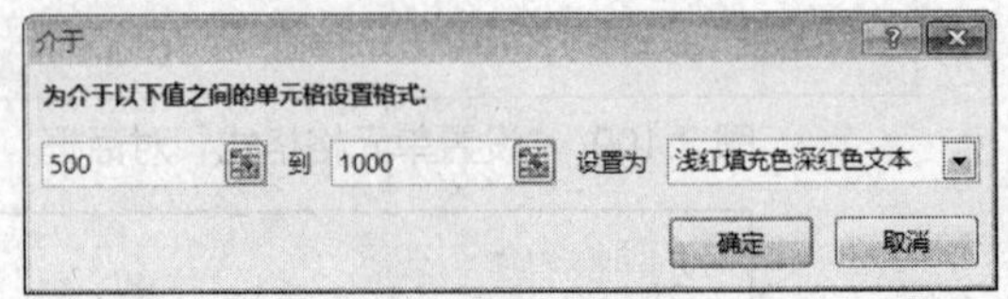

图 3.114 设置条件

d. 在“介于”对话框中分别输入数值“500”和“1000”作为条件，如图 3.114 所示，然后单击“设置为”右侧的下拉按钮，从下拉列表中选择“自定义格式”选项，打开“设置单元格格式”对话框。

e. 在“设置单元格格式”对话框的“字体”选项卡中，选择字形为“加粗 倾斜”，颜色为“红色”，如图 3.115 所示。单击“确定”按钮完成格式的设置，返回“介于”对话框，再次单击“确定”按钮完成条件格式的设置，得到图 3.116 的结果。

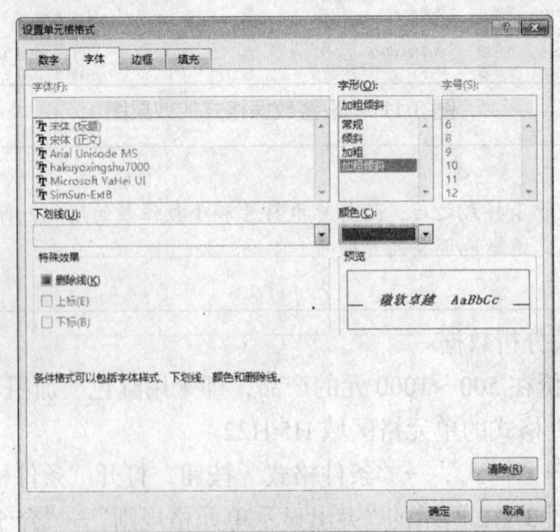

图 3.115 设置字体格式

	A	B	C	D	E	F	G	H	I
1	产品目录及价格表								
2	公司名称:						零售价加价率:	20%	
3	公司地址:						批发价加价率:	10%	
4	序号	产品编号	产品类型	产品型号	单位	出厂价	建议零售价	批发价	备注
5	000001	C10001001	CPU	Celeron E1200 1.6GHz（盒）	颗	¥275.00	¥330.00	¥302.50	
6	000002	C10001002	CPU	Pentium E2210 2.2GHz（盒）	颗	¥390.00	¥468.00	¥429.00	
7	000003	C10001003	CPU	Pentium E5200 2.5GHz（盒）	颗	¥480.00	¥576.00	***¥528.00***	
8	000004	R10001002	内存条	宇瞻 经典2GB	根	¥175.00	¥210.00	¥192.50	
9	000005	R20001001	内存条	威刚 万紫千红2GB	根	¥180.00	¥216.00	¥198.00	
10	000006	R30001001	内存条	金士顿 1GB	根	¥100.00	¥120.00	¥110.00	
11	000007	D10001001	硬盘	希捷酷鱼7200.12 320GB	块	¥340.00	¥408.00	¥374.00	
12	000008	D20001001	硬盘	西部数据320GB(蓝版)	块	¥305.00	¥366.00	¥335.50	
13	000009	D30001001	硬盘	日立 320GB	块	¥305.00	¥366.00	¥335.50	
14	000010	V10001001	显卡	昂达 魔剑P45+	块	¥699.00	¥838.80	***¥768.90***	
15	000011	V20001002	显卡	华硕 P5QL	块	¥569.00	¥682.80	***¥625.90***	
16	000012	V30001001	显卡	微星 X58M	块	¥1,399.00	¥1,678.80	¥1,538.90	
17	000013	M10001004	主板	华硕 9800GT冰刃版	块	¥799.00	¥958.80	***¥878.90***	
18	000014	M10001005	主板	微星 N250GTS-2D暴雪	块	¥798.00	¥957.60	***¥877.80***	
19	000015	M10001006	主板	盈通 GTX260+游戏高手	块	¥1,199.00	¥1,438.80	¥1,318.90	
20	000016	LCD001001	显示器	三星 943NW+	台	¥899.00	¥1,078.80	***¥988.90***	
21	000017	LCD002002	显示器	优派 VX1940w	台	¥990.00	¥1,188.00	¥1,089.00	
22	000018	LCD003003	显示器	明基 G900HD	台	¥760.00	¥912.00	***¥836.00***	

图 3.116　设置“批发价”条件格式后的效果图

② 突出显示出厂价相同的产品，即采用浅绿色填充。

a. 选定要设置条件格式的单元格区域 F5:F22。

b. 单击“开始”→“样式”→“条件格式”按钮，打开“条件格式”下拉菜单。

c. 从菜单中选择“突出显示单元格规则”→“重复值”选项，弹出图 3.117 所示的“重复值”对话框。

d. 单击“设置为”右侧的下拉按钮，从下拉列表中选择“自定义格式”选项，打开“设置单元格格式”对话框。

e. 在“设置单元格格式”对话框的“填充”选项卡中，设置背景色为“浅绿”，如图 3.118 所示。单击“确定”按钮完成格式的设置，返回“重复值”对话框，再次单击“确定”按钮完成条件格式的设置，得到图 3.119 的结果。

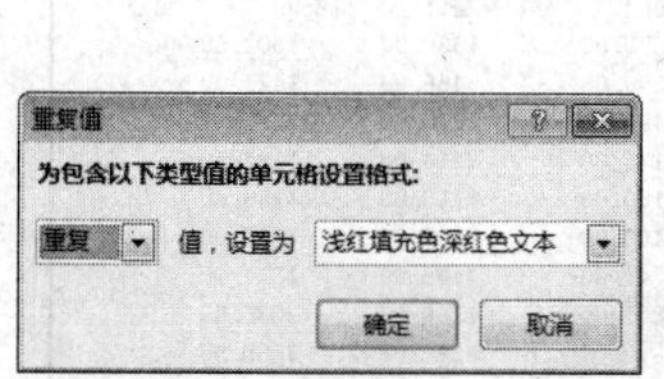

图 3.117　“重复值”对话框

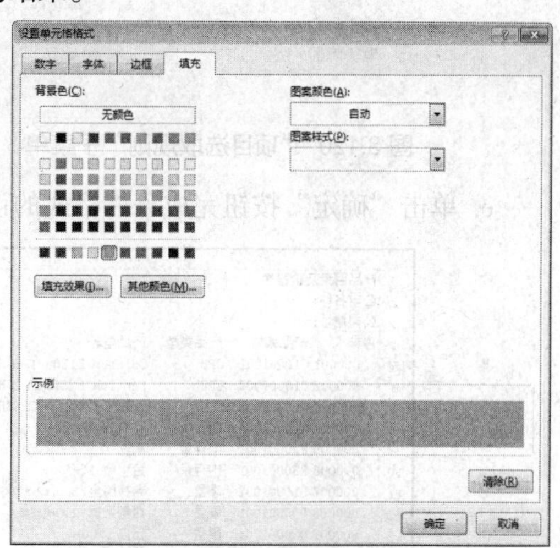

图 3.118　设置填充格式

③ 突出显示建议零售价最高的 5 种产品，即采用浅红色填充。

a. 选定要设置条件格式的单元格区域 G5:G22。

b. 单击“开始”→“样式”→“条件格式”按钮，打开 “条件格式”下拉菜单。

c. 从菜单中选择图 3.120 所示的“项目选取规则”→“前 10 项”选项，弹出图 3.121

所示的“前 10 项”对话框。

	A	E	C	D	E	F	G	H	I
1	产品目录及价格表								
2	公司名称:						零售价加价率:	20%	
3	公司地址:						批发价加价率:	10%	
4	序号	产品编号	产品类型	产品型号	单位	出厂价	建议零售价	批发价	备注
5	000001	C10001001	CPU	Celeron E1200 1.6GHz（盒）	颗	¥275.00	¥330.00	¥302.50	
6	000002	C10001002	CPU	Pentium E2210 2.2GHz（盒）	颗	¥390.00	¥468.00	¥429.00	
7	000003	C10001003	CPU	Pentium E5200 2.5GHz（盒）	颗	¥480.00	¥576.00	¥528.00	
8	000004	R10001002	内存条	宇瞻 经典2GB	根	¥175.00	¥210.00	¥192.50	
9	000005	R20001001	内存条	威刚 万紫千红2GB	根	¥180.00	¥216.00	¥198.00	
10	000006	R30001001	内存条	金士顿 1GB	根	¥100.00	¥120.00	¥110.00	
11	000007	D10001001	硬盘	希捷酷鱼7200.12 320GB	块	¥340.00	¥408.00	¥374.00	
12	000008	D20001001	硬盘	西部数据320GB(蓝版)	块	¥305.00	¥366.00	¥335.50	
13	000009	D30001001	硬盘	日立 320GB	块	¥305.00	¥366.00	¥335.50	
14	000010	V10001001	显卡	昂达 魔剑P45+	块	¥699.00	¥838.80	¥768.90	
15	000011	V20001002	显卡	华硕 P5QL	块	¥569.00	¥682.80	¥625.90	
16	000012	V30001001	显卡	微星 X58M	块	¥1,399.00	¥1,678.80	¥1,538.90	
17	000013	M10001004	主板	华硕 9800GT冰刃版	块	¥799.00	¥958.80	¥878.90	
18	000014	M10001005	主板	微星 N250GTS-2D暴雪	块	¥798.00	¥957.60	¥877.80	
19	000015	M10001006	主板	盈通 GTX260+游戏高手	块	¥1,199.00	¥1,438.80	¥1,318.90	
20	000016	LCD001001	显示器	三星 943NW+	台	¥899.00	¥1,078.80	¥988.90	
21	000017	LCD002002	显示器	优派 VX1940w	台	¥990.00	¥1,188.00	¥1,089.00	
22	000018	LCD003003	显示器	明基 G900HD	台	¥760.00	¥912.00	¥836.00	

图 3.119　设置“出厂价”条件格式后的效果图

d. 在“项数”文本框中设置值为 5，单击“设置为”右侧的下拉按钮，从下拉列表中选择“浅红色填充”选项，如图 3.122 所示。

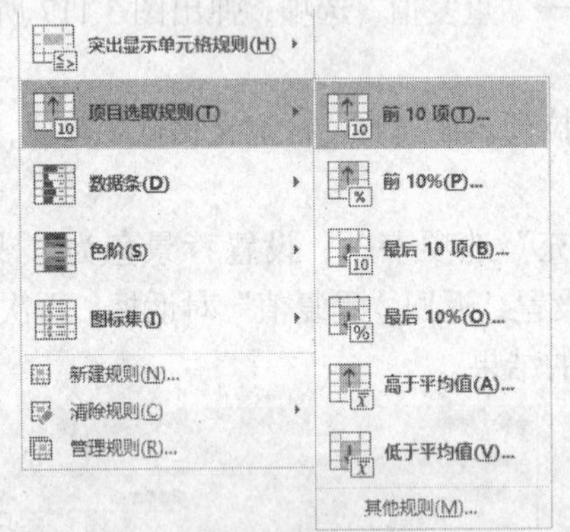

图 3.120　“项目选取规则”子菜单

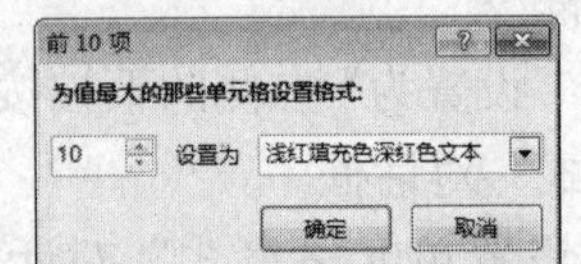

图 3.121　“前 10 项”对话框

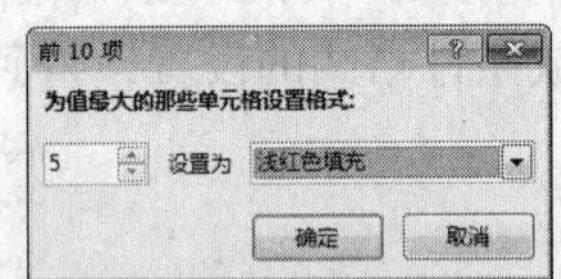

图 3.122　设置条件格式

e. 单击“确定”按钮完成条件格式的设置，得到图 3.123 所示的结果。

	A	E	C	D	E	F	G	H	I
1	产品目录及价格表								
2	公司名称:						零售价加价率:	20%	
3	公司地址:						批发价加价率:	10%	
4	序号	产品编号	产品类型	产品型号	单位	出厂价	建议零售价	批发价	备注
5	000001	C10001001	CPU	Celeron E1200 1.6GHz（盒）	颗	¥275.00	¥330.00	¥302.50	
6	000002	C10001002	CPU	Pentium E2210 2.2GHz（盒）	颗	¥390.00	¥468.00	¥429.00	
7	000003	C10001003	CPU	Pentium E5200 2.5GHz（盒）	颗	¥480.00	¥576.00	¥528.00	
8	000004	R10001002	内存条	宇瞻 经典2GB	根	¥175.00	¥210.00	¥192.50	
9	000005	R20001001	内存条	威刚 万紫千红2GB	根	¥180.00	¥216.00	¥198.00	
10	000006	R30001001	内存条	金士顿 1GB	根	¥100.00	¥120.00	¥110.00	
11	000007	D10001001	硬盘	希捷酷鱼7200.12 320GB	块	¥340.00	¥408.00	¥374.00	
12	000008	D20001001	硬盘	西部数据320GB(蓝版)	块	¥305.00	¥366.00	¥335.50	
13	000009	D30001001	硬盘	日立 320GB	块	¥305.00	¥366.00	¥335.50	
14	000010	V10001001	显卡	昂达 魔剑P45+	块	¥699.00	¥838.80	¥768.90	
15	000011	V20001002	显卡	华硕 P5QL	块	¥569.00	¥682.80	¥625.90	
16	000012	V30001001	显卡	微星 X58M	块	¥1,399.00	¥1,678.80	¥1,538.90	
17	000013	M10001004	主板	华硕 9800GT冰刃版	块	¥799.00	¥958.80	¥878.90	
18	000014	M10001005	主板	微星 N250GTS-2D暴雪	块	¥798.00	¥957.60	¥877.80	
19	000015	M10001006	主板	盈通 GTX260+游戏高手	块	¥1,199.00	¥1,438.80	¥1,318.90	
20	000016	LCD001001	显示器	三星 943NW+	台	¥899.00	¥1,078.80	¥988.90	
21	000017	LCD002002	显示器	优派 VX1940w	台	¥990.00	¥1,188.00	¥1,089.00	
22	000018	LCD003003	显示器	明基 G900HD	台	¥760.00	¥912.00	¥836.00	

图 3.123　设置“建议零售价”条件格式后的效果图

（5）设置工作表格式

① 设置表格标题格式。

a. 选中 A1:I1 单元格区域，将表格标题“产品目录及价格表”设置为“合并后居中”。

b. 选中标题单元格，单击“开始”→“样式”→“单元格样式”选项，打开图 3.124 所示的“单元格样式”下拉菜单。

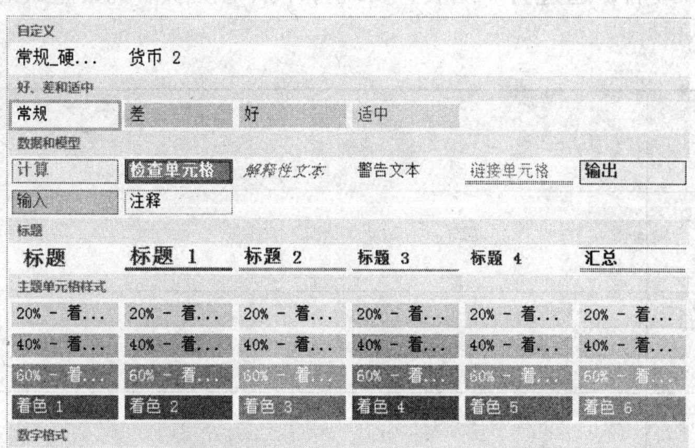

图 3.124 “单元格样式”下拉菜单

c. 单击“标题”栏中的“标题”样式，将其样式应用于选定的标题单元格。

活力
小贴士

如果预定的样式需要修改，可右击该样式，从快捷菜单中选择图 3.125 所示的“修改”选项，弹出图 3.126 所示的“样式”对话框，在对话框中可对样式的数字、对齐方式、字体、边框、填充等进行修改。

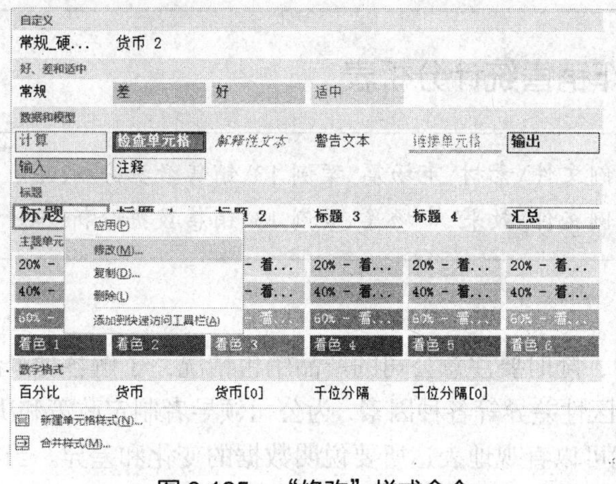

图 3.125 “修改”样式命令

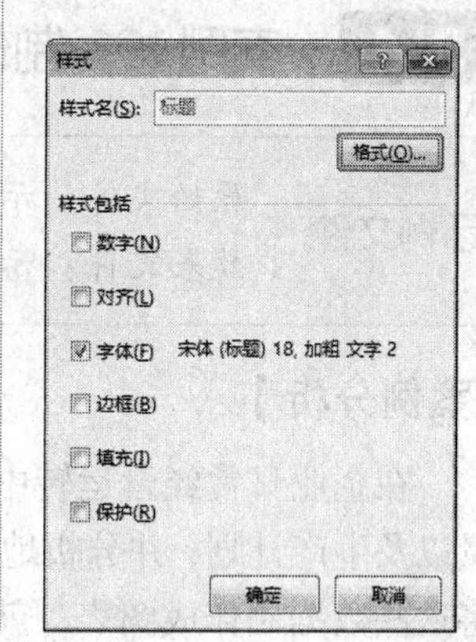

图 3.126 “样式”对话框

---

② 设置表格边框，为 A4:I22 单元格区域设置外粗内细的边框线。

③ 设置数据的对齐方式。

a. 将表格的列标题的格式设置为加粗、居中。

b. 将表格中“序号”“产品编号”和“单位”列的数据设置为“水平居中”对齐。

④ 将表格中标题行行高设置为 28，其他行高设置为 16。

【案例小结】

本案例通过制作“商品促销管理”，主要通过创建“促销费用预算表”和“促销任务安排表”，介绍了工作簿和工作表的管理、设置数据格式、选择性粘贴；应用函数 SUM、SUMIF 和 DATEDIF 实现数据的统计和处理；通过创建、编辑和美化图表，使数据表中的数据更直观地呈现出来。最后，通过打印图表，实现打印预览视图下观察生成的图表。

学习总结

本案例所用软件	
案例中包含的知识和技能	
你已熟知或掌握的知识和技能	
你认为还有哪些知识或技能需要进行强化	
案例中可使用的 Office 技巧	
学习本案例之后的体会	

3.4 案例 13　制作销售统计分析表

示例文件	原始文件：示例文件\素材\市场篇\案例 13\销售数据分析.xlsx 效果文件：示例文件\效果\市场篇\案例 13\销售数据分析.xlsx

【案例分析】

在企业日常经营运转中，随时要注意公司的产品销售情况，了解各种产品的市场需求量以及生产计划，并分析地区性差异等各种因素，为公司领导者制定政策和决策提供依据。将这些数据制作成图表，就可以直观地表达所要说明数据的变化和差异。当数据以图形方式显示在图表中时，图表与相应的数据相链接，当更新工作表数据时，图表也会随之更新。案例效果如图 3.127 和图 3.128 所示。

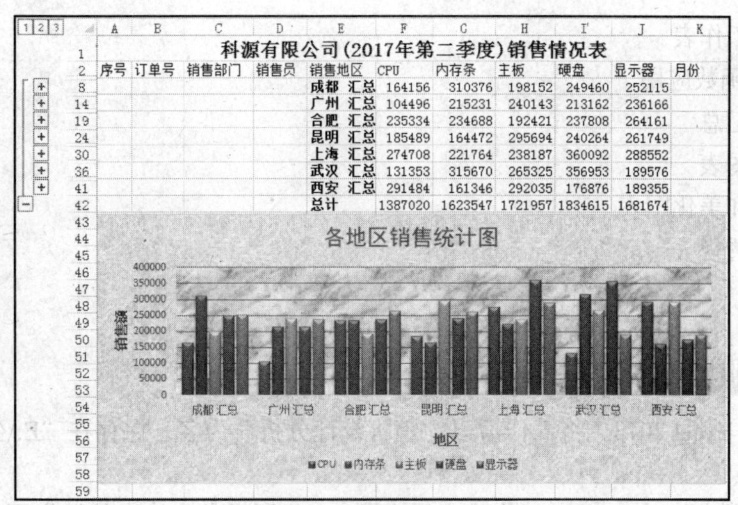

序号	订单号	销售部门	销售员	销售地区	CPU	内存条	主板	硬盘	显示器	月份
科源有限公司(2017年第二季度)销售情况表										
				成都 汇总	164156	310376	198152	249460	252115	
				广州 汇总	104496	215231	240143	213162	236166	
				合肥 汇总	235334	234688	192421	237808	264161	
				昆明 汇总	185489	164472	295694	240264	261749	
				上海 汇总	274708	221764	238187	360092	288552	
				武汉 汇总	131353	315670	265325	356953	189576	
				西安 汇总	291484	161346	292035	176876	189355	
				总计	1387020	1623547	1721957	1834615	1681674	

图 3.127 销售统计图

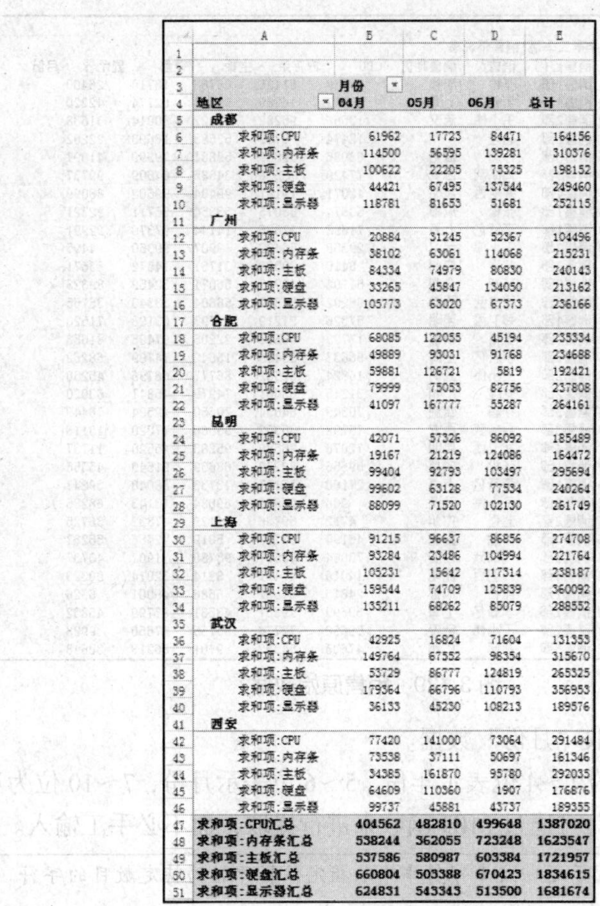

地区	月份 04月	05月	06月	总计
成都				
求和项:CPU	61962	17723	84471	164156
求和项:内存条	114500	56595	139281	310376
求和项:主板	100622	22205	75325	198152
求和项:硬盘	44421	67495	137544	249460
求和项:显示器	118781	81653	51681	252115
广州				
求和项:CPU	20884	31245	52367	104496
求和项:内存条	38102	63061	114068	215231
求和项:主板	84334	74979	80830	240143
求和项:硬盘	33265	45847	134050	213162
求和项:显示器	105773	63020	67373	236166
合肥				
求和项:CPU	68085	122055	45194	235334
求和项:内存条	49889	93031	91768	234688
求和项:主板	59881	126721	5819	192421
求和项:硬盘	79999	75053	82756	237808
求和项:显示器	41097	167777	55287	264161
昆明				
求和项:CPU	42071	57326	86092	185489
求和项:内存条	19167	21219	124086	164472
求和项:主板	99404	92793	103497	295694
求和项:硬盘	99602	63128	77534	240264
求和项:显示器	88099	71520	102130	261749
上海				
求和项:CPU	91215	96637	86856	274708
求和项:内存条	93284	23486	104994	221764
求和项:主板	105231	15642	117314	238187
求和项:硬盘	159544	74709	125839	360092
求和项:显示器	135211	68262	85079	288552
武汉				
求和项:CPU	42925	16824	71604	131353
求和项:内存条	149764	67552	98354	315670
求和项:主板	53729	86777	124819	265325
求和项:硬盘	179364	66796	110793	356953
求和项:显示器	36133	45230	108213	189576
西安				
求和项:CPU	77420	141000	73064	291484
求和项:内存条	73538	37111	50697	161346
求和项:主板	34385	161870	95780	292035
求和项:硬盘	64609	110360	1907	176876
求和项:显示器	99737	45881	43737	189355
求和项:CPU汇总	**404562**	**482810**	**499648**	**1387020**
求和项:内存条汇总	**538244**	**362055**	**723248**	**1623547**
求和项:主板汇总	**537586**	**580987**	**603384**	**1721957**
求和项:硬盘汇总	**660804**	**503388**	**670423**	**1834615**
求和项:显示器汇总	**624831**	**543343**	**513500**	**1681674**

图 3.128 销售数据透视表

【知识与技能】

- 创建工作簿、重命名工作表
- 数据的输入

- 复制工作表
- MID 函数应用
- 分类汇总
- 创建图表
- 修改和美化图表
- 数据透视表

【解决方案】

步骤 1 创建、保存工作簿

（1）启动 Excel 2013，将工作簿以“销售统计分析”为名，保存在“E:\公司文档\市场部”文件夹中。

（2）录入数据。在 Sheet1 工作表中录入图 3.129 所示的表格中的销售原始数据。

	A	B	C	D	E	F	G	H	I	J	K
1	科源有限公司(2017年第二季度)销售情况表										
2	序号	订单号	销售部门	销售员	销售地区	CPU	内存条	主板	硬盘	显示器	月份
3	1	2017040001	销售1部	张松	成都	8288	51425	66768	18710	26460	
4	2	2017040002	销售1部	李新亿	上海	19517	16259	91087	62174	42220	
5	3	2017040003	销售2部	王小伟	武汉	13566	96282	49822	80014	31638	
6	4	2017040004	销售2部	赵强	广州	12474	8709	52583	18693	22202	
7	5	2017040005	销售3部	孙超	合肥	68085	49889	59881	79999	41097	
8	6	2017040006	销售3部	周成武	西安	77420	73538	34385	64609	99737	
9	7	2017040007	销售4部	郑卫西	昆明	42071	19167	99404	99602	88099	
10	8	2017040008	销售1部	张松	成都	53674	63075	33854	25711	92321	
11	9	2017040009	销售1部	李新亿	上海	71698	77025	14144	97370	92991	
12	10	2017040010	销售2部	王小伟	武汉	29359	53482	3907	99350	4495	
13	11	2017040011	销售2部	赵强	广州	8410	29393	31751	14572	83571	
14	12	2017050001	销售3部	孙超	合肥	51706	38997	56071	32459	89328	
15	13	2017050002	销售3部	周成武	西安	65202	1809	66804	33340	35765	
16	14	2017050003	销售4部	郑卫西	昆明	57326	21219	92793	63128	71520	
17	15	2017050004	销售1部	张松	成都	17723	56595	22205	67495	81653	
18	16	2017050005	销售1部	李新亿	上海	96637	23486	15642	74709	68262	
19	17	2017050006	销售2部	王小伟	武汉	16824	67552	86777	66796	45230	
20	18	2017050007	销售2部	赵强	广州	31245	63061	74979	45847	63020	
21	19	2017050008	销售3部	孙超	合肥	70349	54034	70650	42594	78449	
22	20	2017050009	销售3部	周成武	西安	75798	35302	95066	77020	10116	
23	21	2017060001	销售4部	郑卫西	昆明	72076	76589	95283	45520	11737	
24	22	2017060002	销售1部	张松	成都	59656	82279	68639	91543	45355	
25	23	2017060003	销售1部	李新亿	上海	27160	75187	73733	38040	39247	
26	24	2017060004	销售2部	王小伟	武汉	966	25580	69084	13143	68285	
27	25	2017060005	销售2部	赵强	广州	4732	59736	71129	47832	36725	
28	26	2017060006	销售3部	孙超	合肥	45194	91768	5819	82756	55287	
29	27	2017060007	销售3部	周成武	西安	73064	50697	95780	1907	43737	
30	28	2017060008	销售4部	郑卫西	昆明	14016	47497	8214	32014	90393	
31	29	2017060009	销售1部	张松	成都	24815	57002	6686	46001	6326	
32	30	2017060010	销售1部	李新亿	上海	59696	29807	43581	87799	45832	
33	31	2017060011	销售2部	王小伟	武汉	70638	72774	55735	97650	39928	
34	32	2017060012	销售3部	孙超	广州	47635	54332	9701	86218	30648	

图 3.129 销售原始数据

（3）由“订单号”提取“月份”数据。

由于表中“订单号”的 1～4 位表示年份、5～6 位表示月份，7～10 位为当月的订单序号，因此，这里的“月份”可通过 MID 函数来进行提取，而不必手工输入。

活力小贴士

MID 函数用于返回文本字符串中从指定位置开始的特定数目的字符。

语法：MID(text, start_num, num_chars)

参数说明：

① Text 必需。它包含要提取字符的文本字符串。

② Start_num 必需。文本中要提取的第一个字符的位置。文本中第一个字符的 start_num 为 1，以此类推。

③ Num_chars 必需。它指希望 MID 从文本中返回字符的个数。

① 选中 K3 单元格。

② 单击“公式”→“函数库”→“文本”按钮，打开文本函数列表，选择 MID 函数，打开“函数参数”对话框。

③ 按图 3.130 所示设置函数参数。

④ 单击“确定”按钮，获得所需的月份值“04”。此时，可见编辑栏中的公式为“=MID(B3,5,2)”。

⑤ 在编辑栏中进一步编辑公式，将其修改为：=MID(B3,5,2)&"月"，并按“Enter”键确认，得到月份为“04 月”。

⑥ 选中 K3 单元格，拖曳其填充句柄至 K34 单元格，获取所有的月份数据，如图 3.131 所示。

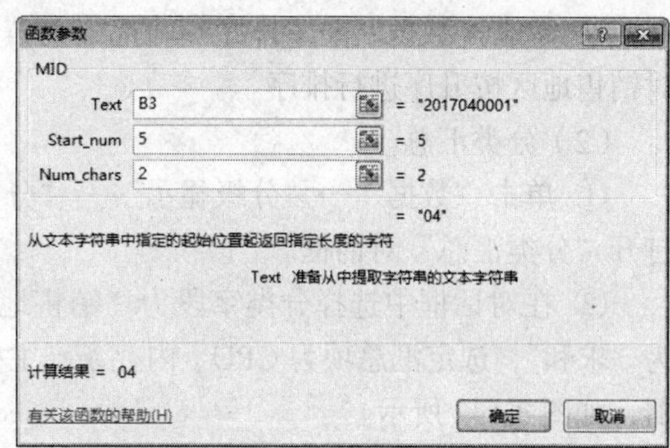

图 3.130 “函数参数”对话框

	A	B	C	D	E	F	G	H	I	J	K
1	科源有限公司(2017年第二季度)销售情况表										
2	序号	订单号	销售部门	销售员	销售地区	CPU	内存条	主板	硬盘	显示器	月份
3	1	2017040001	销售1部	张松	成都	8288	51425	66768	18710	26460	04月
4	2	2017040002	销售1部	李新亿	上海	19517	16259	91087	62174	42220	04月
5	3	2017040003	销售2部	王小伟	武汉	13566	96282	49822	80014	31638	04月
6	4	2017040004	销售2部	赵强	广州	12474	8709	52583	18693	22202	04月
7	5	2017040005	销售3部	孙超	合肥	68085	49889	59881	79999	41097	04月
8	6	2017040006	销售3部	周成武	西安	77420	73538	34385	64609	99737	04月
9	7	2017040007	销售4部	郑卫西	昆明	42071	19167	99404	99602	88099	04月
10	8	2017040008	销售1部	张松	成都	53674	63075	33854	25711	92321	04月
11	9	2017040009	销售1部	李新亿	上海	71698	77025	14144	97370	92991	04月
12	10	2017040010	销售2部	王小伟	武汉	29359	53482	3907	99350	4495	04月
13	11	2017040011	销售2部	赵强	广州	8410	29393	31751	14572	83571	04月
14	12	2017050001	销售3部	孙超	合肥	51706	38997	56071	32459	89328	05月
15	13	2017050002	销售3部	周成武	西安	65202	1809	66804	33340	35765	05月
16	14	2017050003	销售4部	郑卫西	昆明	57326	21219	92793	63128	71520	05月
17	15	2017050004	销售1部	张松	成都	17723	56595	22205	67495	81653	05月
18	16	2017050005	销售1部	李新亿	上海	96637	23486	15642	74709	68262	05月
19	17	2017050006	销售2部	王小伟	武汉	16824	67552	86777	66796	45230	05月
20	18	2017050007	销售2部	赵强	广州	31245	63061	74979	45847	63020	05月
21	19	2017050008	销售3部	孙超	合肥	70349	54034	70650	42594	78449	05月
22	20	2017050009	销售3部	周成武	西安	75798	35302	95066	77020	10116	05月
23	21	2017060001	销售4部	郑卫西	昆明	72076	76589	95283	45520	11737	06月
24	22	2017060002	销售1部	张松	成都	59656	82279	68639	91543	45355	06月
25	23	2017060003	销售1部	李新亿	上海	27160	75187	73733	38040	39247	06月
26	24	2017060004	销售2部	王小伟	武汉	966	25580	69084	13143	68285	06月
27	25	2017060005	销售2部	赵强	广州	4732	59736	71129	47832	36725	06月
28	26	2017060006	销售3部	孙超	合肥	45194	91768	5819	82756	55287	06月
29	27	2017060007	销售3部	周成武	西安	73064	50697	95780	1907	43737	06月
30	28	2017060008	销售4部	郑卫西	昆明	14016	47497	8214	32014	90393	06月
31	29	2017060009	销售1部	张松	成都	24815	57002	6686	46001	6326	06月
32	30	2017060010	销售1部	李新亿	上海	59696	29807	43581	87799	45832	06月
33	31	2017060011	销售2部	王小伟	武汉	70638	72774	55735	97650	39928	06月
34	32	2017060012	销售3部	孙超	广州	47635	54332	9701	86218	30648	06月

图 3.131 由“订单号”提取“月份”数据

（4）将表格标题选择设置为宋体、16 磅、加粗、跨列居中。

步骤 2 复制、重命名工作表

（1）将 Sheet1 工作表重命名为“销售原始数据”，再将其复制 1 份。

（2）将复制的工作表重命名为“分类汇总”。

（3）插入一张新工作表，并重命名为“数据透视表”。

步骤 3 汇总统计各地区的销售数据

（1）按“销售地区”排序。

① 选定“分类汇总”工作表，选中“销售地区”所在列有数据的任一单元格。

② 单击“数据”→“排序和筛选”→“升序”按钮，对销售地区按升序进行排序。

（2）分类汇总。

① 单击“数据”→“分级显示”→“分类汇总”按钮，打开“分类汇总”对话框。

② 在对话框中选择分类字段为“销售地区”，汇总方式为“求和”，选定汇总项为 CPU、内存条、主板、硬盘、显示器，如图 3.132 所示。

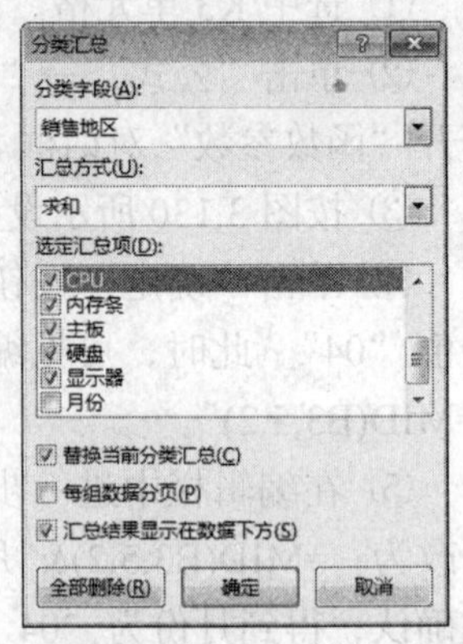

图 3.132 “分类汇总”对话框

③ 单击“确定”按钮，生成图 3.133 所示的分类汇总表。

科源有限公司(2017年第二季度)销售情况表

序号	订单号	销售部门	销售员	销售地区	CPU	内存条	主板	硬盘	显示器	月份
1	2017040001	销售1部	张松	成都	8288	51425	66768	18710	26460	04月
8	2017040008	销售1部	张松	成都	53674	63075	33854	25711	92321	04月
15	2017050004	销售1部	张松	成都	17723	56595	22205	67495	81653	05月
22	2017060002	销售1部	张松	成都	59656	82279	68639	91543	45355	06月
29	2017060009	销售1部	张松	成都	24815	57002	6686	46001	6326	06月
				成都 汇总	164156	310376	198152	249460	252115	
4	2017040004	销售2部	赵强	广州	12474	8709	52583	18693	22202	04月
11	2017040011	销售2部	赵强	广州	8410	29393	31751	14572	83571	04月
18	2017050007	销售2部	赵强	广州	31245	63061	74979	45847	63020	05月
25	2017060005	销售2部	赵强	广州	4732	59736	71129	47832	36725	06月
32	2017060012	销售3部	孙超	广州	47635	54332	9701	86218	30648	06月
				广州 汇总	104496	215231	240143	213162	236166	
5	2017040005	销售3部	孙超	合肥	68085	49889	59881	79999	41097	04月
12	2017050001	销售3部	孙超	合肥	51706	38997	56071	32459	89328	05月
19	2017050008	销售3部	孙超	合肥	70349	54034	70650	42594	78449	05月
26	2017060006	销售3部	孙超	合肥	45194	91768	5819	82756	55287	06月
				合肥 汇总	235334	234688	192421	237808	264161	
7	2017040007	销售4部	郑卫西	昆明	42071	19167	99404	99602	88099	04月
14	2017050003	销售4部	郑卫西	昆明	57326	21219	92793	63128	71520	05月
21	2017060001	销售4部	郑卫西	昆明	72076	76589	95283	45520	11737	06月
28	2017060008	销售4部	郑卫西	昆明	14016	47497	8214	32014	90393	06月
				昆明 汇总	185489	164472	295694	240264	261749	
2	2017040002	销售1部	李新亿	上海	19517	16259	91087	62174	42220	04月
9	2017040009	销售1部	李新亿	上海	71698	77025	14144	97370	92991	04月
16	2017050005	销售1部	李新亿	上海	96637	23486	15642	74709	68262	05月
23	2017060003	销售1部	李新亿	上海	27160	75187	73733	38040	39247	06月
30	2017060010	销售1部	李新亿	上海	59696	29807	43581	87799	45832	06月
				上海 汇总	274708	221764	238187	360092	288552	
3	2017040003	销售2部	王小伟	武汉	13566	96282	49822	80014	31638	04月
10	2017040010	销售2部	王小伟	武汉	29359	53482	3907	99350	4495	04月
17	2017050006	销售2部	王小伟	武汉	16824	67552	86777	66796	45230	05月
24	2017060004	销售2部	王小伟	武汉	966	25580	69084	13143	68285	06月
31	2017060011	销售2部	王小伟	武汉	70638	72774	55735	97650	39928	06月
				武汉 汇总	131353	315670	265325	356953	189576	
6	2017040006	销售3部	周成武	西安	77420	73538	34385	64609	99737	04月
13	2017050002	销售3部	周成武	西安	65202	1809	66804	33340	35765	05月
20	2017050009	销售3部	周成武	西安	75798	35302	95066	77020	10116	05月
27	2017060007	销售3部	周成武	西安	73064	50697	95780	1907	43737	06月
				西安 汇总	291484	161346	292035	176876	189355	
				总计	1387020	1623547	1721957	1834615	1681674	

图 3.133 分类汇总表

④ 在出现的汇总数据表格中，选择显示 2 级汇总数据，将得到图 3.134 所示的效果。

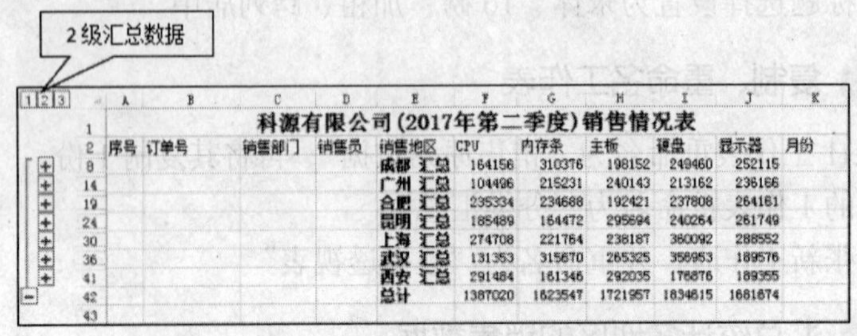

科源有限公司(2017年第二季度)销售情况表

序号	订单号	销售部门	销售员	销售地区	CPU	内存条	主板	硬盘	显示器	月份
				成都 汇总	164156	310376	198152	249460	252115	
				广州 汇总	104496	215231	240143	213162	236166	
				合肥 汇总	235334	234688	192421	237808	264161	
				昆明 汇总	185489	164472	295694	240264	261749	
				上海 汇总	274708	221764	238187	360092	288552	
				武汉 汇总	131353	315670	265325	356953	189576	
				西安 汇总	291484	161346	292035	176876	189355	
				总计	1387020	1623547	1721957	1834615	1681674	

图 3.134 显示 2 级汇总数据

步骤 4　创建图表

（1）利用分类汇总结果制作图表。在分类汇总 2 级数据表中，选择要创建图表的数据区域 E2:J41，即只选择了汇总数据所在区域，如图 3.135 所示。

	A	B	C	D	E	F	G	H	I	J	K
1	科源有限公司（2017年第二季度）销售情况表										
2	序号	订单号	销售部门	销售员	销售地区	CPU	内存条	主板	硬盘	显示器	月份
8					成都 汇总	164156	310376	198152	249460	252115	
14					广州 汇总	104496	215231	240143	213162	236166	
19					合肥 汇总	235334	234688	192421	237808	264161	
24					昆明 汇总	185489	164472	295694	240264	261749	
30					上海 汇总	274708	221764	238187	360092	288552	
36					武汉 汇总	131353	315670	265325	356953	189576	
41					西安 汇总	291484	161346	292035	176876	189355	
42					总计	1387020	1623547	1721957	1834615	1681674	

图 3.135　选定图表区域

（2）单击“插入”→“图表”→“插入折线图”按钮，打开图 3.136 所示的“折线图”下拉列表，选择“二维折线图”中的“带数据标记的折线图”类型，生成图 3.137 所示的图表。

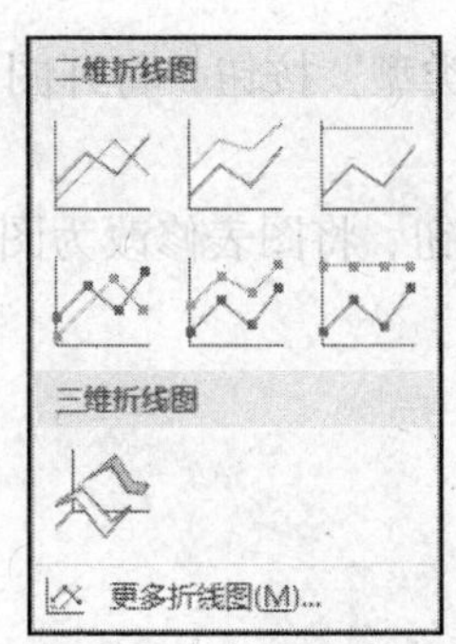

图 3.136　“折线图”下拉列表

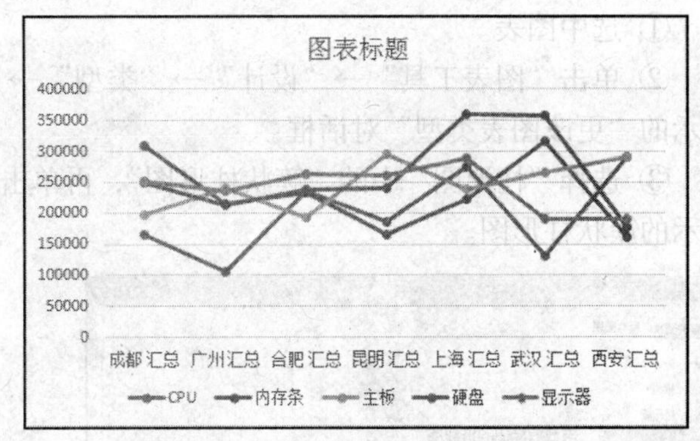

图 3.137　生成带数据标记的折线图

① 在创建图表之前，由于已经选定了数据区域，图表中将反映出该区域的数据。如果想改变图表的数据来源，可单击“图表工具”→“设计”→“数据”→“选择数据”按钮，打开图 3.138 所示的“选择数据源”对话框，在其中编辑数据源即可。

② 若要修改图表中的数据系列，则选中图表，单击“图表工具”→“设计”→“数据”→“切换行/列”按钮，将水平轴和垂直轴上的数据进行交换，如图 3.139 所示。

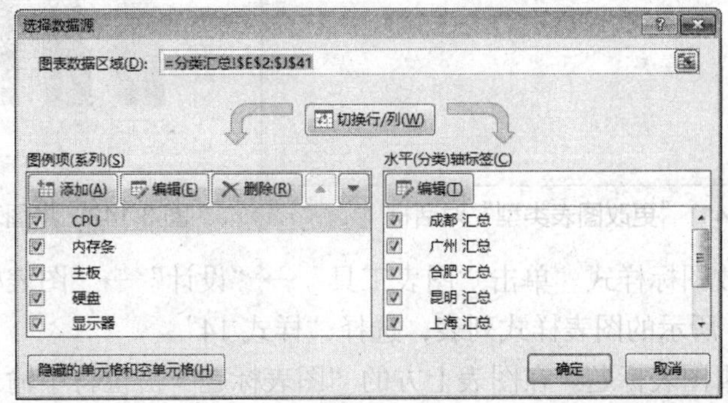

图 3.138　“选择数据源”对话框

③ 默认情况下，生成的图表是位于所选数据的工作表中的，可根据实际需要，选择

“图表工具”→“设计”→“位置”→“移动图表”选项，打开图 3.140 所示的“移动图表”对话框，则可将图表作为新的工作表插入。

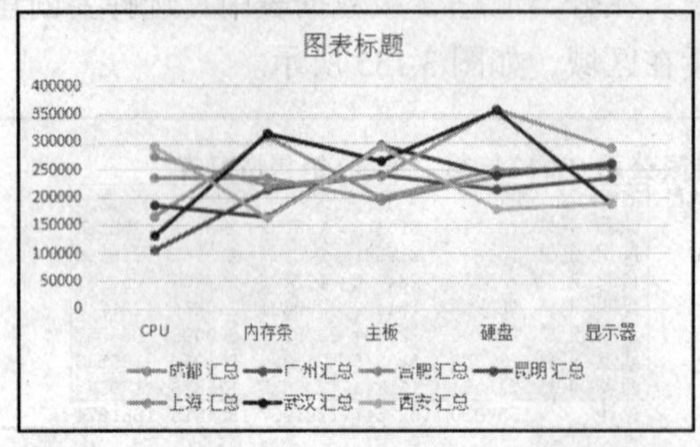

图 3.139　交换图表上水平轴和垂直轴的数据

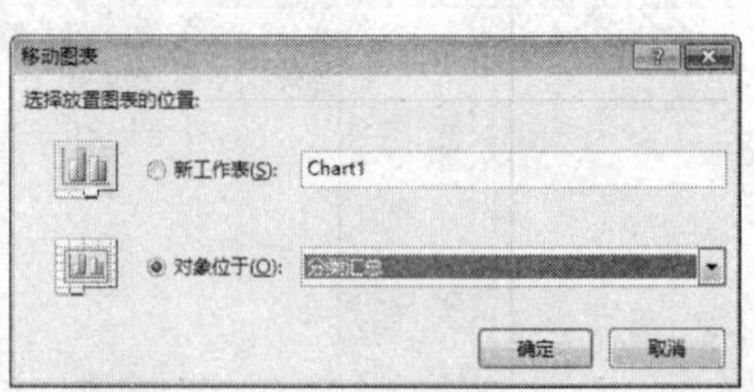

图 3.140　“移动图表”对话框

步骤 5　修改图表

（1）修改图表类型。

① 选中图表。

② 单击“图表工具”→“设计”→“类型”→“更改图表类型”按钮，打开图 3.141 所示的“更改图表类型”对话框。

③ 选择“柱形图”中的“簇状柱形图”，再单击“确定”按钮，将图表修改为图 3.142 所示的簇状柱形图。

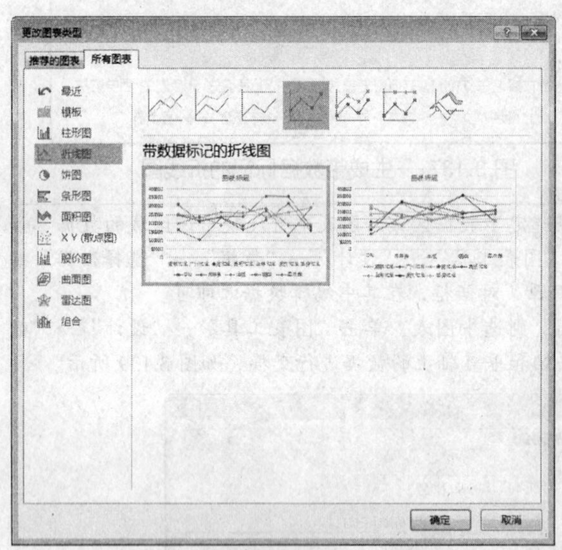

图 3.141　“更改图表类型”对话框

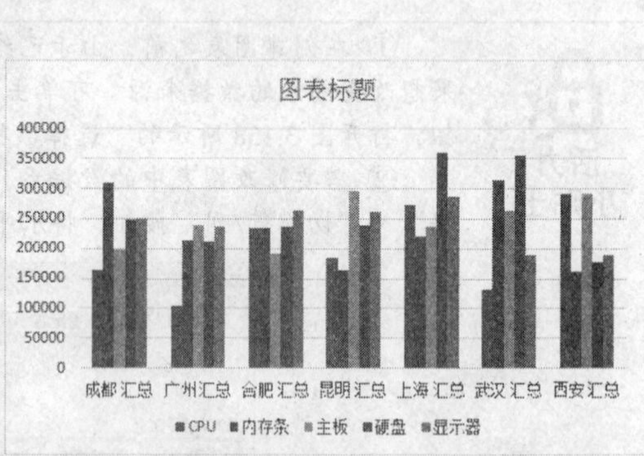

图 3.142　将图表类型修改为簇状柱形图

（2）修改图标样式。单击“图表工具”→“设计”→“图表样式”→“其他”按钮，显示图 3.143 所示的图表样式列表，选择“样式 14”。

（3）编辑图表标题。在图表上方的“图表标题”占位符中输入图表标题“各地区销售统计图”，如图 3.144 所示。

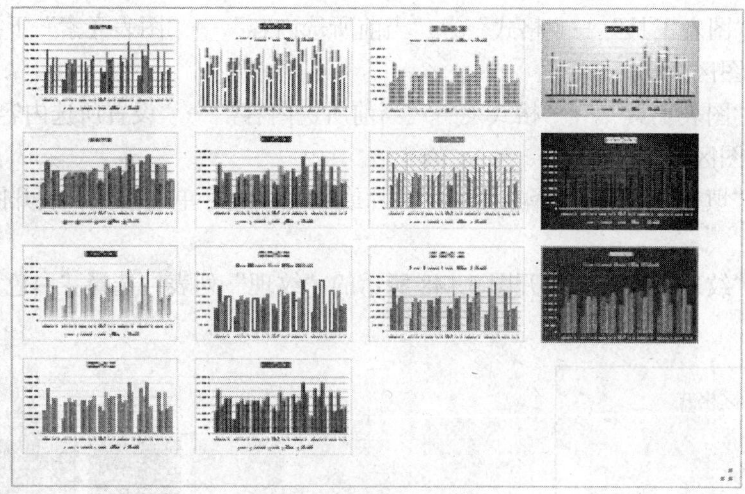

图 3.143　图表样式列表

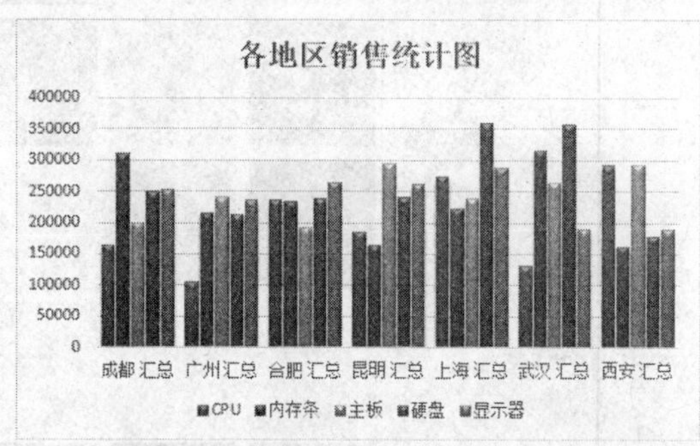

图 3.144　在图表上方添加“图表标题”

（4）添加坐标轴标题。

单击“图表工具”→“设计”→“图表布局”→“添加图表元素”按钮，打开“添加图表元素”列表，选择图 3.145 所示的“轴标题”后，分别添加主要横坐标轴标题“地区”和主要纵坐标轴标题“销售额”，如图 3.146 所示。

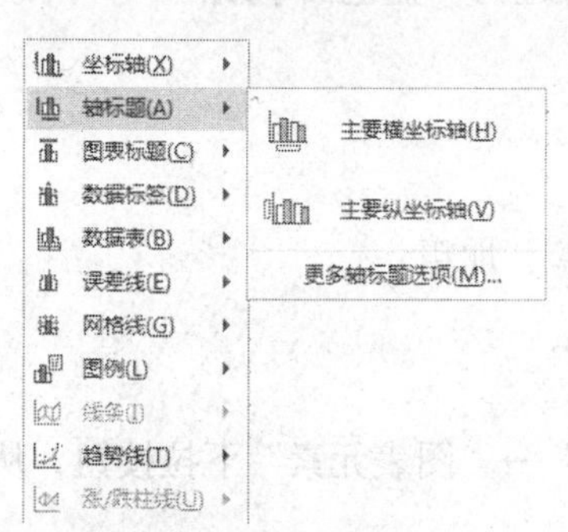

图 3.145　“添加图表元素”列表

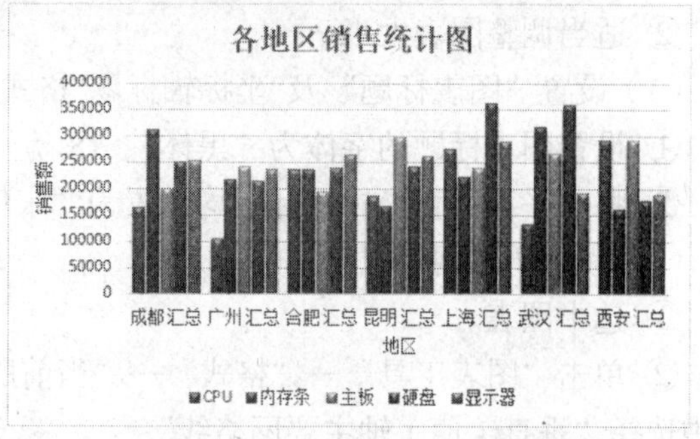

图 3.146　添加坐标轴标题

步骤 6　设置图表格式

（1）设置“绘图区”格式。

① 选中图表。

② 单击“图表工具”→“格式”→“当前所选内容”→“图表元素”下拉按钮，从列表中选择“绘图区”。

③ 单击“图表工具”→“格式”→“当前所选内容”→“设置所选内容格式”按钮，打开“设置绘图区格式”窗格。

④ 选择“填充”，然后选择右侧的“图片或纹理填充”单选按钮，展开图 3.147 所示的设置选项。

⑤ 单击“纹理”按钮，打开图 3.148 所示的“纹理”列表，选择“白色大理石”填充纹理。

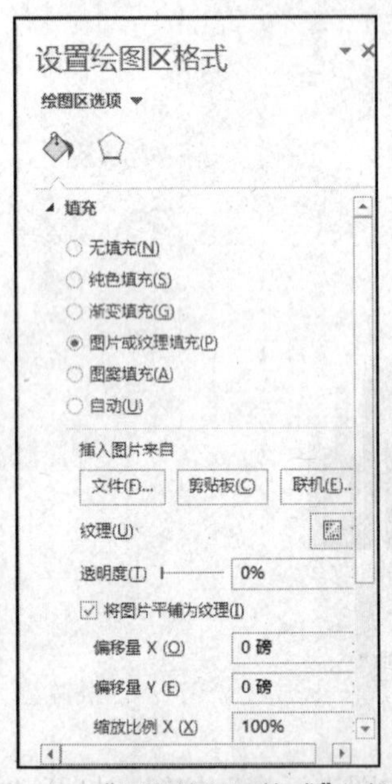

图 3.147 “设置绘图区格式”对话框

图 3.148 设置“填充纹理”

（2）设置“图表区”格式。

① 使用类似的方法，选择“图表区”，设置其填充纹理为“蓝色面巾纸”。

② 适当调整图表大小。

（3）设置“图表标题”及“坐标轴标题”格式。

① 设置图表标题的字体为“黑体”、18 磅。

② 将水平和垂直坐标轴标题均设置为“宋体”、11 磅、加粗。

（4）设置主要网格线格式。

① 选中图表。

② 单击“图表工具”→“格式”→“当前所选内容”→“图表元素”下拉按钮，从列表中选择“垂直（值）轴主要网格线”。

③ 单击“图表工具”→“格式”→“当前所选内容”→“设置所选内容格式”按钮，打开“设置主要网格线格式”窗格。

④ 设置线条类型为“实线”，线条颜色为默认的“蓝色，着色 1”。

修饰后的图表格式如图 3.149 所示。

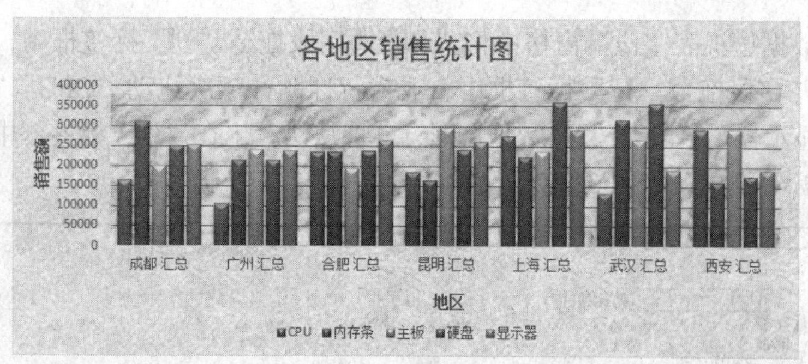

图 3.149 设置好的图表效果图

步骤 7 制作销售数据透视表

（1）选中“销售原始数据”工作表。

（2）用鼠标选中数据区域的任一单元格。

（3）单击“插入”→“表格”→“数据透视表”选项，从弹出的菜单中选择“数据透视表”选项，打开图 3.150 所示的“创建数据透视表”对话框。

（4）在“请选择要分析的数据”选项组中选中“选择一个表或区域”单选按钮，然后在工作表中选择要创建数据透视表的数据区域为“销售原始数据!$A$2:$K$34”。

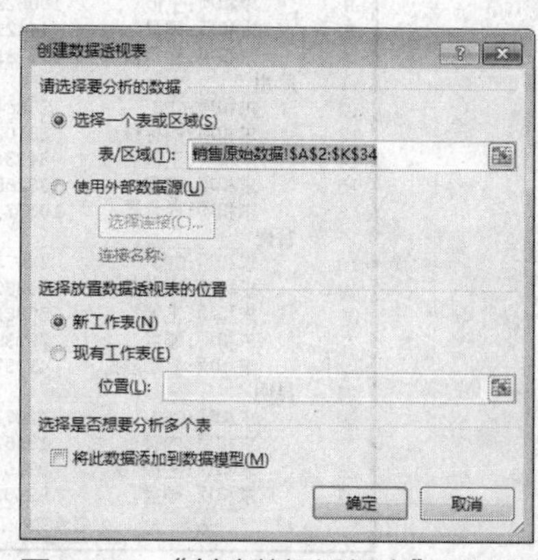

图 3.150 “创建数据透视表”对话框

活力小贴士

一般情况下，如果用鼠标选中数据区域中任意单元格，在创建数据透视表时 Excel 将自动搜索并选定其数据区域，如果选定的区域与实际区域不同可重新选择。

（5）在“选择数据透视表的位置”选项组中选中“现有工作表”单选按钮，并选定“数据透视表”工作表的 A3 单元格作为数据透视表的起始位置。

（6）单击“确定”按钮，产生图 3.151 所示的默认数据透视表，并在右侧显示“数据透视表字段列表”窗格。

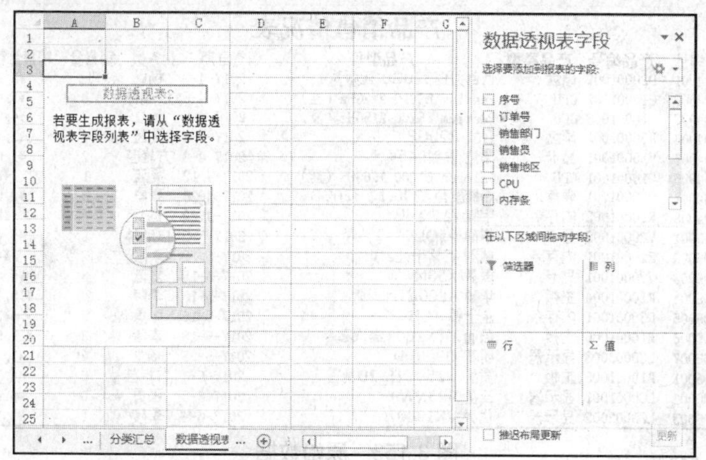

图 3.151 创建默认的数据透视表

（7）在“数据透视表字段”窗格中将“月份”字段拖至“列”标签框中，成为列标题；将“销售地区”字段拖至“行”标签框中，成为行标题；依次拖动“CPU”“内存条”“主板”“硬盘”“显示器”字段至“Σ 数值”框，再将默认产生在“列”标签框中的“Σ数值”项拖至“行”标签框中，如图 3.152 所示。

行标签	04月	05月	06月	总计
成都				
求和项:CPU	61962	17723	84471	164156
求和项:内存条	114500	56595	139281	310376
求和项:主板	100622	22205	75325	198152
求和项:硬盘	44421	67495	137544	249460
求和项:显示器	118781	81653	51681	252115
广州				
求和项:CPU	20884	31245	52367	104496
求和项:内存条	38102	63061	114068	215231
求和项:主板	84334	74979	80830	240143
求和项:硬盘	33265	45847	134050	213162
求和项:显示器	105773	63020	67373	236166
合肥				
求和项:CPU	68085	122055	45194	235334
求和项:内存条	49889	93031	91768	234688
求和项:主板	59881	126721	5819	192421
求和项:硬盘	79999	75053	82756	237808
求和项:显示器	41097	167777	55287	264161
昆明				
求和项:CPU	42071	57326	86092	185489
求和项:内存条	19167	21219	124086	164472
求和项:主板	99404	92793	103497	295694
求和项:硬盘	99602	63128	77534	240264

图 3.152　设置好的数据透视表

（8）将数据透视表中的“行标签”修改为地区，“列标签”修改为月份。

（9）根据图 3.152 所示，单击“行标签”或者“列标签”对应的下拉按钮，可以选择需要的数据进行查看，以达到对数据透视的目的。

【拓展案例】

1. 利用图 3.153 所示的“产品销售情况表”数据，制作各类产品销售汇总表，如图 3.154 所示。

产品销售情况表

订单编号	产品编号	产品类型	产品型号	销售日期	业务员	销售量	销售金额
17-04001	D20001001	硬盘	西部数据320GB(蓝版)	2017-4-2	杨立	14	¥5,124.00
17-04002	C10001002	CPU	Pentium E2210 2.2GHz（盒）	2017-4-5	白瑞林	3	¥1,404.00
17-04003	C10001003	CPU	Pentium E5200 2.5GHz（盒）	2017-4-5	杨立	7	¥4,032.00
17-04004	D30001001	硬盘	日立 320GB	2017-4-8	夏蓝	6	¥2,196.00
17-04005	V10001001	显卡	昂达 魔剑P45+	2017-4-8	方艳芸	2	¥1,677.60
17-04006	C10001001	CPU	Celeron E1200 1.6GHz（盒）	2017-4-12	夏蓝	1	¥330.00
17-04007	D10001001	硬盘	希捷酷鱼7200.12 320GB	2017-4-26	张勇	5	¥2,040.00
17-04008	R10001002	内存条	宇瞻 经典2GB	2017-4-29	方艳芸	4	¥840.00
17-05001	V20001002	显卡	华硕 P5QL	2017-5-5	白瑞林	8	¥5,462.40
17-05002	R20001001	内存条	威刚 万紫千红2GB	2017-5-12	李陵	2	¥432.00
17-05003	V30001001	显卡	微星 X58M	2017-5-16	夏蓝	3	¥5,036.40
17-05004	M10001004	主板	华硕 9800GT冰刃版	2017-5-16	李陵	20	¥19,176.00
17-05005	R30001001	内存条	金士顿 1GB	2017-5-16	张勇	3	¥360.00
17-05006	M10001006	主板	盈通 GTX260+游戏高手	2017-5-18	李陵	8	¥11,510.40
17-05007	LCD003003	显示器	明基 G900HD	2017-5-25	杨立	2	¥1,824.00
17-06001	M10001005	主板	微星 N250GTS-2D暴雪	2017-6-3	方艳芸	5	¥4,788.00
17-06002	LCD001001	显示器	三星 943NW+	2017-6-3	张勇	6	¥6,472.80
17-06003	LCD002002	显示器	优派 VX1940w	2017-6-4	李陵	1	¥1,188.00

图 3.153　原始数据

行	订单编号	产品编号	产品类型	产品型号	销售日期	业务员	销售量	销售金额
1	产品销售情况表							
2	订单编号	产品编号	产品类型	产品型号	销售日期	业务员	销售量	销售金额
3	17-04002	C10001002	CPU	Pentium E2210 2.2GHz（盒）	2017-4-5	白瑞林	3	¥1,404.00
4	17-04003	C10001003	CPU	Pentium E5200 2.5GHz（盒）	2017-4-5	杨立	7	¥4,032.00
5	17-04006	C10001001	CPU	Celeron E1200 1.6GHz（盒）	2017-4-12	夏蓝	1	¥330.00
6			CPU 汇总				11	¥5,766.00
7	17-04008	R10001002	内存条	宇瞻 经典2GB	2017-4-29	方艳芸	4	¥840.00
8	17-05002	R20001001	内存条	威刚 万紫千红2GB	2017-5-12	李陵	2	¥432.00
9	17-05005	R30001001	内存条	金士顿 1GB	2017-5-16	张勇	3	¥360.00
10			内存条 汇总				9	¥1,632.00
11	17-04005	V10001001	显卡	昂达 魔剑P45+	2017-4-8	方艳芸	2	¥1,677.60
12	17-05001	V20001002	显卡	华硕 P5QL	2017-5-5	白瑞林	8	¥5,462.40
13	17-05003	V30001001	显卡	微星 X58M	2017-5-16	夏蓝	3	¥5,036.40
14			显卡 汇总				13	¥12,176.40
15	17-05007	LCD003003	显示器	明基 G900HD	2017-5-25	杨立	2	¥1,824.00
16	17-06002	LCD001001	显示器	三星 943NW+	2017-6-3	张勇	6	¥6,472.80
17	17-06003	LCD002002	显示器	优派 VX1940w	2017-6-4	李陵	1	¥1,188.00
18			显示器 汇总				9	¥9,484.80
19	17-04001	D20001001	硬盘	西部数据320GB(蓝版)	2017-4-2	杨立	14	¥5,124.00
20	17-04004	D30001001	硬盘	日立 320GB	2017-4-8	夏蓝	6	¥2,196.00
21	17-04007	D10001001	硬盘	希捷酷鱼7200.12 320GB	2017-4-26	张勇	5	¥2,040.00
22			硬盘 汇总				25	¥9,360.00
23	17-05004	M10001004	主板	华硕 9800GT冰刃版	2017-5-16	李陵	20	¥19,176.00
24	17-05006	M10001006	主板	盈通 GTX260+游戏高手	2017-5-18	李陵	8	¥11,510.40
25	17-06001	M10001005	主板	微星 N250GTS-2D暴雪	2017-6-3	方艳芸	5	¥4,788.00
26			主板 汇总				33	¥35,474.40
27			总计				100	¥73,893.60

图 3.154　各类产品销售汇总表

2. 利用图 3.153 所示的“产品销售情况表”数据，制作业务员销售业绩数据透视表，如图 3.155 所示。

行	A	B	C	D	E	F	G	H
1								
2								
3	求和项:销售金额	业务员						
4	产品类型	白瑞林	方艳芸	李陵	夏蓝	杨立	张勇	总计
5	CPU	1404			330	4032		5766
6	内存条		840	432			360	1632
7	显卡	5462.4	1677.6		5036.4			12176.4
8	显示器			1188		1824	6472.8	9484.8
9	硬盘				2196	5124	2040	9360
10	主板		4788	30686.4				35474.4
11	总计	6866.4	7305.6	32306.4	7562.4	10980	8872.8	73893.6

图 3.155　业务员销售业绩数据透视表

【拓展训练】

消费者的购买行为通常分为消费者的行为习惯和消费者的购买力，它直接反映出产品或者服务的市场表现。通过对消费者的行为习惯和购买力进行分析，可以为企业的市场定位提供准确的依据。制作图 3.156 和图 3.157 所示的消费者购买行为分析。

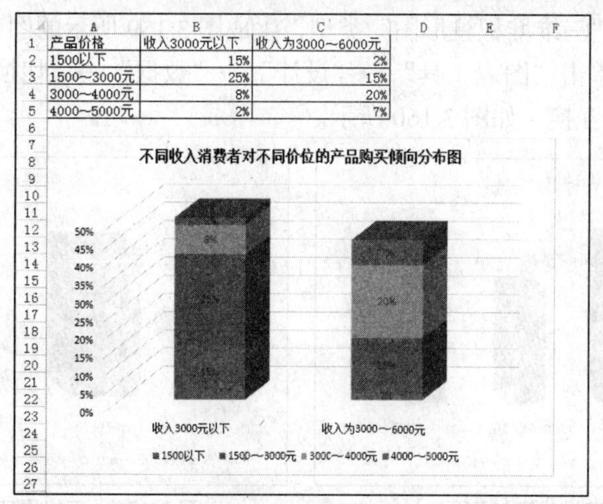

行	产品价格	收入3000元以下	收入为3000～6000元
1	产品价格	收入3000元以下	收入为3000～6000元
2	1500以下	15%	2%
3	1500～3000元	25%	15%
4	3000～4000元	8%	20%
5	4000～5000元	2%	7%

图 3.156　不同收入消费者群体购买力特征分析

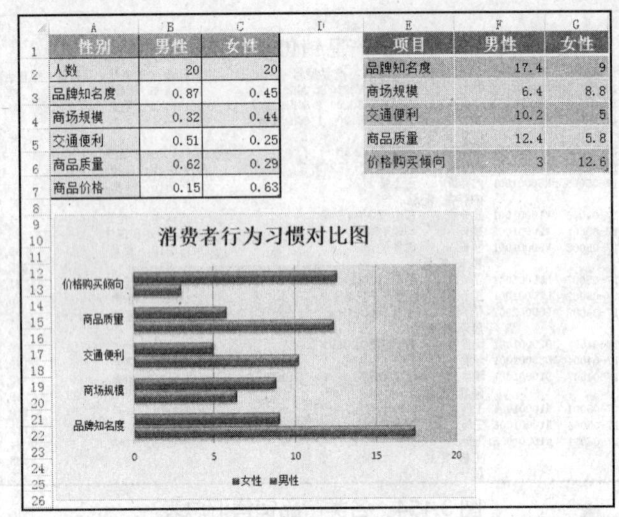

性别	男性	女性
人数	20	20
品牌知名度	0.87	0.45
商场规模	0.32	0.44
交通便利	0.51	0.25
商品质量	0.62	0.29
商品价格	0.15	0.63

项目	男性	女性
品牌知名度	17.4	9
商场规模	6.4	8.8
交通便利	10.2	5
商品质量	12.4	5.8
价格购买倾向	3	12.6

图 3.157　消费行为习惯分析

其操作步骤如下。

（1）启动 Excel 2013，将工作簿以“消费者购买行为分析”为名保存在“E:\公司文档\市场部”文件夹中。

（2）插入一张新工作表，分别将 Sheet1 和 Sheet2 工作表重命名为“不同收入消费者群体购买力特征分析”和“消费行为习惯分析”。

（3）输入“不同收入消费者群体购买力特征分析”原始数据并设置单元格格式。

① 选中“不同收入消费者群体购买力特征分析”工作表，输入图 3.158 所示的数据。

② 选中 A1:C5 单元格区域，为表格添加边框。

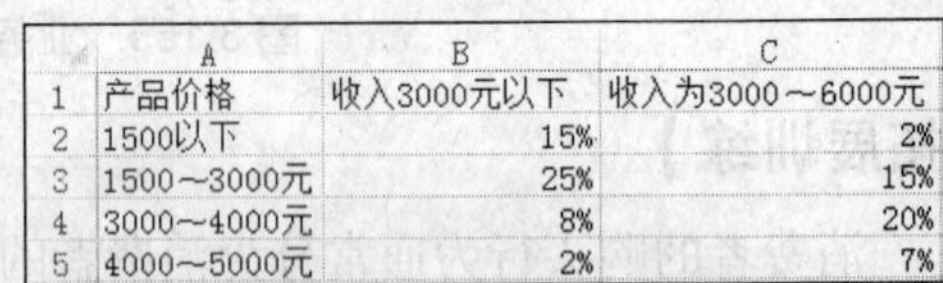

产品价格	收入3000元以下	收入为3000～6000元
1500以下	15%	2%
1500～3000元	25%	15%
3000～4000元	8%	20%
4000～5000元	2%	7%

图 3.158　不同收入消费群体购买力原始数据

（4）创建“不同收入消费者对不同价位的产品购买倾向分布图”。

① 选中 A1:C5 单元格区域。

② 单击“插入”→“图表”→“插入柱形图”按钮，打开“柱形图”下拉菜单，选择“三维柱形图”中的“三维堆积柱形图”类型，生成图 3.159 所示的图表。

③ 选中图表，单击“图表工具”→“设计”→“数据”→“切换行/列”按钮，将图表的数据系列的行列互换，如图 3.160 所示。

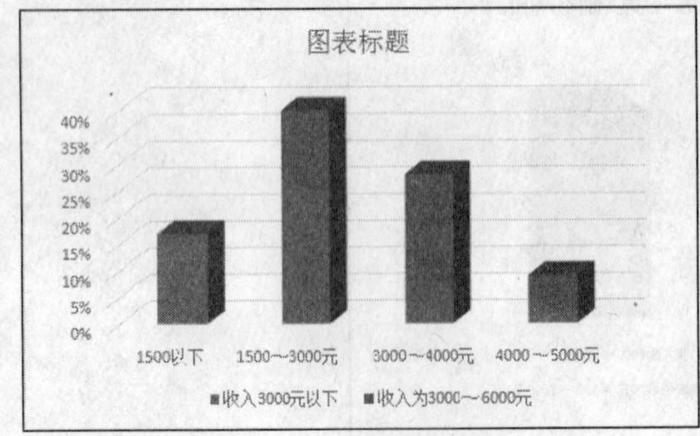

图 3.159　三维堆积柱形图

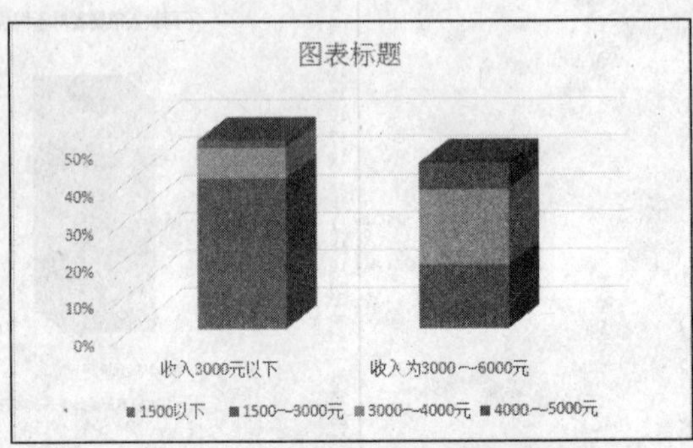

图 3.160　互换图表数据系列的行列

④ 为图表添加图 3.161 所示的图表标题和数据标签。

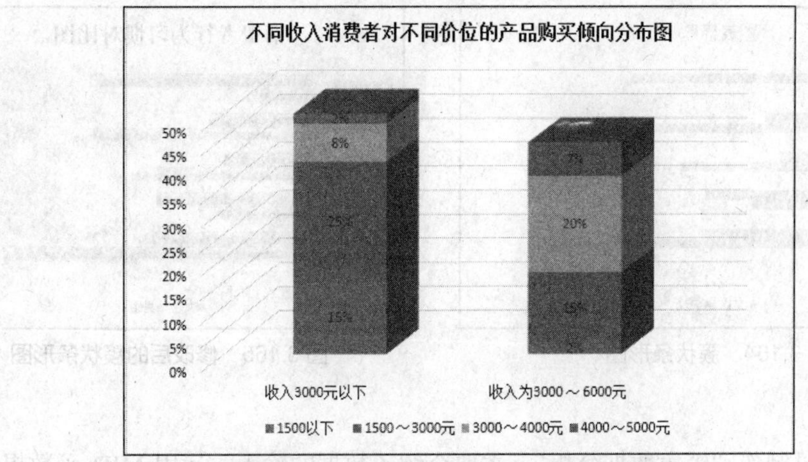

图 3.161　为图表添加图表标题和数据标签

（5）输入“消费行为习惯分析”原始数据，如图 3.162 所示。

	A	B	C	D	E	F	G
1	性别	男性	女性		项目	男性	女性
2	人数	20	20		品牌知名度		
3	品牌知名度	0.87	0.45		商场规模		
4	商场规模	0.32	0.44		交通便利		
5	交通便利	0.51	0.25		商品质量		
6	商品质量	0.62	0.29		价格购买倾向		
7	商品价格	0.15	0.63				
8							

图 3.162　“消费行为习惯分析”原始数据

（6）计算男女消费者的不同消费人数。

① 选中 F2 单元格，输入公式“= $B$2*B3”，按“Enter”键确认，使用填充柄将公式填充至 F3:F6 单元格区域。

② 选中 G2 单元格，输入公式“= $C$2*C3”，按“Enter”键确认，使用填充柄将公式填充至 G3:G6 单元格区域。

（7）按图 3.163 所示对数据表区域进行格式化设置。

	A	B	C	D	E	F	G
1	性别	男性	女性		项目	男性	女性
2	人数	20	20		品牌知名度	17.4	9
3	品牌知名度	0.87	0.45		商场规模	6.4	8.8
4	商场规模	0.32	0.44		交通便利	10.2	5
5	交通便利	0.51	0.25		商品质量	12.4	5.8
6	商品质量	0.62	0.29		价格购买倾向	3	12.6
7	商品价格	0.15	0.63				

图 3.163　设置工作表的数据区格式

（8）创建“消费行为习惯分析”图表。

① 选中 E1:G6 单元格区域。

② 单击“插入”→“图表”→“插入条形图”按钮，打开“条形图”下拉菜单，选择“二维条形图”中的“簇状条形图”类型，生成图 3.164 所示的图表。

③ 按照图 3.165 所示修改图表。

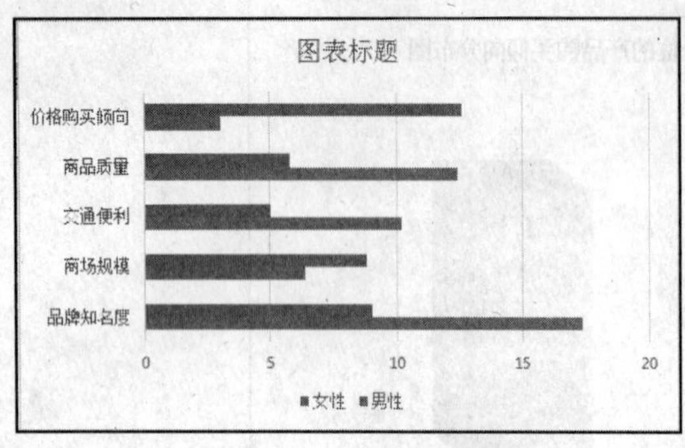

图 3.164　簇状条形图

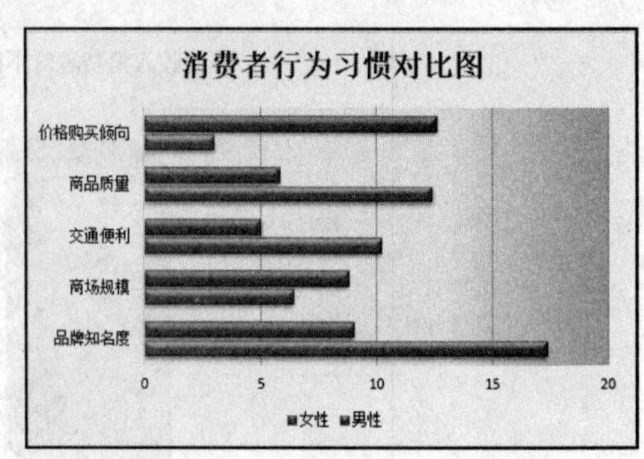

图 3.165　修改后的簇状条形图

【案例小结】

本案例通过制作“销售数据分析”，主要介绍了数据的输入、运用 MID 函数提取文本等基本操作，在此基础上，运用分类汇总、图表、数据透视表对销售数据进行多角度、全方位分析，为市场部对销售的有效预测和推广提供保障和支持。

📖 学习总结

本案例所用软件	
案例中包含的知识和技能	
你已熟知或掌握的知识和技能	
你认为还有哪些知识或技能需要进行强化	
案例中可使用的 Office 技巧	
学习本案例之后的体会	

第4篇 物流篇

随着全球经济一体化进程日益加快，企业面临着更加激烈的竞争环境，资源在全球范围内的流动和配置大大加强。为顾客提供高质量的服务，降低物流成本，提高企业的经济效益成为企业关注的重点。本篇以物流部门工作中经常使用的几种表格及数据处理为例，介绍 Excel 软件在物流管理方面的应用。

学习目标

1. 利用 Excel 创建数据表，灵活设置各部分的格式。
2. 定义名称、自定义数据格式。
3. 通过数据有效性的设置来控制录入符合规定的数据。
4. 学会合并多表数据，得到汇总结果。
5. 利用 VLOOKUP 函数查找需要的数据。
6. 在 Excel 中利用自动筛选和高级筛选实现显示满足条件的数据行。
7. 利用分类汇总、数据透视表来分类统计某些字段的汇总值。
8. 灵活地构造和使用图表来满足各种需要的数据结果的显示要求。
9. 能灵活使用条件格式突出显示数据结果。

4.1 案例 14 制作商品采购管理表

示例文件	原始文件：示例文件\素材\物流篇\案例 14\商品采购管理表.xlsx 效果文件：示例文件\效果\物流篇\案例 14\商品采购管理表.xlsx

【案例分析】

采购是企业经营的一个核心环节，是获取利润的重要来源，在企业的产品开发、质量保证、供应链管理及经营管理中起着极其重要的作用，采购成功与否在一定程度上影响着企业的竞争力。本案例将以制作“商品采购管理表”为例，来介绍 Excel 在商品采购管理中的应用，效果如图 4.1 和图 4.2 所示。

商品采购明细表

序号	采购日期	商品编码	商品名称	规格型号	单位	数量	单价	金额	支付方式	供应商	已付货款	应付货款余额
001	2017-5-2	J1002	三星超薄笔记本电脑	Samsung 500R5H-Y0A 15.6英寸	台	16	¥4,898	¥78,368	本票	威尔达科技		¥78,368
002	2017-5-5	J1004	戴尔笔记本电脑	DELL Ins14MR-7508R 14英寸	台	8	¥4,190	¥33,520	支票	拓达科技		¥33,520
003	2017-5-5	J1005	联想笔记本超薄电脑	Lenovo Ideapad 500s 14英寸	台	5	¥4,680	¥23,400	本票	拓达科技		¥23,400
004	2017-5-8	YY1001	西部数据移动硬盘	WDBUZG0010BBK 1TB	个	18	¥399	¥7,182	现金	威尔达科技	¥7,182	¥0
005	2017-5-10	XJ1002	佳能相机	EOS 60D	部	8	¥4,400	¥35,200	支票	义美数码		¥35,200
006	2017-5-12	SXJ1001	索尼数码摄像机	FDR-AX30	台	6	¥5,290	¥31,740	支票	天宇数码		¥31,740
007	2017-5-16	SJ1001	华为手机	P9 3G+32G	部	25	¥2,890	¥72,250	银行转帐	顺成通讯		¥72,250
008	2017-5-17	J1001	联想ThinkPad 超薄本	New S2 13.3英寸	台	28	¥6,199	¥173,572	银行转帐	长城科技		¥173,572
009	2017-5-19	J1006	宏基笔记本电脑	Acer V5-591G-53QR 15.6英寸	台	15	¥4,899	¥73,485	本票	力锦科技		¥73,485
010	2017-5-19	YY1002	希捷移动硬盘	2.5英寸 1TB	个	12	¥418	¥5,016	现金	天科电子	¥5,016	¥0
011	2017-5-22	SJ1003	OPPO手机	R9 Plus	部	18	¥2,699	¥48,582	支票	顺成通讯		¥48,582
012	2017-5-24	J1003	华硕变形触控超薄本	ASUS TP301UA 13.3英寸	台	6	¥7,280	¥43,680	汇款	涵合科技		¥43,680
013	2017-5-25	J1005	联想笔记本超薄电脑	Lenovo Ideapad 500s 14英寸	台	16	¥4,680	¥74,880	银行转帐	长城科技		¥74,880
014	2017-5-29	J1007	惠普笔记本电脑	HP Pavilion 14-AL027TX 14英寸	台	10	¥4,099	¥40,990	支票	百达信息		¥40,990
015	2017-5-31	XJ1002	佳能相机	EOS 60D	部	15	¥4,400	¥66,000	汇款	义美数码		¥66,000
016	2017-5-31	SXJ1002	JVC数码摄像机	GZ-VX855	台	5	¥3,780	¥18,900	现金	天宇数码	¥5,000	¥13,900
017	2017-5-31	SJ1001	华为手机	P9 3G+32G	部	15	¥2,890	¥43,350	银行转帐	顺成通讯		¥43,350

图 4.1 商品采购清单

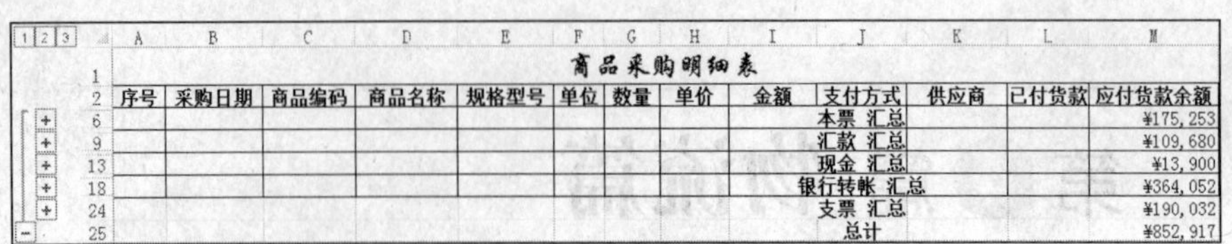

商品采购明细表

序号	采购日期	商品编码	商品名称	规格型号	单位	数量	单价	金额	支付方式	供应商	已付货款	应付货款余额
									本票 汇总			¥175,253
									汇款 汇总			¥109,680
									现金 汇总			¥13,900
									银行转帐 汇总			¥364,052
									支票 汇总			¥190,032
									总计			¥852,917

图 4.2　统计汇总应付货款余额

【知识与技能】

- 创建工作簿、重命名工作表
- 定义名称功能的使用
- 设置数据有效性
- VLOOKUP 函数的应用
- 自动筛选功能的使用
- 高级筛选功能的使用
- 分类汇总

【解决方案】

步骤 1　建工作簿，重命名工作表

（1）启动 Excel 2013，新建一份空白工作簿。

（2）将创建的工作簿以“商品采购管理表”为名，保存在“E:\公司文档\物流部”文件夹中。

（3）将 Sheel 工作表重命名为“商品基础资料”，插入一张新工作表，并重命名为“商品采购单”。

步骤 2　建立“商品基础资料”表

（1）选中“商品基础资料”工作表。

（2）在 A1:D1 单元格区域中输入图 4.3 所示的表格标题。

（3）输入表格内容，并适当调整表格列宽，如图 4.4 所示。

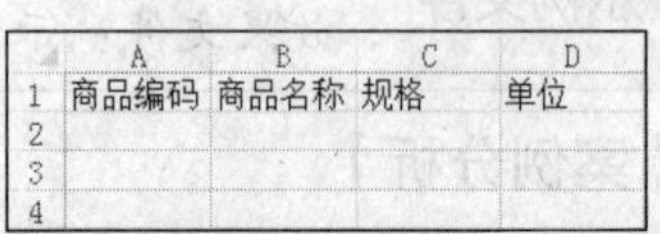

商品编码	商品名称	规格	单位

图 4.3 “商品基础资料”表格标题

商品编码	商品名称	规格	单位
J1001	联想ThinkPad 超薄本	New S2 13.3英寸	台
J1002	三星超薄笔记本电脑	Samsung 500R5H-Y0A 15.6英寸	台
J1003	华硕变形触控超薄本	ASUS TP301UA 13.3英寸	台
J1004	戴尔笔记本电脑	DELL Ins14MR-7508R 14英寸	台
J1005	联想笔记本超薄电脑	Lenovo Ideapad 500s 14英寸	台
J1006	宏基笔记本电脑	Acer V5-591G-53QR 15.6英寸	台
J1007	惠普笔记本电脑	HP Pavilion 14-AL027TX 14英寸	台
YY1001	西部数据移动硬盘	WDBUZG0010BBK 1TB	个
YY1002	希捷移动硬盘	2.5英寸 1TB	个
XJ1001	尼康相机	D7200	部
XJ1002	佳能相机	EOS 60D	部
SXJ1001	索尼数码摄像机	FDR-AX30	台
SXJ1002	JVC数码摄像机	GZ-VX855	台
SJ1001	华为手机	P9 3G+32G	部
SJ1002	三星手机	GALAXY S7	部
SJ1003	OPPO手机	R9 Plus	部

图 4.4 “商品基础资料”表内容

步骤3 定义名称

活力小贴士

Excel 可以使用一些技巧和方法管理复杂的工程。有一个特别好的工具就是定义名称，可以用名称来命名单元格或单元格区域，这样，在以后编写公式时可以很方便地用所定义的名称替代公式中的单元格地址，使用名称可使公式更加容易理解和更新。

名称是单元格或单元格区域的别名，它代表单元格、单元格区域、公式或常量。如果用“单价”来定义区域“Sheet1!B2:B9”，则在公式或函数中可以使用名称代替单元格区域的地址。例如，公式“=AVERAGE(Sheet1!B2:B9)”就可用“=AVERAGE(单价)”代替，这样更容易记忆和书写。默认情况下，名称使用的是单元格的绝对地址。

创建和编辑名称时需要注意的语法规则。

① 名称的第一个字符必须是一个字母、下划线（_）或反斜杠（\）。剩余名称中的字符可以是字母、数字、句点和下划线字符。

② 不能使用大写和小写字符“C”“c”“R”或“r”用作已定义名称，因为在“名称”或“转到”文本框中输入这些字符时，会将它们用作为当前选定的单元格选择行或列的简略表示法。

③ 名称不能与单元格地址相同，如 A5。

④ 名称中不能包含空格，可以使用下划线（_）和句点（.）。例如，Sales_Tax 或 First.Quarter。

⑤ 名称长度不能超过 255 个字符，一般建议尽量简短、易记。

⑥ 名称可以包含大写和小写字母。Excel 不区分名称中的大写和小写字符。

（1）选中要命名的 A2:D17 单元格区域。

（2）单击“公式”→“定义的名称”→“定义名称”按钮，打开“新建名称”对话框。

（3）在“名称”文本框中输入“商品信息”，如图 4.5 所示。

（4）单击“确定”按钮。

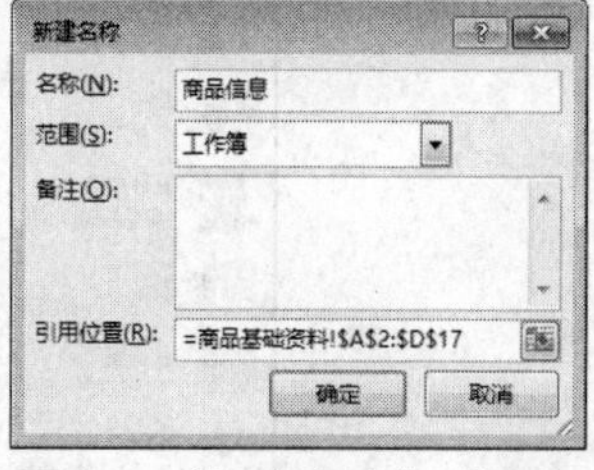

图 4.5 “新建名称”对话框

活力小贴士

定义好名称后，选中 A2:D17 单元格区域时，定义的名称显示在 Excel 窗口的“名称框”中，如图 4.6 所示。

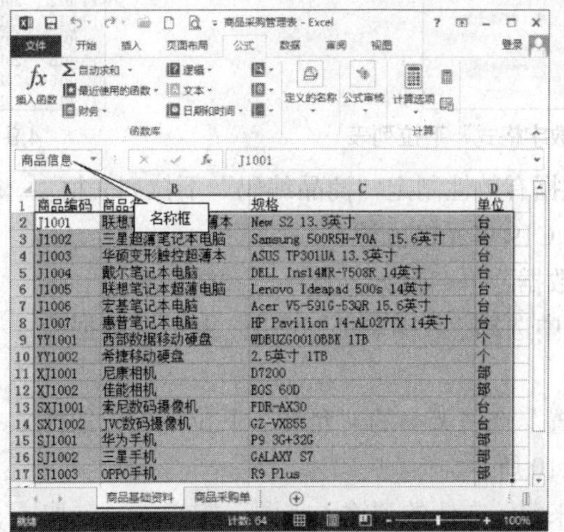

图 4.6 名称框中显示定义的名称“商品信息”

如果只选中定义区域的一个或部分单元格时，则名称框中不会显示定义的区域名称。

步骤 4 创建“商品采购单”

（1）选中“商品采购单”工作表。

（2）在 A1 单元格中输入表格标题“商品采购明细表”。

（3）在 A2:N2 单元格区域中输入图 4.7 所示的表格字段标题。

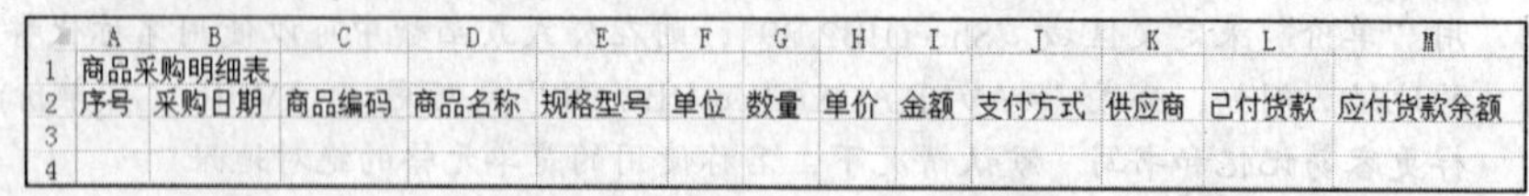

	A	B	C	D	E	F	G	H	I	J	K	L	M
1	商品采购明细表												
2	序号	采购日期	商品编码	商品名称	规格型号	单位	数量	单价	金额	支付方式	供应商	已付货款	应付货款余额
3													
4													

图 4.7 “商品采购单”框架

步骤 5 输入商品采购记录

（1）输入序号和采购日期。

① 定义“序号”列的数据为“文本”类型。选中 A 列，单击“开始”→“数字”→“数字格式”下拉按钮，从列表中选择“文本”，如图 4.8 所示。

② 选中 A3 单元格，输入“001”，鼠标拖曳填充柄至 A19 单元格，在 A3:A19 单元格区域中输入序号“001”～“017”。

③ 如图 4.9 所示，输入“采购日期”。

图 4.8 “数字格式”下拉列表

	A	B	C	D	E
1	商品采购明细表				
2	序号	采购日期	商品编码	商品名称	规格型号
3	001	2017-5-2			
4	002	2017-5-5			
5	003	2017-5-5			
6	004	2017-5-8			
7	005	2017-5-10			
8	006	2017-5-12			
9	007	2017-5-16			
10	008	2017-5-17			
11	009	2017-5-19			
12	010	2017-5-19			
13	011	2017-5-22			
14	012	2017-5-24			
15	013	2017-5-25			
16	014	2017-5-29			
17	015	2017-5-31			
18	016	2017-5-31			
19	017	2017-5-31			

4.9 输入“采购日期”

（2）利用数据有效性制定“商品编码”下拉列表框。

① 选中 C3:C19 单元格区域。

② 单击“数据”→“数据工具”→“数据验证”按钮，从下拉列表中选择“数据验证”选项，打开“数据验证”对话框。

③ 在“设置”选项卡中的“允许”下拉列表中选择“序列”，如图 4.10 所示。

④ 单击“来源”右侧的“输入来源”按钮，选取“商品基础资料”工作表的 A2:A17 单元格区域，如图 4.11 所示。

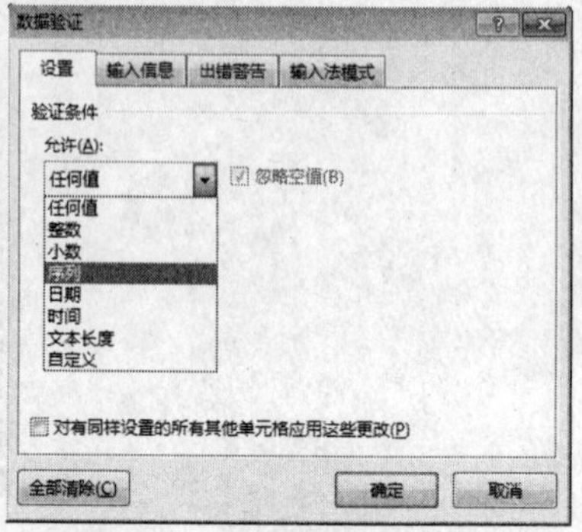

图 4.10 “数据验证”对话框

⑤ 单击“数据验证”工具栏右侧的“返回”按钮，返回“数据验证”对话框，“来源”文本框中已经显示了序列来源，如图 4.12 所示。

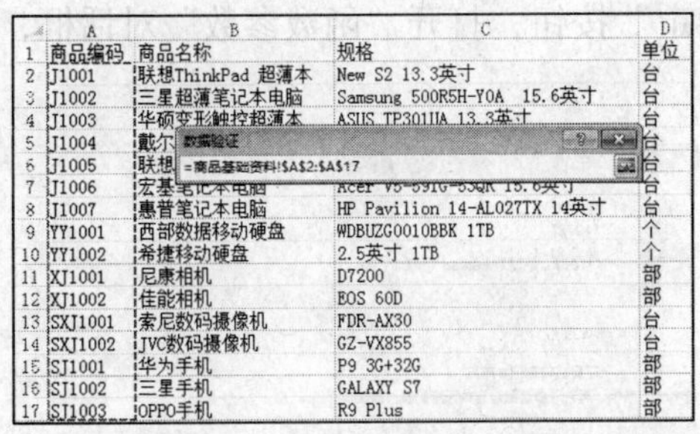

	A	B	C	D
1	商品编码	商品名称	规格	单位
2	J1001	联想ThinkPad 超薄本	New S2 13.3英寸	台
3	J1002	三星超薄笔记本电脑	Samsung 500R5H-Y0A 15.6英寸	台
4	J1003	华硕变形触控超薄本	ASUS TP301UA 13.3英寸	台
5	J1004	戴尔		台
6	J1005	联想		台
7	J1006	宏基笔记本电脑	Acer V5-591G-53QR 15.6英寸	台
8	J1007	惠普笔记本电脑	HP Pavilion 14-AL027TX 14英寸	台
9	YY1001	西部数据移动硬盘	WDBUZG0010BBK 1TB	个
10	YY1002	希捷移动硬盘	2.5英寸 1TB	个
11	XJ1001	尼康相机	D7200	部
12	XJ1002	佳能相机	EOS 60D	部
13	SXJ1001	索尼数码摄像机	FDR-AX30	台
14	SXJ1002	JVC数码摄像机	GZ-VX855	台
15	SJ1001	华为手机	P9 3G+32G	部
16	SJ1002	三星手机	GALAXY S7	部
17	SJ1003	OPPO手机	R9 Plus	部

图 4.11　选取“序列”来源

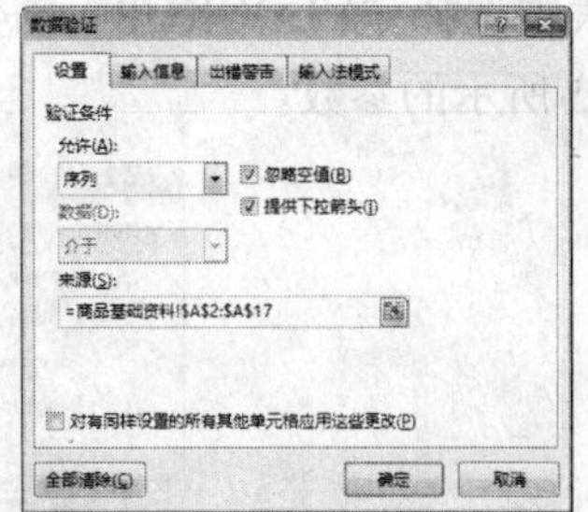

图 4.12　设置数据序列“来源”

⑥ 单击“确定”按钮，返回“商品采购单”工作表，选中设置了数据有效性的任意单元格，可以显示图 4.13 所示的“商品编码”下拉列表框。

（3）如图 4.14 所示，利用下拉列表输入“商品编码”数据。

	A	B	C	D
1	商品采购明细表			
2	序号	采购日期	商品编码	商品名称
3	001	2017-5-2		
4	002	2017-5-5		
5	003	2017-5-5		
6	004	2017-5-8		
7	005	2017-5-10		
8	006	2017-5-12		
9	007	2017-5-16		
10	008	2017-5-17		
11	009	2017-5-19		
12	010	2017-5-19		
13	011	2017-5-22		
14	012	2017-5-24		
15	013	2017-5-25		
16	014	2017-5-29		
17	015	2017-5-31		
18	016	2017-5-31		
19	017	2017-5-31		

图 4.13　“商品编码”下拉列表框

	A	B	C	D
1	商品采购明细表			
2	序号	采购日期	商品编码	商品名称
3	001	2017-5-2	J1002	
4	002	2017-5-5	J1004	
5	003	2017-5-5	J1005	
6	004	2017-5-8	YY1001	
7	005	2017-5-10	XJ1002	
8	006	2017-5-12	SXJ1001	
9	007	2017-5-16	SJ1001	
10	008	2017-5-17	J1001	
11	009	2017-5-19	J1006	
12	010	2017-5-19	YY1002	
13	011	2017-5-22	SJ1003	
14	012	2017-5-24	J1003	
15	013	2017-5-25	J1005	
16	014	2017-5-29	J1007	
17	015	2017-5-31	XJ1002	
18	016	2017-5-31	SXJ1002	
19	017	2017-5-31	SJ1001	

图 4.14　用下拉列表输入“商品编码”

（4）使用 VLOOKUP 函数引用“商品名称”“规格型号”和“单位”数据。

活力小贴士

VLOOKUP 函数是 Excel 中的一个纵向查找函数，它与 LOOKUP 函数和 HLOOKUP 函数属于一类函数，在工作中都有广泛的应用。VLOOKUP 是按列查找，最终返回该列所需查询列序所对应的值；与之对应的 HLOOKUP 是按行查找的。

语法：VLOOKUP(lookup_value,table_array,col_index_num,range_lookup)

参数说明：

① Lookup_value 为需要在数据表第一列中进行查找的数值。Lookup_value 可以为数值、引用或文本字符串。当 VLOOKUP 函数第一参数省略查找值时，表示用 0 查找。

② Table_array 为需要在其中查找数据的数据表，使用对区域或区域名称的引用。

③ Col_index_num 为 table_array 中查找数据的数据列序号。col_index_num 为 1 时，返回 table_array 第一列的数值，col_index_num 为 2 时，返回 table_array 第二列的数值，以此类推。如果 col_index_num 小于 1，函数 VLOOKUP 返回错误值 #VALUE!；如果 col_index_num 大于 table_array 的列数，函数 VLOOKUP 返回错误值#REF!。

④ Range_lookup 为一逻辑值，指明函数 VLOOKUP 查找时是精确匹配，还是近似匹配。如果为 False 或 0 ，则返回精确匹配，如果找不到，则返回错误值 #N/A。如果 range_lookup 为 TRUE 或 1，函数 VLOOKUP 将查找近似匹配值，也就是说，如果找不到精确匹配值，则返回小于 lookup_value 的最大数值。如果 range_lookup 省略，则默认为近似匹配。

① 选中 D3 单元格。

② 单击“公式”→“函数库”→“插入函数”按钮，打开“插入函数”对话框，从函数列表中选择“VLOOKUP”函数后单击“确定”按钮，打开“函数参数”对话框，设置图 4.15 所示的参数。

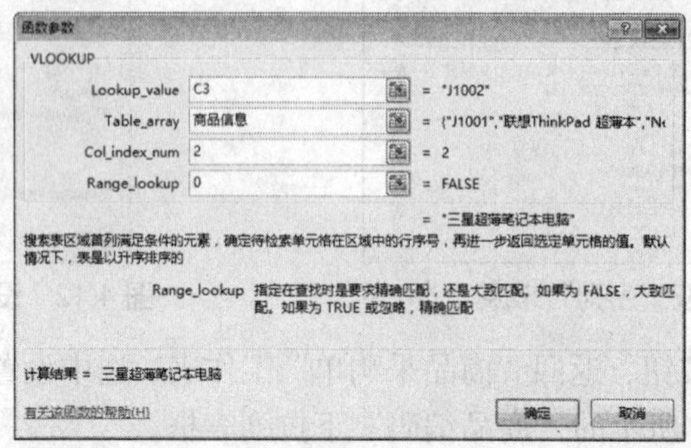

图 4.15 引用“商品名称”的 VLOOKUP 参数

③ 单击“确定”按钮，引用相应的“商品名称”数据。

④ 选中 D3 单元格，用鼠标拖曳其填充柄至 D19 单元格，将公式复制到 D4:D19 单元格区域中，可引用所有商品的商品名称。

⑤ 同样的方式，分别引用“规格型号”和“单位”。

⑥ 适当调整列宽，如图 4.16 所示。

活力小贴士

这里，在设置函数 VLOOKUP 的第二个参数 Table_array 时，其引用区域为“商品基础资料!$A$2:$D$17”，但由于在“步骤 3”中，为 A2:D17 单元格区域定义了名称“商品信息”，且定义名称默认的引用为绝对地址 $A$2:$D$17，因此，当这里选择“商品基础资料!$A$2:$D$17”单元格区域时，自动显示为定义的名称“商品信息”。

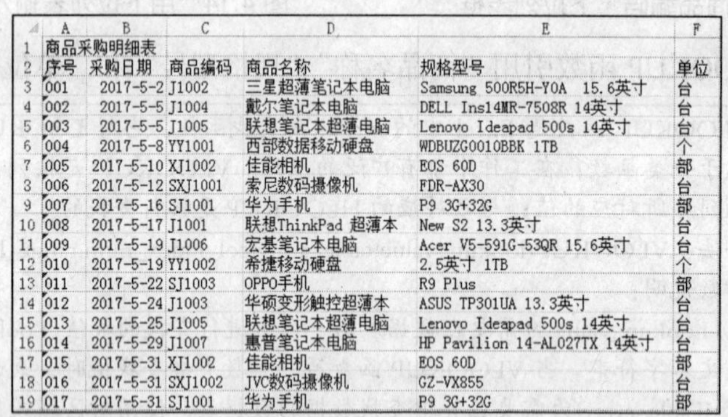

	A	B	C	D	E	F
1	商品采购明细表					
2	序号	采购日期	商品编码	商品名称	规格型号	单位
3	001	2017-5-2	J1002	三星超薄笔记本电脑	Samsung 500R5H-Y0A 15.6英寸	台
4	002	2017-5-5	J1004	戴尔笔记本电脑	DELL Ins14MR-7508R 14英寸	台
5	003	2017-5-5	J1005	联想笔记本超薄电脑	Lenovo Ideapad 500s 14英寸	台
6	004	2017-5-8	YY1001	西部数据移动硬盘	WDBUZG0010BBK 1TB	个
7	005	2017-5-10	XJ1002	佳能相机	EOS 60D	部
8	006	2017-5-12	SXJ1001	索尼数码摄像机	FDR-AX30	台
9	007	2017-5-16	SJ1001	华为手机	P9 3G+32G	部
10	008	2017-5-17	J1001	联想ThinkPad 超薄本	New S2 13.3英寸	台
11	009	2017-5-19	J1006	宏基笔记本电脑	Acer V5-591G-53QR 15.6英寸	台
12	010	2017-5-19	YY1002	希捷移动硬盘	2.5英寸 1TB	个
13	011	2017-5-22	SJ1003	OPPO手机	R9 Plus	部
14	012	2017-5-24	J1003	华硕变形触控超薄本	ASUS TP301UA 13.3英寸	台
15	013	2017-5-25	J1005	联想笔记本超薄电脑	Lenovo Ideapad 500s 14英寸	台
16	014	2017-5-29	J1007	惠普笔记本电脑	HP Pavilion 14-AL027TX 14英寸	台
17	015	2017-5-31	XJ1002	佳能相机	EOS 60D	部
18	016	2017-5-31	SXJ1002	JVC数码摄像机	GZ-VX855	台
19	017	2017-5-31	SJ1001	华为手机	P9 3G+32G	部

图 4.16 用 VLOOKUP 函数引用“商品名称”“规格型号”和“单位”数据

（5）如图 4.17 所示，输入“数量”和“单价”数据。

（6）利用数据有效性制定“支付方式”下拉列表框。

① 选中 J3:J19 单元格区域。

② 单击“数据”→“数据工具”→“数据验证”按钮，从下拉列表中选择“数据验证”选项，打开“数据验证”对话框。

③ 在“设置”选项卡中的“允许”下拉列表中选择“序列”。

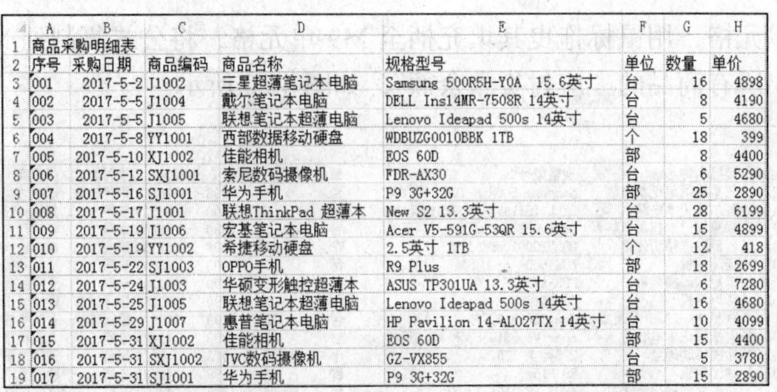

	A	B	C	D	E	F	G	H
1	商品采购明细表							
2	序号	采购日期	商品编码	商品名称	规格型号	单位	数量	单价
3	001	2017-5-2	J1002	三星超薄笔记本电脑	Samsung 500R5H-Y0A 15.6英寸	台	16	4898
4	002	2017-5-5	J1004	戴尔笔记本电脑	DELL Ins14MR-7508R 14英寸	台	8	4190
5	003	2017-5-5	J1005	联想笔记本超薄电脑	Lenovo Ideapad 500s 14英寸	台	5	4680
6	004	2017-5-8	YY1001	西部数据移动硬盘	WDBUZG0010BBK 1TB	个	18	399
7	005	2017-5-10	XJ1002	佳能相机	EOS 60D	部	8	4400
8	006	2017-5-12	SXJ1001	索尼数码摄像机	FDR-AX30	台	6	5290
9	007	2017-5-16	SJ1001	华为手机	P9 3G+32G	部	25	2890
10	008	2017-5-17	J1001	联想ThinkPad 超薄本	New S2 13.3英寸	台	28	6199
11	009	2017-5-19	J1006	宏基笔记本电脑	Acer V5-591G-53QR 15.6英寸	台	15	4899
12	010	2017-5-19	YY1002	希捷移动硬盘	2.5英寸 1TB	个	12	418
13	011	2017-5-22	SJ1003	OPPO手机	R9 Plus	部	18	2699
14	012	2017-5-24	J1003	华硕变形触控超薄本	ASUS TP301UA 13.3英寸	台	6	7280
15	013	2017-5-25	J1005	联想笔记本超薄电脑	Lenovo Ideapad 500s 14英寸	台	16	4680
16	014	2017-5-29	J1007	惠普笔记本电脑	HP Pavilion 14-AL027TX 14英寸	台	10	4099
17	015	2017-5-31	XJ1002	佳能相机	EOS 60D	部	15	4400
18	016	2017-5-31	SXJ1002	JVC数码摄像机	GZ-VX855	台	5	3780
19	017	2017-5-31	SJ1001	华为手机	P9 3G+32G	部	15	2890

图 4.17　输入“数量”和“单价”数据

④ 在“来源”文本框输入待选的支付方式列表项“现金,银行转账,汇款,支票,本票”,（各列表项之间以英文状态下的逗号分隔），如图 4.18 所示。

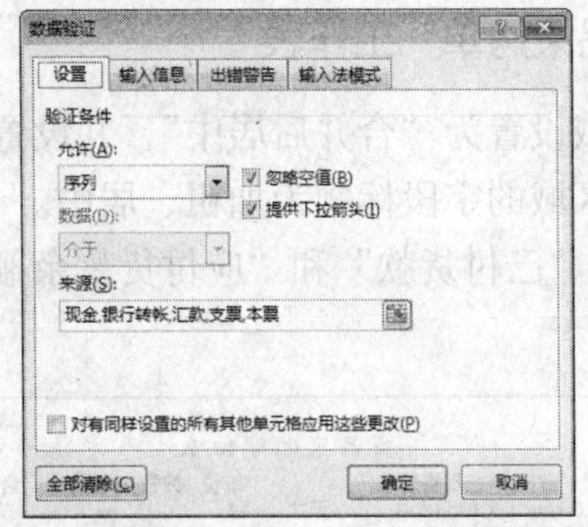

图 4.18　“支付方式”数据有效性设置

⑤ 单击“确定”按钮，完成“支付方式”下拉列表框设置。

（7）如图 4.19 所示，输入“支付方式”“供应商”和“已付货款”数据。

	A	B	C	D	E	F	G	H	I	J	K	L
1	商品采购明细表											
2	序号	采购日期	商品编码	商品名称	规格型号	单位	数量	单价	金额	支付方式	供应商	已付货款
3	001	2017-5-2	J1002	三星超薄笔记本电脑	Samsung 500R5H-Y0A 15.6英寸	台	16	4898		银行转帐	威尔达科技	
4	002	2017-5-5	J1004	戴尔笔记本电脑	DELL Ins14MR-7508R 14英寸	台	8	4190		支票	拓达科技	
5	003	2017-5-5	J1005	联想笔记本超薄电脑	Lenovo Ideapad 500s 14英寸	台	5	4680		本票	拓达科技	
6	004	2017-5-8	YY1001	西部数据移动硬盘	WDBUZG0010BBK 1TB	个	18	399		现金	威尔达科技	7182
7	005	2017-5-10	XJ1002	佳能相机	EOS 60D	部	8	4400		支票	义美数码	
8	006	2017-5-12	SXJ1001	索尼数码摄像机	FDR-AX30	台	6	5290		支票	天宇数码	
9	007	2017-5-16	SJ1001	华为手机	P9 3G+32G	部	25	2890		银行转帐	顺成通讯	
10	008	2017-5-17	J1001	联想ThinkPad 超薄本	New S2 13.3英寸	台	28	6199		银行转帐	长城科技	
11	009	2017-5-19	J1006	宏基笔记本电脑	Acer V5-591G-53QR 15.6英寸	台	15	4899		本票	力锦科技	
12	010	2017-5-19	YY1002	希捷移动硬盘	2.5英寸 1TB	个	12	418		现金	天科电子	5016
13	011	2017-5-22	SJ1003	OPPO手机	R9 Plus	部	18	2699		支票	顺成通讯	
14	012	2017-5-24	J1003	华硕变形触控超薄本	ASUS TP301UA 13.3英寸	台	6	7280		汇款	涵合科技	
15	013	2017-5-25	J1005	联想笔记本超薄电脑	Lenovo Ideapad 500s 14英寸	台	16	4680		银行转帐	长城科技	
16	014	2017-5-29	J1007	惠普笔记本电脑	HP Pavilion 14-AL027TX 14英寸	台	10	4099		支票	百达信息	
17	015	2017-5-31	XJ1002	佳能相机	EOS 60D	部	15	4400		汇款	义美数码	
18	016	2017-5-31	SXJ1002	JVC数码摄像机	GZ-VX855	台	5	3780		现金	天宇数码	5000
19	017	2017-5-31	SJ1001	华为手机	P9 3G+32G	部	15	2890		银行转帐	顺成通讯	

图 4.19　输入“支付方式”“供应商”和“已付货款”数据

（8）计算“金额”和“应付货款余额”。

① 计算“金额”。选中 I3 单元格，输入公式“=G3*H3”，按“Enter”键确认。再次选中 I3 单元格，用鼠标拖曳其填充柄至 I9 单元格，将公式复制到 I4:I19 单元格区域中，计算出所有商品的“金额”。

② 计算“应付货款余额”。选中 M3 单元格，输入公式“=I3-L3”，按“Enter”键确认。

再次选中 M3 单元格，用鼠标拖曳其填充柄至 M9 单元格，将公式复制到 M4:M19 单元格区域中，计算出所有商品的“应付货款余额”，如图 4.20 所示。

	A	B	C	D	E	F	G	H	I	J	K	L	M
1	商品采购明细表												
2	序号	采购日期	商品编码	商品名称	规格型号	单位	数量	单价	金额	支付方式	供应商	已付货款	应付货款余额
3	001	2017-5-2	J1002	三星超薄笔记本电脑	Samsung 500R5H-Y0A 15.6英寸	台	16	4898	78368	银行转帐	威尔达科技		78368
4	002	2017-5-5	J1004	戴尔笔记本电脑	DELL Ins14MR-7508R 14英寸	台	8	4190	33520	支票	拓达科技		33520
5	003	2017-5-5	J1005	联想笔记本超薄电脑	Lenovo Ideapad 500s 14英寸	台	5	4680	23400	本票	拓达科技		23400
6	004	2017-5-8	YY1001	西部数据移动硬盘	WDBUZG0010BBK 1TB	个	18	399	7182	现金	威尔达科技	7182	0
7	005	2017-5-10	XJ1002	佳能相机	EOS 60D	部	8	4400	35200	支票	义美数码		35200
8	006	2017-5-12	SXJ1001	索尼数码摄像机	FDR-AX30	台	6	5290	31740	支票	天宇数码		31740
9	007	2017-5-16	SJ1001	华为手机	P9 3G+32G	部	25	2890	72250	银行转帐	顺成通讯		72250
10	008	2017-5-17	J1001	联想ThinkPad 超薄本	New S2 13.3英寸	台	28	6199	173572	银行转帐	长城科技		173572
11	009	2017-5-19	J1006	宏基笔记本电脑	Acer V5-591G-53QR 15.6英寸	台	15	4899	73485	本票	力锦科技		73485
12	010	2017-5-19	YY1002	希捷移动硬盘	2.5英寸 1TB	个	12	418	5016	现金	天科电子	5016	0
13	011	2017-5-22	SJ1003	OPPO手机	R9 Plus	部	18	2699	48582	支票	顺成通讯		48582
14	012	2017-5-24	J1003	华硕变形触控超薄本	ASUS TP301UA 13.3英寸	台	6	7280	43680	汇款	涵合科技		43680
15	013	2017-5-25	J1005	联想笔记本超薄电脑	Lenovo Ideapad 500s 14英寸	台	16	4680	74880	银行转帐	长城科技		74880
16	014	2017-5-29	J1007	惠普笔记本电脑	HP Pavilion 14-AL027TX 14英寸	台	10	4099	40990	支票	百达信息		40990
17	015	2017-5-31	XJ1002	佳能相机	EOS 60D	部	15	4400	66000	汇款	义美数码		66000
18	016	2017-5-31	SXJ1002	JVC数码摄像机	GZ-VX855	台	5	3780	18900	现金	天宇数码	5000	13900
19	017	2017-5-31	SJ1001	华为手机	P9 3G+32G	部	15	2890	43350	银行转帐	顺成通讯		43350

图 4.20　计算“金额”和“应付货款余额”

步骤 6　美化“商品采购单”工作表

（1）将 A1:M1 单元格区域设置为“合并后居中”，并设置标题为“华文行楷”、18 磅。

（2）设置 A2:M2 单元格区域的字段标题为加粗、居中。

（3）设置“单价”“金额”“已付货款”和“应付货款余额”数据格式为“货币”、0 位小数，如图 4.21 所示。

	A	B	C	D	E	F	G	H	I	J	K	L	M
1	商品采购明细表												
2	**序号**	**采购日期**	**商品编码**	**商品名称**	**规格型号**	**单位**	**数量**	**单价**	**金额**	**支付方式**	**供应商**	**已付货款**	**应付货款余额**
3	001	2017-5-2	J1002	三星超薄笔记本电脑	Samsung 500R5H-Y0A 15.6英寸	台	16	¥4,898	¥78,368	银行转帐	威尔达科技		¥78,368
4	002	2017-5-5	J1004	戴尔笔记本电脑	DELL Ins14MR-7508R 14英寸	台	8	¥4,190	¥33,520	支票	拓达科技		¥33,520
5	003	2017-5-5	J1005	联想笔记本超薄电脑	Lenovo Ideapad 500s 14英寸	台	5	¥4,680	¥23,400	本票	拓达科技		¥23,400
6	004	2017-5-8	YY1001	西部数据移动硬盘	WDBUZG0010BBK 1TB	个	18	¥399	¥7,182	现金	威尔达科技	¥7,182	¥0
7	005	2017-5-10	XJ1002	佳能相机	EOS 60D	部	8	¥4,400	¥35,200	支票	义美数码		¥35,200
8	006	2017-5-12	SXJ1001	索尼数码摄像机	FDR-AX30	台	6	¥5,290	¥31,740	支票	天宇数码		¥31,740
9	007	2017-5-16	SJ1001	华为手机	P9 3G+32G	部	25	¥2,890	¥72,250	银行转帐	顺成通讯		¥72,250
10	008	2017-5-17	J1001	联想ThinkPad 超薄本	New S2 13.3英寸	台	28	¥6,199	¥173,572	银行转帐	长城科技		¥173,572
11	009	2017-5-19	J1006	宏基笔记本电脑	Acer V5-591G-53QR 15.6英寸	台	15	¥4,899	¥73,485	本票	力锦科技		¥73,485
12	010	2017-5-19	YY1002	希捷移动硬盘	2.5英寸 1TB	个	12	¥418	¥5,016	现金	天科电子	¥5,016	¥0
13	011	2017-5-22	SJ1003	OPPO手机	R9 Plus	部	18	¥2,699	¥48,582	支票	顺成通讯		¥48,582
14	012	2017-5-24	J1003	华硕变形触控超薄本	ASUS TP301UA 13.3英寸	台	6	¥7,280	¥43,680	汇款	涵合科技		¥43,680
15	013	2017-5-25	J1005	联想笔记本超薄电脑	Lenovo Ideapad 500s 14英寸	台	16	¥4,680	¥74,880	银行转帐	长城科技		¥74,880
16	014	2017-5-29	J1007	惠普笔记本电脑	HP Pavilion 14-AL027TX 14英寸	台	10	¥4,099	¥40,990	支票	百达信息		¥40,990
17	015	2017-5-31	XJ1002	佳能相机	EOS 60D	部	15	¥4,400	¥66,000	汇款	义美数码		¥66,000
18	016	2017-5-31	SXJ1002	JVC数码摄像机	GZ-VX855	台	5	¥3,780	¥18,900	现金	天宇数码	¥5,000	¥13,900
19	017	2017-5-31	SJ1001	华为手机	P9 3G+32G	部	15	¥2,890	¥43,350	银行转帐	顺成通讯		¥43,350

图 4.21　设置数据为“货币”格式

（4）将“序号”“单位”和“支付方式”列的数据居中对齐。

（5）为 A2:M19 单元格区域添加边框。

（6）适当调整各列的宽度。

设置后的效果如图 4.1 所示。

步骤 7　分析采购业务数据

（1）复制工作表。将“商品采购单”工作表复制 5 份，分别重命名为“金额超过 5 万的记录”“手机采购记录”“5 月中旬的采购记录”“5 月下旬银行转账的采购记录”以及“单价高于 5000 和金额超过 6 万的记录”。

（2）筛选“金额超过 5 万的记录”。

① 切换到“金额超过 5 万的记录”工作表。

② 选中数据区域中任一单元格，单击“数据”→“排序和筛选”→“筛选”按钮，构建自动筛选。系统将在每个字段上添加一个下拉按钮，如图 4.22 所示。

商品采购明细表

	序	采购日	商品编	商品名称	规格型号	单	数	单价	金额	支付方	供应商	已付货	应付货款余
3	001	2017-5-2	J1002	三星超薄笔记本电脑	Samsung 500R5H-Y0A 15.6英寸	台	16	¥4,898	¥78,368	本票	威尔达科技		¥78,368
4	002	2017-5-5	J1004	戴尔笔记本电脑	DELL Ins14MR-7508R 14英寸	台	8	¥4,190	¥33,520	支票	拓达科技		¥33,520
5	003	2017-5-5	J1005	联想笔记本超薄电脑	Lenovo Ideapad 500s 14英寸	台	5	¥4,680	¥23,400	本票	拓达科技		¥23,400
6	004	2017-5-8	YY1001	西部数据移动硬盘	WDBUZG0010BBK 1TB	个	18	¥399	¥7,182	现金	威尔达科技	¥7,182	¥0
7	005	2017-5-10	XJ1002	佳能相机	EOS 60D	部	8	¥4,400	¥35,200	支票	义美数码		¥35,200
8	006	2017-5-12	SXJ1001	索尼数码摄像机	FDR-AX30	台	6	¥5,290	¥31,740	支票	天宇数码		¥31,740
9	007	2017-5-16	SJ1001	华为手机	P9 3G+32G	部	25	¥2,890	¥72,250	银行转帐	顺成通讯		¥72,250
10	008	2017-5-17	J1001	联想ThinkPad 超薄本	New S2 13.3英寸	台	28	¥6,199	¥173,572	银行转帐	长城科技		¥173,572
11	009	2017-5-19	J1006	宏基笔记本电脑	Acer V5-591G-53QR 15.6英寸	台	15	¥4,899	¥73,485	本票	力锦科技		¥73,485
12	010	2017-5-19	YY1002	希捷移动硬盘	2.5英寸 1TB	个	12	¥418	¥5,016	现金	天科电子	¥5,016	¥0
13	011	2017-5-22	SJ1003	OPPO手机	R9 Plus	部	18	¥2,699	¥48,582	支票	顺成通讯		¥48,582
14	012	2017-5-24	J1003	华硕变形触控超薄本	ASUS TP301UA 13.3英寸	台	6	¥7,280	¥43,680	汇款	涵合科技		¥43,680
15	013	2017-5-25	J1005	联想笔记本超薄电脑	Lenovo Ideapad 500s 14英寸	台	16	¥4,680	¥74,880	银行转帐	长城科技		¥74,880
16	014	2017-5-29	J1007	惠普笔记本电脑	HP Pavilion 14-AL027TX 14英寸	台	10	¥4,099	¥40,990	支票	百达信息		¥40,990
17	015	2017-5-31	XJ1002	佳能相机	EOS 60D	部	15	¥4,400	¥66,000	汇款	义美数码		¥66,000
18	016	2017-5-31	SXJ1002	JVC数码摄像机	GZ-VX855	台	5	¥3,780	¥18,900	现金	天宇数码	¥5,000	¥13,900
19	017	2017-5-31	SJ1001	华为手机	P9 3G+32G	部	15	¥2,890	¥43,350	银行转帐	顺成通讯		¥43,350

图 4.22 自动筛选工作表

③ 设置筛选条件。单击“金额”右边的下拉按钮，打开筛选菜单，选择图 4.23 所示的“数字筛选”级联菜单中的“大于”选项，打开“自定义自动筛选方式”对话框。

④ 将“金额”大于的值设置为“50 000”，如图 4.24 所示。

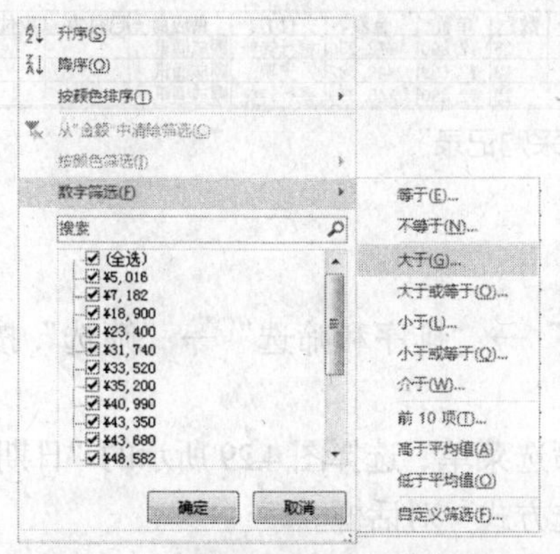

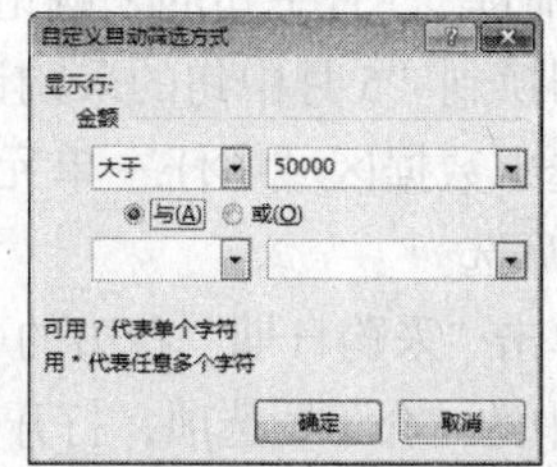

图 4.23 设置“金额”筛选的菜单　　图 4.24 “自定义自动筛选方式”对话框

⑤ 单击“确定”按钮后，筛选出“金额超过 5 万的记录”。筛选结果如图 4.25 所示。

商品采购明细表

	序	采购日	商品编	商品名称	规格型号	单	数	单价	金额	支付方	供应商	已付货	应付货款余
3	001	2017-5-2	J1002	三星超薄笔记本电脑	Samsung 500R5H-Y0A 15.6英寸	台	16	¥4,898	¥78,368	本票	威尔达科技		¥78,368
9	007	2017-5-16	SJ1001	华为手机	P9 3G+32G	部	25	¥2,890	¥72,250	银行转帐	顺成通讯		¥72,250
10	008	2017-5-17	J1001	联想ThinkPad 超薄本	New S2 13.3英寸	台	28	¥6,199	¥173,572	银行转帐	长城科技		¥173,572
11	009	2017-5-19	J1006	宏基笔记本电脑	Acer V5-591G-53QR 15.6英寸	台	15	¥4,899	¥73,485	本票	力锦科技		¥73,485
15	013	2017-5-25	J1005	联想笔记本超薄电脑	Lenovo Ideapad 500s 14英寸	台	16	¥4,680	¥74,880	银行转帐	长城科技		¥74,880
17	015	2017-5-31	XJ1002	佳能相机	EOS 60D	部	15	¥4,400	¥66,000	汇款	义美数码		¥66,000

图 4.25 筛选出“金额超过 5 万的记录”

（3）筛选“手机采购记录”。

① 切换到“手机采购记录”工作表。

② 选中数据区域中任一单元格，单击“数据”→“排序和筛选”→“筛选”按钮，构建自动筛选。

③ 单击“商品名称”右边的下拉按钮，打开筛选菜单，选择图 4.26 所示的“文本筛选”级联菜单中的“包含”选项，打开“自定义自动筛选方式”对话框。

④ 将“商品名称”包含的值设置为“手机”，如图 4.27 所示。

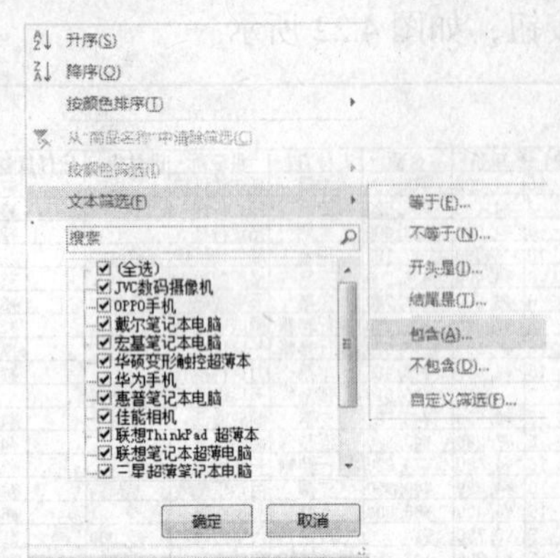

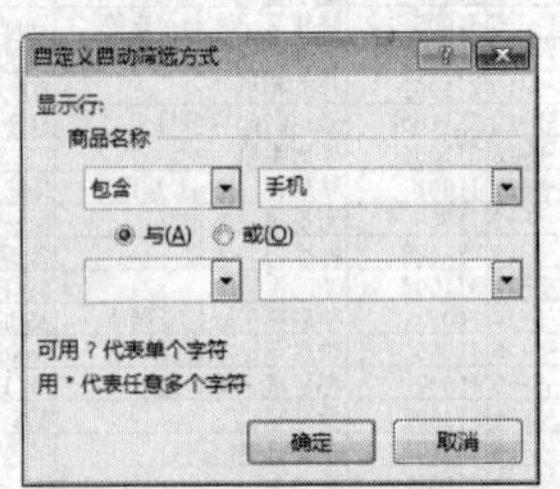

图 4.26　设置“商品名称”筛选的菜单　　图 4.27　自定义“商品名称”筛选方式

⑤ 单击“确定”按钮后，筛选出商品名称包含有手机字符的“手机采购记录”。筛选结果如图 4.28 所示。

	A	B	C	D	E	F	G	H	I	J	K	L	M
1	商品采购明细表												
2	序	采购日	商品编	商品名称	规格型号	单	数	单价	金额	支付方	供应商	已付货	应付货款余
9	007	2017-5-16	SJ1001	华为手机	P9 3G+32G	部	25	¥2,890	¥72,250	银行转帐	顺成通讯		¥72,250
13	011	2017-5-22	SJ1003	OPPO手机	R9 Plus	部	18	¥2,699	¥48,582	支票	顺成通讯		¥48,582
19	017	2017-5-31	SJ1001	华为手机	P9 3G+32G	部	15	¥2,890	¥43,350	银行转帐	顺成通讯		¥43,350

图 4.28　筛选出“手机采购记录”

（4）筛选“5 月中旬的采购记录”。

① 切换到“5 月中旬的采购记录”工作表。

② 选中数据区域中任一单元格，单击“数据”→“排序和筛选”→“筛选”按钮，构建自动筛选。

③ 单击“采购日期”右边的下拉按钮，打开筛选菜单，选择图 4.29 所示的“日期筛选”级联菜单中的“介于”选项，打开“自定义自动筛选方式”对话框。

④ 按图 4.30 所示设置“采购日期”的日期范围。

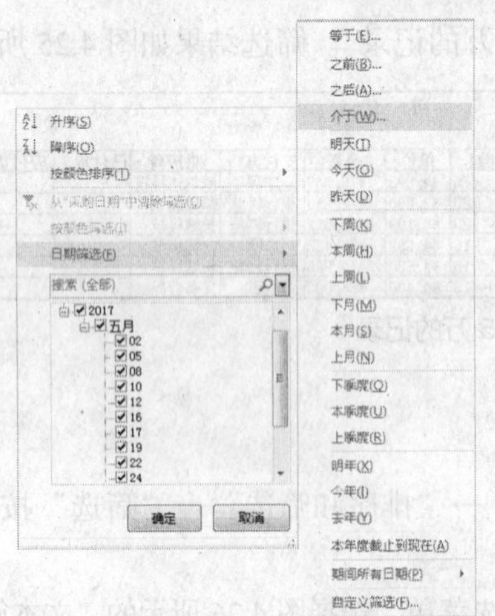

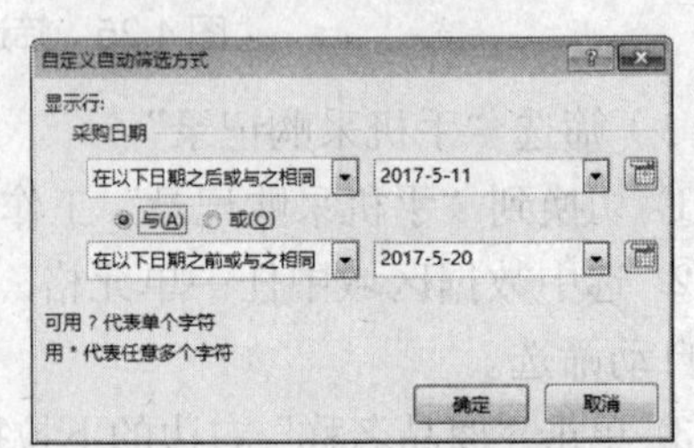

图 4.29　设置“采购日期”筛选的菜单　　图 4.30　定义“采购日期”筛选方式

⑤ 单击“确定”按钮后，筛选出“8 月中旬的采购记录”。筛选结果如图 4.31 所示。

	A	B	C	D	E	F	G	H	I	J	K	L	M
1	商品采购明细表												
2	序号	采购日期	商品编码	商品名称	规格型号	单位	数量	单价	金额	支付方式	供应商	已付货	应付货款余额
8	006	2017-5-12	SXJ1001	索尼数码摄像机	FDR-AX30	台	6	¥5,290	¥31,740	支票	天宇数码		¥31,740
9	007	2017-5-16	SJ1001	华为手机	P9 3G+32G	部	25	¥2,890	¥72,250	银行转帐	顺成通讯		¥72,250
10	008	2017-5-17	J1001	联想ThinkPad 超薄本	New S2 13.3英寸	台	28	¥6,199	¥173,572	银行转帐	长城科技		¥173,572
11	009	2017-5-19	J1006	宏基笔记本电脑	Acer V5-591G-53QR 15.6英寸	台	15	¥4,899	¥73,485	本票	力锦科技		¥73,485
12	010	2017-5-19	YY1002	希捷移动硬盘	2.5英寸 1TB	个	12	¥418	¥5,016	现金	天科电子	¥5,016	¥0

图 4.31　筛选出“5 月中旬的采购记录”

（5）筛选“5 月下旬银行转账的采购记录”。

① 切换到“5 月下旬银行转账的采购记录”工作表。

② 选中数据区域中任一单元格，单击“数据”→“排序和筛选”→“筛选”按钮，构建自动筛选。

③ 单击“采购日期”右边的下拉按钮，打开筛选菜单，选择“日期筛选”级联菜单中的“之后”选项，打开“自定义自动筛选方式”对话框，按图 4.32 所示设置“采购日期”的日期，单击“确定”按钮，筛选出“5 月下旬的采购记录”。

④ 单击“支付方式”右边的下拉按钮，打开筛选菜单，在“支付方式”的值列表中选择“银行转账”，如图 4.33 所示。

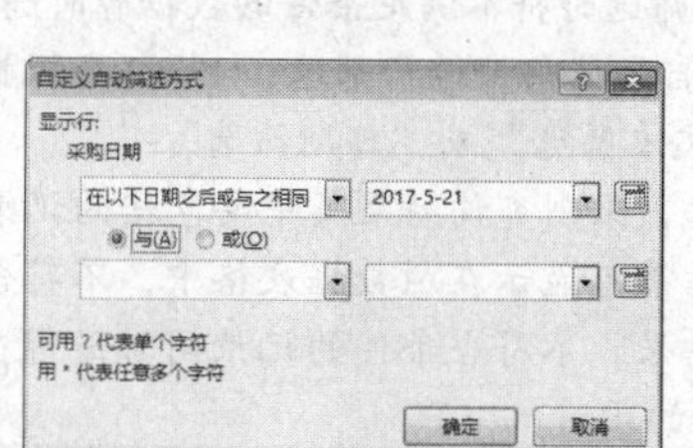

图 4.32　自定义“采购日期”筛选方式

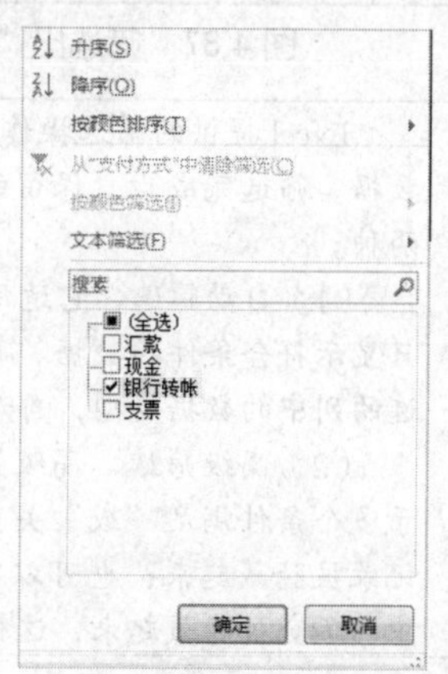

图 4.33　设置“支付方式”筛选的菜单

⑤ 单击“确定”按钮，则可得到图 4.34 所示的筛选结果。

	A	B	C	D	E	F	G	H	I	J	K	L	M
1	商品采购明细表												
2	序号	采购日期	商品编码	商品名称	规格型号	单位	数量	单价	金额	支付方式	供应商	已付货	应付货款余额
15	013	2017-5-25	J1005	联想笔记本超薄电脑	Lenovo Ideapad 500s 14英寸	台	16	¥4,680	¥74,880	银行转帐	长城科技		¥74,880
19	017	2017-5-31	SJ1001	华为手机	P9 3G+32G	部	15	¥2,890	¥43,350	银行转帐	顺成通讯		¥43,350

图 4.34　筛选出“5 月下旬银行转账的采购记录”

（6）筛选“单价高于 5000 和金额超过 6 万的记录”。

① 输入筛选条件。选择“单价高于 5000 和金额超过 6 万的记录”工作表，在 D21:E23 单元格区域中输入筛选条件，如图 4.35 所示。

② 选中数据区域的任一单元格，单击“数据”→“排序和筛选”→“高级”选项，弹出 “高级筛选”对话框。

③ 选择“方式”为“在原有区域显示筛选结果”，设置列表区域和条件区域，如图 4.36

所示。

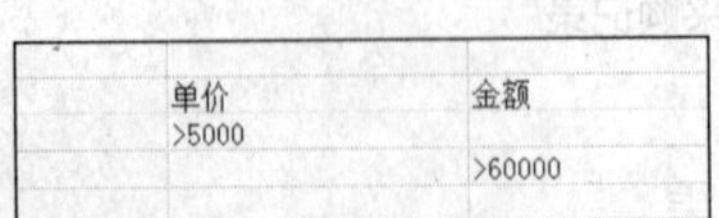

单价	金额
>5000	
	>60000

图 4.35　高级筛选的条件区域

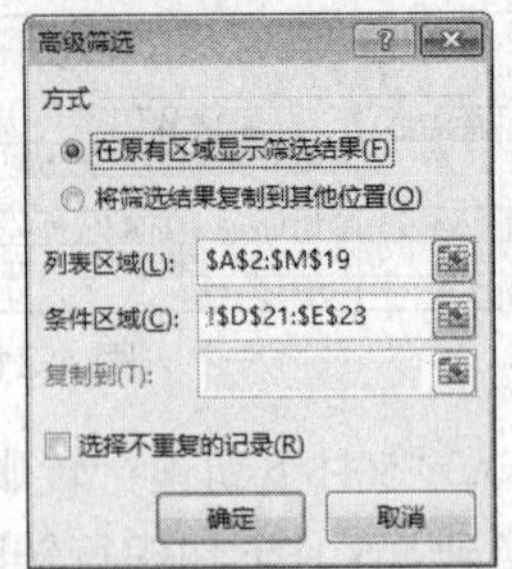

图 4.36　“高级筛选”对话框

④ 单击“确定”按钮，得到图 4.37 所示的筛选结果。

	A	B	C	D	E	F	G	H	I	J	K	L	M
1	商品采购明细表												
2	序号	采购日期	商品编码	商品名称	规格型号	单位	数量	单价	金额	支付方式	供应商	已付货款	应付货款余额
3	001	2017-5-2	J1002	三星超薄笔记本电脑	Samsung 500R5H-Y0A 15.6英寸	台	16	¥4,898	¥78,368	本票	威尔达科技		¥78,368
8	006	2017-5-12	SXJ1001	索尼数码摄像机	FDR-AX30	台	6	¥5,290	¥31,740	支票	天宇数码		¥31,740
9	007	2017-5-16	SJ1001	华为手机	P9 3G+32G	部	25	¥2,890	¥72,250	银行转帐	顺成通讯		¥72,250
10	008	2017-5-17	J1001	联想ThinkPad 超薄本	New S2 13.3英寸	台	28	¥6,199	¥173,572	银行转帐	长城科技		¥173,572
11	009	2017-5-19	J1006	宏基笔记本电脑	Acer V5-591G-53QR 15.6英寸	台	15	¥4,899	¥73,485	本票	力锦科技		¥73,485
14	012	2017-5-24	J1003	华硕变形触控超薄本	ASUS TP301UA 13.3英寸	台	6	¥7,280	¥43,680	汇款	涵合科技		¥43,680
15	013	2017-5-25	J1005	联想笔记本超薄电脑	Lenovo Ideapad 500s 14英寸	台	16	¥4,680	¥74,880	银行转帐	长城科技		¥74,880
17	015	2017-5-31	XJ1002	佳能相机	EOS 60D	部	15	¥4,400	¥66,000	汇款	义美数码		¥66,000

图 4.37　筛选出“单价高于 5 000 和金额超过 6 万的记录”

活力小贴士

Excel 提供的筛选操作，可将满足筛选条件的行保留，其余行隐藏以便查看满足条件的数据。筛选完成后，保留的数据行的行号会变成蓝色。筛选可以分为自动筛选和高级筛选两种。

（1）自动筛选。它适用于简单条件的筛选，筛选时将不满足条件的数据暂时隐藏起来，只显示符合条件的数据。筛选该列中的某值或按自定义条件进行筛选，Excel 会根据应用筛选的列中的数据类型，自动变为“数字筛选”“文本筛选”或“日期筛选”。

（2）高级筛选。高级筛选可以指定复杂条件，限制查询结果集中要包括的记录，常用于多个条件满足“或”关系的情况。其筛选的结果可显示在原数据表格中，不符合条件的记录被隐藏起来；也可以在新的位置显示筛选结果，不符合条件的记录同时保留在数据表中而不会被隐藏起来，这样就更加便于进行数据的比对。

步骤 8　按支付方式汇总“应付货款余额”

（1）复制“商品采购单”工作表，将复制的工作表重命名为“按支付方式汇总应付货款余额”。

（2）按支付方式对数据排序。选中数据区域中任一单元格，单击“数据”→“排序和筛选”→“排序”按钮，打开“排序”对话框。设置“主要关键字”为“支付方式”，如图 4.38 所示，单击“确定”按钮。

（3）按支付方式对“应付货款余额”进行汇总。

① 单击“数据”→“分级显示”→“分类汇总”按钮，打开“分类汇总”对话框。

② 在“分类汇总”对话框的“分类字段”下拉列表中选择“支付方式”，在“汇总方式”下拉列表中选择“求和”，在“选定汇总项”中选择“应付货款余额”，如图 4.39 所示。

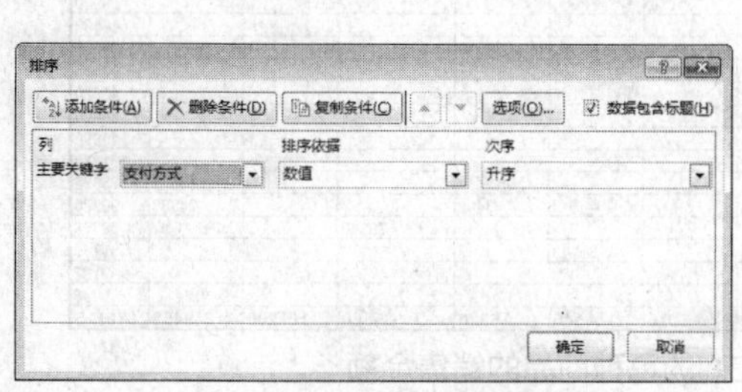

图 4.38 “排序”对话框

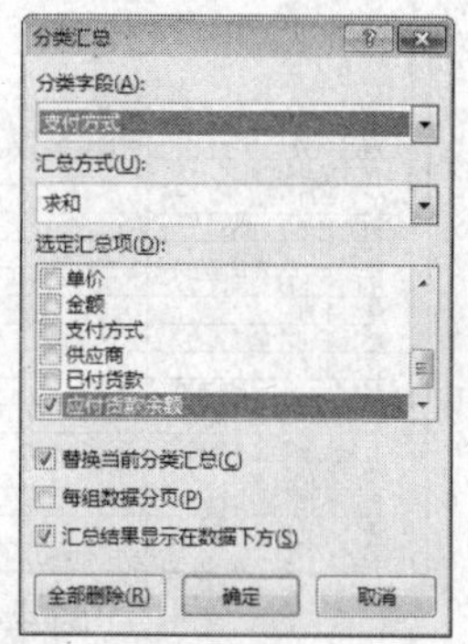

图 4.39 “分类汇总”对话框

③ 单击“确定”按钮，生成各种支付方式的应付货款余额汇总数据，如图 4.40 所示。

商品采购明细表

	序号	采购日期	商品编码	商品名称	规格型号	单位	数量	单价	金额	支付方式	供应商	已付货款	应付货款余额
3	001	2017-5-2	J1002	三星超薄笔记本电脑	Samsung 500R5H-Y0A 15.6英寸	台	16	¥4,898	¥78,368	本票	威尔达科技		¥78,368
4	003	2017-5-5	J1005	联想笔记本超薄电脑	Lenovo Ideapad 500s 14英寸	台	5	¥4,680	¥23,400	本票	拓达科技		¥23,400
5	009	2017-5-19	J1006	宏基笔记本电脑	Acer V5-591G-53QR 15.6英寸	台	15	¥4,899	¥73,485	本票	力锦科技		¥73,485
6										本票 汇总			¥175,253
7	012	2017-5-24	J1003	华硕变形触控超薄本	ASUS TP301UA 13.3英寸	台	6	¥7,280	¥43,680	汇款	涵合科技		¥43,680
8	015	2017-5-31	XJ1002	佳能相机	EOS 60D	部	15	¥4,400	¥66,000	汇款	义美数码		¥66,000
9										汇款 汇总			¥109,680
10	004	2017-5-8	YY1001	西部数据移动硬盘	WDBUZG0010BBK 1TB	个	18	¥399	¥7,182	现金	威尔达科技	¥7,182	¥0
11	010	2017-5-19	YY1002	希捷移动硬盘	2.5英寸 1TB	个	12	¥418	¥5,016	现金	天科电子	¥5,016	¥0
12	016	2017-5-31	SXJ1002	JVC数码摄像机	GZ-VX855	台	5	¥3,780	¥18,900	现金	天宇数码	¥5,000	¥13,900
13										现金 汇总			¥13,900
14	007	2017-5-16	SJ1001	华为手机	P9 3G+32G	部	25	¥2,890	¥72,250	银行转帐	顺成通讯		¥72,250
15	008	2017-5-17	J1001	联想ThinkPad 超薄本	New S2 13.3英寸	台	28	¥6,199	¥173,572	银行转帐	长城科技		¥173,572
16	013	2017-5-25	J1005	联想笔记本超薄电脑	Lenovo Ideapad 500s 14英寸	台	16	¥4,680	¥74,880	银行转帐	长城科技		¥74,880
17	017	2017-5-31	SJ1001	华为手机	P9 3G+32G	部	15	¥2,890	¥43,350	银行转帐	顺成通讯		¥43,350
18										银行转帐 汇总			¥364,052
19	002	2017-5-5	J1004	戴尔笔记本电脑	DELL Ins14MR-7508R 14英寸	台	8	¥4,190	¥33,520	支票	拓达科技		¥33,520
20	005	2017-5-10	XJ1002	佳能相机	EOS 60D	部	8	¥4,400	¥35,200	支票	义美数码		¥35,200
21	006	2017-5-12	SXJ1001	索尼数码摄像机	FDR-AX30	台	6	¥5,290	¥31,740	支票	天宇数码		¥31,740
22	011	2017-5-22	SJ1003	OPPO手机	R9 Plus	部	18	¥2,699	¥48,582	支票	顺成通讯		¥48,582
23	014	2017-5-29	J1007	惠普笔记本电脑	HP Pavilion 14-AL027TX 14英寸	台	10	¥4,099	¥40,990	支票	百达信息		¥40,990
24										支票 汇总			¥190,032
25										总计			¥852,917

图 4.40 按支付方式汇总应付货款余额

④ 单击查看分类汇总层次按钮 1 2 3 中的 2，只显示 2 级汇总数据，如图 4.2 所示。

【拓展案例】

1. 统计各种商品的采购数量和金额，如图 4.41 所示。

商品采购明细表

	序号	采购日期	商品编码	商品名称	规格型号	单位	数量	单价	金额	支付方式	供应商	已付货款	应付货款余额
4				JVC数码摄像机 汇总			5		¥18,900				
6				OPPO手机 汇总			18		¥48,582				
8				戴尔笔记本电脑 汇总			8		¥33,520				
10				宏基笔记本电脑 汇总			15		¥73,485				
12				华硕变形触控超薄本 汇总			6		¥43,680				
15				华为手机 汇总			40		¥115,600				
17				惠普笔记本电脑 汇总			10		¥40,990				
20				佳能相机 汇总			23		¥101,200				
22				联想ThinkPad 超薄本 汇总			28		¥173,572				
25				联想笔记本超薄电脑 汇总			21		¥98,280				
27				三星超薄笔记本电脑 汇总			16		¥78,368				
29				索尼数码摄像机 汇总			6		¥31,740				
31				西部数据移动硬盘 汇总			18		¥7,182				
33				希捷移动硬盘 汇总			12		¥5,016				
34				总计			226		¥870,115				

图 4.41 统计各种商品的采购数量和金额

2. 统计各供应商的每种商品的销售金额，如图 4.42 所示。

求和项:金额	供应商										
商品名称	百达信息	涵合科技	力锦科技	顺成通讯	天科电子	天宇数码	拓达科技	威尔达科技	义美数码	长城科技	总计
JVC数码摄像机						18900					18900
OPPO手机				48582							48582
戴尔笔记本电脑							33520				33520
宏基笔记本电脑			73485								73485
华硕变形触控超薄本		43680									43680
华为手机				115600							115600
惠普笔记本电脑	40990										40990
佳能相机									101200		101200
联想ThinkPad 超薄本										173572	173572
联想笔记本超薄电脑							23400			74880	98280
三星超薄笔记本电脑								78368			78368
索尼数码摄像机						31740					31740
西部数据移动硬盘								7182			7182
希捷移动硬盘					5016						5016
总计	40990	43680	73485	164182	5016	50640	56920	85550	101200	248452	870115

图 4.42　统计各供应商的每种商品的销售金额

【拓展训练】

设计一份公司材料采购分析表格。

其操作步骤如下。

（1）启动 Excel 2013 程序，将工作簿以“材料采购分析表”为名保存在“E:\公司文档\物流部”文件夹中。

（2）将 Sheet1 工作表中命名为“材料清单”。

（3）设计材料采购分析表，并格式化表格，填充数据，如图 4.43 所示。

材料采购分析表									
请购日期	请购单编号	材料名称	采购数量	供应商编号	单价	金额	定购日期	验收日期	品质描述
2017-5-2	2017050201	主板	20	0001	￥420.00		2017-5-2	2017-5-3	优
2017-5-3	2017050301	内存	18	0002	￥280.00		2017-5-3	2017-5-4	优
2017-5-3	2017050302	内存	12	0002	￥280.00		2017-5-3	2017-5-7	优
2017-5-9	2017050901	光驱	3	0001	￥420.00		2017-5-9	2017-5-10	优
2017-5-15	2017051501	光驱	2	0001	￥420.00		2017-5-15	2017-5-16	优
2017-5-16	2017051601	内置风扇	14	0003	￥30.00		2017-5-16	2017-5-17	优
2017-5-20	2017052001	内置风扇	15	0003	￥30.00		2017-5-20	2017-5-21	优
2017-5-22	2017052201	主板	8	0001	￥420.00		2017-5-22	2017-5-23	优
2017-5-28	2017052801	主板	4	0001	￥420.00		2017-5-28	2017-5-29	优

图 4.43　材料采购数据分析表

（4）计算材料“金额”数据。选中单元格 H4，并输入公式“= E4*G4”，按“Enter”键确认输入，得出 2017 年 5 月 2 日购买主板的金额，然后使用填充柄将此单元格的公式复制至 H5:H12 中，如图 4.44 所示。

材料采购分析表									
请购日期	请购单编号	材料名称	采购数量	供应商编号	单价	金额	定购日期	验收日期	品质描述
2017-5-2	2017050201	主板	20	0001	￥420.00	￥8,400.00	2017-5-2	2017-5-3	优
2017-5-3	2017050301	内存	18	0002	￥280.00	￥5,040.00	2017-5-3	2017-5-4	优
2017-5-3	2017050302	内存	12	0002	￥280.00	￥3,360.00	2017-5-3	2017-5-7	优
2017-5-9	2017050901	光驱	3	0001	￥420.00	￥1,260.00	2017-5-9	2017-5-10	优
2017-5-15	2017051501	光驱	2	0001	￥420.00	￥840.00	2017-5-15	2017-5-16	优
2017-5-16	2017051601	内置风扇	14	0003	￥30.00	￥420.00	2017-5-16	2017-5-17	优
2017-5-20	2017052001	内置风扇	15	0003	￥30.00	￥450.00	2017-5-20	2017-5-21	优
2017-5-22	2017052201	主板	8	0001	￥420.00	￥3,360.00	2017-5-22	2017-5-23	优
2017-5-28	2017052801	主板	4	0001	￥420.00	￥1,680.00	2017-5-28	2017-5-29	优

图 4.44　计算材料“金额”数据

（5）将“材料清单”工作表复制 1 份，并重命名为“材料汇总统计表”。

（6）按材料名称对表中的数据进行排序。

① 选中“材料汇总统计表”，将光标置于数据区域任意单元格中。

② 单击“数据”→“排序和筛选”→“排序”按钮，打开图 4.45 所示的“排序”对话框。

③ 以“材料名称”作为主要关键字进行升序排列，如图 4.46 所示。

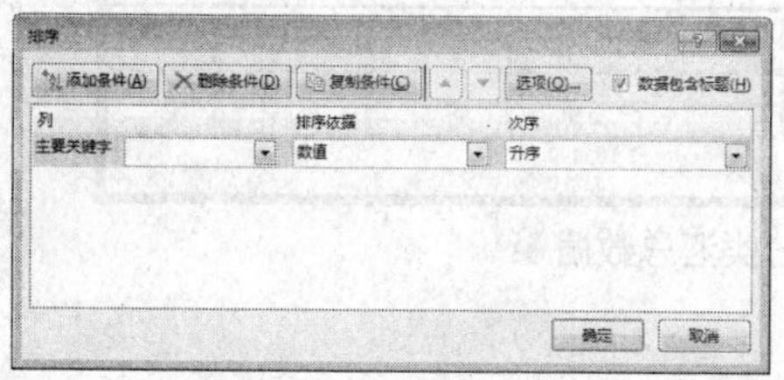

图 4.45 “排序”对话框

图 4.46 设置排序条件

④ 单击“确定”按钮，返回工作表，此时表中的数据按照“材料名称”进行升序排列，如图 4.47 所示。

材料采购分析表

请购日期	请购单编号	材料名称	采购数量	供应商编号	单价	金额	定购日期	验收日期	品质描述
2017-5-9	2017050901	光驱	3	0001	￥420.00	￥1,260.00	2017-5-9	2017-5-10	优
2017-5-15	2017051501	光驱	2	0001	￥420.00	￥840.00	2017-5-15	2017-5-16	优
2017-5-3	2017050301	内存	18	0002	￥280.00	￥5,040.00	2017-5-3	2017-5-4	优
2017-5-3	2017050302	内存	12	0002	￥280.00	￥3,360.00	2017-5-3	2017-5-7	优
2017-5-16	2017051601	内置风扇	14	0003	￥30.00	￥420.00	2017-5-16	2017-5-17	优
2017-5-20	2017052001	内置风扇	15	0003	￥30.00	￥450.00	2017-5-20	2017-5-21	优
2017-5-2	2017050201	主板	20	0001	￥420.00	￥8,400.00	2017-5-2	2017-5-3	优
2017-5-22	2017052201	主板	8	0001	￥420.00	￥3,360.00	2017-5-22	2017-5-23	优
2017-5-28	2017052801	主板	4	0001	￥420.00	￥1,680.00	2017-5-28	2017-5-29	优

图 4.47 按“材料名称”升序排列后的效果图

（7）汇总统计各种材料的总金额。

① 选中数据区域任一单元格。

② 单击“数据”→“分级显示”→“分类汇总”按钮，打开“分类汇总”对话框。

③ 在“分类字段”下拉列表中选择“材料名称”，在“汇总方式”中选择“求和”，在“选定汇总选项”中选择“金额”字段，如图 4.48 所示。

④ 单击“确定”按钮，生成图 4.49 所示的分类汇总表。

⑤ 单击工作表左上方的按钮 2 ，则显示 2 级分类，如图 4.50 所示。

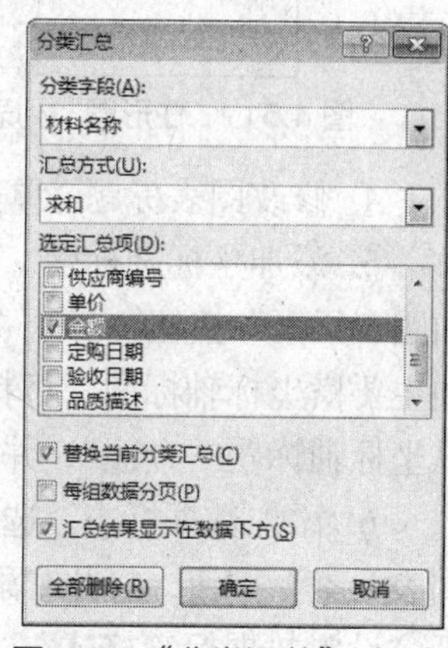

图 4.48 “分类汇总”对话框

材料采购分析表

请购日期	请购单编号	材料名称	采购数量	供应商编号	单价	金额	定购日期	验收日期	品质描述
2017-5-9	2017050901	光驱	3	0001	￥420.00	￥1,260.00	2017-5-9	2017-5-10	优
2017-5-15	2017051501	光驱	2	0001	￥420.00	￥840.00	2017-5-15	2017-5-16	优
		光驱 汇总				￥2,100.00			
2017-5-3	2017050301	内存	18	0002	￥280.00	￥5,040.00	2017-5-3	2017-5-4	优
2017-5-3	2017050302	内存	12	0002	￥280.00	￥3,360.00	2017-5-3	2017-5-7	优
		内存 汇总				￥8,400.00			
2017-5-16	2017051601	内置风扇	14	0003	￥30.00	￥420.00	2017-5-16	2017-5-17	优
2017-5-20	2017052001	内置风扇	15	0003	￥30.00	￥450.00	2017-5-20	2017-5-21	优
		内置风扇 汇总				￥870.00			
2017-5-2	2017050201	主板	20	0001	￥420.00	￥8,400.00	2017-5-2	2017-5-3	优
2017-5-22	2017052201	主板	8	0001	￥420.00	￥3,360.00	2017-5-22	2017-5-23	优
2017-5-28	2017052801	主板	4	0001	￥420.00	￥1,680.00	2017-5-28	2017-5-29	优
		主板 汇总				￥13,440.00			
		总计				￥24,810.00			

图 4.49 按“材料名称”进行分类汇总后的效果图

材料采购分析表

行	请购日期	请购单编号	材料名称	采购数量	供应商编号	单价	金额	定购日期	验收日期	品质描述
6			光驱 汇总				￥2,100.00			
9			内存 汇总				￥8,400.00			
12			内置风扇 汇总				￥870.00			
16			主板 汇总				￥13,440.00			
17			总计				￥24,810.00			

图 4.50　显示 2 级分类汇总数据

（8）创建“材料采购分析柱形图”。

① 在“材料汇总统计表”工作表中，在按住“Ctrl”键的同时选中 D3、D6、D9、D12、D16、H3、H6、H9、H12、H16 单元格。

② 单击“插入”→“图表”→“插入柱形图”按钮，打开图 4.51 所示的“柱形图”列表。

③ 在“三维柱形图”中选择“三维簇状柱形图”，生成图 4.52 所示的圆柱图。

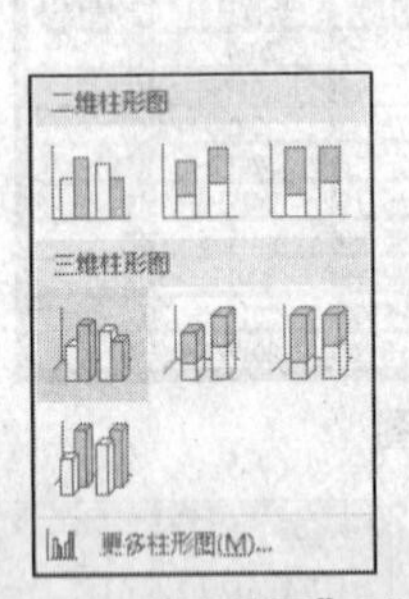

图 4.51　“柱形图”列表

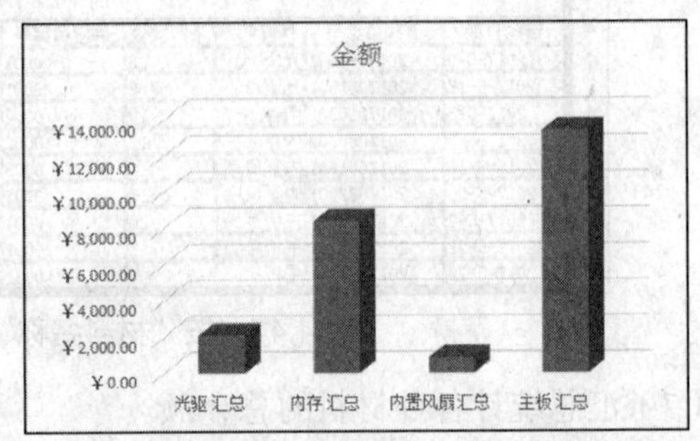

图 4.52　三维簇状柱形图

④ 修改图表标题。单击图表标题区，将图表标题修改为“材料金额汇总图”，并加粗。

⑤ 添加坐标轴标题。选中图表，单击“图表工具”→“设计”→“图表布局”→“添加图表元素”按钮，打开“添加图表元素”列表，选择“轴标题”→“主要横坐标轴”，添加主要横坐标轴标题“材料名称”，同样，选择“轴标题”→“主要纵坐标轴”，添加主要纵坐标轴标题“金额”，并将添加的标题字体加粗，如图 4.53 所示。

⑥ 添加数据标志。选中图表，单击“图表工具”→“设计”→“图表布局”→“添加图表元素”按钮，打开“添加图表元素”列表，选择“数据标签”→“其他数据标签”，打开“设置数据标签格式”窗格，在“标签选项”中选中“值”复选框，添加数据标签后的效果如图 4.54 所示。

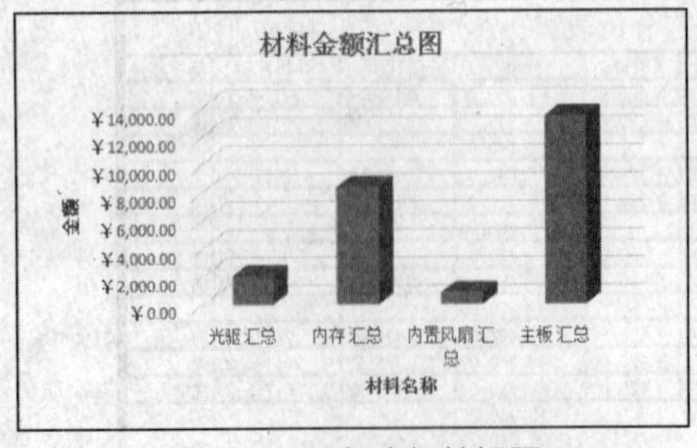

图 4.53　添加坐标轴标题

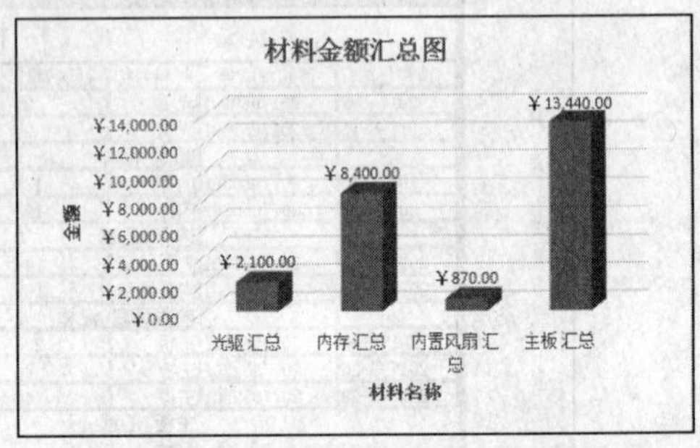

图 4.54　在图表中添加数据标签

⑦ 改变图表位置。选中图表，单击“图表工具”→“设计”→“位置”→“移动图表”按钮，打开“移动图表”对话框。选择图表位置为“新工作表”，并输入新工作表标签“材料采购分析圆柱图”，如图 4.55 所示。单击“确定”按钮，生成图 4.56 所示的图表工作表。

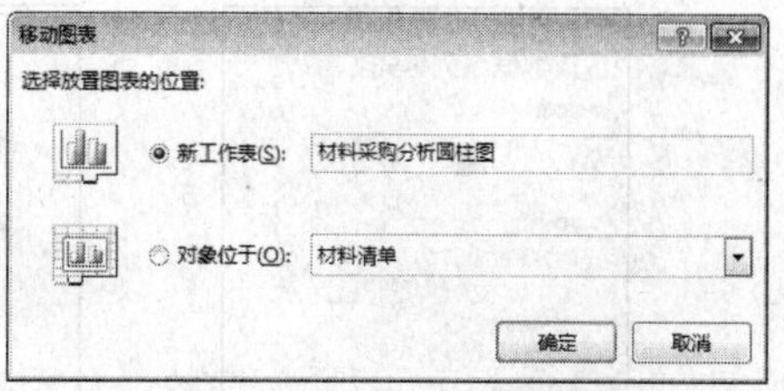

图 4.55 “移动图表”对话框

⑧ 修改图表背景格式。选中图表，单击“图表工具”→“格式”→“形状样式”→“形状填充”选项，从下拉菜单中选择“纹理”列表中的“新闻纸”选项，对图表背景进行设置，如图 4.57 所示。

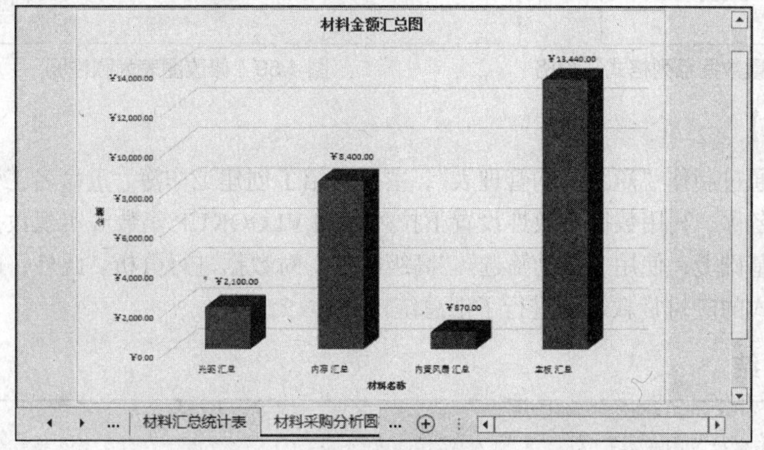

图 4.56 “材料采购分析图”工作表

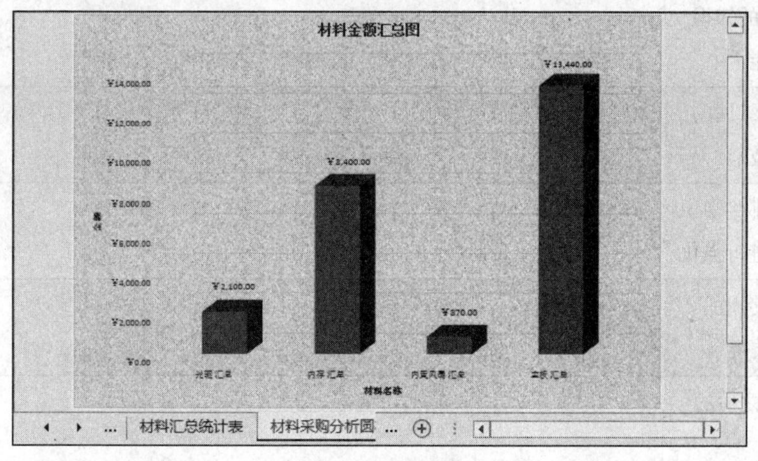

图 4.57 背景填充效果

⑨ 修改数据系列格式。选中图表，用鼠标右键单击图表中任一柱形，从弹出的快捷菜单中选择“设置数据系列格式”命令，打开“设置数据系列格式”窗格，选中柱体形状为“圆柱形”，如图 4.58 所示。修改后的图表如图 4.59 所示。

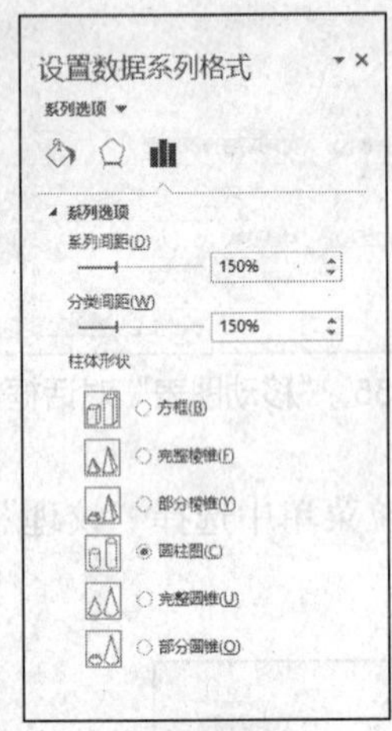

图 4.58 “设置数据系列格式”窗格

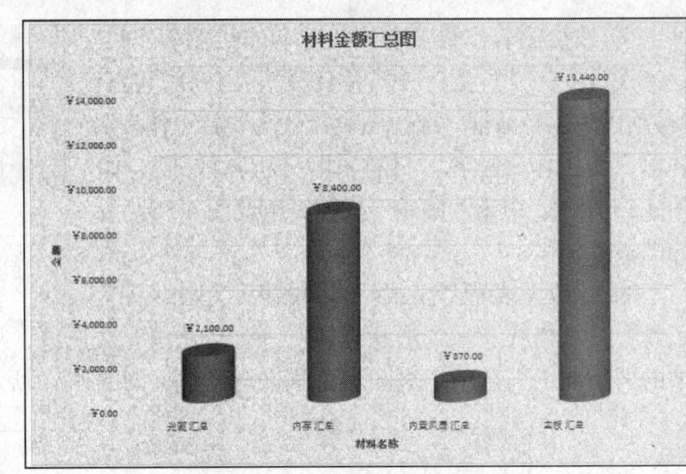

图 4.59 修改图表为圆柱图

【案例小结】

本案例通过制作“商品采购管理表”，主要介绍了创建工作簿、重命名工作表、复制工作表、定义名称、利用数据有效性设置下拉列表和 VLOOKUP 函数等实现数据输入。在编辑好表格的基础上，使用“自动筛选”“高级筛选”对数据进行分析。此外，通过分类汇总对各支付方式的应付货款余额进行了汇总统计。

学习总结

本案例所用软件	
案例中包含的知识和技能	
你已熟知或掌握的知识和技能	
你认为还有哪些知识或技能需要进行强化	
案例中可使用的 Office 技巧	
学习本案例之后的体会	

4.2 案例 15 制作公司库存管理表

示例文件	原始文件：示例文件\素材\物流篇\案例 15\公司库存管理表.xlsx 效果文件：示例文件\效果\物流篇\案例 15\公司库存管理表.xlsx

【案例分析】

对于一个公司来说，库存管理是物流系统中不可缺少的重要一环，库存管理的规范化将为物流体系带来切实的便利。无论是销售型公司还是生产型公司，其商品或产品的进货入库、库存、销售出货等，都是每日工作的重要内容。通过各种方式对仓库出入库数据做出合理的统计，也是物流部门应该做好的工作。本案例将通过制作“公司库存管理表”来学习 Excel 在库存管理方面的应用。效果分别如图 4.60～图 4.65 所示。

	A	B	C	D	E	F
1	科源有限公司第一仓库入库明细表					
2		统计日期	2017年7月		仓库主管	李莫薷
3	编号	日期	商品编码	商品名称	规格	数量
4	NO-1-0001	2017-7-2	J1002	三星超薄笔记本电脑	Samsung 500R5H-Y0A 15.6英寸	5
5	NO-1-0002	2017-7-3	SXJ1002	JVC数码摄像机	GZ-VX855	10
6	NO-1-0003	2017-7-7	J1001	联想ThinkPad 超薄本	New S2 13.3英寸	8
7	NO-1-0004	2017-7-8	SJ1003	OPPO手机	R9 Plus	15
8	NO-1-0005	2017-7-8	SJ1001	华为手机	P9 3G+32G	4
9	NO-1-0006	2017-7-8	XJ1001	尼康相机	D7200	15
10	NO-1-0007	2017-7-12	XJ1002	佳能相机	EOS 60D	2
11	NO-1-0008	2017-7-15	SJ1002	三星手机	GALAXY S7	10
12	NO-1-0009	2017-7-18	YY1002	希捷移动硬盘	2.5英寸 1TB	20
13	NO-1-0010	2017-7-20	J1004	戴尔笔记本电脑	DELL Ins14MR-7508R 14英寸	12
14	NO-1-0011	2017-7-21	J1005	联想笔记本超薄电脑	Lenovo Ideapad 500s 14英寸	8
15	NO-1-0012	2017-7-21	J1007	惠普笔记本电脑	HP Pavilion 14-AL027TX 14英寸	10
16	NO-1-0013	2017-7-22	SXJ1001	索尼数码摄像机	FDR-AX30	8
17	NO-1-0014	2017-7-25	J1003	华硕变形触控超薄本	ASUS TP301UA 13.3英寸	9
18	NO-1-0015	2017-7-25	SJ1001	华为手机	P9 3G+32G	10
19	NO-1-0016	2017-7-29	YY1001	西部数据移动硬盘	WDBUZG0010BBK 1TB	7

图 4.60 公司第一仓库入库表

	A	B	C	D	E	F
1	科源有限公司第二仓库入库明细表					
2		统计日期	2017年7月		仓库主管	周谦
3	编号	日期	商品编码	商品名称	规格	数量
4	NO-2-0001	2017-7-2	J1006	宏基笔记本电脑	Acer V5-591G-53QR 15.6英寸	5
5	NO-2-0002	2017-7-5	YY1002	希捷移动硬盘	2.5英寸 1TB	12
6	NO-2-0003	2017-7-7	J1001	联想ThinkPad 超薄本	New S2 13.3英寸	10
7	NO-2-0004	2017-7-8	J1004	戴尔笔记本电脑	DELL Ins14MR-7508R 14英寸	10
8	NO-2-0005	2017-7-8	SJ1003	OPPO手机	R9 Plus	12
9	NO-2-0006	2017-7-9	J1003	华硕变形触控超薄本	ASUS TP301UA 13.3英寸	8
10	NO-2-0007	2017-7-10	SJ1002	三星手机	GALAXY S7	7
11	NO-2-0008	2017-7-12	J1003	华硕变形触控超薄本	ASUS TP301UA 13.3英寸	3
12	NO-2-0009	2017-7-12	J1004	戴尔笔记本电脑	DELL Ins14MR-7508R 14英寸	10
13	NO-2-0010	2017-7-15	SXJ1001	索尼数码摄像机	FDR-AX30	3
14	NO-2-0011	2017-7-18	XJ1001	尼康相机	D7200	5
15	NO-2-0012	2017-7-20	J1007	惠普笔记本电脑	HP Pavilion 14-AL027TX 14英寸	8
16	NO-2-0013	2017-7-22	J1001	联想ThinkPad 超薄本	New S2 13.3英寸	8
17	NO-2-0014	2017-7-23	J1003	华硕变形触控超薄本	ASUS TP301UA 13.3英寸	5
18	NO-2-0015	2017-7-27	XJ1002	佳能相机	EOS 60D	6
19	NO-2-0016	2017-7-28	YY1001	西部数据移动硬盘	WDBUZG0010BBK 1TB	16
20	NO-2-0017	2017-7-28	J1002	三星超薄笔记本电脑	Samsung 500R5H-Y0A 15.6英寸	8
21	NO-2-0018	2017-7-29	SXJ1002	JVC数码摄像机	GZ-VX855	5

图 4.61 公司第二仓库入库表

	A	B	C	D	E	F
1	科源有限公司第一仓库出库明细表					
2		统计日期	2017年7月		仓库主管	李莫薷
3	编号	日期	商品编码	商品名称	规格	数量
4	NO-1-0001	2017-7-3	J1002	三星超薄笔记本电脑	Samsung 500R5H-Y0A 15.6英寸	5
5	NO-1-0002	2017-7-5	J1004	戴尔笔记本电脑	DELL Ins14MR-7508R 14英寸	10
6	NO-1-0003	2017-7-8	SJ1003	OPPO手机	R9 Plus	8
7	NO-1-0004	2017-7-10	J1001	联想ThinkPad 超薄本	New S2 13.3英寸	4
8	NO-1-0005	2017-7-10	YY1002	希捷移动硬盘	2.5英寸 1TB	18
9	NO-1-0006	2017-7-13	SXJ1001	索尼数码摄像机	FDR-AX30	3
10	NO-1-0007	2017-7-15	J1001	联想ThinkPad 超薄本	New S2 13.3英寸	2
11	NO-1-0008	2017-7-17	J1006	宏基笔记本电脑	Acer V5-591G-53QR 15.6英寸	6
12	NO-1-0009	2017-7-18	XJ1002	佳能相机	EOS 60D	8
13	NO-1-0010	2017-7-20	XJ1001	尼康相机	D7200	5
14	NO-1-0011	2017-7-21	YY1001	西部数据移动硬盘	WDBUZG0010BBK 1TB	10
15	NO-1-0012	2017-7-23	J1005	联想笔记本超薄电脑	Lenovo Ideapad 500s 14英寸	8
16	NO-1-0013	2017-7-25	J1007	惠普笔记本电脑	HP Pavilion 14-AL027TX 14英寸	9
17	NO-1-0014	2017-7-26	J1003	华硕变形触控超薄本	ASUS TP301UA 13.3英寸	2
18	NO-1-0015	2017-7-27	SJ1002	三星手机	GALAXY S7	1
19	NO-1-0016	2017-7-28	SXJ1002	JVC数码摄像机	GZ-VX855	1
20	NO-1-0017	2017-7-30	SJ1001	华为手机	P9 3G+32G	10

图 4.62 公司第一仓库出库表

	A	B	C	D	E	F
1	科源有限公司第二仓库出库明细表					
2		统计日期	2017年7月		仓库主管	周谦
3	编号	日期	商品编码	商品名称	规格	数量
4	NO-2-0001	2017-7-1	XJ1001	尼康相机	D7200	6
5	NO-2-0002	2017-7-5	J1003	华硕变形触控超薄本	ASUS TP301UA 13.3英寸	9
6	NO-2-0003	2017-7-8	SJ1001	华为手机	P9 3G+32G	12
7	NO-2-0004	2017-7-9	SJ1002	三星手机	GALAXY S7	16
8	NO-2-0005	2017-7-10	XJ1001	尼康相机	D7200	15
9	NO-2-0006	2017-7-10	XJ1002	佳能相机	EOS 60D	8
10	NO-2-0007	2017-7-10	YY1001	西部数据移动硬盘	WDBUZG0010BBK 1TB	20
11	NO-2-0008	2017-7-12	J1004	戴尔笔记本电脑	DELL Ins14MR-7508R 14英寸	5
12	NO-2-0009	2017-7-12	J1006	宏基笔记本电脑	Acer V5-591G-53QR 15.6英寸	2
13	NO-2-0010	2017-7-15	YY1002	希捷移动硬盘	2.5英寸 1TB	13
14	NO-2-0011	2017-7-16	SJ1003	OPPO手机	R9 Plus	8
15	NO-2-0012	2017-7-18	J1005	联想笔记本超薄电脑	Lenovo Ideapad 500s 14英寸	7
16	NO-2-0013	2017-7-21	SXJ1001	索尼数码摄像机	FDR-AX30	5
17	NO-2-0014	2017-7-25	SXJ1002	JVC数码摄像机	GZ-VX855	3
18	NO-2-0015	2017-7-29	J1002	三星超薄笔记本电脑	Samsung 500R5H-Y0A 15.6英寸	8

图 4.63　公司第二仓库出库表

	A	B	C
1	商品编码	数量	
2	J1006	5	
3	YY1002	32	
4	J1001	26	
5	J1004	32	
6	SJ1003	27	
7	J1003	25	
8	SJ1002	17	
9	SXJ1001	11	
10	SJ1001	14	
11	XJ1001	20	
12	J1005	8	
13	J1007	18	
14	XJ1002	8	
15	YY1001	23	
16	J1002	13	
17	SXJ1002	15	

图 4.64　公司仓库“入库汇总表”

	A	B	C
1	商品编码	数量	
2	XJ1001	26	
3	J1007	9	
4	J1003	11	
5	SJ1001	22	
6	SJ1002	17	
7	XJ1002	16	
8	YY1001	30	
9	J1004	15	
10	J1006	8	
11	J1001	6	
12	YY1002	31	
13	SJ1003	16	
14	J1005	15	
15	SXJ1001	8	
16	SXJ1002	4	
17	J1002	13	

图 4.65　公司仓库“出库汇总表”

【知识与技能】

- 创建工作簿、重命名工作表
- 在工作簿之间复制工作表
- 定义数据格式
- 设置数据有效性
- VLOOKUP 函数的应用
- 合并计算

【解决方案】

步骤 1　创建并保存工作簿

（1）启动 Excel 2013，新建一个空白工作簿。

（2）将创建的工作簿以“公司库存管理表”为名，保存到“E:\公司文档\物流部”文件夹中。

步骤 2　复制“商品基础资料”表

（1）打开“E:\公司文档\物流部”文件夹中的“商品采购管理表”工作簿。

（2）选中“商品基础资料”工作表。

（3）单击“开始”→“单元格”→“格式”按钮，打开图 4.66 所示的“格式”菜单，在“组织工作表”下选择“移动或复制工作表”选项，打开图 4.67 所示的“移动或复制工作表”对话框。

（4）从“工作簿”的下拉列表中选择“公司库存管理表”工作簿，在“下列选定工作表之前”中选择“Sheet1”工作表，再选中“建立副本”复选框，如图 4.68 所示。

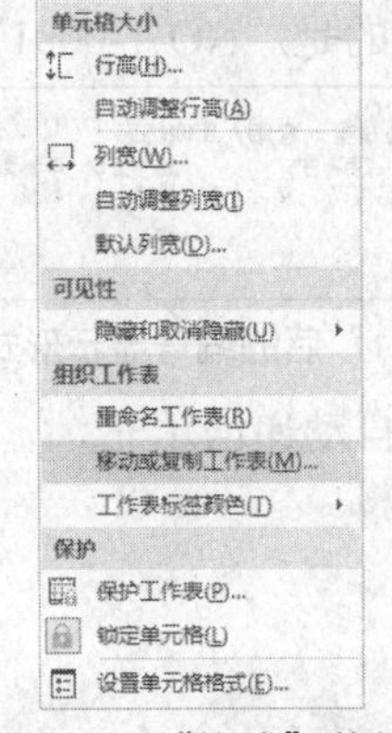

图 4.66 “格式”菜单

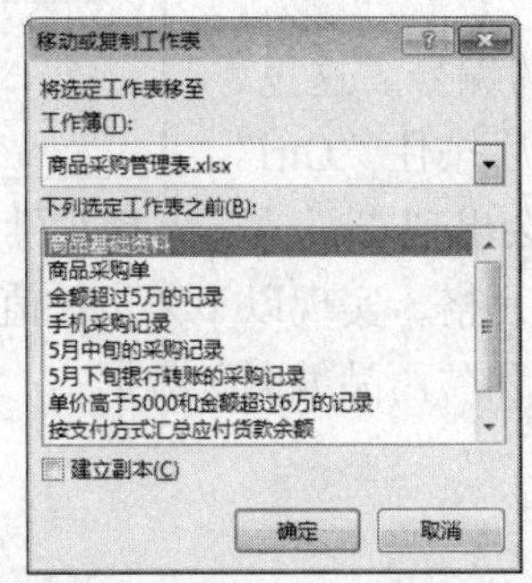

图 4.67 “移动或复制工作表”对话框

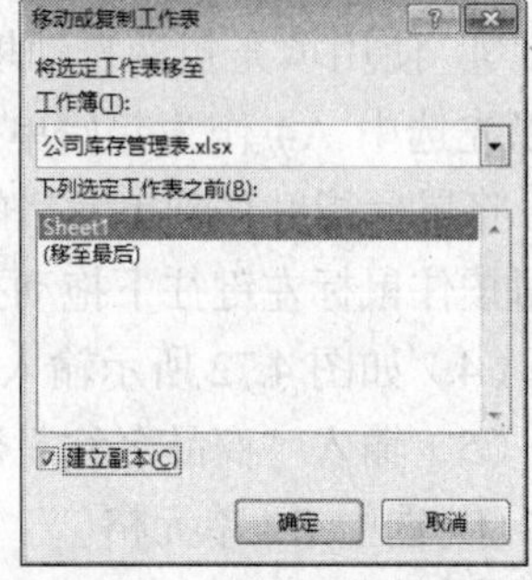

图 4.68 在工作簿之间复制工作表

（5）单击“确定”按钮，将选定的工作表“商品基础资料”复制到“公司库存管理表”工作簿中。

步骤 3 创建“第一仓库入库”表

（1）将 Sheet1 工作表重命名为“第一仓库入库”。

（2）在“第一仓库入库”工作表中创建表格框架，如图 4.69 所示。

	A	B	C	D	E	F
1	科源有限公司第一仓库入库明细表					
2		统计日期	2017年7月		仓库主管	李莫薷
3	编号	日期	商品编码	商品名称	规格	数量
4						
5						

图 4.69 “第一仓库入库”表格框架

（3）输入“编号”。

① 选中编号所在列 A 列，单击“开始”→“单元格”→“格式”按钮，打开“单元格格式”菜单，选择“设置单元格格式”选项，打开“单元格格式”对话框。

② 切换到“数字”选项卡，在左侧“分类”列表中选择“自定义”；在右侧“类型”中，自己输入自定义格式，如图 4.70 所示，单击“确定”按钮。

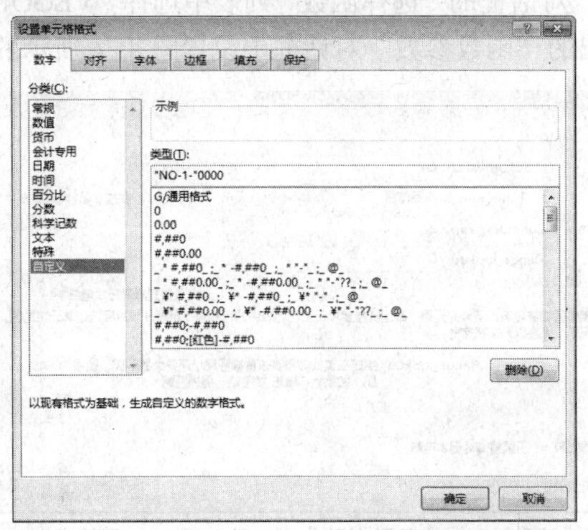

图 4.70 自定义“编号”格式

活力小贴士

这里自定义的格式是由双引号引起来的字符及后面输入的数字所组成的一个字符串，双引号引起来的字符将会原样显示，并连接后面由 4 位数字组成的数字串。数字部分用了 4 个“0”表示，如果输入的数字不够 4 位，则在左方添加“0”占位。

③ 选中 A4 单元格，输入“1”，按“Enter”键后，单元格中显示的是“NO-1-0001”，如图 4.71 所示。

	A	B	C	D	E	F
1	科源有限公司第一仓库入库明细表					
2		统计日期	2017年7月		仓库主管	李莫蕎
3	编号	日期	商品编码	商品名称	规格	数量
4	NO-1-0001					
5						
6						

图 4.71 输入“1”后的编号显示形式

④ 使用填充句柄自动填充其余的编号。这里，可以先选中 A4 作为起始单元格，然后按住“Ctrl”键，将鼠标指针移到单元格的右下角会出现“+”号，这时按住鼠标左键往下拖动至 A19 单元格，实现以 1 为步长值的向下自动递增填充。

（4）如图 4.72 所示输入“日期”和“商品编码”数据。

（5）输入“商品名称”数据。

① 选中 D4 单元格。

② 单击“公式”→“函数库”→“插入函数”按钮，打开图 4.73 所示的“插入函数”对话框。

	A	B	C	D	E	F
1	科源有限公司第一仓库入库明细表					
2		统计日期	2017年7月		仓库主管	李莫蕎
3	编号	日期	商品编码	商品名称	规格	数量
4	NO-1-0001	2017-7-2	J1002			
5	NO-1-0002	2017-7-3	SXJ1002			
6	NO-1-0003	2017-7-7	J1001			
7	NO-1-0004	2017-7-8	SJ1003			
8	NO-1-0005	2017-7-8	SJ1001			
9	NO-1-0006	2017-7-8	XJ1001			
10	NO-1-0007	2017-7-12	XJ1002			
11	NO-1-0008	2017-7-15	SJ1002			
12	NO-1-0009	2017-7-18	YY1002			
13	NO-1-0010	2017-7-20	J1004			
14	NO-1-0011	2017-7-21	J1005			
15	NO-1-0012	2017-7-21	J1007			
16	NO-1-0013	2017-7-22	SXJ1001			
17	NO-1-0014	2017-7-25	J1003			
18	NO-1-0015	2017-7-25	SJ1001			
19	NO-1-0016	2017-7-29	YY1001			

图 4.72 输入“日期”和“商品编码”数据

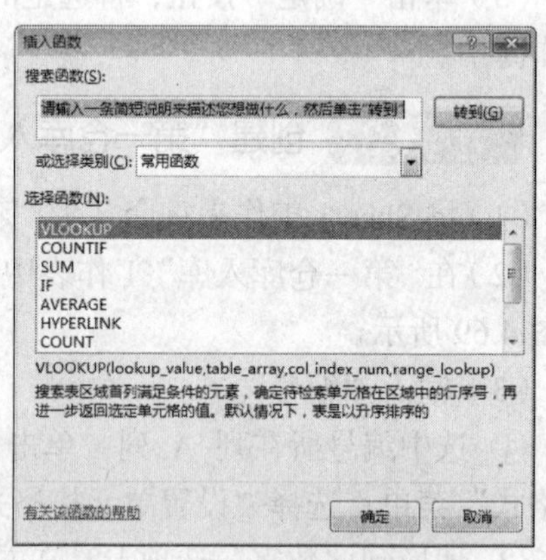

图 4.73 “插入函数”对话框

③ 从“插入函数”对话框的“选择函数”列表中选择“VLOOKUP”函数后，单击“确定”按钮，然后在弹出的“函数参数”对话框中设置图 4.74 所示的参数。

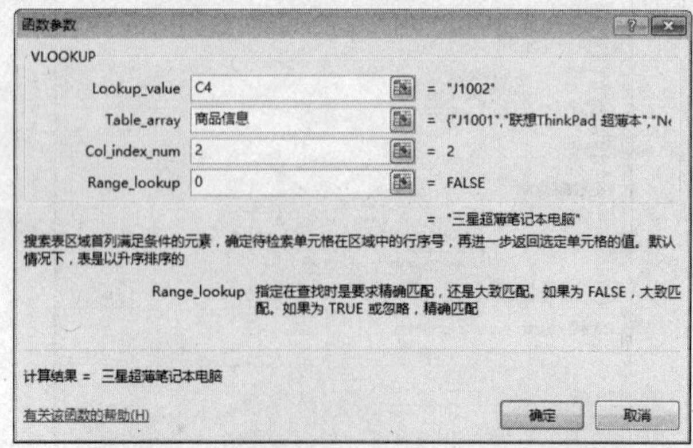

图 4.74 “商品名称”的 VLOOKUP 函数参数

④ 单击“确定”按钮，得到相应的“商品名称”数据。

⑤ 选中 D4 单元格，用鼠标拖动其填充句柄至 D19 单元格，将公式复制到 D5:D19 单元格区域中，可得到所有的商品名称数据。

（6）用同样的方式，参照图 4.75 设置参数，输入“规格”数据。

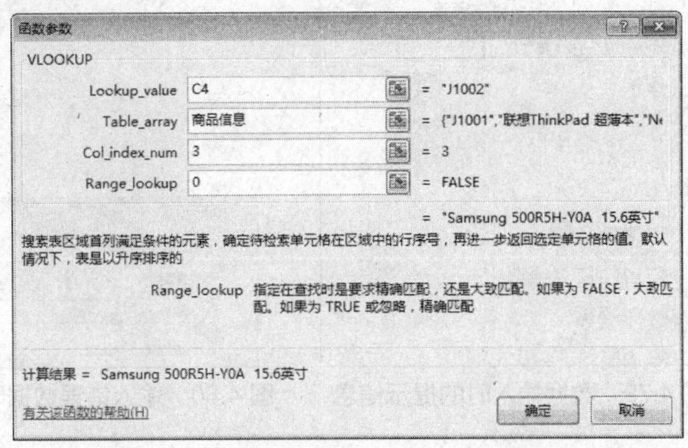

图 4.75 “规格”的 VLOOKUP 函数参数

（7）输入入库“数量”数据。

为保证输入的数量值均为正整数、不会出现其他数据，我们需要对这列进行数据有效性设置。

① 选中 F4:F19 单元格区域，单击“数据”→“数据工具”→“数据验证”下拉按钮，从下拉菜单中选择“数据验证”选项，打开“数据验证”对话框。

② 在“设置”选项卡中，设置该列中的数据所允许的数值，如图 4.76 所示。

③ 在“输入信息”选项卡中，设置在工作表中进行输入时，鼠标移到该列时显示的提示信息，如图 4.77 所示。

④ 在“出错警告”选项卡中，设置在工作表中进行输入时，如果在该列中任意单元格输入无效数据，弹出的对话框中的提示信息，如图 4.78 所示。

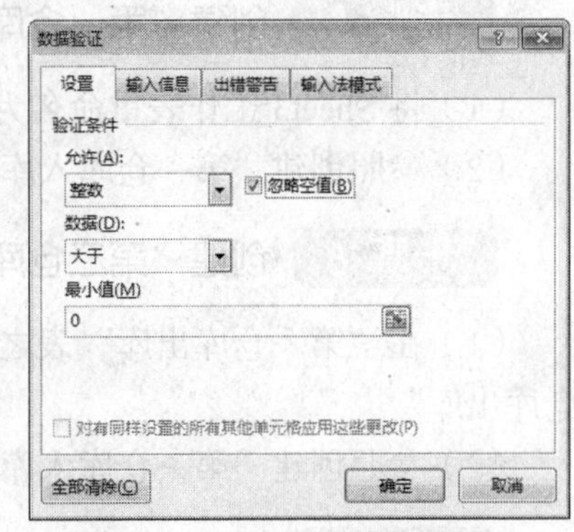

图 4.76 设置数据有效性条件

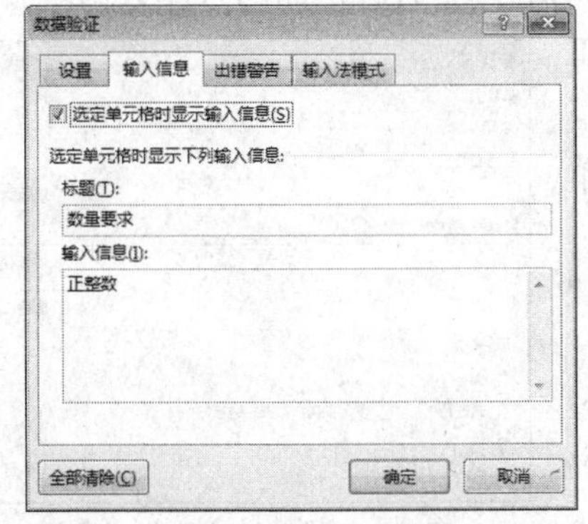

图 4.77 设置数据输入时的提示信息

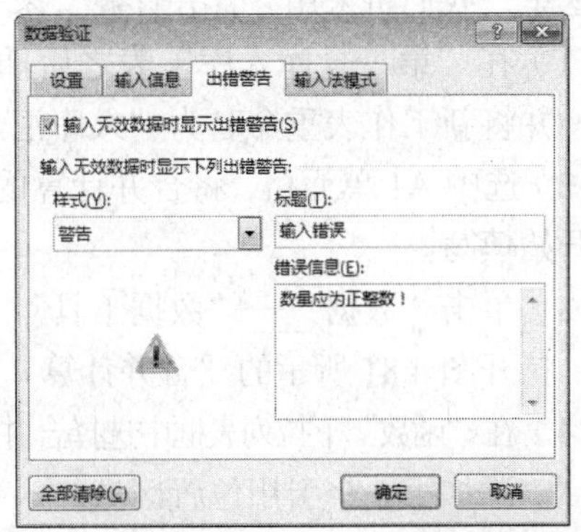

图 4.78 设置数据输入无效时的出错警告

（8）设置完成后，参照图 4.60 所示，在工作表中进行“数量”数据的输入，完成“第一仓库入库”表的创建。

活力小贴士

当选中设置了数据有效性的单元格区域时，将会出现图 4.79 所示的提示信息；当输入无效数据时，会弹出图 4.80 所示的对话框。

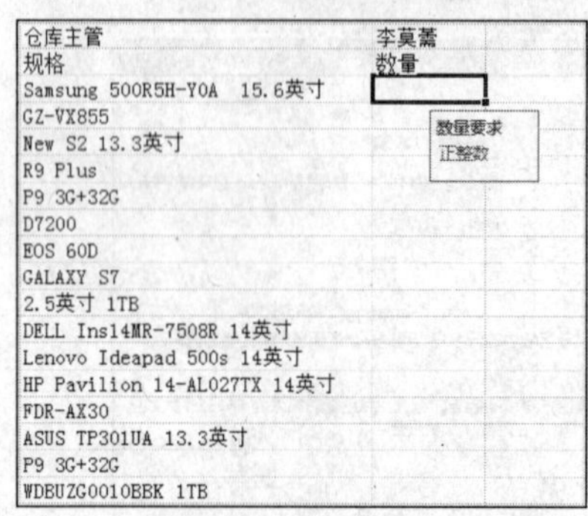

图 4.79 数据输入时的提示信息

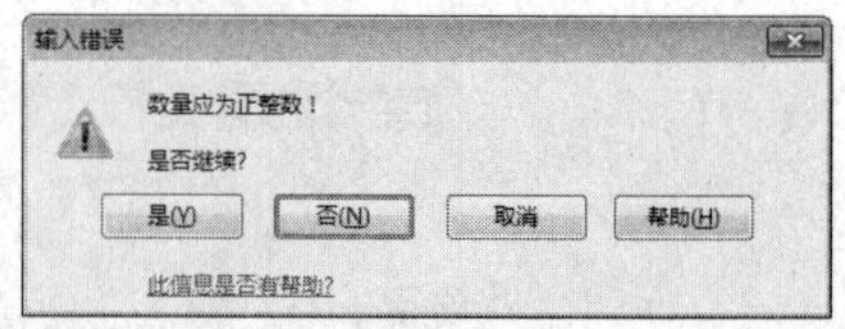

图 4.80 输入错误数据时弹出的提示对话框

步骤 4 创建“第二仓库入库”表

（1）将 Sheet2 工作表重命名为“第二仓库入库”。

（2）参照创建“第一仓库入库”表的方法创建图 4.61 所示的“第二仓库入库”表。

步骤 5 创建“第一仓库出库”表

（1）将 Sheet3 工作表重命名为“第一仓库出库”。

（2）参照创建“第一仓库入库”表的方法创建图 4.62 所示的“第一仓库出库”表。

步骤 6 创建“第二仓库出库”表

（1）在“第一仓库出库”表之后插入一张新的工作表，并将新工作表重命名为“第二仓库出库”。

（2）参照创建“第一仓库入库”表的方法创建图 4.63 所示的“第二仓库出库”表。

步骤 7 创建“入库汇总表”

这里，我们将采用“合并计算”来完成汇总出所有仓库中各种产品的入库数据。

（1）在“第二仓库入库”表之后插入一张新的工作表，并将新工作表重命名为“入库汇总表”。

（2）选中 A1 单元格，将合并计算的结果从这个单元格开始填写。

（3）单击“数据”→“数据工具”→“合并计算”按钮，打开图 4.81 所示的“合并计算”对话框。

（4）在“函数”下拉列表框中选择合并的方式“求和”。

（5）添加第一个引用位置区域。

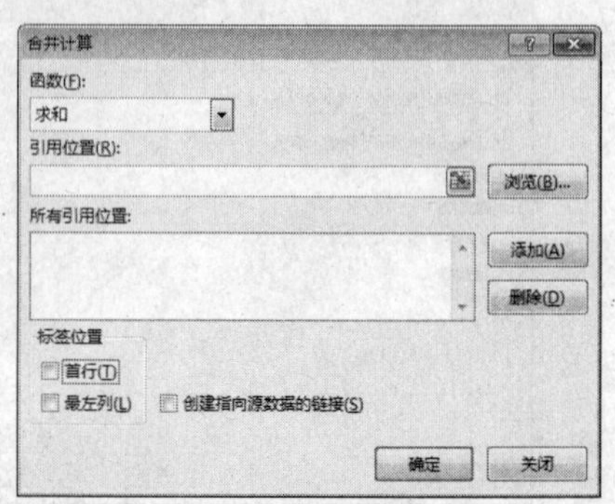

图 4.81 “合并计算”对话框

① 单击“合并计算”对话框中“引用位置”右边

的按钮▣，切换到“第一仓库入库”工作表中，选取区域 C3:F19，如图 4.82 所示。

	A	B	C	D	E	F
1	科源有限公司第一仓库入库明细表					
2		统计日期	2017年7月		仓库主管	李莫薷
3	编号	日期	商品编码	商品名称	规格	数量
4	NO-1-0001	2017-7-2	J1002	三星超薄笔记本电脑	Samsung 500R5H-Y0A 15.6英寸	5
5	NO-1-0002	2017-7-3	SXJ1002	JVC数码摄像机	GZ-VX855	10
6	NO-1-0003	2017-7-7	J1001	联想ThinkPad 超薄本	New S2 13.3英寸	8
7	NO-1-0004	2017-7-8	SJ1003	OPPO手机	R9 Plus	15
8	NO-1-0005	2017-7-8	SJ1001	华为手机	P9 3G+32G	4
9	NO-1-0006	2017-7-8	XJ1001	尼康相机	D7200	15
10	NO-1-0007	2017-7-12	XJ1002	佳能相机	EOS 60D	2
11	NO-1-0008	2017-7-15	SJ1002	三星手机	GALAXY S7	10
12	NO-1-0009	2017-7-18	YY1002	希捷移动硬盘	2.5英寸 1TB	20
13	NO-1-0010	2017-7-20	J1004	戴尔笔记本电脑	DELL Ins14MR-7508R 14英寸	12
14	NO-1-0011	2017-7-21	J1005	联想笔记本超薄电脑	Lenovo Ideapad 500s 14英寸	8
15	NO-1-0012	2017-7-21	J1007	惠普笔记本电脑	HP Pavilion 14-AL027TX 14英寸	10
16	NO-1-0013	2017-7-22	SXJ1001	索尼数码摄像机	FDR-AX30	8
17	NO-1-0014	2017-7-25	J1003	华硕变形触控超薄本	ASUS TP301UA 13.3英寸	9
18	NO-1-0015	2017-7-25	SJ1001	华为手机	P9 3G+32G	10
19	NO-1-0016	2017-7-29	YY1001	西部数据移动硬盘	WDBUZG0010BBK 1TB	7

图 4.82　选择第一个“引用位置”的区域

② 单击▣，返回到“合并计算”对话框，得到第一个“引用位置”。

③ 再单击“添加”按钮，将第一个选定的区域添加到下方“所有引用位置”中，如图 4.83 所示。

活力小贴士

如果要合并的数据是另外一个工作簿文件中的数据，则需要先使用“浏览“按钮 浏览(B)... 打开其他文件再进行区域的选择。

（6）添加第二个引用位置区域。按照上面的方法，选择“第二仓库入库”工作表中的区域 C3:F21，添加到“所有引用位置”中，如图 4.84 所示。

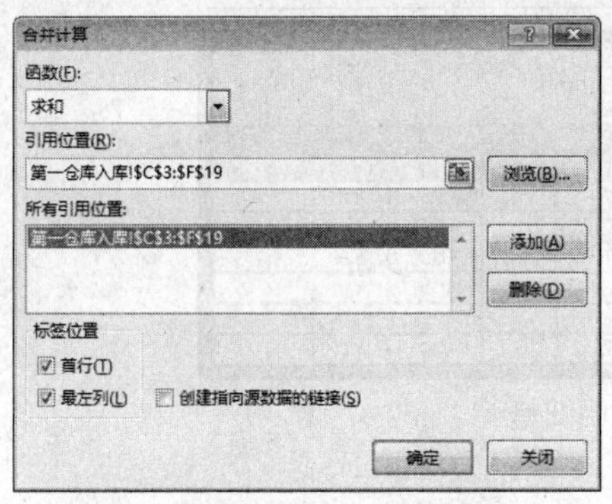

图 4.83　添加第一个“引用位置”区域

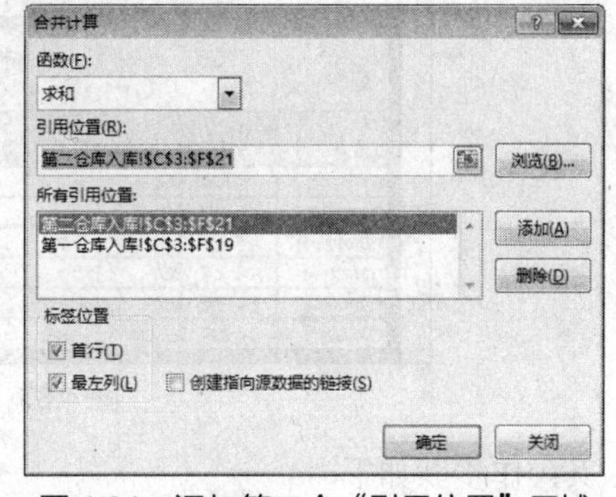

图 4.84　添加第二个“引用位置”区域

（7）选中“标签位置”中的“首行”和“最左列”复选框，单击“确定”按钮，完成合并计算，得到图 4.85 所示的结果。

活力小贴士

由于在进行合并计算前我们并未建立合并数据的标题行，所以这里需要选中“首行”和“最左列”作为行、列标题，让合并结果以所引用位置的数据首行和最左列作为汇总的数据标志；相反，如果实现建立了合并结果的标题行和标题列，则不需要选中该选项。

	A	B	C	D	E
1		商品名称	规格	数量	
2	J1006			5	
3	YY1002			32	
4	J1001			26	
5	J1004			32	
6	SJ1003			27	
7	J1003			25	
8	SJ1002			17	
9	SXJ1001			11	
10	SJ1001			14	
11	XJ1001			20	
12	J1005			8	
13	J1007			18	
14	XJ1002			8	
15	YY1001			23	
16	J1002			13	
17	SXJ1002			15	
18					

图 4.85　合并计算后的入库汇总数据

（8）调整表格。将合并后不需要的“商品名称”和“规格”列删除，将“商品编码”标题添上，在适当调整列宽后得到最终效果，如图 4.64 所示。

步骤 8　创建“出库汇总表”

（1）采用创建“入库汇总表”的方法，在“第二仓库出库”表之后插入一张新的工作表。

（2）将新工作表重命名为“出库汇总表”，汇总出所有仓库中各种产品的出库数据。其结果如图 4.65 所示。

【拓展案例】

制作商品出入库数量比较图，如图 4.86 所示。

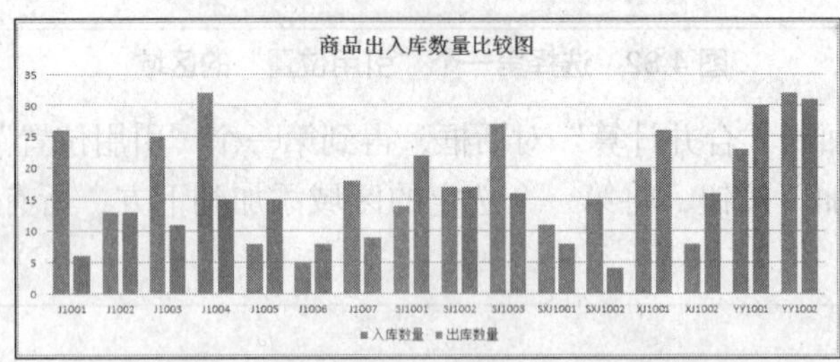

图 4.86　商品出入库数量比较图

【拓展训练】

制作一份公司出货明细单，效果图如图 4.87 示。这个明细表涉及数据有效性设置、自定义序列来构造下拉列表进行数据输入、自动筛选数据、冻结网格线等操作。

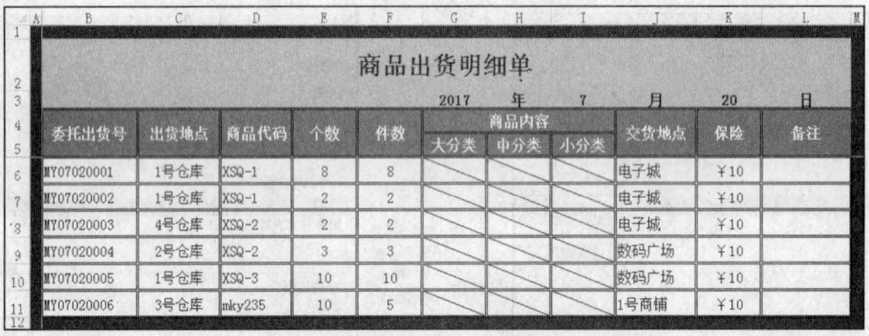

商品出货明细单

2017 年 7 月 20 日

委托出货号	出货地点	商品代码	个数	件数	商品内容			交货地点	保险	备注
					大分类	中分类	小分类			
MY07020001	1号仓库	XSQ-1	8	8				电子城	￥10	
MY07020002	1号仓库	XSQ-1	2	2				电子城	￥10	
MY07020003	4号仓库	XSQ-2	2	2				电子城	￥10	
MY07020004	2号仓库	XSQ-2	3	3				数码广场	￥10	
MY07020005	1号仓库	XSQ-3	10	10				数码广场	￥10	
MY07020006	3号仓库	mky235	10	5				1号商铺	￥10	

图 4.87　公司出货明细单

其操作步骤如下。

（1）如图 4.88 所示建立公司出货明细表，输入各项数据，并设置明细表背景图案。

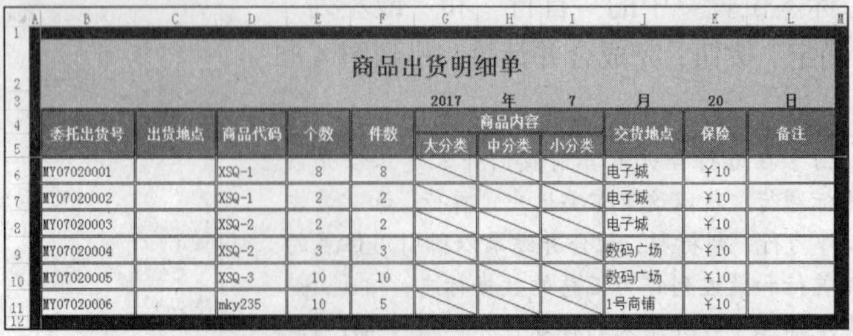

商品出货明细单

2017 年 7 月 20 日

委托出货号	出货地点	商品代码	个数	件数	商品内容			交货地点	保险	备注
					大分类	中分类	小分类			
MY07020001		XSQ-1	8	8				电子城	￥10	
MY07020002		XSQ-1	2	2				电子城	￥10	
MY07020003		XSQ-2	2	2				电子城	￥10	
MY07020004		XSQ-2	3	3				数码广场	￥10	
MY07020005		XSQ-3	10	10				数码广场	￥10	
MY07020006		mky235	10	5				1号商铺	￥10	

图 4.88　建立明细表表格，输入基本数据，设置背景图

（2）建立“出货地点”的下拉列表。

① 选中 C6:C11 单元格区域。

② 单击“数据”→“数据工具”→“数据验证”下拉按钮，从下拉菜单中选择“数据验证”选项，打开”数据验证”对话框。

③ 在“设置”选项卡中单击“允许”下拉按钮，从下拉列表中选择“序列”选项，在“来源”文本框中输入“1 号仓库,2 号仓库,3 号仓库,4 号仓库”。设置该列中的数据所允许的数值，如图 4.89 所示。

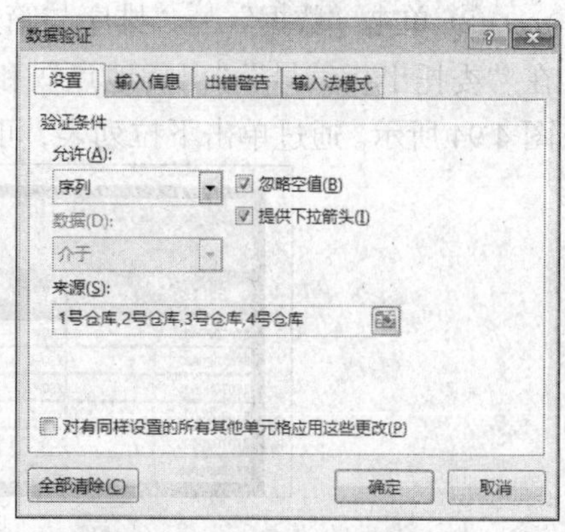

图 4.89　设置数据有效性条件

活力小贴士

这里，输入的序列值“1 号仓库,2 号仓库,3 号仓库,4 号仓库”之间的逗号均为英文状态下的逗号。

④ 在“输入信息”选项卡中，设置在工作表中进行输入时，鼠标移到该列会显示的提示信息，如图 4.90 所示。

⑤ 在“出错警告”选项卡中，设置在工作表中进行输入时，如果在该列中任意单元格输入无效数据，则弹出的对话框中的提示信息，如图 4.91 所示。

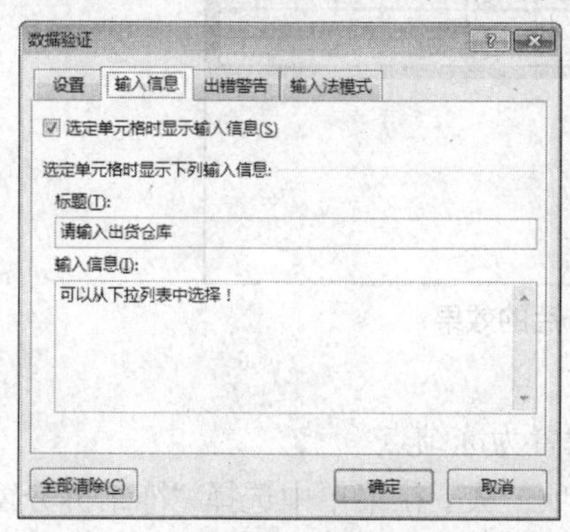

图 4.90　设置数据输入时的提示信息

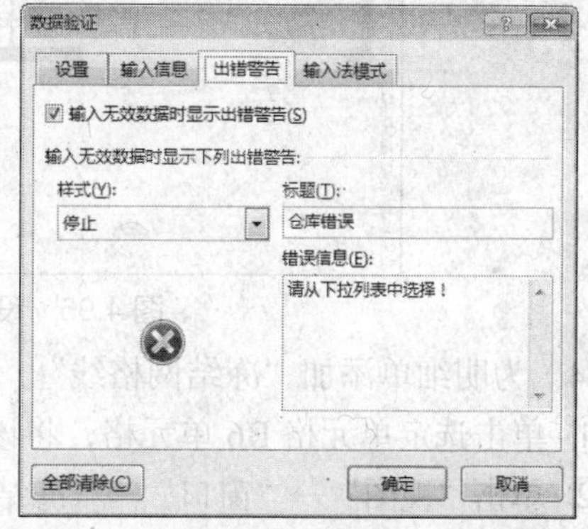

图 4.91　设置数据输入错误时的出错警告

⑥ 单击“确定”按钮，回到“商品出货明细单”工作表中，单击选定单元格 C6，则会在此单元格的右侧显示下拉列表按钮以及提示信息，如图 4.92 所示。单击下拉列表按钮，在弹出的下拉列表中选择正确的出货地点，如图 4.93 所示。

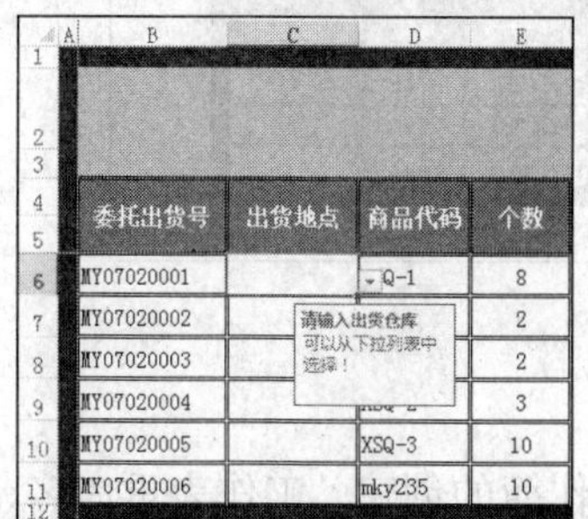

图 4.92　数据有效性设置效果图

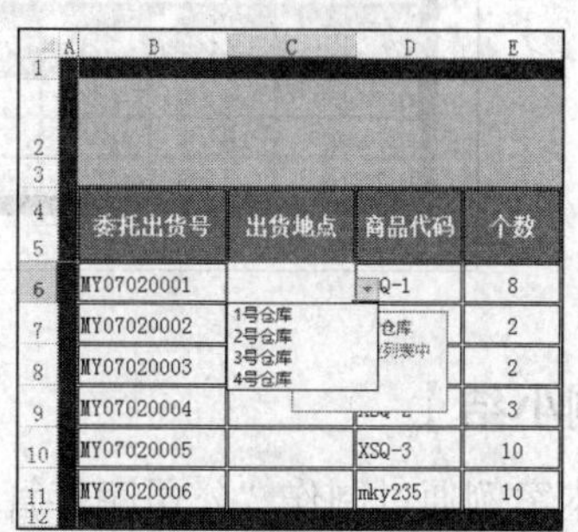

图 4.93　“出货地点”下拉列表

（3）构建自动筛选。

① 选定 B4:D11 单元格区域。

② 单击“数据”→“排序与筛选”→“筛选”按钮，为工作表构建起自动筛选，此时在“委托出货编号”“出货地点”和“商品代码”单元格的右上角显示下拉列表按钮，如图 4.94 所示。通过单击下拉列表，可以选择要查看的某种商品或某类商品，如图 4.95 所示。

商品出货明细单

2017 年 7 月 20 日

委托出货号	出货地点	商品代码	个数	件数	商品内容			交货地点	保险	备注
					大分类	中分类	小分类			
MY07020001		XSQ-1	8	8				电子城	￥10	
MY07020002		XSQ-1	2	2				电子城	￥10	
MY07020003		XSQ-2	2	2				电子城	￥10	
MY07020004		XSQ-2	3	3				数码广场	￥10	
MY07020005		XSQ-3	10	10				数码广场	￥10	
MY07020006		mky235	10	5				1号商铺	￥10	

图 4.94　构建自动筛选

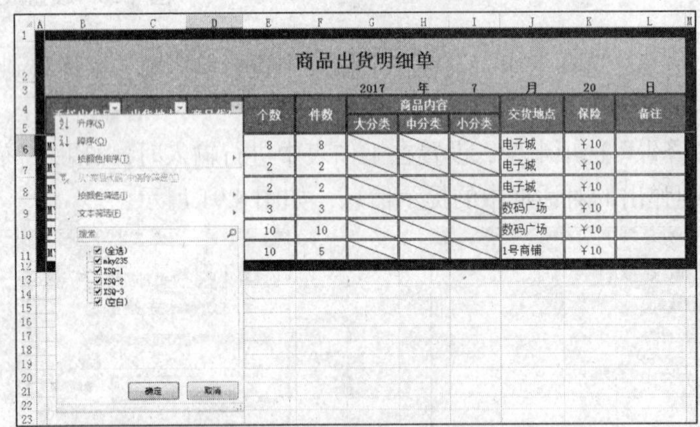

商品出货明细单

2017 年 7 月 20 日

委托出货号	出货地点	商品代码	个数	件数	商品内容			交货地点	保险	备注
					大分类	中分类	小分类			
			8	8				电子城	￥10	
			2	2				电子城	￥10	
			2	2				电子城	￥10	
			3	3				数码广场	￥10	
			10	10				数码广场	￥10	
			10	5				1号商铺	￥10	

图 4.95　设置自动筛选后的效果

（4）为明细单添加“冻结网格线”。

① 单击选定单元格 B6 单元格，将该单元格设置为冻结点。

② 单击“视图”→“窗口”→“冻结窗格”选项，从下拉菜单中选择“冻结拆分窗格”选项，使工作表中 1～5 行的标题行固定不动，此举将极大方便了库存表中库存数据的查看。如图 4.96 所示，工作表中出现了水平和垂直两条冻结网格线。

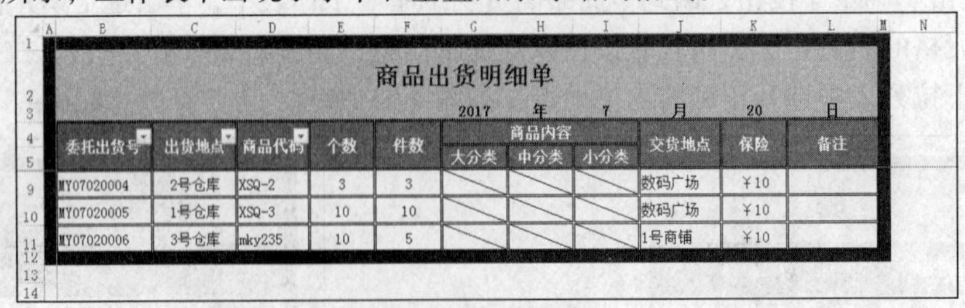

商品出货明细单

2017 年 7 月 20 日

委托出货号	出货地点	商品代码	个数	件数	商品内容			交货地点	保险	备注
					大分类	中分类	小分类			
MY07020004	2号仓库	XSQ-2	3	3				数码广场	￥10	
MY07020005	1号仓库	XSQ-3	10	10				数码广场	￥10	
MY07020006	3号仓库	mky235	10	5				1号商铺	￥10	

图 4.96　冻结窗格效果

【案例小结】

本案例通过制作“公司库存管理表”，主要介绍了工作簿的创建、工作表重命名、自动填充、有效性设置、使用 VLOOKUP 函数导入数据。在此基础上，使用“合并计算”对多个仓库的出、入库数据进行统计汇总。

📖 学习总结

本案例所用软件	
案例中包含的知识和技能	
你已熟知或掌握的知识和技能	
你认为还有哪些知识或技能需要进行强化	
案例中可使用的Office 技巧	
学习本案例之后的体会	

4.3　案例 16　制作商品进销存管理表

示例文件

原始文件：示例文件\素材\物流篇\案例 16\商品进销存管理表.xlsx
效果文件：示例文件\效果\物流篇\案例 16\商品进销存管理表.xlsx

【案例分析】

在一个经营性企业中，物流部门的基本业务流程就是产品的进销存管理过程，产品的进货、销售和库存的各个环节直接影响到企业的发展。

对企业的进销存实行信息化管理，不仅可以实现数据之间的共享，保证数据的正确性，还可以实现对数据的全面汇总和分析，促进企业的快速发展。本案例通过制作"商品进销存汇总表"和"期末库存量分析图"来介绍 Excel 软件在进销存管理方面的应用。"商品进销存管理表"和"期末库存量分析图"的设计效果图如图 4.97 和图 4.98 所示。

商品进销存汇总表

	A	B	C	D	E	F	G	H	I	J	K	L
2	商品编码	商品名称	规格	单位	期初库存量	期初库存额	本月入库量	本月入库额	本月销售量	本月销售额	期末库存量	期末库存额
3	J1001	联想ThinkPad 超薄本	New S2 13.3英寸	台	0	-	26	161,174	6	40,140	20	123,980
4	J1002	三星超薄笔记本电脑	Samsung 500R5H-Y0A 15.6英寸	台	4	19,592	13	63,674	13	68,887	4	19,592
5	J1003	华硕变形触控超薄本	ASUS TP301UA 13.3英寸	台	0	-	25	182,000	11	86,548	14	101,920
6	J1004	戴尔笔记本电脑	DELL Ins14MR-7508R 14英寸	台	0	-	32	134,080	15	68,400	17	71,230
7	J1005	联想笔记本超薄电脑	Lenovo Ideapad 500s 14英寸	台	7	32,760	8	37,440	15	75,870	0	-
8	J1006	宏基笔记本电脑	Acer V5-591G-53QR 15.6英寸	台	4	19,596	5	24,495	8	42,320	1	4,899
9	J1007	惠普笔记本电脑	HP Pavilion 14-AL027TX 14英寸	台	6	24,594	18	73,782	9	40,320	15	61,485
10	YY1001	西部数据移动硬盘	WDBUZG0010BBK 1TB	个	12	4,788	23	9,177	30	13,200	5	1,995
11	YY1002	希捷移动硬盘	2.5英寸 1TB	个	5	2,090	32	13,376	31	13,950	6	2,508
12	XJ1001	尼康相机	D7200	部	7	36,393	20	103,980	26	148,174	1	5,199
13	XJ1002	佳能相机	EOS 60D	部	8	35,200	8	35,200	16	76,128	0	-
14	SXJ1001	索尼数码摄像机	FDR-AX30	台	1	5,290	11	58,190	8	45,760	4	21,160
15	SXJ1002	JVC数码摄像机	GZ-VX855	台	2	7,560	15	56,700	4	16,320	13	49,140
16	SJ1001	华为手机	P9 3G+32G	部	9	26,010	14	40,460	22	70,356	1	2,890
17	SJ1002	三星手机	GALAXY S7	部	3	11,550	17	65,450	17	72,386	3	11,550
18	SJ1003	OPPO手机	R9 Plus	部	2	5,398	27	72,873	16	47,680	13	35,087

图 4.97　商品进销存汇总表

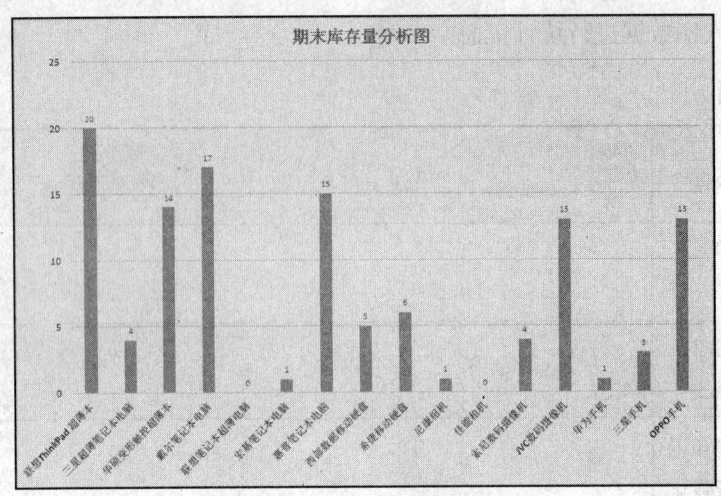

图 4.98　期末库存量分析图

【知识与技能】

- 创建工作簿、重命名工作表
- 在工作簿之间复制工作表
- VLOOKUP 函数的应用
- 公式计算
- 设置数据格式
- 条件格式应用
- 图表的运用

【解决方案】

步骤 1　创建工作簿

（1）启动 Excel 2013，新建一个空白工作簿。

（2）将创建的工作簿以“商品进销存管理表”为名，保存在“E:\公司文档\物流部”文件夹中。

步骤 2　复制工作表

（1）打开案例 15 中制作的“公司库存管理表”工作簿。

（2）按住“Ctrl”键，分别选中“商品基础资料”“入库汇总表”和“出库汇总表”工作表。

（3）单击“开始”→“单元格”→“格式”按钮，打开“格式”菜单，在“组织工作表”下选择“移动或复制工作表”选项，打开图 4.99 所示的“移动或复制工作表”对话框。

（4）从“工作簿”的下拉列表中选择“商品进销存管理表”工作簿，在“下列选定工作表之前”中选择“Sheet1”工作表，再选中“建立副本”选项，如图 4.100 所示。

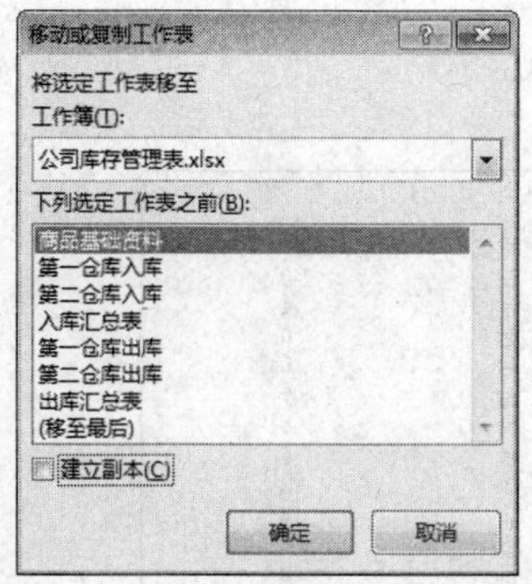

图 4.99 “移动或复制工作表”对话框

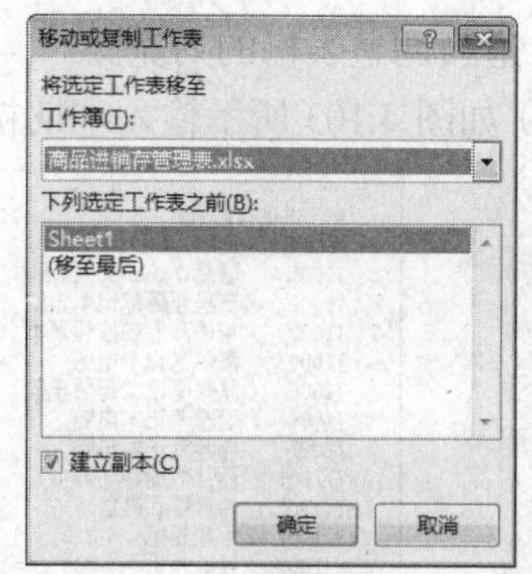

图 4.100 在工作簿之间复制工作表

（5）单击“确定”按钮，将选定的工作表“商品基础资料”“入库汇总表”和“出库汇总表”复制到“商品进销存管理表”工作簿中。

步骤 3 编辑“商品基础资料”工作表

（1）选择“商品基础资料”工作表。

（2）如图 4.101 所示，在“商品基础资料”工作表中添加“进货价”和“销售价”数据。

	A	B	C	D	E	F
1	商品编码	商品名称	规格	单位	进货价	销售价
2	J1001	联想ThinkPad 超薄本	New S2 13.3英寸	台	6199	6690
3	J1002	三星超薄笔记本电脑	Samsung 500R5H-Y0A 15.6英寸	台	4898	5299
4	J1003	华硕变形触控超薄本	ASUS TP301UA 13.3英寸	台	7280	7868
5	J1004	戴尔笔记本电脑	DELL Ins14MR-7508R 14英寸	台	4190	4560
6	J1005	联想笔记本超薄电脑	Lenovo Ideapad 500s 14英寸	台	4680	5058
7	J1006	宏基笔记本电脑	Acer V5-591G-53QR 15.6英寸	台	4899	5290
8	J1007	惠普笔记本电脑	HP Pavilion 14-AL027TX 14英寸	台	4099	4480
9	YY1001	西部数据移动硬盘	WDBUZG0010BBK 1TB	个	399	440
10	YY1002	希捷移动硬盘	2.5英寸 1TB	个	418	450
11	XJ1001	尼康相机	D7200	部	5199	5699
12	XJ1002	佳能相机	EOS 60D	部	4400	4758
13	SXJ1001	索尼数码摄像机	FDR-AX30	台	5290	5720
14	SXJ1002	JVC数码摄像机	GZ-VX855	台	3780	4080
15	SJ1001	华为手机	P9 3G+32G	部	2890	3198
16	SJ1002	三星手机	GALAXY S7	部	3850	4258
17	SJ1003	OPPO手机	R9 Plus	部	2699	2980

图 4.101 添加“进货价”和“销售价”数据

步骤 4 创建“进销存汇总表”工作表框架

（1）将“Sheet1”工作表重命名为“进销存汇总表”。

（2）建立图 4.102 所示的“进销存汇总表”框架。

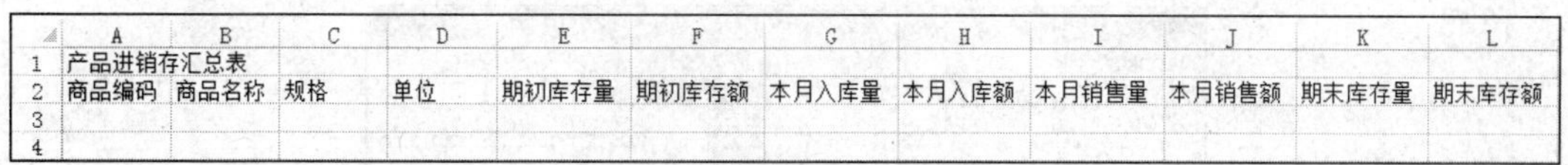

	A	B	C	D	E	F	G	H	I	J	K	L
1	产品进销存汇总表											
2	商品编码	商品名称	规格	单位	期初库存量	期初库存额	本月入库量	本月入库额	本月销售量	本月销售额	期末库存量	期末库存额
3												
4												

图 4.102 “进销存汇总表”框架

（3）从“商品基础资料”表中复制“商品编码”“商品名称”“规格”和“单位”数据。

① 选中“商品基础资料”表中的 A2:D17 单元格区域，单击“开始”→“剪贴板”→“复制”按钮。

② 切换到“进销存汇总表”工作表，选中 A3 单元格，按“Ctrl”+“V”组合键，将选定单元格区域的数据粘贴到表中。

③ 适当调整表格的列宽。

（4）如图 4.103 所示输入“期初库存量”数据。

	A	B	C	D	E	F
1	商品进销存汇总表					
2	商品编码	商品名称	规格	单位	期初库存量	期初库存额
3	J1001	联想ThinkPad 超薄本	New S2 13.3英寸	台	0	
4	J1002	三星超薄笔记本电脑	Samsung 500R5H-Y0A 15.6英寸	台	4	
5	J1003	华硕变形触控超薄本	ASUS TP301UA 13.3英寸	台	0	
6	J1004	戴尔笔记本电脑	DELL Ins14MR-7508R 14英寸	台	0	
7	J1005	联想笔记本超薄电脑	Lenovo Ideapad 500s 14英寸	台	7	
8	J1006	宏基笔记本电脑	Acer V5-591G-53QR 15.6英寸	台	4	
9	J1007	惠普笔记本电脑	HP Pavilion 14-AL027TX 14英寸	台	6	
10	YY1001	西部数据移动硬盘	WDBUZG0010BBK 1TB	个	12	
11	YY1002	希捷移动硬盘	2.5英寸 1TB	个	5	
12	XJ1001	尼康相机	D7200	部	7	
13	XJ1002	佳能相机	EOS 60D	部	8	
14	SXJ1001	索尼数码摄像机	FDR-AX30	台	1	
15	SXJ1002	JVC数码摄像机	GZ-VX855	台	2	
16	SJ1001	华为手机	P9 3G+32G	部	9	
17	SJ1002	三星手机	GALAXY S7	部	3	
18	SJ1003	OPPO手机	R9 Plus	部	2	

图 4.103　输入“期初库存量”数据

步骤 5　输入和计算“进销存汇总表”中的数据

（1）计算“期初库存额”。这里，设定“期初库存额 = 期初库存量 * 进货价”。

① 选中 F3 单元格。

② 输入公式“ = E3*商品基础资料!E2”。

③ 按“Enter”键确认，计算出相应的期初库存额。

④ 选中 F3 单元格，用鼠标拖动其填充句柄至 F16 单元格，将公式复制到 F4:F18 单元格区域中，可得到所有产品的期初库存额。

活力小贴士

这里，F3 单元格所代表的商品编码为“J1001”的商品的期初库存额，之所以直接使用了公式 “=E3*商品基础资料!E2”，是因为“进销存汇总表”中的“商品编码”“商品名称”等数据是从“商品基础资料”表中复制过来的，两个表的商品编码等信息是一一对应的。假设两张表中的商品编码等数据顺序不一致，此时引用“进货价”数据时，需要使用 VLOOKUP 函数去“商品基础资料”表中精确查找商品编码为“J1001”商品的进货价。例如，“=E3*VLOOKUP(A3,商品基础资料!$A$2:$F$17,5,0)”。

下面引用“进货价”和“销售价”同理。

（2）导入“本月入库量”。这里，设定本月入库量为本月入库汇总表中的数量。

① 选中 G3 单元格。

② 插入“VLOOKUP”函数，设置图 4.104 所示的函数参数。

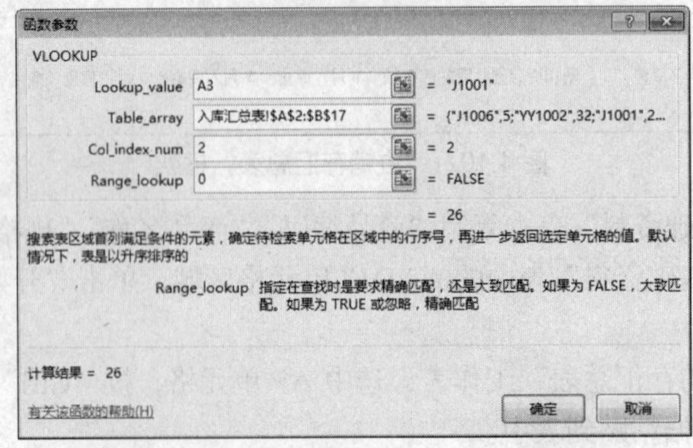

图 4.104　本月入库量的 VLOOKUP 函数参数

活力小贴士

VLOOKUP 函数参数设置如下。

① Lookup_value 为“A3”。

② Table_array 为“入库汇总表!$A$2:$B$17”，即这里的“本月入库量”引用“入库汇总表”工作表中“$A$2:$B$17”单元格区域的“数量”数据。

③ Col_index_num 为“2”，即引用的数据区域中“数量”数据所在的列序号。

④ Range_lookup 为“0”，即函数 VLOOKUP 将返回精确匹配值。

③ 单击“确定”按钮，导入相应的本月入库量。

④ 选中 G3 单元格，用鼠标拖动其填充句柄至 G18 单元格，将公式复制到 G4:G18 单元格区域中，可得到所有产品的本月入库量。

（3）计算“本月入库额”。这里，设定“本月入库额 = 本月入库量*进货价”。

① 选中 H3 单元格。

② 输入公式“ = G3*商品基础资料!E2”。

③ 按“Enter”键确认，计算出相应的本月入库额。

④ 选中 H3 单元格，用鼠标拖动其填充句柄至 H18 单元格，将公式复制到 H4:H18 单元格区域中，可得到所有产品的本月入库额。

（4）导入“本月销售量”。这里，本月销售量为本月出库汇总表中的数量。

① 选中 I3 单元格。

② 插入“VLOOKUP”函数，设置图 4.105 所示的函数参数。

③ 单击“确定”按钮，导入相应的本月销售量。

④ 选中 I3 单元格，用鼠标拖动其填充句柄至 I18 单元格，将公式复制到 I4:I18 单元格区域中，可得到所有产品的本月销售量。

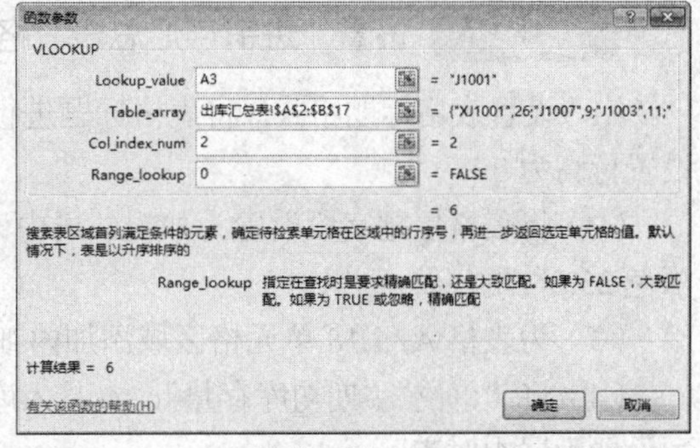

图 4.105 本月销售量的 VLOOKUP 函数参数

（5）计算“本月销售额”。这里，设定“本月销售额 = 本月销售量*销售价”。

① 选中 J3 单元格。

② 输入公式“ = I3*商品基础资料!F2”。

③ 按“Enter”键确认，计算出相应的本月销售额。

④ 选中 J3 单元格，用鼠标拖动其填充句柄至 J18 单元格，将公式复制到 J4:J18 单元格区域中，可得到所有产品的本月销售额。

（6）计算“期末库存量”。这里，设定“期末库存量 = 期初库存量+本月入库量−本月销售量”。

① 选中 K3 单元格。

② 输入公式“ = E3+G3−I3”。

③ 按“Enter”键确认，计算出相应的期末库存量。

④ 选中 K3 单元格，用鼠标拖动其填充句柄至 K18 单元格，将公式复制到 K4:K18 单元格区域中，可得到所有产品的期末库存量。

（7）计算“期末库存额”。这里，设定“期末库存额＝期末库存量*进货价”。

① 选中 L3 单元格。

② 输入公式“＝K3*商品基础资料!E2”。

③ 按“Enter”键确认，计算出相应的期末库存额。

④ 选中 L3 单元格，用鼠标拖动其填充句柄至 L18 单元格，将公式复制到 L4:L18 单元格区域中，可得到所有产品的期末库存额。

编辑后的“进销存汇总表”数据如图 4.106 所示。

	A	B	C	D	E	F	G	H	I	J	K	L
1	商品进销存汇总表											
2	商品编码	商品名称	规格	单位	期初库存量	期初库存额	本月入库量	本月入库额	本月销售量	本月销售额	期末库存量	期末库存额
3	J1001	联想ThinkPad 超薄本	New S2 13.3英寸	台	0	0	26	161174	6	40140	20	123980
4	J1002	三星超薄笔记本电脑	Samsung 500R5H-Y0A 15.6英寸	台	4	19592	13	63674	13	68887	4	19592
5	J1003	华硕变形触控超薄本	ASUS TP301UA 13.3英寸	台	0	0	25	182000	11	86548	14	101920
6	J1004	戴尔笔记本电脑	DELL Ins14MR-7508R 14英寸	台	0	0	32	134080	15	68400	17	71230
7	J1005	联想笔记本超薄电脑	Lenovo Ideapad 500s 14英寸	台	7	32760	8	37440	15	75870	0	0
8	J1006	宏基笔记本电脑	Acer V5-591G-53QR 15.6英寸	台	4	19596	5	24495	8	42320	1	4899
9	J1007	惠普笔记本电脑	HP Pavilion 14-AL027TX 14英寸	台	6	24594	18	73782	9	40320	15	61485
10	YY1001	西部数据移动硬盘	WDBUZG0010BBK 1TB	个	12	4788	23	9177	30	13200	5	1995
11	YY1002	希捷移动硬盘	2.5英寸 1TB	个	5	2090	32	13376	31	13950	6	2508
12	XJ1001	尼康相机	D7200	部	7	36393	20	103980	26	148174	1	5199
13	XJ1002	佳能相机	EOS 60D	部	8	35200	8	35200	16	76128	0	0
14	SXJ1001	索尼数码摄像机	FDR-AX30	台	1	5290	11	58190	8	45760	4	21160
15	SXJ1002	JVC数码摄像机	GZ-VX855	台	2	7560	15	56700	4	16320	13	49140
16	SJ1001	华为手机	P9 3G+32G	部	9	26010	14	40460	22	70356	1	2890
17	SJ1002	三星手机	GALAXY S7	部	3	11550	17	65450	17	72386	3	11550
18	SJ1003	OPPO手机	R9 Plus	部	2	5398	27	72873	16	47680	13	35087

图 4.106　编辑后的“进销存汇总表”数据

步骤 6　设置“进销存汇总表”格式

（1）设置表格标题格式。将表格标题进行合并后居中，字体设置为宋体、18 磅、加粗，设置行高为 30。

（2）将表格标题字段设置为加粗、居中，并将字体设置为白色，添加“绿色，着色 6，深色 25%”的底纹。

（3）为表格 A2:L18 单元格区域添加内细外粗的边框。

（4）将“单位”“期初库存量”“本月入库量”“本月销售量”和“期末库存量”的数据列设置为居中对齐。

（5）将“期初库存额”“本月入库额”“本月销售额”和“期末库存额”的数据设置“会计专用”格式，且无“货币符号”，“小数位数”为 0。

格式化后的表格如图 4.107 所示。

	A	B	C	D	E	F	G	H	I	J	K	L
1	商品进销存汇总表											
2	商品编码	商品名称	规格	单位	期初库存量	期初库存额	本月入库量	本月入库额	本月销售量	本月销售额	期末库存量	期末库存额
3	J1001	联想ThinkPad 超薄本	New S2 13.3英寸	台	0	-	26	161,174	6	40,140	20	123,980
4	J1002	三星超薄笔记本电脑	Samsung 500R5H-Y0A 15.6英寸	台	4	19,592	13	63,674	13	68,887	4	19,592
5	J1003	华硕变形触控超薄本	ASUS TP301UA 13.3英寸	台	0	-	25	182,000	11	86,548	14	101,920
6	J1004	戴尔笔记本电脑	DELL Ins14MR-7508R 14英寸	台	0	-	32	134,080	15	68,400	17	71,230
7	J1005	联想笔记本超薄电脑	Lenovo Ideapad 500s 14英寸	台	7	32,760	8	37,440	15	75,870	0	-
8	J1006	宏基笔记本电脑	Acer V5-591G-53QR 15.6英寸	台	4	19,596	5	24,495	8	42,320	1	4,899
9	J1007	惠普笔记本电脑	HP Pavilion 14-AL027TX 14英寸	台	6	24,594	18	73,782	9	40,320	15	61,485
10	YY1001	西部数据移动硬盘	WDBUZG0010BBK 1TB	个	12	4,788	23	9,177	30	13,200	5	1,995
11	YY1002	希捷移动硬盘	2.5英寸 1TB	个	5	2,090	32	13,376	31	13,950	6	2,508
12	XJ1001	尼康相机	D7200	部	7	36,393	20	103,980	26	148,174	1	5,199
13	XJ1002	佳能相机	EOS 60D	部	8	35,200	8	35,200	16	76,128	0	-
14	SXJ1001	索尼数码摄像机	FDR-AX30	台	1	5,290	11	58,190	8	45,760	4	21,160
15	SXJ1002	JVC数码摄像机	GZ-VX855	台	2	7,560	15	56,700	4	16,320	13	49,140
16	SJ1001	华为手机	P9 3G+32G	部	9	26,010	14	40,460	22	70,356	1	2,890
17	SJ1002	三星手机	GALAXY S7	部	3	11,550	17	65,450	17	72,386	3	11,550
18	SJ1003	OPPO手机	R9 Plus	部	2	5,398	27	72,873	16	47,680	13	35,087

图 4.107　格式化后的“进销存汇总表”

步骤 7 突出显示“期末库存量”和“期末库存额”

为了更方便地了解库存信息，我们可以为相应的期末库存量和库存额设置条件格式，根据不同库存量和库存额的等级设置不同的标识。例如，使用三色交通灯图标集标记期末库存量，使用浅蓝色渐变数据条标记期末库存额。

（1）设置期末库存量条件格式。

① 选中 K3:K18 单元格区域。

② 单击“开始”→“样式”→“条件格式”按钮，打开“条件格式”菜单。

③ 从“条件格式”菜单选择图 4.108 所示的“图标集”→“形状”→“三色交通灯（无边框）”选项。

（2）设置期末库存额条件格式。

① 选中 L3:L18 单元格区域。

② 单击“开始”→“样式”→“条件格式”按钮，打开“条件格式”菜单。

③ 从“条件格式”菜单选择图 4.109 所示的“数据条”→“渐变填充”→“浅蓝色数据条”选项。

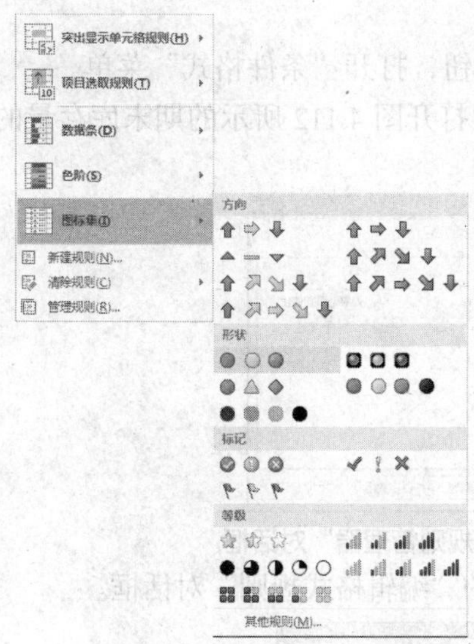

图 4.108 “图标集”子菜单

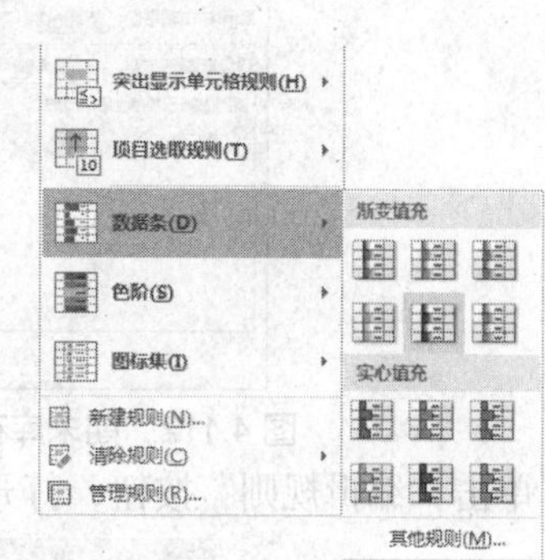

图 4.109 “数据条”子菜单

完成条件格式设置后的“进销存汇总表”的效果如图 4.110 所示。

商品进销存汇总表

	A	B	C	D	E	F	G	H	I	J	K	L
2	商品编码	商品名称	规格	单位	期初库存量	期初库存额	本月入库量	本月入库额	本月销售量	本月销售额	期末库存量	期末库存额
3	J1001	联想ThinkPad 超薄本	New S2 13.3英寸	台	0	-	26	161,174	6	40,140	20	123,980
4	J1002	三星超薄笔记本电脑	Samsung 500R5H-Y0A 15.6英寸	台	4	19,592	13	63,674	13	68,887	4	19,592
5	J1003	华硕变形触控超薄本	ASUS TP301UA 13.3英寸	台	0	-	25	182,000	11	86,548	14	101,920
6	J1004	戴尔笔记本电脑	DELL Ins14MR-7508R 14英寸	台	0	-	32	134,080	15	68,400	17	71,230
7	J1005	联想笔记本超薄电脑	Lenovo Ideapad 500s 14英寸	台	7	32,760	8	37,440	15	75,870	0	-
8	J1006	宏基笔记本电脑	Acer V5-591G-53QR 15.6英寸	台	4	19,596	5	24,495	8	42,320	1	4,899
9	J1007	惠普笔记本电脑	HP Pavilion 14-AL027TX 14英寸	台	6	24,594	18	73,782	9	40,320	15	61,485
10	YY1001	西部数据移动硬盘	WDBUZG0010BBK 1TB	个	12	4,788	23	9,177	30	13,200	5	1,995
11	YY1002	希捷移动硬盘	2.5英寸 1TB	个	5	2,090	32	13,376	31	13,950	6	2,508
12	XJ1001	尼康相机	D7200	部	7	36,393	20	103,980	26	148,174	1	5,199
13	XJ1002	佳能相机	EOS 60D	部	8	35,200	8	35,200	16	76,128	0	-
14	SXJ1001	索尼数码摄像机	FDR-AX30	台	1	5,290	11	58,190	8	45,760	4	21,160
15	SXJ1002	JVC数码摄像机	GZ-VX855	台	2	7,560	15	56,700	4	16,320	13	49,140
16	SJ1001	华为手机	P9 3G+32G	部	9	26,010	14	40,460	22	70,356	1	2,890
17	SJ1002	三星手机	GALAXY S7	部	3	11,550	17	65,450	17	72,386	3	11,550
18	SJ1003	OPPO手机	R9 Plus	部	2	5,398	27	72,873	16	47,680	13	35,087

图 4.110 用“条件格式”设置后的“进销存汇总表”效果

活力小贴士

设置完条件格式后，可选择“条件格式”菜单中的“管理规则”命令，打开“条件格式规则管理器”对话框，查看和管理设置的规则，图 4.111 所示为定义的“期末库存量”的条件格式规则。

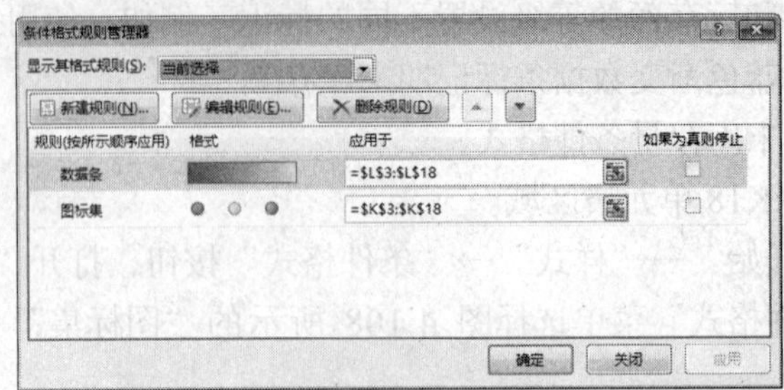

图 4.111 “条件格式规则管理器”对话框

（3）修改“期末库存量”的条件格式。

从图 4.110 可知，添加的三色交通灯颜色是由系统按数据范围自动分配的，这里我们想要自行定义不同数据范围的颜色，例如，期末库存量大于 10 用红色、5～10 用黄色，小于 5 用绿色。

① 选中 K3:K18 单元格区域。

② 单击“开始”→“样式”→“条件格式”按钮，打开“条件格式”菜单。

③ 从“条件格式”菜单选择“管理规则”命令，打开图 4.112 所示的期末库存量的“条件格式规则管理器”对话框。

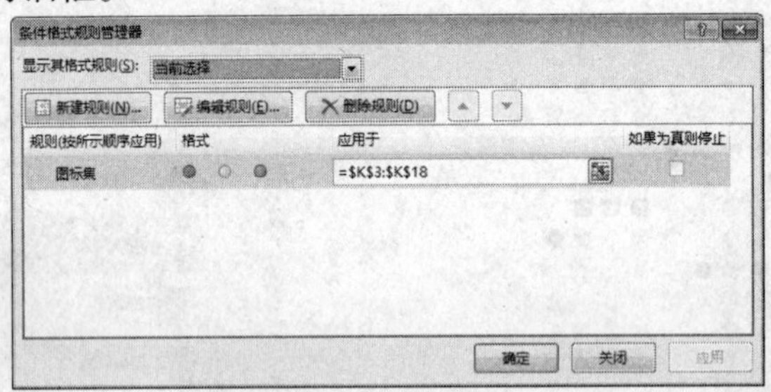

图 4.112 期末库存量的“条件格式规则管理器”对话框

④ 单击“编辑规则”按钮，打开图 4.113 所示的“编辑格式规则”对话框。

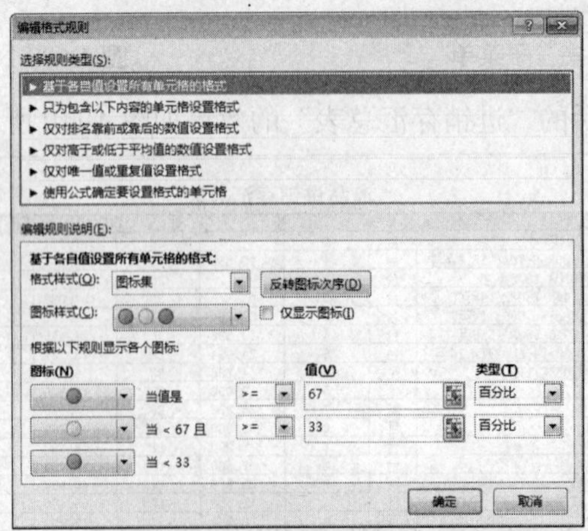

图 4.113 “编辑格式规则”对话框

⑤ 按图 4.114 所示的编辑图标颜色、值和类型。即期末库存量大于 10 用红色、5～10 用黄色，小于 5 用绿色。

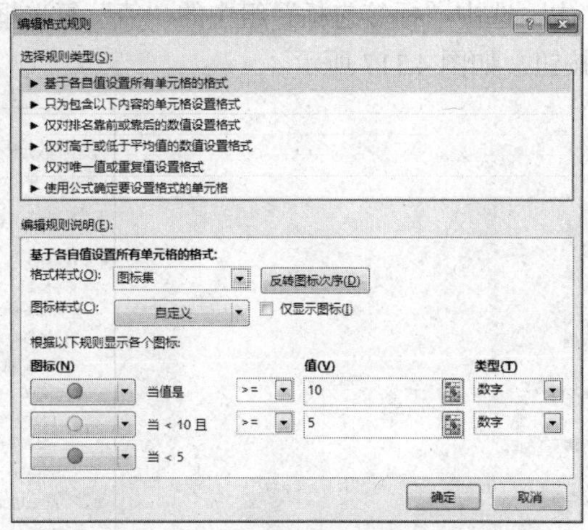

图 4.114 编辑图标颜色和值

⑥ 单击“确定”按钮，返回“条件格式规则管理器”对话框，再单击“确定”按钮，完成条件格式的修改。

活力小贴士

由图 4.113 可以看出，默认情况下，系统是按百分比类型进行三色交通灯颜色分配的，如>=67%为绿色、>=33%且<67%为黄色、<33%为红色。

修改“类型”可单击“类型”下拉按钮，从下拉列表中重新选择。

步骤 8 制作“期末库存量分析图”

（1）按住“Ctrl”键，同时选中“进销存汇总表”中的 B2:B18 和 K2:K18 单元格区域。

（2）单击“插入”→“图表”→“插入柱形图”按钮，打开“柱形图”下拉列表，选择“二维柱形图”中的“簇状柱形图”类型，生成图 4.115 所示的图表。

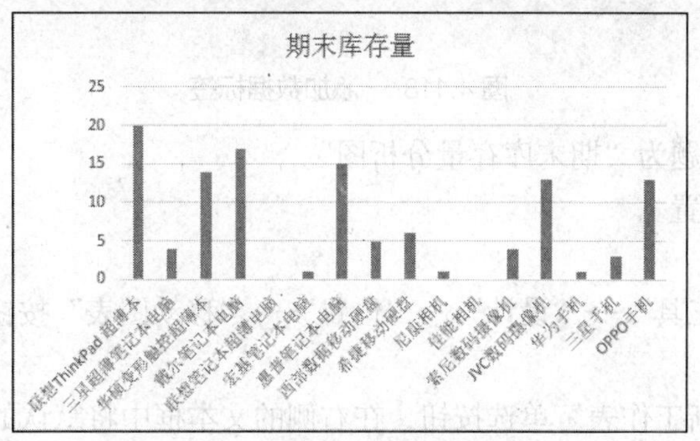

图 4.115 “期末库存量”簇状柱形图

（3）添加数据标志。

① 选中图表，单击“图表工具”→“设计”→“图标布局”→“添加图表元素”按钮，打开“添加图表元素”菜单。

② 选择图 4.116 所示的“数据标签”→“其他数据标签选项”命令，打开所示的“设置数据标签格式”窗格。

③ 在“标签选项”中，选中“标签包括”组中的“值”复选框，再设置“标签位置”为“数据标签外”单选按钮，如图 4.117 所示。

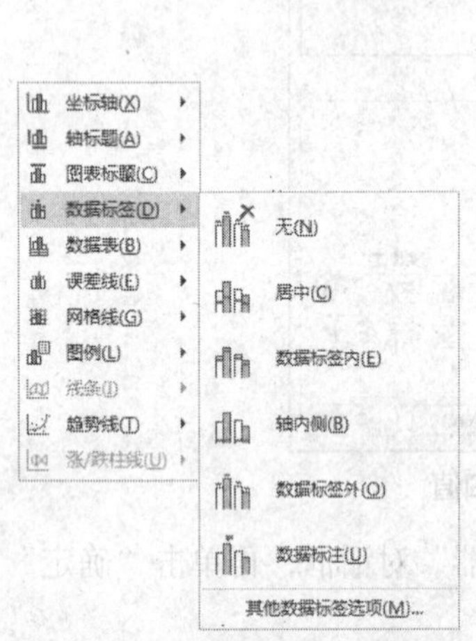

图 4.116 “数据标签”下拉菜单

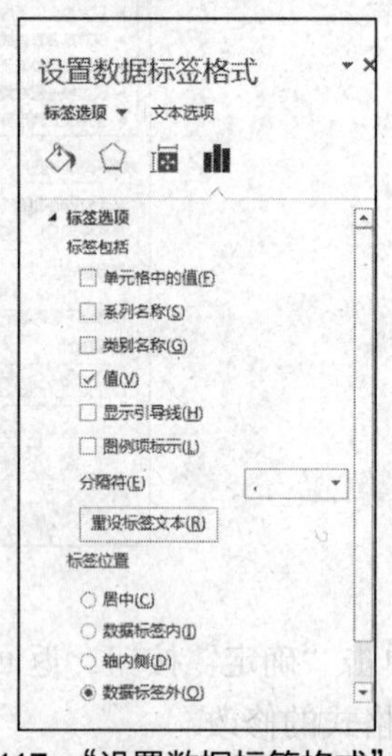

图 4.117 “设置数据标签格式”窗格

④ 单击“确定”按钮，为图表添加图 4.118 所示的数据标签。

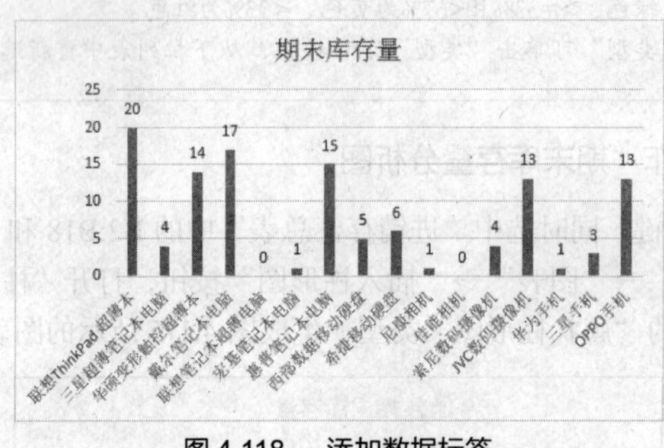

图 4.118 添加数据标签

（4）修改图表标题为“期末库存量分析图”。

（5）移动图表位置。

① 选中图表。

② 单击“图表工具”→“设计”→“位置”→“移动图表”按钮，打开“移动图表”对话框。

③ 单击选中“新工作表”单选按钮，在右侧的文本框中将默认的“Chart1”工作表名称修改为“期末库存量分析图”。

④ 单击“确定”按钮，将图表移动到新工作表“期末库存量分析图”中，并适当设置图表标题和坐标轴字体格式，效果如图 4.98 所示。

【拓展案例】

公司产品生产成本预算表设计，如图 4.119 和图 4.120 所示。

主要产品单位成本表					
编制	张林		时间	2017年7月22日	
产品名称	音响	本月实际产量	1000	本年计划产量	12000
规格	mky230-240	本年累计实际产量	11230	上年同期实际产量	8000
计量单位	对	销售单价	￥100.00	上年同期销售单价	￥105.00
成本项目	历史先进水平	上年实际平均	本年计划	本月实际	本年累计实际平均
直接材料	￥14.00	￥15.50	￥15.00	￥15.00	￥15.10
其中，原材料	￥14.00	￥15.50	￥15.00	￥15.00	￥15.10
燃料及动力	￥0.50	￥0.70	￥0.70	￥0.70	￥0.70
直接人工	￥2.00	￥2.50	￥2.50	￥2.40	￥2.45
制造费用	￥1.00	￥1.10	￥1.00	￥1.00	￥1.00
产品生产成本	￥17.50	￥19.80	￥19.20	￥19.10	￥19.25

图 4.119　主要产品单位成本表

产品生产成本表			
编制	张林	时间	2017-7-23
项目	上年实际	本月实际	本年累计实际
生产费用			
直接材料	￥800,000.00	￥70,000.00	￥890,000.00
其中原材料	￥800,000.00	￥70,000.00	￥890,000.00
燃料及动力	￥20,000.00	￥2,000.00	￥21,000.00
直接人工	￥240,000.00	￥20,000.00	￥200,000.00
制造费用	￥200,000.00	￥1,800.00	￥210,000.00
生产费用合计	￥1,260,000.00	￥93,800.00	￥1,321,000.00
加：在产品、自制半成品期初余额	￥24,000.00	￥2,000.00	￥24,500.00
减：在产品、自制半成品期末余额	￥22,000.00	￥2,000.00	￥22,500.00
产品生产成本合计	￥1,262,000.00	￥93,800.00	￥1,323,000.00
减：自制设备	￥2,000.00	￥120.00	￥2,100.00
减：其他不包括在商品产品成本中的生产费用	￥5,000.00	￥200.00	￥5,450.00
商品产品总成本	￥1,255,000.00	￥93,480.00	￥1,315,450.00

图 4.120　产品生产成本表

【拓展训练】

设计一份公司生产预算分析表，如图 4.121 所示。

生产预算分析表				
项目	第一季度	第二季度	第三季度	第四季度
预计销售量（件）	1900	2700	3500	2500
预计期末存货量	405	525	375	250
预计需求量	2305	3225	3875	2750
期初存货量	320	405	525	375
预计产量	1985	2820	3350	2375
直接材料消耗（Kg）	3573	5076	6030	4275
直接人工消耗（小时）	10917.5	15510	18425	13062.5

图 4.121　公司生产预算分析表

其操作步骤如下。

（1）新建并保存文档。

① 启动Excel 2013，新建一个空白工作簿。

② 将创建的工作簿以“公司生产预算表”为名，保存在“E:\公司文档\物流部”文件夹中。

（2）插入和重命名工作表。插入两张新工作表，并分别将 Sheet1、Sheet2、Sheet3 工作表更名为“预计销量表”“定额成本资料表”和“生产预算分析表”。

（3）制作“预计销量表”和“定额成本资料表”。

① 选中“预计销量表”工作表标签。

② 建立图 4.122 所示的预计销量表格，并进行相应的格式化。

③ 单击“定额成本资料表”工作表标签，切换至“定额成本资料表”工作表中，在其中建立图 4.123 所示的定额成本资料表格，并进行相应的格式化。

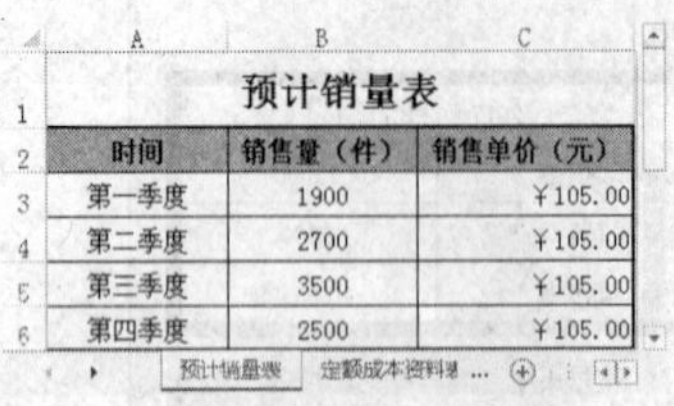

预计销量表		
时间	销售量（件）	销售单价（元）
第一季度	1900	￥105.00
第二季度	2700	￥105.00
第三季度	3500	￥105.00
第四季度	2500	￥105.00

图 4.122　预计销量表

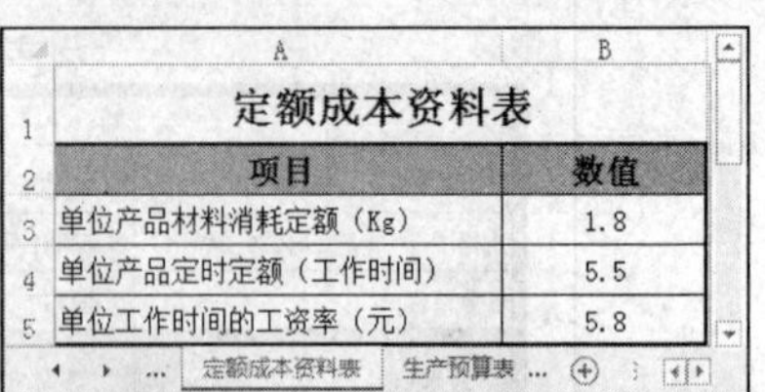

定额成本资料表	
项目	数值
单位产品材料消耗定额（Kg）	1.8
单位产品定时定额（工作时间）	5.5
单位工作时间的工资率（元）	5.8

图 4.123　定额成本资料表

（4）制作“生产预算分析表”框架。

① 单击“生产预算分析表”工作表标签，切换至“生产预算分析表”工作表。

② 创建图 4.124 所示的“生产预算分析表”框架。

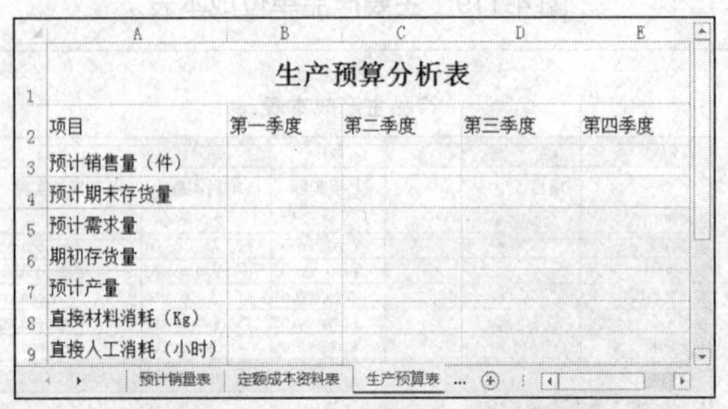

生产预算分析表				
项目	第一季度	第二季度	第三季度	第四季度
预计销售量（件）				
预计期末存货量				
预计需求量				
期初存货量				
预计产量				
直接材料消耗（Kg）				
直接人工消耗（小时）				

图 4.124　“生产预算分析表”框架

这里，“预计销售量(件)”的值等于预计销量表中的“销售量”。因此，可通过 VLOOKUP 函数进行查找。

（5）填入“预计销售量”。

① 选定 B3 单元格，插入“VLOOKUP”函数，设置图 4.125 所示的函数参数，按“Enter”键确认，B3 单元格显示出所引用的“预计销量表”中的数据，如图 4.126 所示。

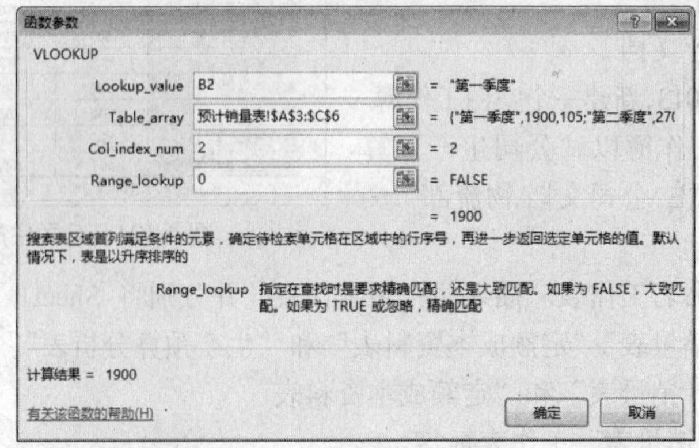

图 4.125　VLOOKUP 的“函数参数”对话框

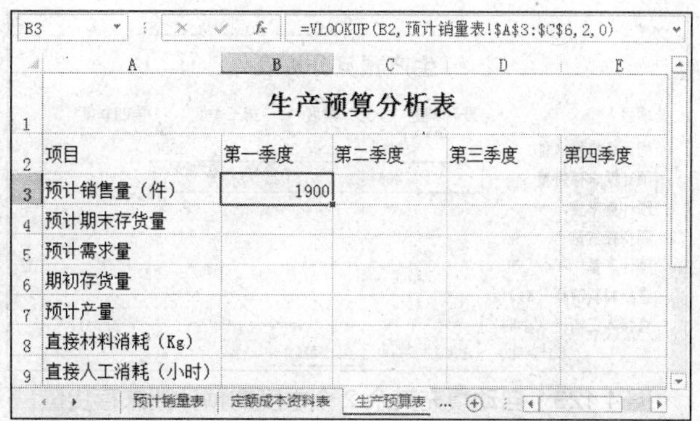

B3 =VLOOKUP(B2,预计销量表!$A$3:$C$6,2,0)

	A	B	C	D	E
1	生产预算分析表				
2	项目	第一季度	第二季度	第三季度	第四季度
3	预计销售量（件）	1900			
4	预计期末存货量				
5	预计需求量				
6	期初存货量				
7	预计产量				
8	直接材料消耗（Kg）				
9	直接人工消耗（小时）				

预计销量表 | 定额成本资料表 | 生产预算表

图 4.126　B3 单元格中引用“预计销量表”中的数据

② 利用填充柄将单元格 B3 中的公式填充至“预计销售量（件）”项目的其余 3 个季度单元格中，如图 4.127 所示。

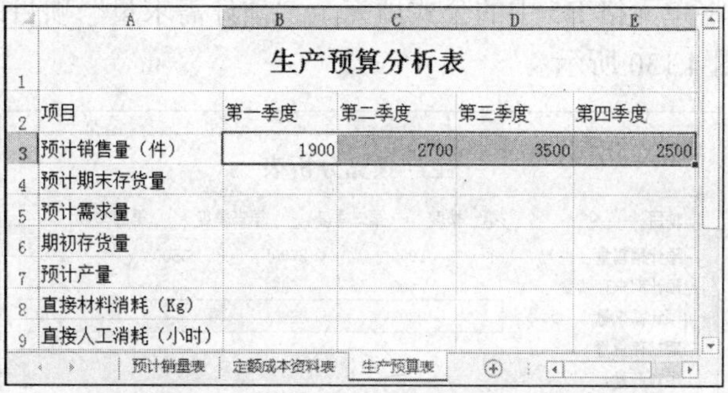

	A	B	C	D	E
1	生产预算分析表				
2	项目	第一季度	第二季度	第三季度	第四季度
3	预计销售量（件）	1900	2700	3500	2500
4	预计期末存货量				
5	预计需求量				
6	期初存货量				
7	预计产量				
8	直接材料消耗（Kg）				
9	直接人工消耗（小时）				

预计销量表 | 定额成本资料表 | 生产预算表

图 4.127　填充其余 3 个季度的预计销售量

（6）计算“预计期末存货量”。

这里，“预计期末存货量”应根据公司往年的数据制定，设定公司的各季度期末存货量等于下一季度的预计销售量的 15%，并且第四季度的预计期末存货量为 250 件，按此输入第四季度数据。

① 单击选定 B4 单元格，输入公式“= C3*15%”，按“Enter”键确认，单元格 B4 显示出第一季度的预计期末存货量，如图 4.128 所示。

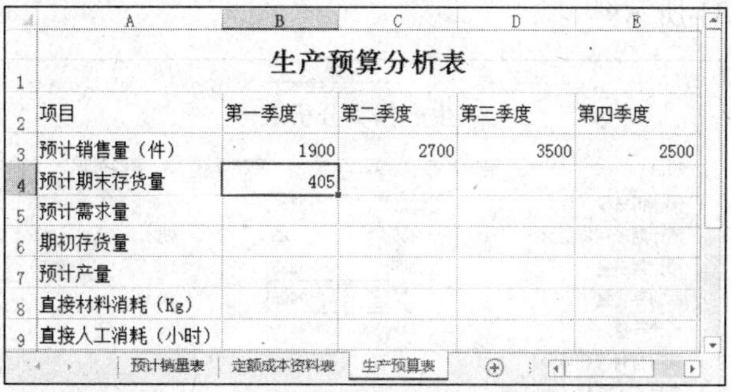

	A	B	C	D	E
1	生产预算分析表				
2	项目	第一季度	第二季度	第三季度	第四季度
3	预计销售量（件）	1900	2700	3500	2500
4	预计期末存货量	405			
5	预计需求量				
6	期初存货量				
7	预计产量				
8	直接材料消耗（Kg）				
9	直接人工消耗（小时）				

预计销量表 | 定额成本资料表 | 生产预算表

图 4.128　计算第一季度的预计期末存货量

② 利用填充柄将单元格 B4 中的公式填充至“预计期末存货量”项目的第二季度和第三季度单元格中，计算结果如图 4.129 所示。

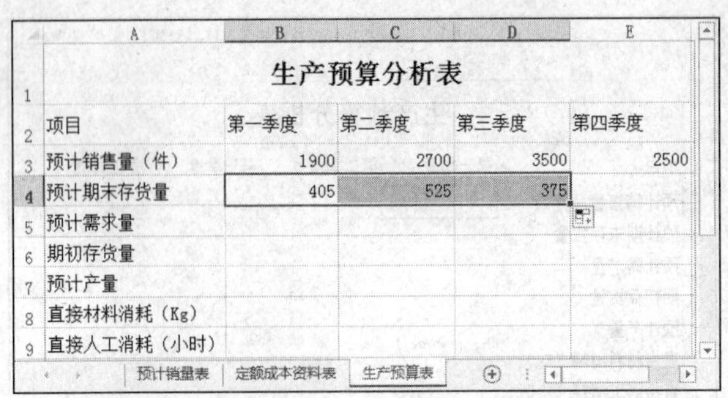

	A	B	C	D	E
1	生产预算分析表				
2	项目	第一季度	第二季度	第三季度	第四季度
3	预计销售量（件）	1900	2700	3500	2500
4	预计期末存货量	405	525	375	
5	预计需求量				
6	期初存货量				
7	预计产量				
8	直接材料消耗（Kg）				
9	直接人工消耗（小时）				

图 4.129　自动填充其余 2 个季度的预计期末存货量

（7）计算各个季度的“预计需求量”。这里，假设预计需求量 = 预计销售量+预计期末存货量。

① 选定 B5 单元格，输入公式“ = B3+B4”，按“Enter”键确认。

② 利用填充柄将单元格 B5 中的公式填充至“预计需求量”项目的其余 3 个季度单元格中，计算结果如图 4.130 所示。

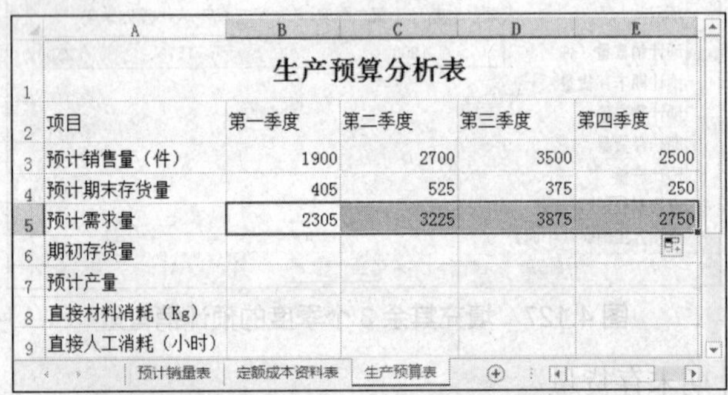

	A	B	C	D	E
1	生产预算分析表				
2	项目	第一季度	第二季度	第三季度	第四季度
3	预计销售量（件）	1900	2700	3500	2500
4	预计期末存货量	405	525	375	250
5	预计需求量	2305	3225	3875	2750
6	期初存货量				
7	预计产量				
8	直接材料消耗（Kg）				
9	直接人工消耗（小时）				

图 4.130　计算各个季度的“预计需求量”

（8）计算“期初存货量”。第一季度的期初存货量应该等于去年年末存货量，此数据按理可以从“资产负债表”中的存货中取出，但是这里只假定第一季度的期初存货量为 320 件，而其余 3 个季度的期初存货量等于上一季度的期末存货量。

① 选定 C6 单元格，输入公式“ = B4”，按“Enter”键确认，第二季度的期初存货量的计算结果如图 4.131 所示。

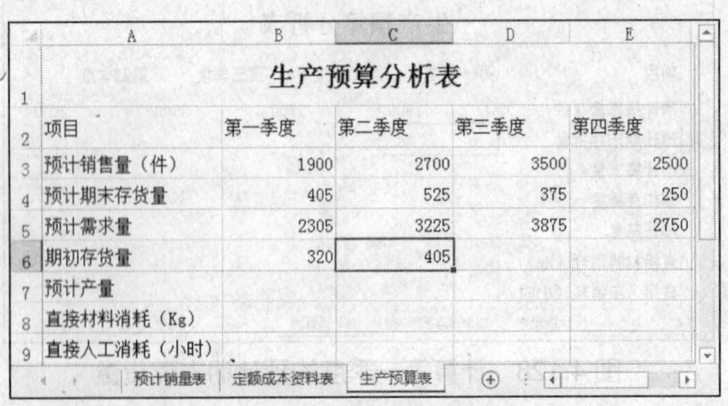

	A	B	C	D	E
1	生产预算分析表				
2	项目	第一季度	第二季度	第三季度	第四季度
3	预计销售量（件）	1900	2700	3500	2500
4	预计期末存货量	405	525	375	250
5	预计需求量	2305	3225	3875	2750
6	期初存货量	320	405		
7	预计产量				
8	直接材料消耗（Kg）				
9	直接人工消耗（小时）				

图 4.131　计算第二季度的期初存货量

② 使用填充柄将此单元格的公式复制至单元格 D6 和 E6 中，“期初存货量”第三、第

四季度的值如图 4.132 所示。

	A	B	C	D	E
1	生产预算分析表				
2	项目	第一季度	第二季度	第三季度	第四季度
3	预计销售量（件）	1900	2700	3500	2500
4	预计期末存货量	405	525	375	250
5	预计需求量	2305	3225	3875	2750
6	期初存货量	320	405	525	375
7	预计产量				
8	直接材料消耗（Kg）				
9	直接人工消耗（小时）				

预计销量表　定额成本资料表　生产预算表

图 4.132　自动填充第三、第四季度的期初存货量

（9）计算各个季度的“预计产量”。这里，设定预计产量等于预计需求量减去期初存货量的值。选定 B7 单元格，输入公式“ = B5-B6”，按“Enter”键确认。再使用填充柄将此单元格的公式复制到“预计产量”项目的其余 3 个季度单元格中，如图 4.133 所示。

	A	B	C	D	E
1	生产预算分析表				
2	项目	第一季度	第二季度	第三季度	第四季度
3	预计销售量（件）	1900	2700	3500	2500
4	预计期末存货量	405	525	375	250
5	预计需求量	2305	3225	3875	2750
6	期初存货量	320	405	525	375
7	预计产量	1985	2820	3350	2375
8	直接材料消耗（Kg）				
9	直接人工消耗（小时）				

预计销量表　定额成本资料表　生产预算表

图 4.133　计算各个季度的“预计产量”

（10）计算各个季度的“直接材料消耗”。直接材料消耗等于预计产量乘以定额成本资料表中的单位产品材料消耗定额的积，因此单击选定 B8 单元格，然后输入公式“ = B7*定额成本资料表!$B$3”，按“Enter”键确认，则第一季度的直接材料消耗的值如图 4.134 所示。使用填充柄将此单元格的公式复制至 C8、D8 和 E8 中，如图 4.135 所示。

B8　fx　=B7*定额成本资料表!$B$3

	A	B	C	D	E
1	生产预算分析表				
2	项目	第一季度	第二季度	第三季度	第四季度
3	预计销售量（件）	1900	2700	3500	2500
4	预计期末存货量	405	525	375	250
5	预计需求量	2305	3225	3875	2750
6	期初存货量	320	405	525	375
7	预计产量	1985	2820	3350	2375
8	直接材料消耗（Kg）	3573			
9	直接人工消耗（小时）				

预计销量表　定额成本资料表　生产预算表

图 4.134　计算第一季度的直接材料消耗

	A	B	C	D	E
1	生产预算分析表				
2	项目	第一季度	第二季度	第三季度	第四季度
3	预计销售量（件）	1900	2700	3500	2500
4	预计期末存货量	405	525	375	250
5	预计需求量	2305	3225	3875	2750
6	期初存货量	320	405	525	375
7	预计产量	1985	2820	3350	2375
8	直接材料消耗（Kg）	3573	5076	6030	4275
9	直接人工消耗（小时）				

预计销量表　定额成本资料表　生产预算表

图 4.135　自动填充其余 3 个季度的直接材料消耗

（11）计算“直接人工消耗”。直接人工消耗等于预计产量乘以定额成本资料表中的单位产品定时定额的积，因此单击选定单元格 B9，然后输入公式“＝B7*定额成本资料表!$B$4”，按“Enter”键确认，则第一季度的直接人工消耗值如图 4.136 所示。使用填充柄将此单元格的公式复制至单元格 C9、D9 和 E9 中，如图 4.137 所示。

B9　=B7*定额成本资料表!$B$4

	A	B	C	D	E
1	生产预算分析表				
2	项目	第一季度	第二季度	第三季度	第四季度
3	预计销售量（件）	1900	2700	3500	2500
4	预计期末存货量	405	525	375	250
5	预计需求量	2305	3225	3875	2750
6	期初存货量	320	405	525	375
7	预计产量	1985	2820	3350	2375
8	直接材料消耗（Kg）	3573	5076	6030	4275
9	直接人工消耗（小时）	10917.5			

预计销量表　定额成本资料表　生产预算表

图 4.136　计算第一季度的直接人工消耗

	A	B	C	D	E
1	生产预算分析表				
2	项目	第一季度	第二季度	第三季度	第四季度
3	预计销售量（件）	1900	2700	3500	2500
4	预计期末存货量	405	525	375	250
5	预计需求量	2305	3225	3875	2750
6	期初存货量	320	405	525	375
7	预计产量	1985	2820	3350	2375
8	直接材料消耗（Kg）	3573	5076	6030	4275
9	直接人工消耗（小时）	10917.5	15510	18425	13062.5

预计销量表　定额成本资料表　生产预算表

图 4.137　自动填充其余 3 个季度的直接人工消耗

（12）格式化“生产预算表”。参照图 4.121 对“生产预算分析表”进行格式设置。

【案例小结】

本案例通过制作“商品进销存管理表”，主要介绍了工作簿的创建、工作簿之间复制工作表、工作表重命名，使用 VLOOKUP 函数导入数据，工作表间数据的引用以及公式的使用。在此基础上，利用“条件格式”对表中的数据进行突出显示，通过制作图表对期末库存量进行分析，为方便合理地进行后续的入库管理。

📖 学习总结

本案例所用软件	
案例中包含的知识和技能	
你已熟知或掌握的知识和技能	
你认为还有哪些知识或技能需要进行强化	
案例中可使用的Office 技巧	
学习本案例之后的体会	

4.4 案例 17 物流成本核算

示例文件	原始文件：示例文件\素材\物流篇\案例 17\物流成本核算表.xlsx 效果文件：示例文件\效果\物流篇\案例 17\物流成本核算表.xlsx

【案例分析】

随着公司的发展和物流业务的增加，公司各环节成本的核算也显得尤为重要。物流成本核算主要用于对物流各环节的成本进行统计和分析，物流成本核算一般可对半年度、季度或月度等期间的物流成本进行核算。本项目将通过制作公司第三季度 “物流成本核算表”，学习 Excel 在物流成本核算方面的应用。效果如图 4.138 所示。

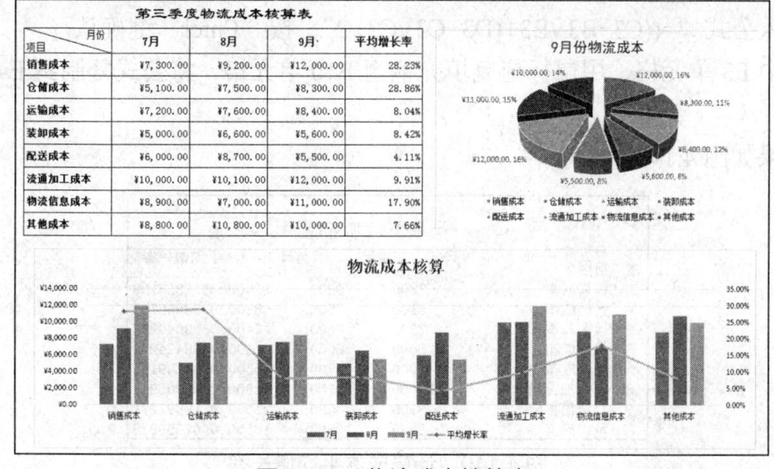

第三季度物流成本核算表

项目 \ 月份	7月	8月	9月	平均增长率
销售成本	¥7,300.00	¥9,200.00	¥12,000.00	28.23%
仓储成本	¥5,100.00	¥7,500.00	¥8,300.00	28.86%
运输成本	¥7,200.00	¥7,600.00	¥8,400.00	8.04%
装卸成本	¥5,000.00	¥6,600.00	¥5,600.00	8.42%
配送成本	¥6,000.00	¥8,700.00	¥5,500.00	4.11%
流通加工成本	¥10,000.00	¥10,100.00	¥12,000.00	9.91%
物流信息成本	¥8,900.00	¥7,000.00	¥11,000.00	17.90%
其他成本	¥8,800.00	¥10,800.00	¥10,000.00	7.66%

图 4.138 物流成本核算表

【知识与技能】

- 创建并保存工作簿
- 利用公式进行计算
- 设置数据格式
- 绘制斜线表头
- 创建和编辑图表
- 制作组合型图表

【解决方案】

步骤 1 创建并保存工作簿

（1）启动 Excel 2013，新建一个空白工作簿。

（2）将创建的工作簿以“物流成本核算表”为名，保存在“E:\公司文档\物流部”文件夹中。

步骤 2 创建“物流成本核算表”

（1）选中 Sheet1 工作表的 A1:E1 单元格区域，设置“合并后居中”，并输入标题“第三季度物流成本核算表”。

（2）制作表格框架。

① 先在 A2 单元格中输入“月份”，然后按“Alt”+“Enter”组合键，再输入“项目”。

② 按图 4.139 所示输入表格基础数据，并适当调整表格列宽。

	A	B	C	D	E
1	第三季度物流成本核算表				
2	月份 项目	7月	8月	9月	平均增长率
3	销售成本	7300	9200	12000	
4	仓储成本	5100	7500	8300	
5	运输成本	7200	7600	8400	
6	装卸成本	5000	6600	5600	
7	配送成本	6000	8700	5500	
8	流通加工成本	10000	10100	12000	
9	物流信息成本	8900	7000	11000	
10	其他成本	8800	10800	10000	

图 4.139 “第三季度物流成本核算表”框架

步骤 3 计算成本平均增长率

（1）选中 E3 单元格。

（2）输入公式“=((C3-B3)/B3+(D3-C3)/C3)/2”，按“Enter”键确认。

（3）选中 E3 单元格，用鼠标拖曳填充柄至 E10 单元格，将公式复制到 E4:E10 单元格区域中。

计算结果如图 4.140 所示。

	A	B	C	D	E
1	第三季度物流成本核算表				
2	月份 项目	7月	8月	9月	平均增长率
3	销售成本	7300	9200	12000	0.2823109
4	仓储成本	5100	7500	8300	0.28862745
5	运输成本	7200	7600	8400	0.08040936
6	装卸成本	5000	6600	5600	0.08424242
7	配送成本	6000	8700	5500	0.04109195
8	流通加工成本	10000	10100	12000	0.09905941
9	物流信息成本	8900	7000	11000	0.17897271
10	其他成本	8800	10800	10000	0.07659933

图 4.140 计算成本平均增长率

公式“=((C3−B3)/B3+(D3−C3)/C3)/2”说明：

① “(C3−B3)/B3”表示 8 月在 7 月基础上的增长率。

② “(D3−C3)/C3”表示 9 月在 8 月基础上的增长率。

③ (C3−B3)/B3+(D3−C3)/C3)/2 表示 8 月、9 月的平均增长率。

步骤 4 美化“物流成本核算表”

（1）设置表格标题字体为隶书、18 磅。

（2）设置 B2:E2 单元格区域的字段标题为宋体、12 磅、加粗、居中。

（3）设置 A3:A10 单元格区域的字段标题为宋体、11 磅、加粗。

（4）选中 B3:D10 单元格区域，设置数据格式为“货币”，保留货币符号，小数位数为 2 位。

（5）设置“平均增长率”为百分比格式，小数位数为 2 位。

① 选中 E3:E10 单元格区域。

② 单击“开始”→“数字”→“设置数字格式”按钮，打开“设置单元格格式”对话框。

③ 在左侧的分类列表框中选择“百分比”类型，在右侧设置小数位数为“2”，如图 4.141 所示。

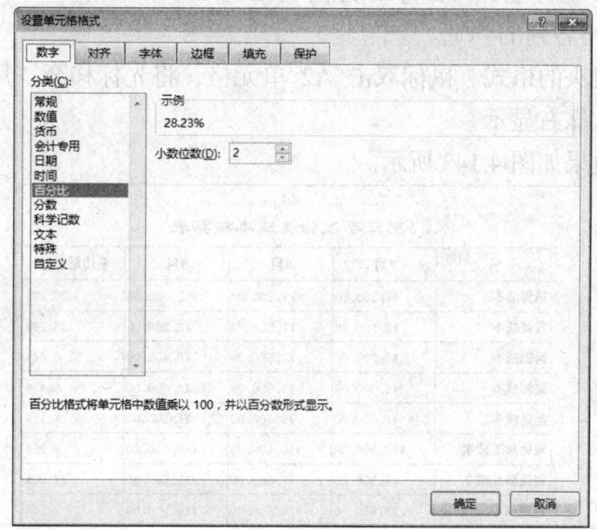

图 4.141 设置“平均增长率”数据格式

④ 单击“确定”按钮。

（6）设置表格边框。

① 选中 A2:E10 单元格区域，单击“开始”→“字体”→“边框”按钮，从下拉列表中选择“所有框线”。

② 选中 A2 单元格，单击“开始”→“数字”→“设置数字格式”按钮，打开“设置单元格格式”对话框。切换到“边框”选项卡，在“边框”栏中单击 按钮，如图 4.142 所示，单击“确定”按钮。

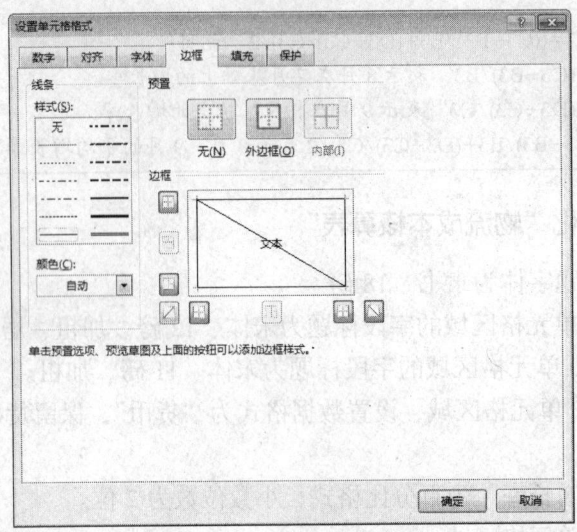

图 4.142　设置表格边框线

（7）调整表格行高和列宽。

① 设置表格第 1 行的行高为 35。

② 设置表格第 3 行至第 10 行的行高为 25。

③ 适当增加表格各列的列宽。

（8）调整斜线表头的格式。鼠标双击 A2 单元格，将光标移至“月份”之前，适当增加空格，使“月份”靠右显示。

设置完成后的效果如图 4.143 所示。

	A	B	C	D	E
1	第三季度物流成本核算表				
2	月份 项目	7月	8月	9月	平均增长率
3	销售成本	¥7,300.00	¥9,200.00	¥12,000.00	28.23%
4	仓储成本	¥5,100.00	¥7,500.00	¥8,300.00	28.86%
5	运输成本	¥7,200.00	¥7,600.00	¥8,400.00	8.04%
6	装卸成本	¥5,000.00	¥6,600.00	¥5,600.00	8.42%
7	配送成本	¥6,000.00	¥8,700.00	¥5,500.00	4.11%
8	流通加工成本	¥10,000.00	¥10,100.00	¥12,000.00	9.91%
9	物流信息成本	¥8,900.00	¥7,000.00	¥11,000.00	17.90%
10	其他成本	¥8,800.00	¥10,800.00	¥10,000.00	7.66%

图 4.143　美化“物流成本预算表”

步骤 5　制作 9 月份物流成本饼图

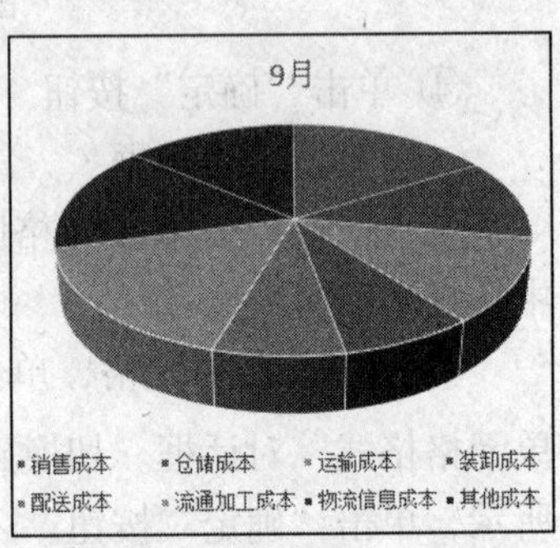

图 4.144　分离性三维饼图

（1）按住“Ctrl”键，同时选中 A2:A10 及 D2:D10 单元格区域。

（2）单击“插入”→“图表”→“插入饼图或圆环图”按钮，打开“饼图或圆环图”下拉列表，选择“三维饼图”类型，生成图 4.144 所示的图表。

（3）修改图表标题为“9 月份物流成本”，并设置字体为黑体、16 磅。

（4）将图表修改为“分离型三维饼图”。

① 选中生成的图表。

② 单击“图表工具”→“格式”→“当前所选内容”→“图表元素”下拉按钮，从打开的下拉列表中选择“系列‘9 月’”选项。

③ 再单击“设置所选内容的格式”命令按钮，打开“设置数据系列格式”窗格。

④ 在“系列选项”中，将“饼图分离程度”值设置为“20%”，如图 4.145 所示。

（5）为图表添加数据标签。

① 选中图表。

② 单击“图表工具”→“设计”→“图表布局”→“添加图表元素”按钮，打开“添加图表元素”列表，选择“数据标签”→“其他数据标签”，打开“设置数据标签格式”窗格。

③ 在“标签包括”中选中“值”“百分比”“显示引导线”复选框，再设置“标签位置”为“数据标签外”单选按钮，如图 4.146 所示。

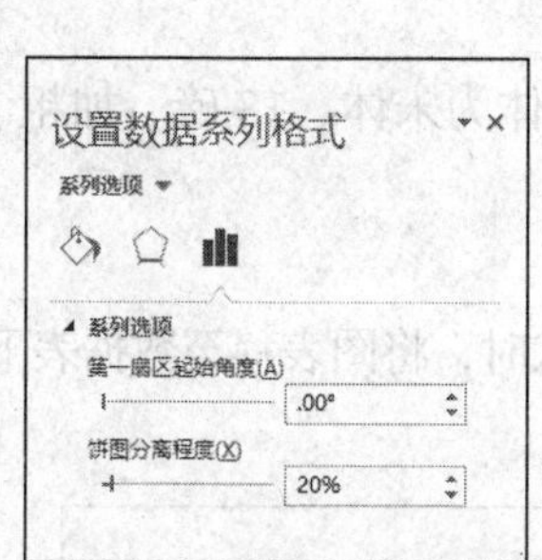

图 4.145 “设置数据系列格式”窗格

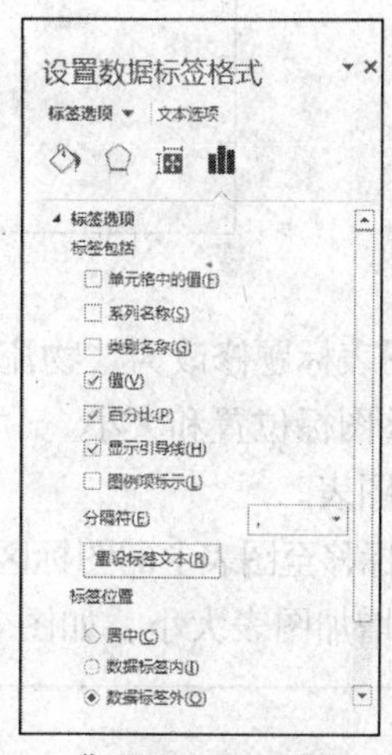

图 4.146 “设置数据标签格式”窗格

④ 单击“确定”按钮，为图表添加数据标签，如图 4.147 所示。

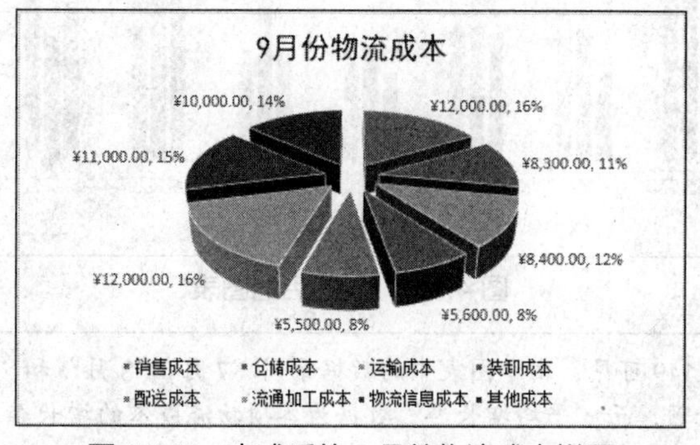

图 4.147 完成后的 9 月份物流成本饼图

⑤ 适当调整图标大小后将图表移至数据表右侧。

步骤 6 制作第三季度物流成本组合图表

活力小贴士

在 Excel 中，组合图表并不是默认的图表类型，而是通过操作设置后创建的一种将两种或两种以上的图表类型组合在一起，以便在两个数据间产生对比效果，方便对数据进行分析的图表。例如，想要比较交易量的分配价格，或者销售量的税，或者失业率和消费指数等。要快速且清晰地显示不同类型的数据，绘制一些在不同坐标轴上带有不同图表类型的数据系列，组合图表是很有帮助的。

（1）选中 A2:E10 单元格区域。

（2）单击“插入”→“图表”→“插入柱形图”按钮，打开“柱形图”下拉列表，选择“二维柱形图”中的“簇状柱形图”类型，生成图 4.148 所示的图表。

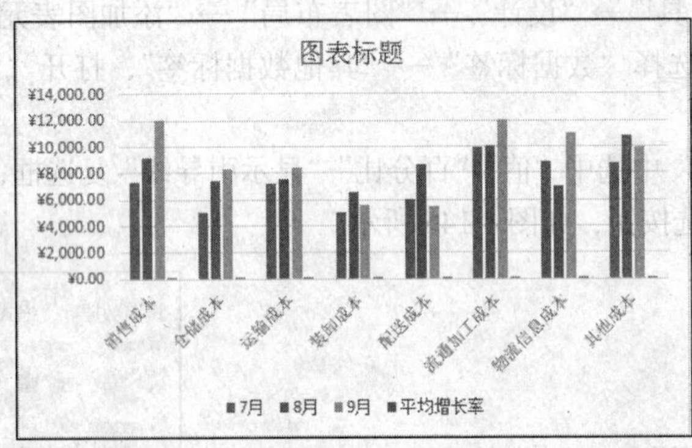

图 4.148 簇状柱形图

（3）将图表标题修改为“物流成本核算”，并设置字体为宋体、18 磅、加粗、深蓝色。

（4）调整图标位置和大小。

① 选中图表。

② 将鼠标移至图表上的图标区，鼠标指针呈“✥”状时，将图表移至数据表下方位置。

③ 适当增加图表大小，如图 4.149 所示。

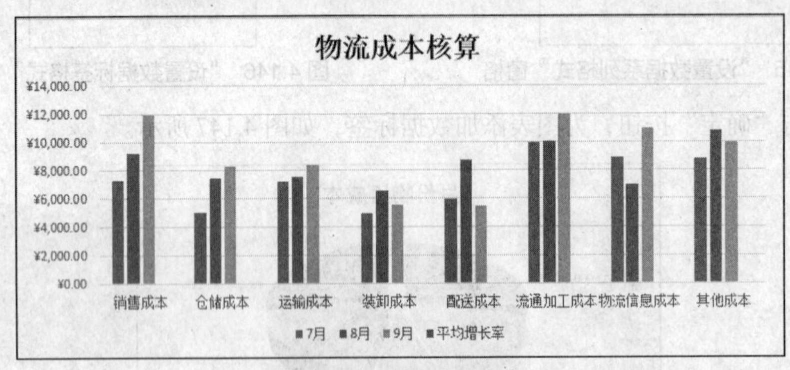

图 4.149 调整后的图表

活力小贴士

从图 4.149 可见，由于图表中的数据系列“7 月”“8 月”和“9 月”表示的数据为各项物流成本金额，而“平均增长率”数据为各项物流成本的增长率，一种数据是货币型，另一种是百分比，不同类型的数据在同一坐标轴上，使得“平均增长率”几乎贴近 0 刻度线，无法直观展示出来。此时需要创建两轴线组合图表来显示该数据系列。

（5）创建两轴线组合图。

① 选中图表。

② 单击“图表工具”→“格式”→“当前所选内容”→“图表元素”下拉按钮，从打开的下拉列表中选择“系列‘平均增长率’”选项。

③ 再单击“设置所选内容”命令按钮，打开“设置数据系列格式”窗格。

④ 在“系列选项”中，单击“系列绘制在”栏中的“次坐标轴”单选按钮，如图 4.150 所示。

⑤ 此时该数据系列将显示在原来的数据系列的最前方，其图表类型为“柱形”，如图 4.151 所示，保持该数据系列的选中状态。

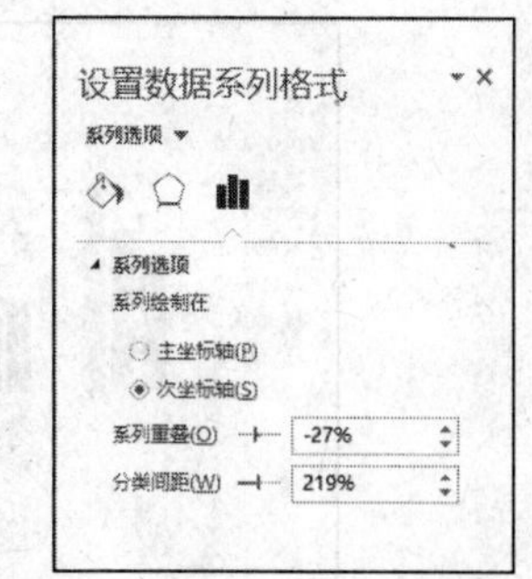

图 4.150 “设置数据系列格式”窗格

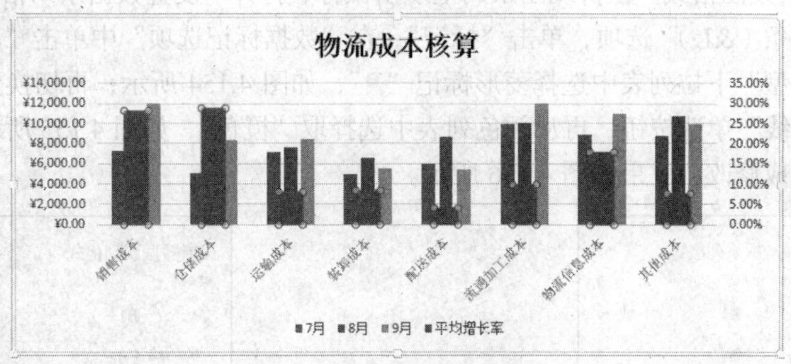

图 4.151 设置次要坐标轴

⑥ 单击“图表工具”→“设计”→“类型”→“更改图表类型”按钮，打开“更改图表类型”对话框，当前的图表类型为“组合”，在右下方“为您的数据系列选择图表类型和轴”列表中，单击系列名称为“平均增加率”的“图表类型”下拉按钮，打开图 4.152 所示的图表类型列表，选择“折线图”中的“带数据点标记的折线图”类型。

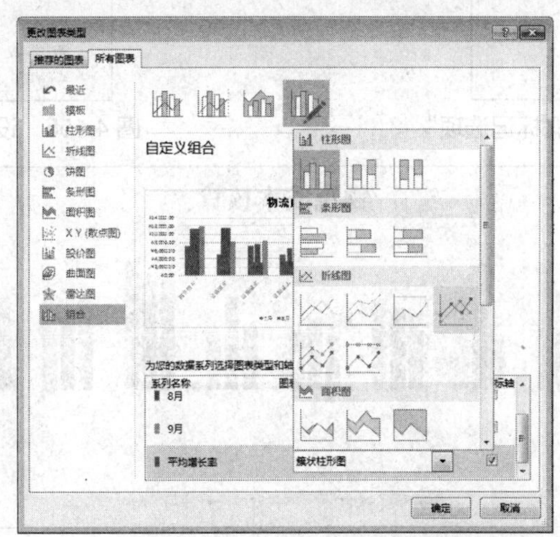

图 4.152 “更改图表类型”对话框

⑦ 单击“确定”按钮，将“平均增长率”数据系列类型修改为“带数据点标记的折线图”，如图 4.153 所示。

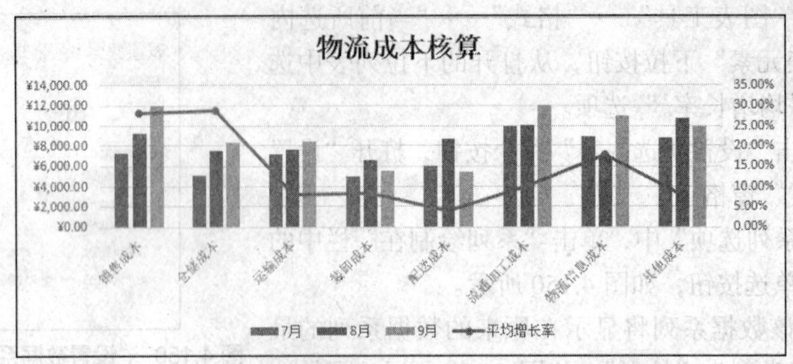

图 4.153 次要坐标轴修改为“带数据点标记的折线图”

⑧ 修改折线图格式。在折线图系列上双击鼠标，打开“设置数据系列格式”窗格，切换到“填充线条（&L）”选项，单击“标记”，在“数据标记选项”中单击“内置”单选按钮，再从“类型”下拉列表中选择菱形标记“◆”，如图 4.154 所示；再切换到“线条”选项，单击“实线”单选按钮，再从颜色列表中选择取“橙色”，如图 4.155 所示，单击“关闭”按钮，完成修改，效果如图 4.156 所示。

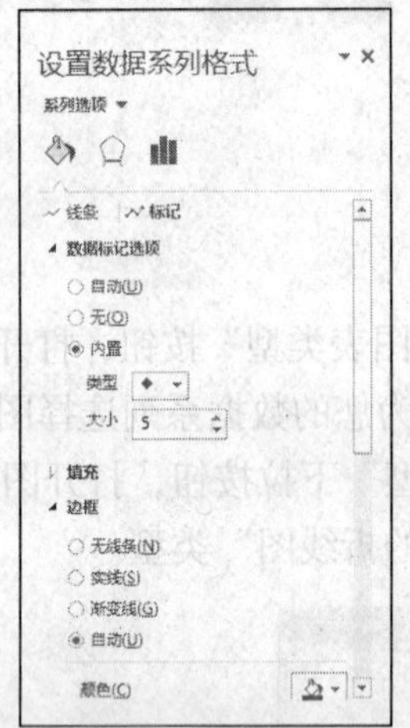

图 4.154 设置“数据标记选项”

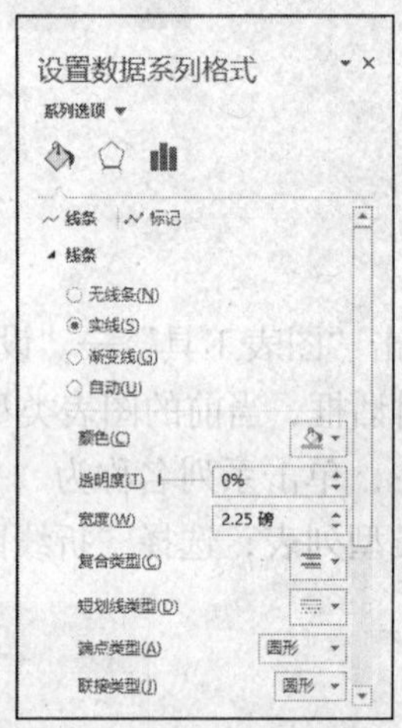

图 4.155 设置“线条颜色”

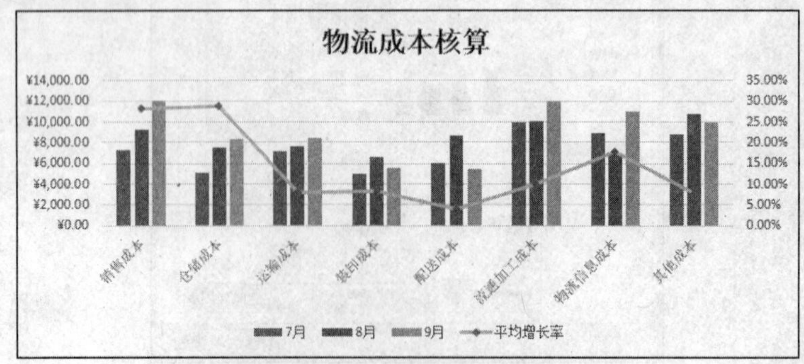

图 4.156 第三季度物流成本组合图表

（6）取消显示“编辑栏“和”网格线”。

【拓展案例】

制作“成本费用预算表”，如图 4.157 所示。

成本费用预算表

	上年实际	本年预算	增减额	增减率（%）
主营业务成本	¥5,000,000	¥5,400,000	¥400,000	8.0%
销售费用	¥5,000,000	¥5,450,000	¥450,000	9.0%
管理费用	¥7,000,000	¥7,250,000	¥250,000	3.6%
财务费用	¥11,000,000	¥12,500,000	¥1,500,000	13.6%

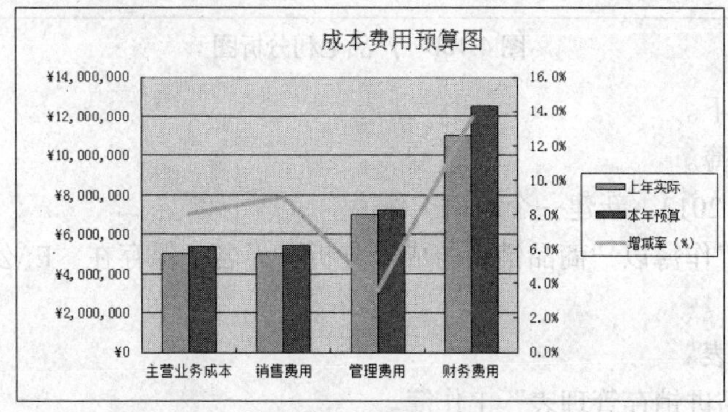

图 4.157 成本费用预算表

【拓展训练】

在企业的经营管理过程中，成本的管理和控制成为关注的焦点。科学分析企业的各项成本构成及影响利润的关键要素，了解公司的成本构架和盈利情况，有利于把握正确的决策方向，实现有效的成本控制。

物流管理部门在商品进销存的管理过程中，通过分析产品的存货量、平均采购价格以及存货占用资金，可对产品的销售和成本进行分析，从而为产品的库存管理提供决策支持。设计制作“商品销售与成本分析表”，效果如图 4.158 和图 4.159 所示。

销售与成本分析

商品编号	商品类别	商品型号	存货数量	加权平均采购价格	存货占用资金	销售成本	销售收入	销售毛利	销售成本率
J1001	计算机	New S2 13.3英寸	20	6,199	123,980	37,194	40,140	2,946	92.7%
J1002	计算机	Samsung 500R5H-Y0A 15.6英寸	0	4,898	-	63,674	68,887	5,213	92.4%
J1003	计算机	ASUS TP301UA 13.3英寸	14	7,280	101,920	80,080	86,548	6,468	92.5%
J1004	计算机	DELL Ins14MR-7508R 14英寸	17	4,190	71,230	62,850	68,400	5,550	91.9%
J1005	计算机	Lenovo Ideapad 500s 14英寸	-7	4,680	-32,760	70,200	75,870	5,670	92.5%
J1006	计算机	Acer V5-591G-53QR 15.6英寸	-3	4,899	-14,697	39,192	42,320	3,128	92.6%
J1007	计算机	HP Pavilion 14-AL027TX 14英寸	9	4,099	36,891	36,891	40,320	3,429	91.5%
YY1001	移动硬盘	WDBUZG0010BBK 1TB	-7	399	-2,793	11,970	13,200	1,230	90.7%
YY1002	移动硬盘	2.5英寸 1TB	1	418	418	12,958	13,950	992	92.9%
XJ1001	数码相机	D7200	-6	5,199	-31,194	135,174	148,174	13,000	91.2%
XJ1002	数码相机	EOS 60D	-8	4,400	-35,200	70,400	76,128	5,728	92.5%
SXJ1001	数码摄像机	FDR-AX30	3	5,290	15,870	42,320	45,760	3,440	92.5%
SXJ1002	数码摄像机	GZ-VX855	11	3,780	41,580	15,120	16,320	1,200	92.6%
SJ1001	手机	P9 3G+32G	-8	2,890	-23,120	63,580	70,356	6,776	90.4%
SJ1002	手机	GALAXY S7	0	3,850	-	65,450	72,386	6,936	90.4%
SJ1003	手机	R9 Plus	11	2,699	29,689	43,184	47,680	4,496	90.6%

图 4.158 商品销售与成本分析表

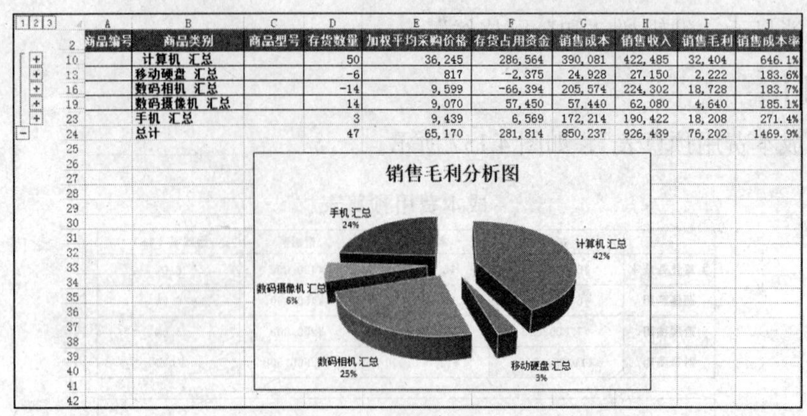

商品编号	商品类别	商品型号	存货数量	加权平均采购价格	存货占用资金	销售成本	销售收入	销售毛利	销售成本率
	计算机 汇总		50	36,245	286,564	390,081	422,485	32,404	646.1%
	移动硬盘 汇总		-6	817	-2,375	24,928	27,150	2,222	183.6%
	数码相机 汇总		-14	9,599	-66,394	205,574	224,302	18,728	183.7%
	数码摄像机 汇总		14	9,070	57,450	57,440	62,080	4,640	185.1%
	手机 汇总		3	9,439	6,569	172,214	190,422	18,208	271.4%
	总计		47	65,170	281,814	850,237	926,439	76,202	1469.9%

图 4.159　产品毛利分析图

其操作步骤如下。

（1）创建工作簿。

① 启动 Excel 2013，新建一个空白工作簿。

② 将新建的工作簿以“商品销售与成本分析”为名，保存在“E:\公司文档\物流部”文件夹中。

（2）复制工作表。

① 打开“商品进销存管理表”工作簿。

② 选中“进销存汇总表”工作表。

③ 单击“开始”→“单元格”→“格式”按钮，打开“格式”菜单，在“组织工作表”下选择“移动或复制工作表”命令，打开“移动或复制工作表”对话框。

④ 从“工作簿”的下拉列表中选择“商品销售与成本分析”工作簿，在“下列选定工作表之前”中选择“Sheet1”工作表，再选中“建立副本”选项。

⑤ 单击“确定”按钮，将选定的工作表“进销存汇总表”复制到“商品销售与成本分析”工作簿中。

（3）创建“销售与成本分析”工作表框架。

① 将“Sheet1”工作表重命名为“销售与成本分析”。

② 建立图 4.160 所示的“销售与成本分析”表框架。

销售与成本分析									
商品编号	商品类别	商品型号	存货数量	加权平均采购价格	存货占用资金	销售成本	销售收入	销售毛利	销售成本率
J1001	计算机	New S2 13.3英寸							
J1002	计算机	Samsung 500R5H-Y0A 15.6英寸							
J1003	计算机	ASUS TP301UA 13.3英寸							
J1004	计算机	DELL Ins14MR-7508R 14英寸							
J1005	计算机	Lenovo Ideapad 500s 14英寸							
J1006	计算机	Acer V5-591G-53QR 15.6英寸							
J1007	计算机	HP Pavilion 14-AL027TX 14英寸							
YY1001	移动硬盘	WDBUZG0010BBK 1TB							
YY1002	移动硬盘	2.5英寸 1TB							
XJ1001	数码相机	D7200							
XJ1002	数码相机	EOS 60D							
SXJ1001	数码摄像机	FDR-AX30							
SXJ1002	数码摄像机	GZ-VX855							
SJ1001	手机	P9 3G+32G							
SJ1002	手机	GALAXY S7							
SJ1003	手机	R9 Plus							

图 4.160　“销售与成本分析”工作表框架

（4）计算“存货数量”。

这里，我们设定“存货数量＝入库数量-销售数量”。

① 选中 D3 单元格。

② 输入公式“＝进销存汇总表!G3-进销存汇总表!I3”。

③ 按“Enter”键确认，计算出相应的存货数量。

④ 选中 D3 单元格，用鼠标拖动其填充句柄至 D18 单元格，将公式复制到 D4:D18 单元格区域中，可得到所有产品的存货数量。

（5）计算“加权平均采购价格”。

这里，我们设定“加权平均采购价格＝入库金额/入库数量”。

① 选中 E3 单元格。

② 输入公式“＝进销存汇总表!H3/进销存汇总表!G3”。

③ 按“Enter”键确认，计算出相应的加权平均采购价格。

④ 选中 E3 单元格，用鼠标拖动其填充句柄至 E18 单元格，将公式复制到 E4:E18 单元格区域中，可得到所有产品的加权平均采购价格。

（6）计算“存货占用资金”。

这里，我们设定“存货占用资金＝存货数量*加权平均采购价格”。

① 选中 F3 单元格。

② 输入公式“＝D3*E3”。

③ 按“Enter”键确认，计算出相应的存货占用资金。

④ 选中 F3 单元格，用鼠标拖动其填充句柄至 F18 单元格，将公式复制到 F4:F18 单元格区域中，可得到所有产品的存货占用资金。

（7）计算“销售成本”。

这里，我们设定“销售成本＝销售数量*加权平均采购价格”。

① 选中 G3 单元格。

② 输入公式“＝进销存汇总表!I3*E3”。

③ 按“Enter”键确认，计算出相应的销售成本。

④ 选中 G3 单元格，用鼠标拖动其填充句柄至 G18 单元格，将公式复制到 G4:G18 单元格区域中，可得到所有产品的销售成本。

（8）导入“销售收入”数据。

这里，我们设定“销售收入＝销售金额”。

① 选中 H3 单元格。

② 插入“VLOOKUP”函数，设置图 4.161 所示的函数参数。

③ 单击“确定”按钮，导入相应的销售收入。

④ 选中 H3 单元格，用鼠标拖动其填充句柄至 H18 单元格，将公式复制到 H4:H18 单元格区域中，可得到所有产品的销售收入。

（9）计算“销售毛利”。

这里，我们设定“销售毛利＝销售收入-销售成本”。

① 选中 I3 单元格。

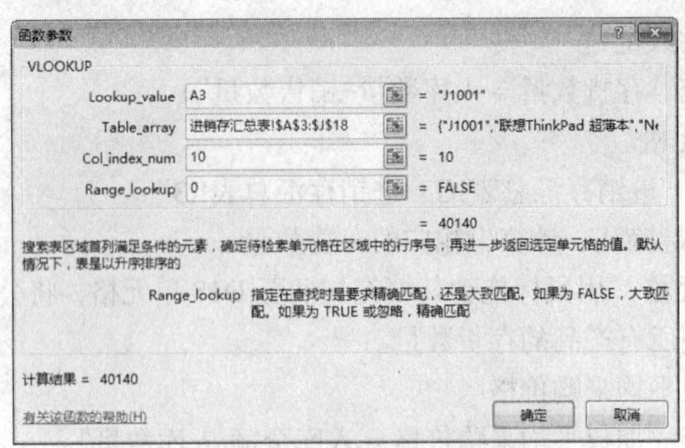

图 4.161　销售收入的 VLOOKUP 函数参数

② 输入公式“= H3-G3”。

③ 按“Enter”键确认，计算出相应的销售毛利。

④ 选中 I3 单元格，用鼠标拖动其填充句柄至 I18 单元格，将公式复制到 I4:I18 单元格区域中，可得到所有产品的销售毛利。

（10）计算“销售成本率”。

这里，我们设定“销售成本率 = 销售成本/销售收入”。

① 选中 J3 单元格。

② 输入公式“= G3/H3”。

③ 按“Enter”键确认，计算出相应的销售成本率。

④ 选中 J3 单元格，用鼠标拖动其填充句柄至 J18 单元格，将公式复制到 J4:J18 单元格区域中，可得到所有产品的销售成本率。

计算完成后的“销售与成本分析”表数据如图 4.162 所示。

	A	B	C	D	E	F	G	H	I	J
1	销售与成本分析									
2	商品编号	商品类别	商品型号	存货数量	加权平均采购价格	存货占用资金	销售成本	销售收入	销售毛利	销售成本率
3	J1001	计算机	New S2 13.3英寸	20	6199	123980	37194	40140	2946	0.92660688
4	J1002	计算机	Samsung 500R5H-Y0A 15.6英寸	0	4898	0	63674	68887	5213	0.92432534
5	J1003	计算机	ASUS TP301UA 13.3英寸	14	7280	101920	80080	86548	6468	0.9252669
6	J1004	计算机	DELL Ins14MR-7508R 14英寸	17	4190	71230	62850	68400	5550	0.91885965
7	J1005	计算机	Lenovo Ideapad 500s 14英寸	-7	4680	-32760	70200	75870	5670	0.9252669
8	J1006	计算机	Acer V5-591G-53QR 15.6英寸	-3	4899	-14697	39192	42320	3128	0.92608696
9	J1007	计算机	HP Pavilion 14-AL027TX 14英寸	9	4099	36891	36891	40320	3429	0.91495536
10	YY1001	移动硬盘	WDBUZG0010BBK 1TB	-7	399	-2793	11970	13200	1230	0.90681818
11	YY1002	移动硬盘	2.5英寸 1TB	1	418	418	12958	13950	992	0.92888889
12	XJ1001	数码相机	D7200	-6	5199	-31194	135174	148174	13000	0.91226531
13	XJ1002	数码相机	EOS 60D	-8	4400	-35200	70400	76128	5728	0.9247583
14	SXJ1001	数码摄像机	FDR-AX30	3	5290	15870	42320	45760	3440	0.92482517
15	SXJ1002	数码摄像机	GZ-VX855	11	3780	41580	15120	16320	1200	0.92647059
16	SJ1001	手机	P9 3G+32G	-8	2890	-23120	63580	70356	6776	0.90368981
17	SJ1002	手机	GALAXY S7	0	3850	0	65450	72386	6936	0.90418037
18	SJ1003	手机	R9 Plus	11	2699	29689	43184	47680	4496	0.9057047

图 4.162　计算完成后的“销售与成本分析”表数据

（11）设置“商品销售与成本分析”表的格式。

① 设置表格标题格式。将表格标题进行合并及居中，字体设置为宋体、20 磅、加粗，行高 35。

② 将表格标题字段的字设置为加粗、居中，添加“蓝色 着色 1，深色 25%”底纹，将字体颜色设置为“白色”，并设置行高为 20。

③ 为表格的 A2:J18 数据区域添加内细外粗的边框。

④ 将“加权平均采购价格”“存货占用资金”“销售成本”“销售收入”和“销售毛利”的数据设置“会计专用”格式，且无“货币符号”和“小数位数”。

⑤ 将“销售成本率”数据设置为百分比格式，小数位数为 1 位。

格式化后的表格如图 4.158 所示。

（12）汇总分析各类产品的销售与成本情况。

① 复制“销售与成本分析”工作表，并将复制的工作表重命名为“销售毛利分析”。

② 选中“销售毛利分析”工作表。

③ 按“产品类别”对各项数据进行汇总计算。

a. 选中数据区域任一单元格。

b. 单击“数据”→“分级显示”→“分类汇总”按钮，打开“分类汇总”对话框。

c. 在“分类字段”下拉列表中选择“商品类别”，在“汇总方式”中选择“求和”，在“选定汇总选项”中选中除“商品编号”“商品类别”和“商品型号”以外的其他数字字段，如图 4.163 所示。

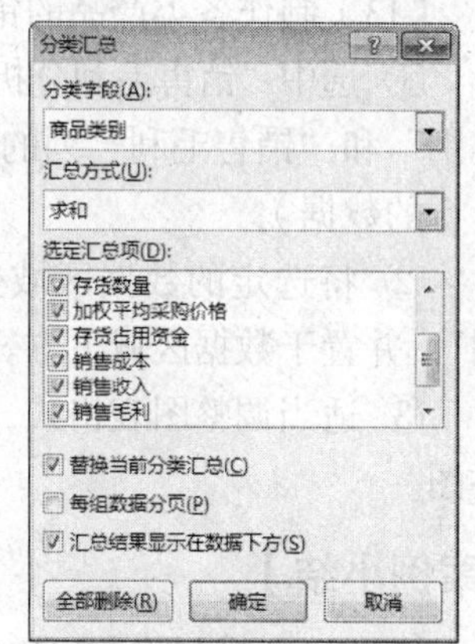

图 4.163 “分类汇总”对话框

d. 单击“确定”按钮，生成图 4.164 所示的分类汇总表。

销售与成本分析

商品编号	商品类别	商品型号	存货数量	加权平均采购价格	存货占用资金	销售成本	销售收入	销售毛利	销售成本率
J1001	计算机	New S2 13.3英寸	20	6,199	123,980	37,194	40,140	2,946	92.7%
J1002	计算机	Samsung 500R5H-Y0A 15.6英寸	0	4,898	-	63,674	68,887	5,213	92.4%
J1003	计算机	ASUS TP301UA 13.3英寸	14	7,280	101,920	80,080	86,548	6,468	92.5%
J1004	计算机	DELL Ins14MR-7508R 14英寸	17	4,190	71,230	62,850	68,400	5,550	91.9%
J1005	计算机	Lenovo Ideapad 500s 14英寸	-7	4,680	-32,760	70,200	75,870	5,670	92.5%
J1006	计算机	Acer V5-591G-53QR 15.6英寸	-3	4,899	-14,697	39,192	42,320	3,128	92.6%
J1007	计算机	HP Pavilion 14-AL027TX 14英寸	9	4,099	36,891	36,891	40,320	3,429	91.5%
	计算机 汇总		50	36,245	286,564	390,081	422,485	32,404	646.1%
YY1001	移动硬盘	WDBUZG0010BBK 1TB	-7	399	-2,793	11,970	13,200	1,230	90.7%
YY1002	移动硬盘	2.5英寸 1TB	1	418	418	12,958	13,950	992	92.9%
	移动硬盘 汇总		-6	817	-2,375	24,928	27,150	2,222	183.6%
XJ1001	数码相机	D7200	-6	5,199	-31,194	135,174	148,174	13,000	91.2%
XJ1002	数码相机	EOS 60D	-8	4,400	-35,200	70,400	76,128	5,728	92.5%
	数码相机 汇总		-14	9,599	-66,394	205,574	224,302	18,728	183.7%
SXJ1001	数码摄像机	FDR-AX30	3	5,290	15,870	42,320	45,760	3,440	92.5%
SXJ1002	数码摄像机	GZ-VX855	11	3,780	41,580	15,120	16,320	1,200	92.6%
	数码摄像机 汇总		14	9,070	57,450	57,440	62,080	4,640	185.1%
SJ1001	手机	P9 3G+32G	-8	2,890	-23,120	63,580	70,356	6,776	90.4%
SJ1002	手机	GALAXY S7	0	3,850	-	65,450	72,386	6,936	90.4%
SJ1003	手机	R9 Plus	11	2,699	29,689	43,184	47,680	4,496	90.6%
	手机 汇总		3	9,439	6,569	172,214	190,422	18,208	271.4%
	总计		47	65,170	281,814	850,237	926,439	76,202	1469.9%

图 4.164 分类汇总表

④ 单击按钮 2，仅显示汇总数据，如图 4.165 所示。

销售与成本分析

商品编号	商品类别	商品型号	存货数量	加权平均采购价格	存货占用资金	销售成本	销售收入	销售毛利	销售成本率
	计算机 汇总		50	36,245	286,564	390,081	422,485	32,404	646.1%
	移动硬盘 汇总		-6	817	-2,375	24,928	27,150	2,222	183.6%
	数码相机 汇总		-14	9,599	-66,394	205,574	224,302	18,728	183.7%
	数码摄像机 汇总		14	9,070	57,450	57,440	62,080	4,640	185.1%
	手机 汇总		3	9,439	6,569	172,214	190,422	18,208	271.4%
	总计		47	65,170	281,814	850,237	926,439	76,202	1469.9%

图 4.165 显示汇总数据

活力小贴士

进行分类汇总时，一般需要先按分类字段进行排序。这里，由于表中的数据正好是按“产品类别”的顺序出现的，因此，在进行分类汇总之前不需要先进行排序；反之，则需要先按“产品类别”进行排序后，再进行分类汇总。

在分类汇总表中，通过展开和折叠各个级别，可以自由地选择查看各汇总数据或者各明细数据。

（13）制作各类产品的销售毛利分析图。

① 选中“销售毛利分析”工作表中的“产品类别”和“销售毛利”列的数据区域（不包括总计行的数据）。

② 将选定的数据区域生成“分离型三维饼图”，并置于数据区域下方。

③ 适当调整图表格式，生成图 4.166 所示的饼图。

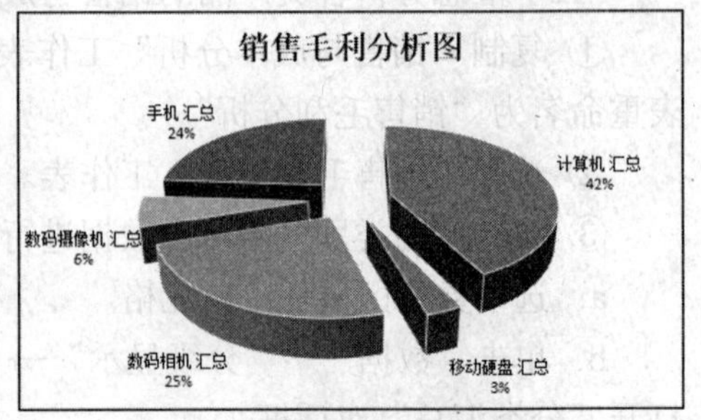

图 4.166　产品销售毛利分析图

【案例小结】

本项目通过制作“物流成本核算”，主要介绍了工作簿的创建、公式计算、设置数据格式、绘制斜线表头等基本操作。在此基础上，通过制作“饼图”“柱形图”和“折线图”的组合图表，对表中的数据进行分析。

学习总结

本案例所用软件	
案例中包含的知识和技能	
你已熟知或掌握的知识和技能	
你认为还有哪些知识或技能需要进行强化	
案例中可使用的 Office 技巧	
学习本案例之后的体会	

第5篇 财务篇

无论大小公司，都会涉及财务相关数据的处理，在处理财务数据的过程中，可以使用专用的财务软件来实现日常工作和管理，不过也可以借助 Office 软件来完成相应的工作。本篇将财务部门工作中经常使用的文档表格及数据处理提炼出来，运用合适的方法解决这些问题。

学习目标

1．学会 Excel 中导入/导出外部数据的方法。

2．学会利用公式自动计算数据。

3．掌握 Excel 中函数的用法，如 SUM、IF 函数等。

4．以 IF 函数为例，理解函数嵌套的意义和用法。

5．学会打印 Excel 表格的页面设置。

6．会利用公式完成财务报表相关项目的计算。

7．会利用向导完成不同类型企业的一组财务报表的制作。

8．理解财务函数的应用，如 PMT。

9．理解并学会单变量和双变量模拟运算表的构造。

5.1 案例 18 制作员工工资表

示例文件	原始文件：示例文件\素材\财务篇\案例 18\员工工资管理表.xlsx 效果文件：示例文件\效果\财务篇\案例 18\员工工资管理表.xlsx

【案例分析】

员工工资管理是每个企业财务部门必然的工作，财务人员要清晰明了地制定员工的工资明细，统计员工的扣款项目，核算员工的工资收入等。制作工资表通常需要综合大量的数据，如基本工资、绩效工资、补贴、扣款项等。本案例通过制作“员工工资明细表”和“工资查询表”来介绍 Excel 软件在工资管理方面的应用，案例效果如图 5.1 和图 5.2 所示。

员工工资明细表

编号	姓名	部门	基本工资	绩效工资	工龄工资	加班费	应发工资	养老保险	医疗保险	失业保险	考勤扣款	应税工资	个人所得税	实发工资
KY001	方成建	市场部	4,000.00	1,200.00	500.00	-	5,700.00	416.00	104.00	52.00	133.00	1,628.00	57.80	4,937.00
KY002	桑南	人力资源部	1,800.00	540.00	500.00	-	2,840.00	187.20	46.80	23.40	-	-917.40	-	2,583.00
KY003	何宇	市场部	4,500.00	1,350.00	500.00	342.00	6,692.00	468.00	117.00	58.50	375.00	2,548.50	149.85	5,524.00
KY004	刘光利	行政部	1,600.00	480.00	500.00	105.00	2,685.00	166.40	41.60	20.80	-	-1,043.80	-	2,456.00
KY005	钱新	财务部	4,200.00	1,260.00	500.00	121.50	6,081.50	436.80	109.20	54.60	-	1,980.90	93.09	5,388.00
KY006	曾科	财务部	2,700.00	810.00	350.00	-	3,860.00	280.80	70.20	35.10	67.50	-26.10	-	3,406.00
KY007	李莫薷	物流部	1,800.00	540.00	500.00	36.00	2,876.00	187.20	46.80	23.40	30.00	-881.40	-	2,589.00
KY008	周苏嘉	行政部	2,500.00	750.00	500.00	-	3,750.00	260.00	65.00	32.50	50.00	-107.50	-	3,343.00
KY009	黄雅玲	市场部	2,700.00	810.00	500.00	99.00	4,109.00	280.80	70.20	35.10	45.00	222.90	6.69	3,671.00
KY010	林菱	市场部	2,500.00	750.00	500.00	-	3,750.00	260.00	65.00	32.50	20.75	-107.50	-	3,372.00
KY011	司马意	行政部	1,700.00	510.00	500.00	15.75	2,725.75	176.80	44.20	22.10	100.00	-1,017.35	-	2,383.00
KY012	令狐珊	物流部	1,400.00	420.00	500.00	-	2,320.00	145.60	36.40	18.20	50.00	-1,380.20	-	2,070.00
KY013	慕容勤	财务部	1,700.00	510.00	500.00	-	2,710.00	176.80	44.20	22.10	-	-1,033.10	-	2,467.00
KY014	柏国力	人力资源部	4,000.00	1,200.00	500.00	76.50	5,776.50	416.00	104.00	52.00	-	1,704.50	65.45	5,139.00
KY015	周谦	物流部	2,300.00	690.00	200.00	180.00	3,370.00	239.20	59.80	29.90	-	-458.90	-	3,041.00
KY016	刘民	市场部	3,700.00	1,110.00	500.00	-	5,310.00	384.80	96.20	48.10	173.00	1,280.90	38.43	4,569.00
KY017	尔阿	物流部	2,300.00	690.00	500.00	97.50	3,587.50	239.20	59.80	29.90	-	-241.40	-	3,259.00
KY018	夏蓝	人力资源部	2,100.00	630.00	350.00	-	3,080.00	218.40	54.60	27.30	17.50	-720.30	-	2,762.00
KY019	皮桂华	行政部	1,900.00	570.00	500.00	24.00	2,994.00	197.60	49.40	24.70	63.00	-777.70	-	2,659.00
KY020	段齐	人力资源部	2,500.00	750.00	500.00	-	3,750.00	260.00	65.00	32.50	-	-107.50	-	3,393.00
KY021	费乐	财务部	2,700.00	810.00	500.00	49.50	4,059.50	280.80	70.20	35.10	150.00	173.40	5.20	3,518.00
KY022	高亚玲	行政部	2,500.00	750.00	500.00	82.50	3,832.50	260.00	65.00	32.50	124.50	-25.00	-	3,351.00
KY023	苏洁	市场部	1,500.00	450.00	500.00	67.50	2,517.50	156.00	39.00	19.50	25.00	-1,197.00	-	2,278.00
KY024	江宽	人力资源部	4,500.00	1,350.00	500.00	142.50	6,492.50	468.00	117.00	58.50	37.50	2,349.00	129.90	5,682.00
KY025	王利伟	市场部	2,900.00	870.00	500.00	144.00	4,414.00	301.60	75.40	37.70	-	499.30	14.98	3,984.00

图 5.1　员工工资明细表

工资查询表

员工号	KY001	姓名	方成建	部门	市场部
基本工资	4000	养老保险	416	应发工资	5700
绩效工资	1200	医疗保险	104	应税工资	1628
工龄工资	500	失业保险	52	个人所得税	57.8
加班费	0	考勤扣款	133	实发工资	4937

图 5.2　工资查询表

【知识与技能】

- 工作簿的创建
- 工作表重命名
- 导入外部数据
- 函数 DATEDIF、YEAR、ROUND、VLOOKUP、IF 的使用
- 公式的使用
- 数据透视表
- 数据透视图

【解决方案】

步骤 1　创建工作簿，重命名工作表

（1）启动 Excel 2013，新建一份空白工作簿。

（2）将创建的工作簿以“员工工资管理表”为名，保存在“E:\公司文档\财务部”文件夹中。

（3）将工作簿中的 Sheet1 工作表重命名为“工资基础信息”。

步骤 2　导入“员工信息”

将前面人力资源部制作“员工人事档案表”时导出的“员工信息”数据导入到当前工

作表中，作为员工“工资基础信息”的数据。

（1）选中“工资基础信息”工作表。

（2）单击“数据”→“获取外部数据”→“自文本”按钮，打开“导入文本文件”对话框，在“查找范围”中找到位于“E:\公司文档\人力资源部”文件夹中的“员工信息”文件，如图 5.3 所示。

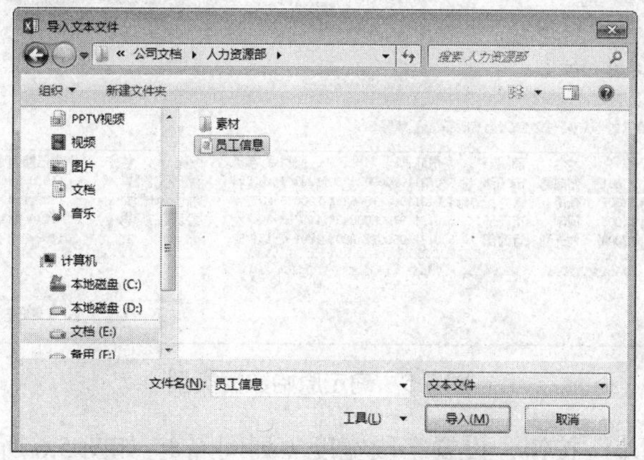

图 5.3 “导入文本文件”对话框

（3）单击“导入”按钮，弹出图 5.4 所示的“文件导入向导”第 1 步，在“原始数据类型”处选择“固定宽度”作为最合适的文件类型；在“导入起始行”文本框中保持默认值“1”不变；在“文件原始格式”中选择“936：简体中文（GB2312），如图 5.5 所示。

活力小贴士

因为一般文本文件中的列是用“Tab”键、逗号或空格键来分隔的，在“员工信息管理表”中导出“员工信息”时，是“带格式文本文件（空格分隔）”类型保存的，所以在这里选择“分隔符号”。

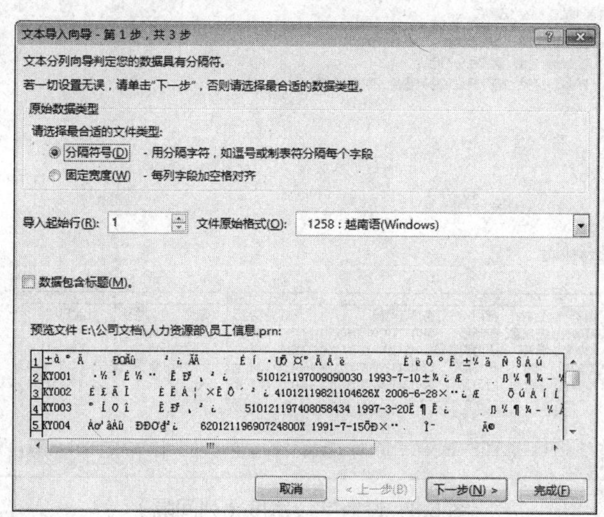

图 5.4 “文本导入向导”步骤 1

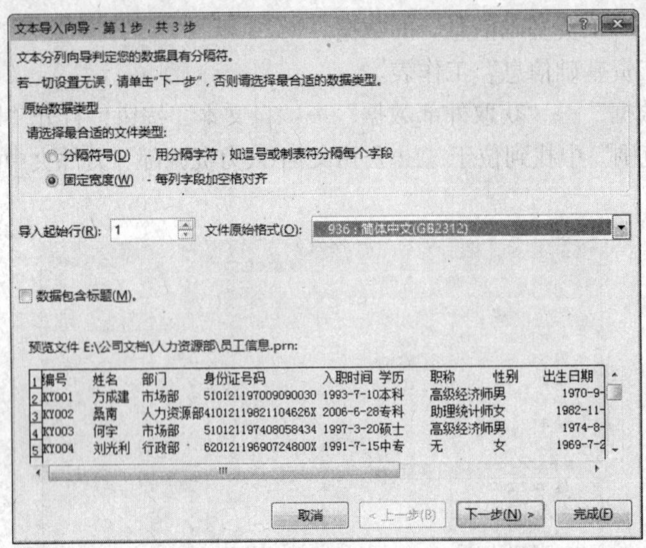

图 5.5　确定原始数据类型

（4）单击“下一步”按钮，设置字段宽度（列间隔）。如图 5.6 所示，部分列间缺少分隔线，如“部分”和“身份证号码”、“入职时间”和“学历”、“职称”和“性别”的两列数据缺少列间隔，需要单击鼠标建立分列线。拖曳水平和垂直滚动条，将所有需要导入的数据检查一遍，使数据分别处于对应的分列线之间，如图 5.7 所示。

设置字段宽度时，在“数据预览”区内，有箭头的垂直线便是分列线，如果要建立分列线，请在要建立分列处单击鼠标；如果要清除分列线，请双击分列线；如果要移动分列线位置，请按住分列线并拖曳至指定位置。

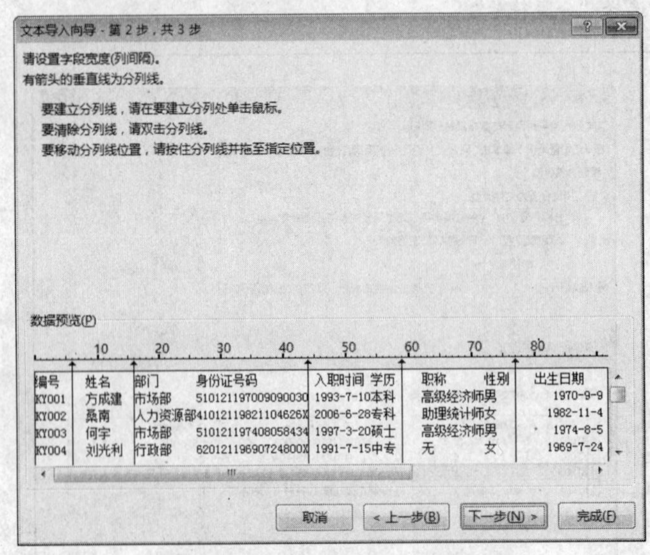

图 5.6　设置字段宽度（列间隔）

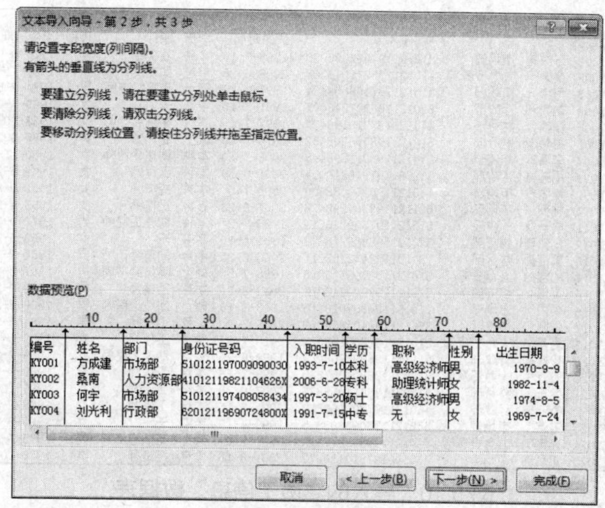

图 5.7 添加分列线

（5）单击“下一步”按钮，设置每列的数据类型，如图 5.8 所示。默认时，一般为“常规”。这里，我们将“身份证号码”设置为“文本”，“入职时间”和“出生日期”设置为“日期”，其余列使用默认类型“常规”。

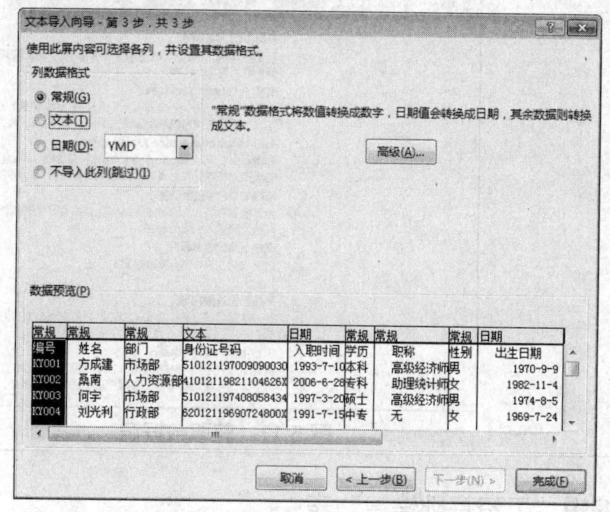

图 5.8 设置每列的数据类型

（6）单击“完成”按钮，打开图 5.9 所示的“导入数据”对话框。设置数据的放置位置为“现有工作表”的“$A$1”单元格。

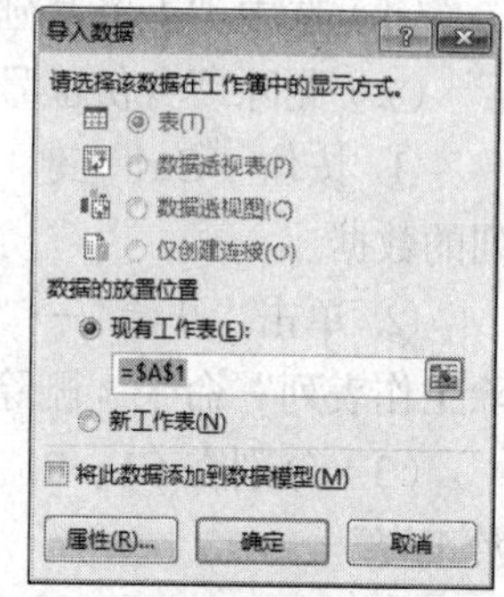

图 5.9 “导入数据”对话框

活力
小贴士

数据处理的结果要在某工作表中放置，我们可以只选择开始的单元格，Excel 会自动根据来源数据区域的形状排列结果，无需把结果区域全部选中，因为可能操作者也不知道结果会放置于哪些具体的单元格中。

（7）单击“确定”按钮，返回“工资基础信息”工作表，将文本文件“员工信息”的数据导入到工作表中，如图 5.10 所示。

	A	B	C	D	E	F	G	H	I
1	编号	姓名	部门	身份证号码	入职时间	学历	职称	性别	出生日期
2	KY001	方成建	市场部	510121197009090030	1993-7-10	本科	高级经济师	男	1970-9-9
3	KY002	桑南	人力资源部	41012119821104626X	2006-6-28	专科	助理统计师	女	1982-11-4
4	KY003	何宇	市场部	510121197408058434	1997-3-20	硕士	高级经济师	男	1974-8-5
5	KY004	刘光利	行政部	62012119690724800X	1991-7-15	中专	无	女	1969-7-24
6	KY005	钱新	财务部	44012119731019842X	1997-7-1	本科	高级会计师	女	1973-10-19
7	KY006	曾科	财务部	510121198506208452	2010-7-20	硕士	会计师	男	1985-6-20
8	KY007	李莫薷	物流部	530121198011298443	2003-7-10	本科	助理会计师	女	1980-11-29
9	KY008	周苏嘉	行政部	310681197905210924	2001-6-30	本科	工程师	女	1979-5-21
10	KY009	黄雅玲	市场部	110121198109088000	2005-7-5	本科	经济师	女	1981-9-8
11	KY010	林菱	市场部	521121198304298428	2005-6-28	专科	工程师	女	1983-4-29
12	KY011	司马意	行政部	51012119730923821X	1996-7-2	本科	助理工程师	男	1973-9-23
13	KY012	令狐珊	物流部	320121196806278248	1993-5-10	高中	无	女	1968-6-27
14	KY013	慕容勤	财务部	780121198402108211	2006-6-25	中专	助理会计师	男	1984-2-10
15	KY014	柏国力	人力资源部	510121196703138215	1993-7-5	硕士	高级经济师	男	1967-3-13
16	KY015	周谦	物流部	52312119900924821X	2012-8-1	本科	工程师	男	1990-9-24
17	KY016	刘民	市场部	110151196908028015	1993-7-10	硕士	高级工程师	男	1969-8-2
18	KY017	尔阿	物流部	356121198405258012	2006-7-20	本科	工程师	男	1984-5-25
19	KY018	夏蓝	人力资源部	21012119880515802X	2010-7-3	专科	工程师	女	1988-5-15
20	KY019	皮桂华	行政部	511121196902268022	1989-6-29	专科	助理工程师	女	1969-2-26
21	KY020	段齐	人力资源部	512521196804057835	1993-7-18	本科	工程师	男	1968-4-5
22	KY021	费乐	财务部	512221198612018827	2007-6-30	本科	会计师	女	1986-12-1
23	KY022	高亚玲	行政部	460121197802168822	2001-7-15	本科	工程师	女	1978-2-16
24	KY023	苏洁	市场部	552121198009308825	1999-4-15	高中	无	女	1980-9-30
25	KY024	江宽	人力资源部	51012119750507881X	2001-7-6	硕士	高级经济师	男	1975-5-7
26	KY025	王利伟	市场部	350583197810120072	2001-8-15	本科	经济师	男	1978-10-12

图 5.10　导入的“员工信息”数据表

我们除了可以导入“文本文件”类型之外，还可以导入其他格式的数据库文件到 Excel 表中，如 CSV（逗号分隔）的 Excel 类型、Access 数据库文件、网页、SQL Server 文件、XML 文件等，如图 5.11 所示。

图 5.11　获取数据源

步骤 3　编辑“工资基础信息”表

（1）选中“工资基础信息”工作表。

（2）删除“身份证号码”“学历”“职称”“性别”和“出生日期”列的数据。

① 按住“Ctrl”键，分别选中“身份证号码”“学历”“职称”“性别”和“出生日期”列的数据。

② 单击“开始”→“单元格”→“删除”按钮下方的下拉按钮，从下拉列表中选择“删除工作表列”命令。删除数据后的工作表如图 5.12 所示。

（3）分别在 E1、F1、G1 单元格中输入标题字段名称“基本工资”“绩效工资”和“工龄工资”。

（4）参照图 5.13 输入“基本工资数据”。

	A	B	C	D
1	编号	姓名	部门	入职时间
2	KY001	方成建	市场部	1993-7-10
3	KY002	桑南	人力资源部	2006-6-28
4	KY003	何宇	市场部	1997-3-20
5	KY004	刘光利	行政部	1991-7-15
6	KY005	钱新	财务部	1997-7-1
7	KY006	曾科	财务部	2010-7-20
8	KY007	李莫薷	物流部	2003-7-10
9	KY008	周苏嘉	行政部	2001-6-30
10	KY009	黄雅玲	市场部	2005-7-5
11	KY010	林菱	市场部	2005-6-28
12	KY011	司马意	行政部	1996-7-2
13	KY012	令狐珊	物流部	1993-5-10
14	KY013	慕容勤	财务部	2006-6-25
15	KY014	柏国力	人力资源部	1993-7-5
16	KY015	周谦	物流部	2012-8-1
17	KY016	刘民	市场部	1993-7-10
18	KY017	尔阿	物流部	2006-7-20
19	KY018	夏蓝	人力资源部	2010-7-3
20	KY019	皮桂华	行政部	1989-6-29
21	KY020	段齐	人力资源部	1993-7-18
22	KY021	费乐	财务部	2007-6-30
23	KY022	高亚玲	行政部	2001-7-15
24	KY023	苏洁	市场部	1999-4-15
25	KY024	江宽	人力资源部	2001-7-6
26	KY025	王利伟	市场部	2001-8-15

图 5.12 删除数据后的工作表

	A	B	C	D	E
1	编号	姓名	部门	入职时间	基本工资
2	KY001	方成建	市场部	1993-7-10	4000
3	KY002	桑南	人力资源部	2006-6-28	1800
4	KY003	何宇	市场部	1997-3-20	4500
5	KY004	刘光利	行政部	1991-7-15	1600
6	KY005	钱新	财务部	1997-7-1	4200
7	KY006	曾科	财务部	2010-7-20	2700
8	KY007	李莫薷	物流部	2003-7-10	1800
9	KY008	周苏嘉	行政部	2001-6-30	2500
10	KY009	黄雅玲	市场部	2005-7-5	2700
11	KY010	林菱	市场部	2005-6-28	2500
12	KY011	司马意	行政部	1996-7-2	1700
13	KY012	令狐珊	物流部	1993-5-10	1400
14	KY013	慕容勤	财务部	2006-6-25	1700
15	KY014	柏国力	人力资源部	1993-7-5	4000
16	KY015	周谦	物流部	2012-8-1	2300
17	KY016	刘民	市场部	1993-7-10	3700
18	KY017	尔阿	物流部	2006-7-20	2300
19	KY018	夏蓝	人力资源部	2010-7-3	2100
20	KY019	皮桂华	行政部	1989-6-29	1900
21	KY020	段齐	人力资源部	1993-7-18	2500
22	KY021	费乐	财务部	2007-6-30	2700
23	KY022	高亚玲	行政部	2001-7-15	2500
24	KY023	苏洁	市场部	1999-4-15	1500
25	KY024	江宽	人力资源部	2001-7-6	4500
26	KY025	王利伟	市场部	2001-8-15	2900

图 5.13 员工基本工资数据

（5）计算“绩效工资”。

这里，我们设定“绩效工资=基本工资*30%”。

① 选中 F2 单元格。

② 输入公式“=E2*0.3”，按“Enter”键确认。

③ 选中 F2 单元格，用鼠标拖曳其填充柄至 F26 单元格，将公式复制到 F3:F26 单元格区域中，可得到所有员工的绩效工资。

（6）计算“工龄工资”。

这里，如果“工龄”超过 10 年，则工龄工资为 500 元，否则，按每年 50 元计算（本文截止日期为 2017 年 7 月 25 日）。

① 选中 G2 单元格。

② 单击“公式”→“函数库”→“插入函数”按钮，打开“插入函数”对话框，从“选择函数”列表中选择 IF 函数，打开“函数参数”对话框，按图 5.14 所示设置 IF 函数的参数。

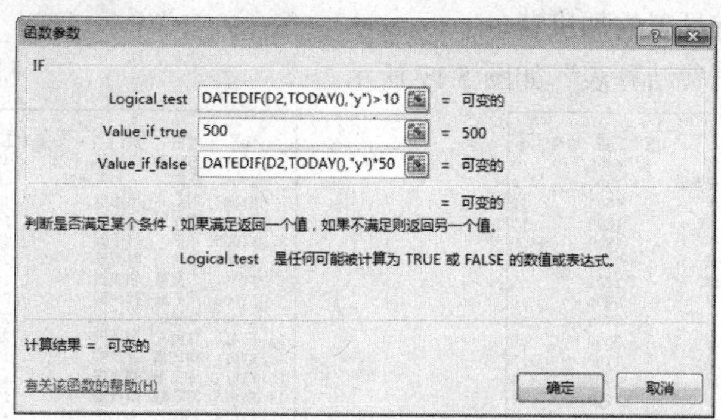

图 5.14 设置 IF 函数的参数

活力小贴士

这里的公式“DATEDIF(D2,TODAY(),"y")”为求取员工工龄。关于函数 DATEDIF 说明如下。

① 功能：求两个指定日期间的时间间隔数目。

② 语法：DATEDIF(date1,date2,interval),其中 interval 表示时间间隔，其值可以为“Y”“M”“D”等，分别表示为“年”“月”“日”等。

③ 选中 G2 单元格，用鼠标拖曳其填充柄至 G26 单元格，将公式复制到 G3:G26 单元格区域中，可得到所有员工的工龄工资。

创建好的“工资基础信息”工作表如图 5.15 所示。

	A	B	C	D	E	F	G
1	编号	姓名	部门	入职时间	基本工资	绩效工资	工龄工资
2	KY001	方成建	市场部	1993-7-10	4000	1200	500
3	KY002	桑南	人力资源部	2006-6-28	1800	540	500
4	KY003	何宇	市场部	1997-3-20	4500	1350	500
5	KY004	刘光利	行政部	1991-7-15	1600	480	500
6	KY005	钱新	财务部	1997-7-1	4200	1260	500
7	KY006	曾科	财务部	2010-7-20	2700	810	350
8	KY007	李莫薷	物流部	2003-7-10	1800	540	500
9	KY008	周苏嘉	行政部	2001-6-30	2500	750	500
10	KY009	黄雅玲	市场部	2005-7-5	2700	810	500
11	KY010	林菱	市场部	2005-6-28	2500	750	500
12	KY011	司马意	行政部	1996-7-2	1700	510	500
13	KY012	令狐珊	物流部	1993-5-10	1400	420	500
14	KY013	慕容勤	财务部	2006-6-25	1700	510	500
15	KY014	柏国力	人力资源部	1993-7-5	4000	1200	500
16	KY015	周谦	物流部	2012-8-1	2300	690	200
17	KY016	刘民	市场部	1993-7-10	3700	1110	500
18	KY017	尔阿	物流部	2006-7-20	2300	690	500
19	KY018	夏蓝	人力资源部	2010-7-3	2100	630	350
20	KY019	皮桂华	行政部	1989-6-29	1900	570	500
21	KY020	段齐	人力资源部	1993-7-18	2500	750	500
22	KY021	费乐	财务部	2007-6-30	2700	810	500
23	KY022	高亚玲	行政部	2001-7-15	2500	750	500
24	KY023	苏洁	市场部	1999-4-15	1500	450	500
25	KY024	江宽	人力资源部	2001-7-6	4500	1350	500
26	KY025	王利伟	市场部	2001-8-15	2900	870	500

图 5.15　创建好的“工资基础信息”表

步骤 4　创建“加班费结算表”

（1）复制“工资基础信息”工作表，将复制后的工作表重命名为“加班费结算表”。

（2）删除“入职时间”“绩效工资”和“工龄工资”列。

（3）在 E1、F1 单元格中分别输入标题“加班时间”和“加班费”。

（4）输入加班时间。参照图 5.16 所示输入员工加班时间。

（5）计算加班费。加班费的计算方法为：加班费=(基本工资/30/8)*1.5*加班时间。

① 选中 F2 单元格。

② 输入公式“=ROUND(D2/30/8,0)*1.5*E2”，按“Enter”键确认，计算出相应的加班费。

③ 选中 F2 单元格，用鼠标拖曳其填充柄至 F26 单元格，将公式复制到 F3:F26 单元格区域中，可得到所有员工的加班费。

创建好的“加班费结算表”如图 5.17 所示。

	A	B	C	D	E
1	编号	姓名	部门	基本工资	加班时间
2	KY001	方成建	市场部	4000	0
3	KY002	桑南	人力资源部	1800	0
4	KY003	何宇	市场部	4500	12
5	KY004	刘光利	行政部	1600	10
6	KY005	钱新	财务部	4200	4.5
7	KY006	曾科	财务部	2700	0
8	KY007	李莫薷	物流部	1800	3
9	KY008	周苏嘉	行政部	2500	0
10	KY009	黄雅玲	市场部	2700	6
11	KY010	林菱	市场部	2500	0
12	KY011	司马意	行政部	1700	1.5
13	KY012	令狐珊	物流部	1400	0
14	KY013	慕容勤	财务部	1700	0
15	KY014	柏国力	人力资源部	4000	3
16	KY015	周谦	物流部	2300	12
17	KY016	刘民	市场部	3700	0
18	KY017	尔阿	物流部	2300	6.5
19	KY018	夏蓝	人力资源部	2100	0
20	KY019	皮桂华	行政部	1900	2
21	KY020	段齐	人力资源部	2500	0
22	KY021	费乐	财务部	2700	3
23	KY022	高亚玲	行政部	2500	5.5
24	KY023	苏洁	市场部	1500	7.5
25	KY024	江宽	人力资源部	4500	5
26	KY025	王利伟	市场部	2900	8

图 5.16　员工加班时间

	A	B	C	D	E	F
1	编号	姓名	部门	基本工资	加班时间	加班费
2	KY001	方成建	市场部	4000	0	0
3	KY002	桑南	人力资源部	1800	0	0
4	KY003	何宇	市场部	4500	12	342
5	KY004	刘光利	行政部	1600	10	105
6	KY005	钱新	财务部	4200	4.5	121.5
7	KY006	曾科	财务部	2700	0	0
8	KY007	李莫薷	物流部	1800	3	36
9	KY008	周苏嘉	行政部	2500	0	0
10	KY009	黄雅玲	市场部	2700	6	99
11	KY010	林菱	市场部	2500	0	0
12	KY011	司马意	行政部	1700	1.5	15.75
13	KY012	令狐珊	物流部	1400	0	0
14	KY013	慕容勤	财务部	1700	0	0
15	KY014	柏国力	人力资源部	4000	3	76.5
16	KY015	周谦	物流部	2300	12	180
17	KY016	刘民	市场部	3700	0	0
18	KY017	尔阿	物流部	2300	6.5	97.5
19	KY018	夏蓝	人力资源部	2100	0	0
20	KY019	皮桂华	行政部	1900	2	24
21	KY020	段齐	人力资源部	2500	0	0
22	KY021	费乐	财务部	2700	3	49.5
23	KY022	高亚玲	行政部	2500	5.5	82.5
24	KY023	苏洁	市场部	1500	7.5	67.5
25	KY024	江宽	人力资源部	4500	5	142.5
26	KY025	王利伟	市场部	2900	8	144

图 5.17　创建好的“加班费结算表”

这里的公式"ROUND(D2/30/8,0)"为求取员工单位时间内工资的四舍五入到整数。关于函数 ROUND 说明如下。

① 功能：将数字四舍五入到指定的位数。

② 语法：ROUND(number, num_digits),其中 number 表示要四舍五入的数字，num_digits 为要进行四舍五入运算的位数。

步骤 5 创建"考勤扣款结算表"

（1）复制"工资基础信息"工作表，将复制后的工作表重命名为"考勤扣款结算表"。

（2）删除"入职时间""绩效工资"和"工龄工资"列。

（3）在 E1:K1 单元格中分别输入标题"迟到""迟到扣款""病假""病假扣款""事假""事假扣款"和"扣款合计"。

（4）参照图 5.18 输入"迟到""病假""事假"的数据。

	A	B	C	D	E	F	G	H	I	J	K
1	编号	姓名	部门	基本工资	迟到	迟到扣款	病假	病假扣款	事假	事假扣款	扣款合计
2	KY001	方成建	市场部	4000	0		0		1		
3	KY002	桑南	人力资源部	1800	0		0		0		
4	KY003	何宇	市场部	4500	0		2		1.5		
5	KY004	刘光利	行政部	1600	0		0		0		
6	KY005	钱新	财务部	4200	0		0		0		
7	KY006	曾科	财务部	2700	0		1.5		0		
8	KY007	李莫薷	物流部	1800	0		1		0		
9	KY008	周苏嘉	行政部	2500	1		0		0		
10	KY009	黄雅玲	市场部	2700	0		0		0.5		
11	KY010	林菱	市场部	2500	0		0.5		0		
12	KY011	司马意	行政部	1700	2		0		0		
13	KY012	令狐珊	物流部	1400	1		0		0		
14	KY013	慕容勤	财务部	1700	0		0		0		
15	KY014	柏国力	人力资源部	4000	0		0		0		
16	KY015	周谦	物流部	2300	0		0		0		
17	KY016	刘民	市场部	3700	1		0		1		
18	KY017	尔阿	物流部	2300	0		0		0		
19	KY018	夏蓝	人力资源部	2100	0		0.5		0		
20	KY019	皮桂华	行政部	1900	0		0		1		
21	KY020	段齐	人力资源部	2500	0		0		0		
22	KY021	费乐	财务部	2700	3		0		0		
23	KY022	高亚玲	行政部	2500	0		1		1		
24	KY023	苏洁	市场部	1500	0		0		0.5		
25	KY024	江宽	人力资源部	4500	0		0.5		0		
26	KY025	王利伟	市场部	2900	0		0		0		

图 5.18 "迟到""病假"和"事假"的数据

（5）计算"迟到扣款"。

这里，假设每迟到一次扣款为 50 元。

① 选中 F2 单元格。

② 输入公式"=E2*50"，按"Enter"键确认，计算出相应的迟到扣款。

③ 选中 F2 单元格，用鼠标拖曳其填充柄至 F26 单元格，将公式复制到 F3:F26 单元格区域中，可得到所有员工的迟到扣款。

（6）计算"病假扣款"。

这里，假设每病假一天扣款为当日工资收入的 50%，即"病假扣款=基本工资/30*0.5*病假天数"。

① 选中 G2 单元格。

② 输入公式"=ROUND(D2/30,0)*0.5*G2"，按"Enter"键确认，计算出相应的病假扣款。

③ 选中 G2 单元格，用鼠标拖曳其填充柄至 G26 单元格，将公式复制到 G3:G26 单元格区域中，可得到所有员工的病假扣款。

（7）计算“事假扣款”。

这里，假设每事假一天扣款为当日工资收入，即“事假扣款=基本工资/30*事假天数”。

① 选中 J2 单元格。

② 输入公式“=ROUND(D2/30,0)*I2”，按“Enter”键确认，计算出相应的事假扣款。

③ 选中 J2 单元格，用鼠标拖曳其填充柄至 J26 单元格，将公式复制到 J3:J26 单元格区域中，可得到所有员工的事假扣款。

（8）计算“扣款合计”。

① 选中 K2 单元格。

② 输入公式“=SUM(F2,H2,J2)”，按“Enter”键确认，计算出相应的扣款合计。

③ 选中 K2 单元格，用鼠标拖曳其填充柄至 K26 单元格，将公式复制到 K3:K26 单元格区域中，可得到所有员工的扣款合计。

创建好的“考勤扣款结算表”如图 5.19 所示。

	A	B	C	D	E	F	G	H	I	J	K
1	编号	姓名	部门	基本工资	迟到	迟到扣款	病假	病假扣款	事假	事假扣款	扣款合计
2	KY001	方成建	市场部	4000	0	0	0	0	1	133	133
3	KY002	桑南	人力资源部	1800	0	0	0	0	0	0	0
4	KY003	何宇	市场部	4500	0	0	2	150	1.5	225	375
5	KY004	刘光利	行政部	1600	0	0	0	0	0	0	0
6	KY005	钱新	财务部	4200	0	0	0	0	0	0	0
7	KY006	曾科	财务部	2700	0	0	1.5	67.5	0	0	67.5
8	KY007	李莫薷	物流部	1800	0	0	1	30	0	0	30
9	KY008	周苏嘉	行政部	2500	1	50	0	0	0	0	50
10	KY009	黄雅玲	市场部	2700	0	0	0	0	0.5	45	45
11	KY010	林菱	市场部	2500	0	0	0.5	20.75	0	0	20.75
12	KY011	司马意	行政部	1700	2	100	0	0	0	0	100
13	KY012	令狐珊	物流部	1400	1	50	0	0	0	0	50
14	KY013	慕容勤	财务部	1700	0	0	0	0	0	0	0
15	KY014	柏国力	人力资源部	4000	0	0	0	0	0	0	0
16	KY015	周谦	物流部	2300	0	0	0	0	0	0	0
17	KY016	刘民	市场部	3700	1	50	0	0	1	123	173
18	KY017	尔阿	物流部	2300	0	0	0	0	0	0	0
19	KY018	夏蓝	人力资源部	2100	0	0	0.5	17.5	0	0	17.5
20	KY019	皮桂华	行政部	1900	0	0	0	0	1	63	63
21	KY020	段齐	人力资源部	2500	0	0	0	0	0	0	0
22	KY021	费乐	财务部	2700	3	150	0	0	0	0	150
23	KY022	高亚玲	行政部	2500	0	0	1	41.5	1	83	124.5
24	KY023	苏洁	市场部	1500	0	0	0	0	0.5	25	25
25	KY024	江宽	人力资源部	4500	0	0	0.5	37.5	0	0	37.5
26	KY025	王利伟	市场部	2900	0	0	0	0	0	0	0

图 5.19 创建好的“考勤扣款结算表”

步骤 6 创建“员工工资明细表”

（1）插入一张新工作表，将新工作表重命名为“员工工资明细表”。

（2）参见图 5.20 创建员工工资明细表的框架。

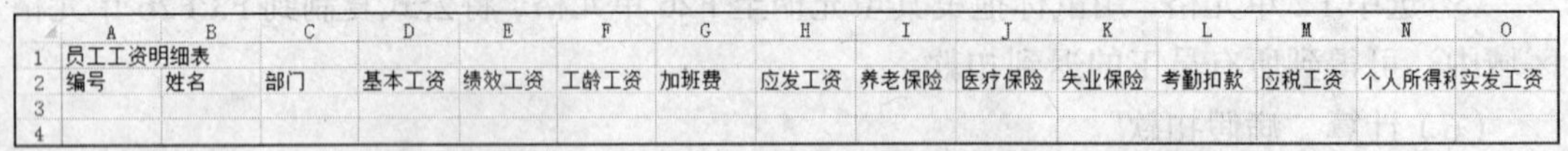

	A	B	C	D	E	F	G	H	I	J	K	L	M	N	O
1	员工工资明细表														
2	编号	姓名	部门	基本工资	绩效工资	工龄工资	加班费	应发工资	养老保险	医疗保险	失业保险	考勤扣款	应税工资	个人所得税	实发工资
3															
4															

图 5.20 员工工资明细表的框架

（3）填充“编号”“姓名”和“部门”数据。

① 选中“工资基础信息”工作表的 A2:C26 单元格区域，单击“开始”→“剪贴板”→“复制”按钮。

② 选中“员工工资明细表”的 A3 单元格，单击“开始”→“剪贴板”→“粘贴”按钮，将选定区域的数据复制到“员工工资明细表”中。

（4）导入“基本工资”“绩效工资”“工龄工资”和“加班费”数据。

① 选中 D3 单元格。

② 单击“公式”→“函数库”→“插入函数”按钮，打开“插入函数”对话框，从函数列表中选择“VLOOKUP”函数后单击“确定”按钮，打开“函数参数”对话框，设置图 5.21 所示的参数。

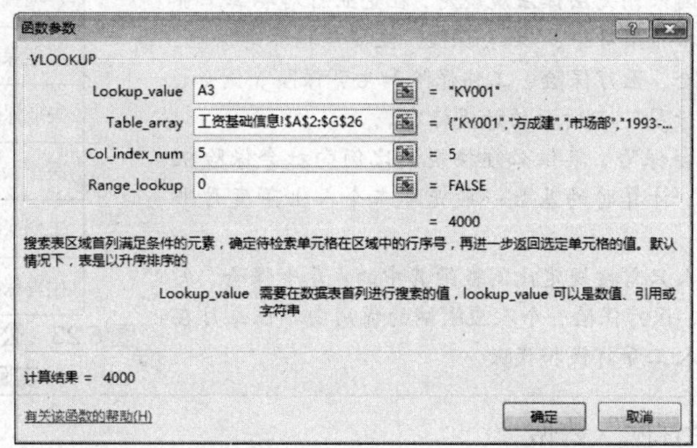

图 5.21 导入“基本工资”的 VLOOKUP 参数

③ 单击“确定”按钮，导入相应的“基本工资”数据。

④ 选中 D3 单元格，用鼠标拖曳其填充柄至 D26 单元格，将公式复制到 D3:D26 单元格区域中，可导入所有员工的基本工资。

（5）同样的方式，分别导入“绩效工资”“工龄工资”数据。

（6）导入“加班费”数据。

① 选中 G3 单元格。

② 插入 VLOOKUP 函数，设置图 5.22 所示的参数。

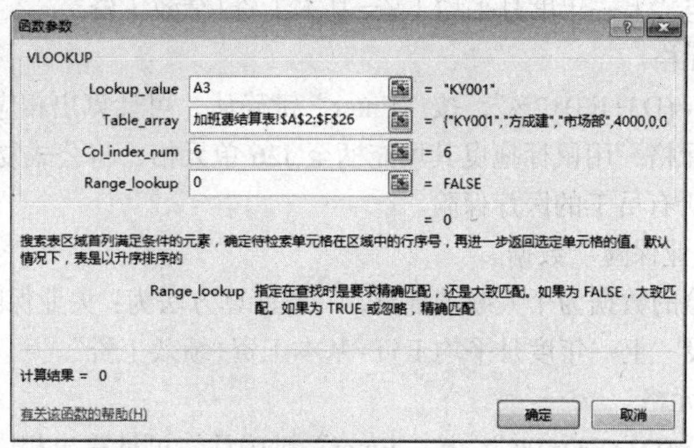

图 5.22 导入“加班费”的 VLOOKUP 参数

③ 单击“确定”按钮，导入相应的“加班费”数据。

④ 选中 G3 单元格，用鼠标拖曳其填充柄至 G26 单元格，将公式复制到 G4:G26 单元格区域中，可导入所有员工的加班费。

（7）计算“应发工资”。

① 选中 H3 单元格。

② 单击“开始”→“编辑”→“Σ 自动求和”按钮，出现公式“=SUM(D3:G3)”，按“Enter”键确认，可计算出相应的应发工资。

③ 选中 H3 单元格，用鼠标拖曳其填充柄至 H26 单元格，将公式复制到 H4:H26 单元格区域中，可计算出所有员工的应发工资。

活力小贴士

按国家相关法律法规规定，在企业针对职工工资的税前扣除项目中，“社会保险”主要包括养老保险、失业保险、医疗保险、工伤保险和生育保险。例如，公司执行图 5.23 所示的计提标准。

社会保险，单位必须按规定比例向社会保险机构缴纳，计算时的基数一般是职工个人上年度月平均工资。

个人只需按规定比例缴纳其中的：养老保险、失业保险、医疗保险，个人应缴纳的费用由单位每月在发放个人工资前代扣代缴。

项目	单位	个人
养老保险	20%	8%
失业保险	2%	1%
医疗保险	12%	2%
工伤保险	1%	0
生育保险	1%	0

图 5.23 公司计提“五险一金”实际执行提取率

（8）计算“养老保险”数据。

这里，养老保险的数据为个人缴纳部分，一般计算方法为：养老保险=上一年度月平均工资*8%，这里假设“上一年度月平均工资=基本工资+绩效工资”。

① 选中 I3 单元格。

② 输入公式“=(D3+E3)*8%”，按“Enter”键确认，可计算出相应的养老保险。

③ 选中 I3 单元格，用鼠标拖曳其填充柄至 I26 单元格，将公式复制到 I4:I26 单元格区域中，可计算出所有员工的养老保险。

（9）计算“医疗保险”数据。

这里，医疗保险的数据为个人缴纳部分，一般计算方法为：医疗保险=上一年度月平均工资*2%，这里设定“上一年度月平均工资=基本工资+绩效工资”。

① 选中 J3 单元格。

② 输入公式“=(D3+E3)*2%”，按“Enter”键确认，可计算出相应的医疗保险。

③ 选中 J3 单元格，用鼠标拖曳其填充柄至 J26 单元格，将公式复制到 J4:J26 单元格区域中，可计算出所有员工的医疗保险。

（10）计算“失业保险”数据。

这里，失业保险的数据为个人缴纳部分，一般计算方法为：失业保险=上一年度月平均工资*1%，这里假设“上一年度月平均工资=基本工资+绩效工资”。

① 选中 K3 单元格。

② 输入公式“=(D3+E3)*1%”，按“Enter”键确认，可计算出相应的失业保险。

③ 选中 K3 单元格，用鼠标拖曳其填充柄至 K26 单元格，将公式复制到 K4:K26 单元格区域中，可计算出所有员工的失业保险。

（11）导入“考勤扣款”数据。

① 选中 L3 单元格。

② 插入 VLOOKUP 函数，设置图 5.24 所示的参数。

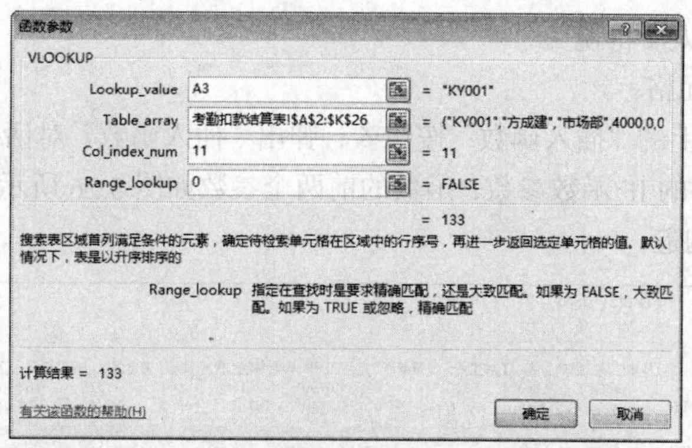

图 5.24　导入“考勤扣款”的 VLOOKUP 参数

③ 单击“确定”按钮，导入相应的“考勤扣款”数据。

④ 选中 L3 单元格，用鼠标拖曳其填充柄至 L26 单元格，将公式复制到 L4:L26 单元格区域中，可导入所有员工的考勤扣款。

活力小贴士

计算各项工资时，需要使用到的相关公式如下。

① 计算应税工资：应税工资=应发工资-（养老保险+医疗保险+失业保险）-3 500。目前，3 500 元为我国税法规定的个人所得税起征点。

② 计算个人所得税时，应税工资不应有小于 0 反而返税的情况，因此分两种情况调整：若应税工资大于 0 元，则按实际应税工资计算所得税；若初算应税工资小于等于 0 元，则所得税为 0 元。

③ 计算个人所得税，根据会计核算方法中计算所得税的速算方法，按图 5.25 所示的速算公式计算。

税法规定，个人所得税是采用超额累进税率进行计算的，将应纳税所得额分成不同级距和相应的税率来计算。例如，扣除 3 500 元后的余额在 1 500 元以内的，按 3%税率计算；1 500～4 500 元的部分（3 000 元），按 10%的税率计算。如某人工资扣除 3 500 元后的余额是 1 700 元，则税款计算方法为 1 500×3%+200×10%=65 元。

会计上约定，个人所得税的计算，可以采用速算扣除法，将应纳税所得额直接按对应的税率来速算，但要扣除一个速算扣除数，否则会多计算税款。如某人工资扣除 3 500 元后的余额是 1 700 元，1 700 元对应的税率是 10%，则税款速算方法为 1 700×10%-105=65 元。这里的 105 就是速算扣除数，因为 1 700 元中有 1 500 元多计算了 7%的税款，需要减去。

级数	应纳税所得额	税率(%)	速算扣除数
1	不超过 1, 500 元	3	0
2	超过 1, 500 元至 4, 500 元的部分	10	105
3	超过 4, 500 元至 9, 000 元的部分	20	555
4	超过 9, 000 元至 35, 000 元的部分	25	1, 005
5	超过 35, 000 元至 55, 000 元的部分	30	2, 755
6	超过 55, 000 元至 80, 000 元的部分	35	5, 505
7	超过 80, 000 元的部分	45	13, 505

图 5.25　个人所得税计算公式

（12）计算“应税工资”。

① 选中 M3 单元格。

② 输入公式“=H3-SUM(I3:K3)-3500”，按“Enter”键确认，可计算出相应的税前工资。

③ 选中 M3 单元格，用鼠标拖曳其填充柄至 M26 单元格，将公式复制到 M4:M26 单元格区域中，可计算出所有员工的税前工资。

（13）计算“个人所得税”。

① 选中 N3 单元格。

② 单击编辑栏上的“插入函数”按钮 *fx*，弹出“插入函数”对话框，从列表中选择 IF 函数，开始构造外层的 IF 函数参数，函数的前两个参数如图 5.26 所示，可以直接输入或用拾取按钮配合键盘构造。

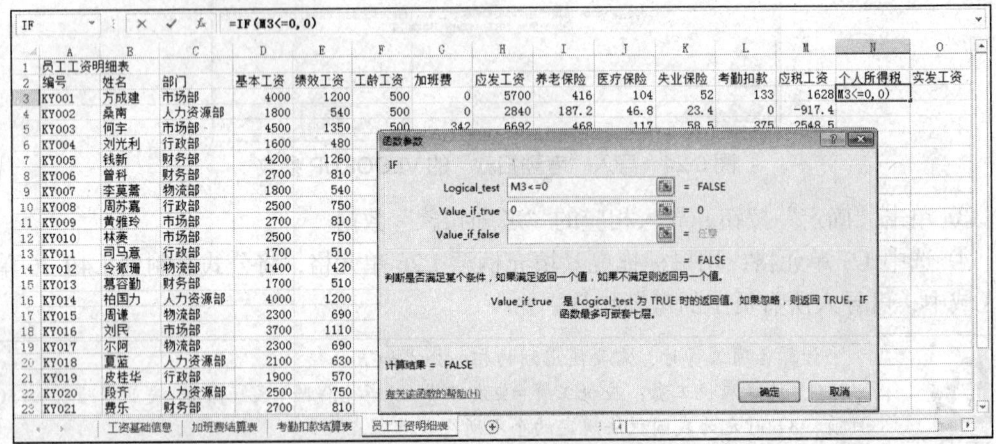

图 5.26 外层 IF 函数的前两个参数

③ 将鼠标停留于第三个参数“Value_if_false”处，再次单击编辑栏最左侧的“IF 函数”按钮 IF ，即选择第三个参数为一个嵌套在本函数内的 IF 函数。这时弹出一个新的 IF 函数的“函数参数”对话框，如图 5.27 所示，用于构造第二层 IF 函数。

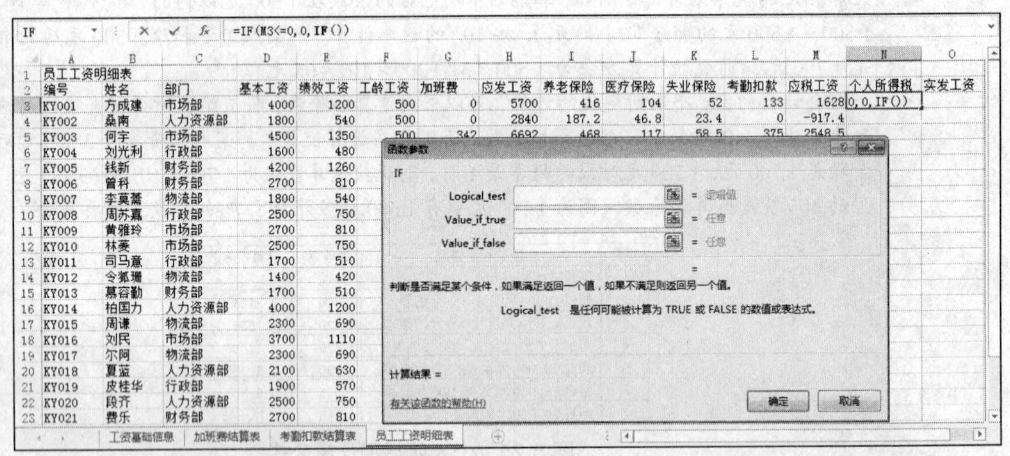

图 5.27 第二层 IF 函数的“函数参数”对话框

④ 在其中输入两个参数，如图 5.28 所示。这时就完成了第二层 IF 函数前两个参数的构造。

⑤ 将鼠标停留于第三个参数“Value_if_false”处，再次单击编辑栏最左侧的“IF 函数”按钮 IF ，即选择第三个参数为一个嵌套在本函数内的 IF 函数。再弹出一个新的 IF 函数的“函数参数”对话框，用于构造第三层 IF 函数。

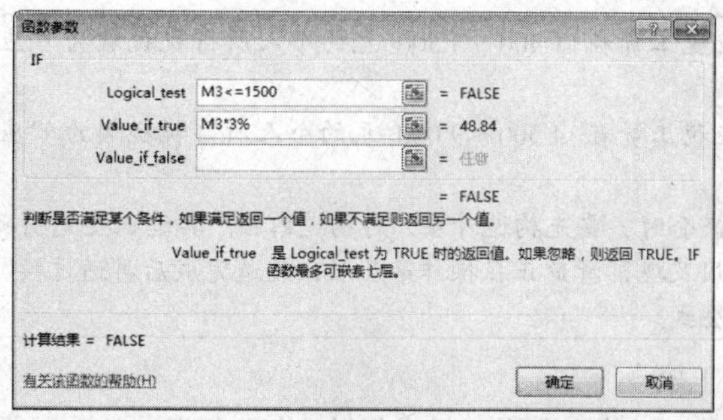

图 5.28　第二层 IF 函数前两个参数

⑥ 在其中输入 3 个参数，如图 5.29 所示。这时就完成了第三层 IF 函数的构造。

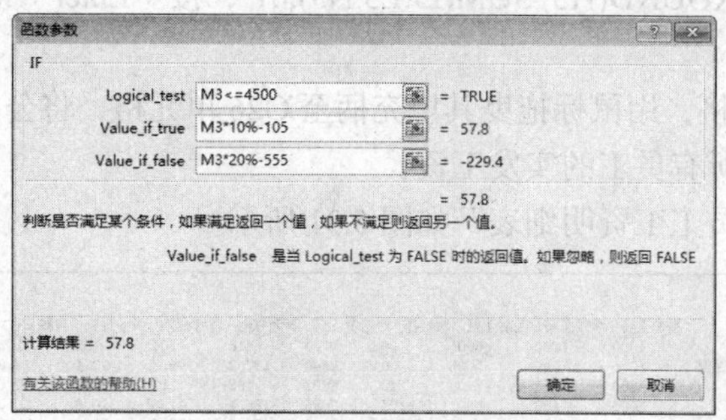

图 5.29　第三层 IF 函数的参数

⑦ 单击“函数参数”对话框中的“确定”按钮，就得到了 N3 单元格的结果，如图 5.30 所示。

N3　=IF(M3<=0,0,IF(M3<=1500,M3*3%,IF(M3<=4500,M3*10%-105,M3*20%-555)))

	A	B	C	D	E	F	G	H	I	J	K	L	M	N	O
1	员工工资明细表														
2	编号	姓名	部门	基本工资	绩效工资	工龄工资	加班费	应发工资	养老保险	医疗保险	失业保险	考勤扣款	应税工资	个人所得税	实发工资
3	KY001	方成建	市场部	4000	1200	500	0	5700	416	104	52	133	1628	57.8	
4	KY002	桑南	人力资源部	1800	540	500	0	2840	187.2	46.8	23.4	0	-917.4		
5	KY003	何宇	市场部	4500	1350	500	342	6692	468	117	58.5	375	2548.5		
6	KY004	刘光利	行政部	1600	480	500	105	2685	166.4	41.6	20.8	0	-1043.8		
7	KY005	钱新	财务部	4200	1260	500	121.5	6081.5	436.8	109.2	54.6	0	1980.9		
8	KY006	曾科	财务部	2700	810	350	0	3860	280.8	70.2	35.1	67.5	-26.1		
9	KY007	李莫薷	物流部	1800	540	500	36	2876	187.2	46.8	23.4	30	-881.4		
10	KY008	周苏嘉	行政部	2500	750	500	0	3750	260	65	32.5	50	-107.5		
11	KY009	黄雅玲	市场部	2700	810	500	99	4109	280.8	70.2	35.1	45	222.9		
12	KY010	林菱	市场部	2500	750	500	0	3750	260	65	32.5	20.75	-107.5		
13	KY011	司马意	行政部	1700	510	500	15.75	2725.75	176.8	44.2	22.1	100	-1017.35		
14	KY012	令狐珊	物流部	1400	420	500	0	2320	145.6	36.4	18.2	50	-1380.2		
15	KY013	慕容勤	财务部	1700	510	500	0	2710	176.8	44.2	22.1	0	-1033.1		
16	KY014	柏国力	人力资源部	4000	1200	500	76.5	5776.5	416	104	52	0	1704.5		
17	KY015	周谦	物流部	2300	690	200	180	3370	239.2	59.8	29.9	0	-458.9		
18	KY016	刘民	市场部	3700	1110	500	0	5310	384.8	96.2	48.1	173	1280.9		
19	KY017	尔阿	物流部	2300	690	500	97.5	3587.5	239.2	59.8	29.9	0	-241.4		
20	KY018	夏蓝	人力资源部	2100	630	350	0	3080	218.4	54.6	27.3	17.5	-720.3		
21	KY019	皮桂华	行政部	1900	570	500	24	2994	197.6	49.4	24.7	63	-777.7		
22	KY020	段齐	人力资源部	2500	750	500	0	3750	260	65	32.5	0	-107.5		
23	KY021	费乐	财务部	2700	810	500	49.5	4059.5	280.8	70.2	35.1	150	173.4		

工资基础信息　加班费结算表　考勤扣款结算表　员工工资明细表

图 5.30　利用三层 IF 函数计算出的个人所得税

⑧ 选中 N3 单元格，用鼠标拖曳其填充柄至 N26 单元格，将公式复制到 N4:N26 单元格区域中，可计算出所有员工的个人所得税。

活力小贴士

本案例在这一步，只讨论应纳税所得额低于 9 000 元的情况，故只需要分 3 层 IF 函数实现 4 种情况的计算。应纳税所得额的计算公式分别如下。

① 应税工资小于等于 0 元的个人所得税税额为 0；

② 应税工资在 1 500 元以内的个人所得税税额为“应税工资×3%”。

③ 应税工资在 1 500 ~ 4 500 元的个人所得税税额为“应税工资×10%-速算扣除数 105”。

④ 应税工资在 4 500 ~ 9 000 元的个人所得税税额为“应税工资×20%-速算扣除数 555”。

函数嵌套时，要先构造外层，再构造内层。其过程要先明确公式的含义，并注意鼠标的灵活运用及观察清楚正在操作第几层，构造完成后再通过按“Enter”键或单击“确定”按钮确定公式。

（14）计算“实发工资”。

实发工资=应发工资-（养老保险+医疗保险+失业保险+考勤扣款+个人所得税）。

① 选中 O3 单元格。

② 输入公式“=ROUND(H3-SUM(I3:L3,N3),0)”，按“Enter”键确认，可计算出相应的实发工资。

③ 选中 O3 单元格，用鼠标拖曳其填充柄至 O26 单元格，将公式复制到 O4:O26 单元格区域中，可计算出所有员工的实发工资。

完成计算后的“员工工资明细表”如图 5.31 所示。

	A	B	C	D	E	F	G	H	I	J	K	L	M	N	O
1	员工工资明细表														
2	编号	姓名	部门	基本工资	绩效工资	工龄工资	加班费	应发工资	养老保险	医疗保险	失业保险	考勤扣款	应税工资	个人所得税	实发工资
3	KY001	方成建	市场部	4000	1200	500	0	5700	416	104	52	133	1628	57.8	4937
4	KY002	桑南	人力资源部	1800	540	500	0	2840	187.2	46.8	23.4	0	-917.4	0	2583
5	KY003	何宇	市场部	4500	1350	500	342	6692	468	117	58.5	375	2548.5	149.85	5524
6	KY004	刘光利	行政部	1600	480	500	105	2685	166.4	41.6	20.8	0	-1043.8	0	2456
7	KY005	钱新	财务部	4200	1260	500	121.5	6081.5	436.8	109.2	54.6	0	1980.9	93.09	5388
8	KY006	曾科	财务部	2700	810	350	0	3860	280.8	70.2	35.1	67.5	-26.1	0	3406
9	KY007	李莫薷	物流部	1800	540	500	36	2876	187.2	46.8	23.4	30	-881.4	0	2589
10	KY008	周苏嘉	行政部	2500	750	500	0	3750	260	65	32.5	50	-107.5	0	3343
11	KY009	黄雅玲	市场部	2700	810	500	99	4109	280.8	70.2	35.1	45	222.9	6.687	3671
12	KY010	林菱	市场部	2500	750	500	0	3750	260	65	32.5	20.75	-107.5	0	3372
13	KY011	司马意	行政部	1700	510	500	15.75	2725.75	176.8	44.2	22.1	100	-1017.35	0	2383
14	KY012	令狐珊	物流部	1400	420	500	0	2320	145.6	36.4	18.2	50	-1380.2	0	2070
15	KY013	慕容勤	财务部	1700	510	500	0	2710	176.8	44.2	22.1	0	-1033.1	0	2467
16	KY014	柏国力	人力资源部	4000	1200	500	76.5	5776.5	416	104	52	0	1704.5	65.45	5139
17	KY015	周谦	物流部	2300	690	200	180	3370	239.2	59.8	29.9	0	-458.9	0	3041
18	KY016	刘民	市场部	3700	1110	500	0	5310	384.8	96.2	48.1	173	1280.9	38.427	4569
19	KY017	尔阿	物流部	2300	690	500	97.5	3587.5	239.2	59.8	29.9	0	-241.4	0	3259
20	KY018	夏蓝	人力资源部	2100	630	350	0	3080	218.4	54.6	27.3	17.5	-720.3	0	2762
21	KY019	皮桂华	行政部	1900	570	500	24	2994	197.6	49.4	24.7	63	-777.7	0	2659
22	KY020	段齐	人力资源部	2500	750	500	0	3750	260	65	32.5	0	-107.5	0	3393
23	KY021	费乐	财务部	2700	810	500	49.5	4059.5	280.8	70.2	35.1	150	173.4	5.202	3518
24	KY022	高亚玲	行政部	2500	750	500	82.5	3832.5	260	65	32.5	124.5	-25	0	3351
25	KY023	苏洁	市场部	1500	450	500	67.5	2517.5	156	39	19.5	25	-1197	0	2278
26	KY024	江宽	人力资源部	4500	1350	500	142.5	6492.5	468	117	58.5	37.5	2349	129.9	5682
27	KY025	王利伟	市场部	2900	870	500	144	4414	301.6	75.4	37.7	0	499.3	14.979	3984

图 5.31 完成计算后的“员工工资明细表”

步骤 7 格式化“员工工资明细表”

（1）将工作表的标题设置为“合并后居中”格式，标题字体为“黑体”“22 磅”，标题行行高为“50”。

（2）将列标题的字体设置为“加粗”“居中”，行高设置为“30”。

（3）将表中所有的数据项格式设置为“会计专用”格式，小数位数为 2 位，货币符号为“无”。

（4）为表格 A2:O27 数据区域添加内细外粗的蓝色边框。

（5）为“应发工资”“应税工资”和“实发工资”三列数据区域添加“蓝色，着色 1，淡色 80%”的底纹。

步骤 8 制作“工资查询表”

在“员工工资明细表”的基础上，制作“工资查询表”，利用 VLOOKUP 函数可以实现每个员工进行工资查询的需求。当输入员工的“编号”时，可以动态地在“工资查询表”显示该员工的各项工资信息。

（1）插入一张新工作表，将新工作表重命名为“工资查询表”。

（2）创建图 5.32 所示的“工资查询表”。

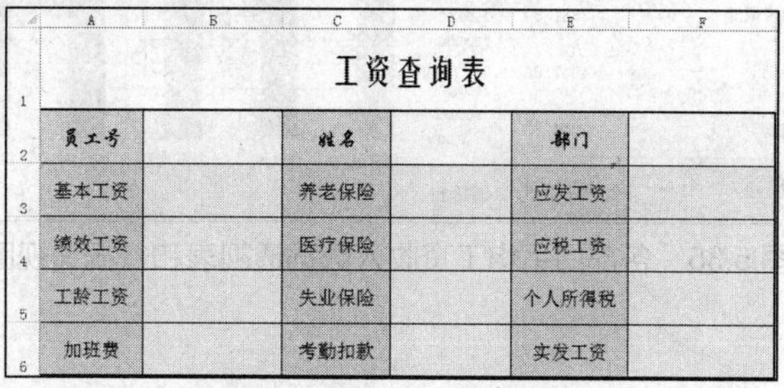

工资查询表					
员工号		姓名		部门	
基本工资		养老保险		应发工资	
绩效工资		医疗保险		应税工资	
工龄工资		失业保险		个人所得税	
加班费		考勤扣款		实发工资	

图 5.32 创建“工资查询表”

（3）显示员工“姓名”。

① 选中 D2 单元格。

② 插入 VLOOKUP 函数，设置图 5.33 所示的参数。

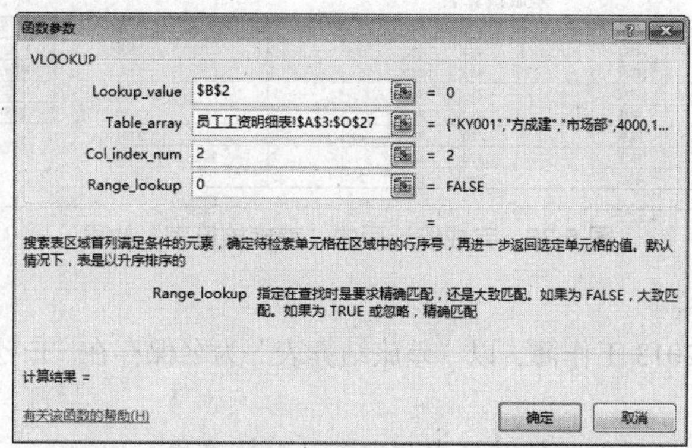

图 5.33 显示“姓名”的 VLOOKUP 函数参数

③ 按“Enter”键确认。

这里，由于 B2 单元格中未输入员工“编号”的查询数据，因此，在 D2 单元格中将显示“#N/A”字符。待输入需查询的“物业编号”后，则可显示对应的数据。

（4）类似的方法，使用 VLOOKUP 函数构建查询其他数据项的公式。

（5）取消网格线显示。单击“视图”选项卡，在“显示”组中，取消勾选“网格线”复选框选项。

【拓展案例】

1．制作各部门工资汇总表，如图 5.34 所示。

部门	实发工资汇总
财务部	14532
行政部	14192
人力资源部	19409
市场部	28335
物流部	10859
总计	87327

图 5.34 各部门工资汇总表

2．制作各部门平均工资收入数据透视表和数据透视图，如图 5.35 所示。

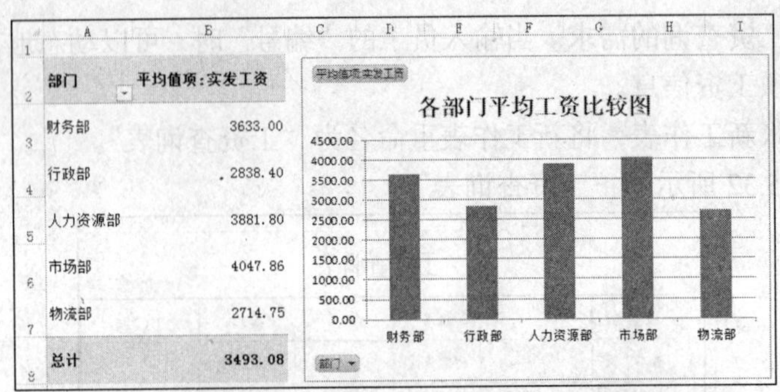

部门	平均值项：实发工资
财务部	3633.00
行政部	2838.40
人力资源部	3881.80
市场部	4047.86
物流部	2714.75
总计	3493.08

图 5.35　各部门平均工资收入数据透视表和数据透视图

【拓展训练】

设计和制作公司“差旅结算表”。其中，差旅补助根据职称级别不同有不同的补助标准。职称根据技工、初级、中级和高级其补贴分别为 40、60、85 和 120（元/天），完成后的效果如图 5.36 所示。

差旅核算表

员工编号	姓名	部门	职称级别	出差借支	交通费	住宿费	会务费	出差天数	出差补助	费用结算
KY001	方成建	市场部	高级	1000	430	480	600	2	240	750
KY007	李莫薷	物流部	初级	800	468	360		2	120	148
KY020	段齐	人力资源部	中级		1250	240		1	85	1575
KY010	林菱	市场部	中级		890	720		3	255	1865
KY005	钱新	财务部	高级	2000	2750	900	400	3	360	2410
KY023	苏洁	市场部	技工	3000	1076	1420		6	240	-264
KY011	司马意	行政部	初级		830	600	200	2	120	1750

出差补贴标准

职称级别	费用标准（元/天）
技工	40
初级	60
中级	85
高级	120

图 5.36　完成统计后的“差旅核算表”效果

其操作步骤如下。

（1）新建 Excel 2013 工作簿，以“差旅结算表”为名保存在“E:\公司文档\财务部”文件夹中。

（2）创建图 5.37 所示的差旅结算表和出差补贴标准表。

差旅核算表

员工编号	姓名	部门	职称级别	出差借支	交通费	住宿费	会务费	出差天数	出差补助	费用结算
KY001	方成建	市场部	高级	1000	430	480	600	2		
KY007	李莫薷	物流部	初级	800	468	360		2		
KY020	段齐	人力资源部	中级		1250	240		1		
KY010	林菱	市场部	中级		890	720		3		
KY005	钱新	财务部	高级	2000	2750	900	400	3		
KY023	苏洁	市场部	技工	3000	1076	1420		6		
KY011	司马意	行政部	初级		830	600	200	2		

出差补贴标准

职称级别	费用标准（元/天）
技工	40
初级	60
中级	85
高级	120

图 5.37　差旅结算表和出差补贴标准表

（3）计算出差补助。

① 选中第一位员工的出差补助单元格 J3。

② 使用 IF 函数，计算出差补贴。其公式为：

= IF(D3 = $M$3,I3*$N$3,IF(D3 = $M$4,I3*$N$4,IF(D3 = $M$5,I3*$N$5,I3*$N$6)))。

活力小贴士

当员工的职称级别 D3 = M3 时，其出差补助为出差天数 I3*费用标准 N3，否则，判断 D3 = M4 时，其出差补助为出差天数 I3*费用标准 N4。依此进行判断。

这里，建议使用绝对地址引用出差补贴标准数据，以方便其他员工的数据可以使用填充柄快速实现计算。

③ 使用填充柄自动填充 J4:J9 区域，得到所有员工的出差补助，如图 5.38 所示。

	A	B	C	D	E	F	G	H	I	J	K
1	差旅核算表										
2	员工编号	姓名	部门	职称级别	出差借支	交通费	住宿费	会务费	出差天数	出差补助	费用结算
3	KY001	方成建	市场部	高级	1000	430	480	600	2	240	
4	KY007	李莫薷	物流部	初级	800	468	360		2	120	
5	KY020	段齐	人力资源部	中级		1250	240		1	85	
6	KY010	林菱	市场部	中级		890	720		3	255	
7	KY005	钱新	财务部	高级	2000	2750	900	400	3	360	
8	KY023	苏洁	市场部	技工	3000	1076	1420		6	240	
9	KY011	司马意	行政部	初级		830	600	200	2	120	

图 5.38　计算“出差补助”的结果

（4）计算“费用结算”。

① 选中 K3，单击“开始”→“编辑”→“Σ 自动求和 ▾”按钮，选择默认的“求和”方式，配合鼠标和键盘实现公式的构造，如图 5.39 所示。

	A	B	C	D	E	F	G	H	I	J	K	L
1	差旅核算表											
2	员工编号	姓名	部门	职称级别	出差借支	交通费	住宿费	会务费	出差天数	出差补助	费用结算	
3	KY001	方成建	市场部	高级	1000	430	480	600	2	240	=SUM(F3:H3,J3)-E3	
4	KY007	李莫薷	物流部	初级	800	468	360		2	120		
5	KY020	段齐	人力资源部	中级		1250	240		1	85		
6	KY010	林菱	市场部	中级		890	720		3	255		
7	KY005	钱新	财务部	高级	2000	2750	900	400	3	360		
8	KY023	苏洁	市场部	技工	3000	1076	1420		6	240		
9	KY011	司马意	行政部	初级		830	600	200	2	120		

图 5.39　构造费用结算单元格的计算公式

② 使用填充柄自动填充 K4:K9 区域，得到所有员工的出差费用结算，如图 5.40 所示。

	A	B	C	D	E	F	G	H	I	J	K
1	差旅核算表										
2	员工编号	姓名	部门	职称级别	出差借支	交通费	住宿费	会务费	出差天数	出差补助	费用结算
3	KY001	方成建	市场部	高级	1000	430	480	600	2	240	750
4	KY007	李莫薷	物流部	初级	800	468	360		2	120	148
5	KY020	段齐	人力资源部	中级		1250	240		1	85	1575
6	KY010	林菱	市场部	中级		890	720		3	255	1865
7	KY005	钱新	财务部	高级	2000	2750	900	400	3	360	2410
8	KY023	苏洁	市场部	技工	3000	1076	1420		6	240	-264
9	KY011	司马意	行政部	初级		830	600	200	2	120	1750

图 5.40　计算“费用结算”结果

（5）参照图 5.36 美化修饰表格。

（6）单击“视图”→“显示/隐藏”，取消“网格线”选项，将工作表设置为无网格线状态。

（7）可进行合理的页面设置，如纸张为横向 A4，预览表格的效果如图 5.41 所示。完成后关闭工作簿。

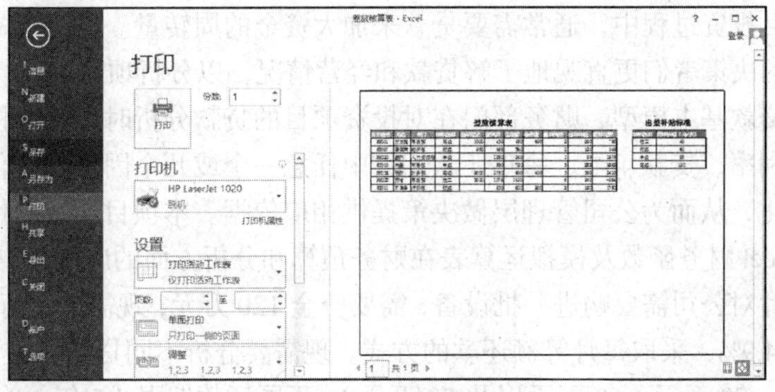

图 5.41　预览效果

【案例小结】

本项目通过制作“员工工资管理表”，主要介绍了工作簿的创建、工作表重命名、外部数据的导入，使用函数 YEAR、DATEDIF、TODAY、ROUND、SUM 等构建了“工资基础信息”工作表、“加班费结算表”和“考勤扣款结算表”。在此基础上，使用公式和 VLOOKUP 函数，以及 IF 函数的嵌套创建出“员工工资明细表”。此外使用 VLOOKUP 函数制作出“工资查询表”，实现了对员工工资的轻松、高效管理。

📖 学习总结

本案例所用软件	
案例中包含的知识和技能	
你已熟知或掌握的知识和技能	
你认为还有哪些知识或技能需要进行强化	
案例中可使用的 Office 技巧	
学习本案例之后的体会	

5.2 案例 19　公司投资决策分析

示例文件	原始文件：示例文件\素材\财务篇\案例 19\投资决策分析表.xlsx 效果文件：示例文件\效果\财务篇\案例 19\投资决策分析表.xlsx

【案例分析】

企业在项目投资过程中，通常需要贷款来加大资金的周转量。进行投资项目的贷款分析，可使项目的决策者们更直观地了解贷款和经营情况，以分析项目的可行性。

利用长期贷款基本模型，财务部门在对投资项目的贷款分析时，可以根据不同的贷款金额、贷款年利率、贷款年限、每年还款期数中任意一个或几个因素的变化，来分析每期偿还金额的变化，从而为公司管理层做决策提供相应依据。本项目通过制作“投资决策分析”来介绍 Excel 财务函数及模拟运算表在财务预算和分析方面的应用。

本案例中针对公司需要购进一批设备，需要资金 120 万元，现需向银行贷款部分资金，年利率假设为 4.9%，采取每月等额还款的方式。现需要分析不同贷款数额（100 万元、90 万元、80 万元、70 万元、60 万元以及 50 万元），不同还款期限（5 年、8 年、10 年和 15

年）下对应的每月应还贷款金额。效果如图 5.42 所示。

贷款金额	1000000
贷款年利率	4.90%
贷款年限	5
每年还款期数	12
总还款期数	60
每月偿还金额	¥-18,825.45

单变量模拟运算表

贷款金额	每月偿还金额
1000000	¥-18,825.45
900000	¥-16,942.91
800000	¥-15,060.36
700000	¥-13,177.82
600000	¥-11,295.27
500000	¥-9,412.73

双变量模拟运算表

每月偿还金额	¥-18,825.45	60	96	120	180
贷款金额	1000000	¥-18,825.45	¥-12,612.37	¥-10,557.74	¥-7,855.94
	900000	¥-16,942.91	¥-11,351.13	¥-9,501.97	¥-7,070.35
	800000	¥-15,060.36	¥-10,089.89	¥-8,446.19	¥-6,284.75
	700000	¥-13,177.82	¥-8,828.66	¥-7,390.42	¥-5,499.16
	600000	¥-11,295.27	¥-7,567.42	¥-6,334.64	¥-4,713.57
	500000	¥-9,412.73	¥-6,306.18	¥-5,278.87	¥-3,927.97

图 5.42　投资贷款分析表

【知识与技能】

- 工作簿的创建
- 工作表重命名
- 公式的使用
- 函数 PMT 的使用
- 模拟运算表
- 单元格名称的使用
- 方案管理器应用
- 工作表格式设置

【解决方案】

步骤 1　创建工作簿、重命名工作表

（1）启动 Excel 2013，新建一个空白工作簿。

（2）将创建的工作簿以“投资决策分析”为名，保存在“E:\公司文档\财务部”文件夹中。

（3）将“投资决策分析表”工作簿中的 Sheet1 工作表重命名为“贷款分析表”。

步骤 2　创建“投资贷款分析表”结构

（1）如图 5.43 所示，输入贷款分析的基本数据。

（2）计算“总还款期数”。

① 选中 C6 单元格。

② 输入公式“= C4*C5”。

③ 按“Enter”键确认，计算出“总还款期数”。

贷款金额	1000000
贷款年利率	4.90%
贷款年限	5
每年还款期数	12
总还款期数	
每月偿还金额	

图 5.43　贷款分析表的基本数据

步骤 3　计算“每月偿还金额”

（1）选中 C7 单元格。

（2）单击编辑栏上的“插入函数”按钮 *fx*，打开“插入函数”对话框。

（3）在“插入函数”对话框中选择“PMT”函数，打开“函数参数”对话框。

（4）在“函数参数”对话框中输入图 5.44 所示的 PMT 函数参数。

（5）单击“确定”按钮，计算出给定条件下的“每月偿还金额”，如图 5.45 所示。

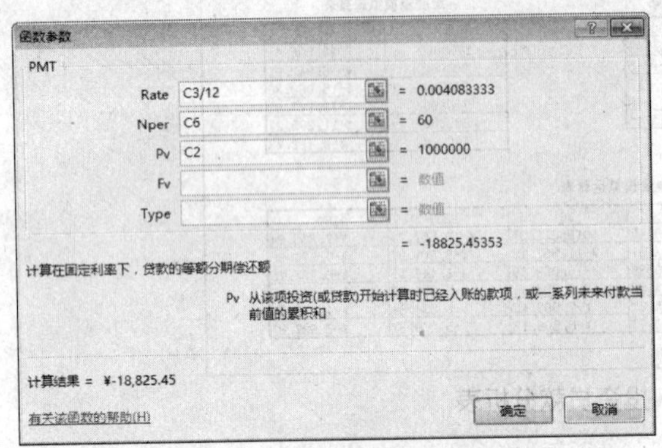

图 5.44 PMT 函数参数

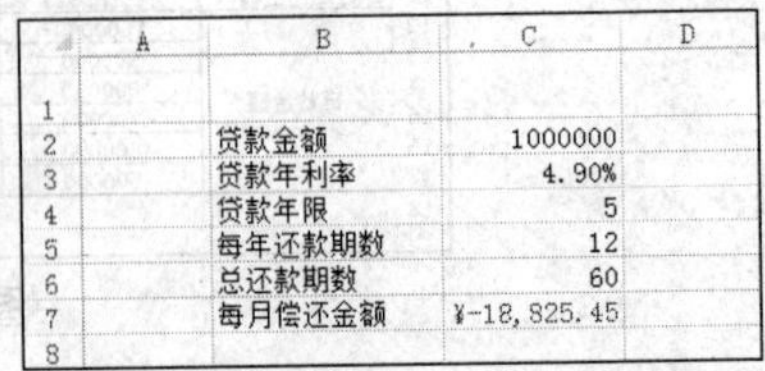

	A	B	C	D
1				
2		贷款金额	1000000	
3		贷款年利率	4.90%	
4		贷款年限	5	
5		每年还款期数	12	
6		总还款期数	60	
7		每月偿还金额	¥-18,825.45	
8				

图 5.45 计算“每月偿还金额”

活力小贴士

PMT 函数基于固定利率及等额分期付款方式，返回贷款的每期付款额。

Excel 中的财务分析函数可以解决很多专业的财务问题，如投资函数可以解决投资分析方面的相关计算，包含 PMT、PPMT、PV、FV、XNPV、NPV、IMPT、NPER 等；折旧函数可以解决累计折旧相关计算，包含 DB、DDB、SLN、SYD、VDB 等；计算偿还率的函数可计算投资的偿还类数据，包含 RATE、IRR、MIRR 等；债券分析函数可进行各种类型的债券分析，包含 DOLLAR/RMB、DOLARDE、DOLLARFR 等。

语法：PMT(rate,nper,pv,fv,type)

参数说明：

① Rate 为各期利率。例如，如果按 10%的年利率贷款，并按月偿还贷款，则月利率为 10%/12（即 0.83%）。

② Nper 为该项贷款的付款总数。

③ Pv 为现值，或一系列未来付款的当前值的累积和，也称为本金。

④ Fv 为未来值，或在最后一次付款后希望得到的现金余额，如果省略 fv，则假设其值为零，也就是一笔贷款的未来值为零。

⑤ Type 数字 0 或 1，用以指定各期的付款时间是在期初还是期末。

应注意 rate 和 nper 单位的一致性。例如，同样是四年期年利率为 12% 的贷款，如果按月支付，rate 应为 12%/12，nper 应为 4*12；如果按年支付，rate 应为 12%，nper 为 4。

步骤 4 计算不同“贷款金额”的“每月偿还金额”

这里，设定贷款数额分别为 100 万元、90 万元、80 万元、70 万元、60 万元以及 50 万元，还款期限分别为 5 年，贷款利率为 4.9%，可以使用单变量模拟运算表来分析适合公司的每月偿还金额。

活力小贴士

Excel 模拟运算表工具是一种只需一步操作就能计算出所有变化的模拟分析工具。用以显示一个或多个公式中一个或多个（两个）影响因素替换为不同值时的结果。它可以显示公式中某些值的变化对计算结果的影响，为同时求解某一运算中所有可能的变化值组合提供了捷径。并且，模拟运算表还可以将所有不同的计算结果同时显示在工作表中，便于查看和比较。

Excel 有两种类型的模拟运算表：单变量模拟运算表和双变量模拟运算表。

① 单变量模拟运算表为用户提供查看一个变化因素改变为不同值时对一个或多个公式的结果的影响；双变量模拟运算表为用户提供查看两个变化因素改变为不同值时对一个或多个公式的结果的影响。

② Excel 模拟运算表对话框中有两个编辑对话框，一个是“输入引用行的单元格(R)”，一个是“输入引用列的单元格(C)”。若影响因素只有一个，即单变量模拟运算表，则只需要填列其中的一个，如果模拟运算表是以行方式建立的，则填写“输入引用行的单元格(R)”；如果模拟运算表是以列方式建立的，则填写“输入引用列的单元格(C)”。

(1) 创建贷款分析的单变量模拟运算数据模型。

在 E1:F8 单元格区域中，创建图 5.46 所示的单变量模拟运算数据模型。

	A	B	C	D	E	F	G
1					单变量模拟运算表		
2		贷款金额	1000000		贷款金额	每月偿还金额	
3		贷款年利率	4.90%		1000000		
4		贷款年限	5		900000		
5		每年还款期数	12		800000		
6		总还款期数	60		700000		
7		每月偿还金额	¥-18,825.45		600000		
8					500000		
9							

图 5.46 单变量下的数据模型

(2) 计算“每月偿还金额”。

① 选中 F3 单元格。

② 插入 PMT 函数，设置图 5.47 所示的函数参数，单击“确定”按钮，在 F3 单元格中计算出“每月偿还金额”如图 5.48 所示。

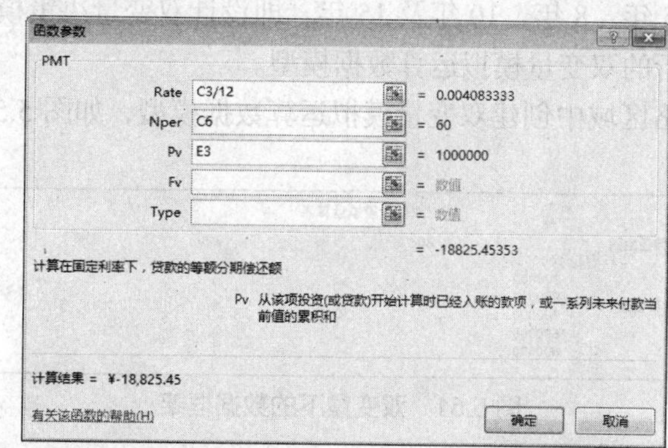

图 5.47 贷款金额为 1 000 000 时的 PMT 函数参数

	A	B	C	D	E	F	G
1					单变量模拟运算表		
2		贷款金额	1000000		贷款金额	每月偿还金额	
3		贷款年利率	4.90%		1000000	¥-18,825.45	
4		贷款年限	5		900000		
5		每年还款期数	12		800000		
6		总还款期数	60		700000		
7		每月偿还金额	¥-18,825.45		600000		
8					500000		
9							

图 5.48 贷款金额为 1 000 000 时的每月偿还金额

③ 选中 E3:F8 单元格区域。

④ 单击“数据”→“数据工具”→“模拟分析”按钮，从下拉菜单中选择“模拟运算表”选项，打开“模拟运算表”对话框，并将“输入引用列的单元格”设置为“$E$3”，如图 5.49 所示。

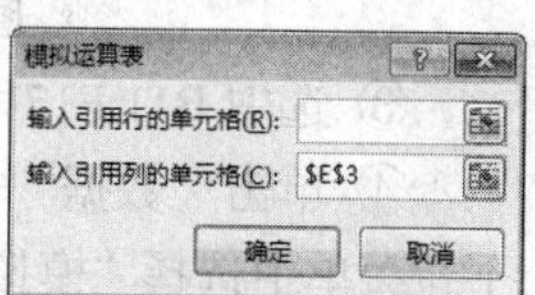

图 5.49 输入引用列

⑤ 单击“确定”按钮，计算出图 5.50 所示的不同“贷款金额”的“每月偿还金额”。

	A	B	C	D	E	F	G
1					单变量模拟运算表		
2		贷款金额	1000000		贷款金额	每月偿还金额	
3		贷款年利率	4.90%		1000000	¥-18,825.45	
4		贷款年限	5		900000	¥-16,942.91	
5		每年还款期数	12		800000	¥-15,060.36	
6		总还款期数	60		700000	¥-13,177.82	
7		每月偿还金额	¥-18,825.45		600000	¥-11,295.27	
8					500000	¥-9,412.73	
9							

图 5.50　单变量下的“每月偿还金额”

活力小贴士

单变量模拟运算表的工作原理如下：在 F3 单元格中的公式是“ =PMT(C3/12,C6,E3)”，即每期支付的贷款利息是 C3/12，因为是按月支付，所以用年利息除以 12；支付贷款的总期数是 C6；贷款金额是 E3。

这里，年利率 C3 的值和总期数 C6 的值固定不变，当计算 F4 单元格时，Excel 将把 E4 单元格中的值输入到公式中的 E3 单元格；当计算 F5 时，Excel 将把 E5 单元格中的值输入到公式中的 E3 单元格……，如此下去，直到模拟运算表中的所有值都计算出来。

这里，使用的是单变量模拟运算表，而且变化的值是按列排列，因此只需要填引用的列单元格。

步骤 5　计算不同“贷款金额”和不同“总还款期数”的“每月偿还金额”

这里，设定贷款数额分别为 100 万元、90 万元、80 万元、70 万元、60 万元以及 50 万元，还款期限分别为 5 年、8 年、10 年及 15 年，即设计双变量决策模型。

（1）创建贷款分析的双变量模拟运算数据模型。

在 A10:F17 单元格区域中创建双变量模拟运算数据模型，如图 5.51 所示。这里，贷款期数为月。

	A	B	C	D	E	F
10			双变量模拟运算表			
11	每月偿还金额		60	96	120	180
12	贷款金额	1000000				
13		900000				
14		800000				
15		700000				
16		600000				
17		500000				
18						

图 5.51　双变量下的数据框架

（2）计算“每月偿还金额”。

① 选中 B11 单元格。

② 插入 PMT 函数，设置图 5.47 所示的函数参数，单击“确定”按钮，在 B11 单元格中计算出“每月偿还金额”如图 5.52 所示。

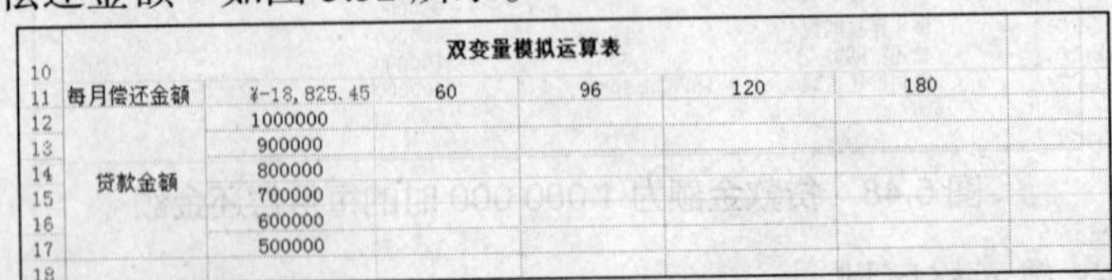

	A	B	C	D	E	F
10			双变量模拟运算表			
11	每月偿还金额	¥-18,825.45	60	96	120	180
12	贷款金额	1000000				
13		900000				
14		800000				
15		700000				
16		600000				
17		500000				
18						

图 5.52　计算某一固定期数和固定利率下的每月偿还额

③ 选中 B11:F17 单元格区域。

④ 单击“数据”→“数据工具”→“模拟分析”按钮，从下拉菜单中选择“模拟运算表”选项，打开“模拟运算表”对话框，并将“输入引用行的单元格”设置为“$C$6”，“输入引用列的单元格”设置为“$C$2”，如图 5.53 所示。

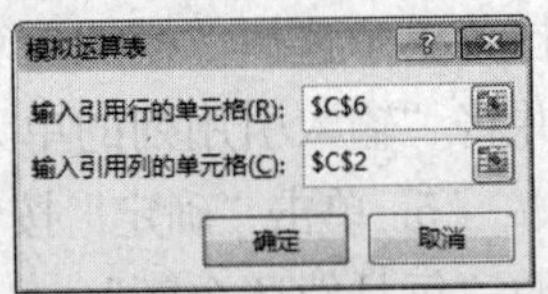

图 5.53　输入引用的行和列

活力小贴士

这里使用的是双变量模拟运算表，因此两个单元格均需填入。

双变量模拟运算表的工作原理如下：在 B11 中的公式是“＝PMT(C3/12,C6,C2)”，即每期支付的贷款利息是 C3/12，因为是按月支付，所以用年利息除以 12；支付贷款的总期数是 60 个月；贷款金额是 900 000。

年利率 C3 的值固定不变，当计算 C12 单元格时，Excel 将把 C11 单元格中的值输入到公式中的 C6 单元格，把 B12 单元格中的值输入到公式中的 C2 单元格；当计算 D12 时，Excel 将把 D11 单元格中的值输入到公式中的 C6 单元格，把 B12 单元格中的值输入到公式中的 C2 单元格……，如此下去，直到模拟运算表中的所有值都计算出来。

在公式中输入单元格是任取的，它可以是工作表中的任意空白单元格，事实上，它只是一种形式，因为它的取值来源于输入行或输入列。

⑤ 单击“确定”按钮，计算出图 5.54 所示的不同“贷款金额”和不同“总还款期数”的“每月偿还金额”。

	双变量模拟运算表					
10						
11	每月偿还金额	¥-18,825.45	60	96	120	180
12	贷款金额	1000000	¥-18,825.45	¥-12,612.37	¥-10,557.74	¥-7,855.94
13		900000	¥-16,942.91	¥-11,351.13	¥-9,501.97	¥-7,070.35
14		800000	¥-15,060.36	¥-10,089.89	¥-8,446.19	¥-6,284.75
15		700000	¥-13,177.82	¥-8,828.66	¥-7,390.42	¥-5,499.16
16		600000	¥-11,295.27	¥-7,567.42	¥-6,334.64	¥-4,713.57
17		500000	¥-9,412.73	¥-6,306.18	¥-5,278.87	¥-3,927.97
18						

图 5.54　不同“贷款金额”和不同“总还款期数”的“每月偿还金额”

活力小贴士

由于在工作表中，每期偿还金额与贷款金额（单元格 C2）、贷款年利率（单元格 C3）、借款年限（单元格 C4）、每年还款期数（单元格 C5）以及各因素可能组合（单元格区域 B12:B17 和 C11:F11）这些基本数据之间建立了动态链接，因此，财务人员可通过改变单元格 C2、单元格 C3、单元格 C4 或单元格 C5 中的数据，或调整单元格区域 B12:B17 和 C11:F11 中的各因素可能组合，各分析值将会自动计算。这样，可以一目了然地观察到不同期限、不同贷款金额下，每期应偿还金额的变化，从而可以根据企业的经营状况，选择一种合适的贷款方案。

步骤 6　格式化“投资贷款分析表”

（1）按住“Ctrl”键，同时选中 E3:E8、C11:F11 及 B12:B17 单元格区域，将对齐方式设置为居中。

（2）分别为 B2:C7、E2:F8 及 A11:F17 单元格区域设置内细外粗的表格边框。

（3）单击“视图”→“显示/隐藏”选项，取消“网格线”选项，隐藏工作表网格线。

格式化后的工作表如图 5.42 所示。

【拓展案例】

1．制作不同贷款利率下每月偿还金额贷款分析表（单模拟变量），如图 5.55 所示。

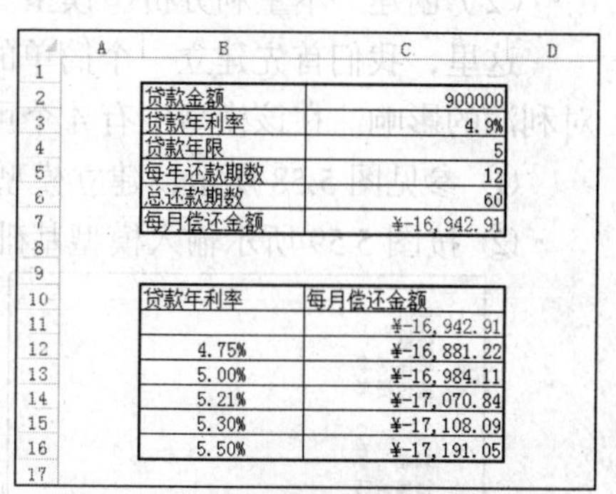

	A	B	C	D
1				
2		贷款金额	900000	
3		贷款年利率	4.9%	
4		贷款年限	5	
5		每年还款期数	12	
6		总还款期数	60	
7		每月偿还金额	¥-16,942.91	
8				
9				
10		贷款年利率	每月偿还金额	
11			¥-16,942.91	
12		4.75%	¥-16,881.22	
13		5.00%	¥-16,984.11	
14		5.21%	¥-17,070.84	
15		5.30%	¥-17,108.09	
16		5.50%	¥-17,191.05	
17				

图 5.55　不同贷款利率下每月偿还金额贷款分析表

2．制作不同贷款利率、不同还款期限下每月偿还金额贷款分析表（双模拟变量），如图 5.56 所示。

	A	B	C	D	E	F
1						
2		贷款金额	900000			
3		贷款年利率	4.9%			
4		贷款年限	5			
5		每年还款期数	12			
6		总还款期数	60			
7		每月偿还金额	¥-16,942.91			
8						
9						
10	每月偿还金额	¥-16,942.91	60	120	180	240
11		4.75%	¥-16,881.22	¥-9,436.30	¥-7,000.49	¥-5,816.01
12		5.00%	¥-16,984.11	¥-9,545.90	¥-7,117.14	¥-5,939.60
13	贷款年利率	5.21%	¥-17,070.84	¥-9,638.55	¥-7,215.98	¥-6,044.50
14		5.30%	¥-17,108.09	¥-9,678.42	¥-7,258.58	¥-6,089.76
15		5.50%	¥-17,191.05	¥-9,767.37	¥-7,353.75	¥-6,190.99
16						

图 5.56　不同贷款利率、不同还款期限下每月偿还金额贷款分析表

【拓展训练】

在财务管理工作中，本量利的分析在财务分析中占有举足轻重的作用。通过设定固定成本、售价、数量等指标，可计算出相应的利润。利用 Excel 提供的方案管理器可以进行更复杂的分析，模拟为达到预算目标选择不同方式的大致结果。对于每种方式的结果都被称之为一个方案，根据多个方案的对比分析，可以考查不同方案的优势，从中选择最适合公司目标的方案。制作“本量利分析”效果如图 5.57 所示。

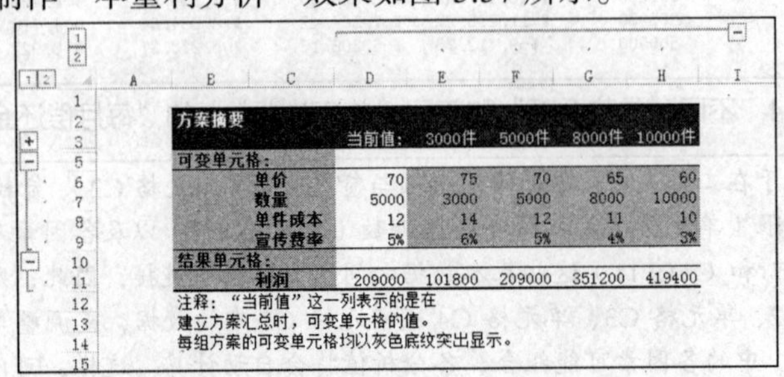

方案摘要		当前值：	3000件	5000件	8000件	10000件
可变单元格：						
	单价	70	75	70	65	60
	数量	5000	3000	5000	8000	10000
	单件成本	12	14	12	11	10
	宣传费率	5%	6%	5%	4%	3%
结果单元格：						
	利润	209000	101800	209000	351200	419400

注释：“当前值”这一列表示的是在
建立方案汇总时，可变单元格的值。
每组方案的可变单元格均以灰色底纹突出显示。

图 5.57　“本量利分析”方案摘要

其操作步骤如下。

（1）创建工作簿，重命名工作表。

① 启动 Excel 2013，新建一个空白工作簿。

② 将创建的工作簿以“本量利分析”为名，保存在“E:\公司文档\财务部”文件夹中。

③ 将“本量利分析”工作簿中的 Sheet1 工作表重命名为“本量利分析模型”。

（2）创建“本量利分析”模型。

这里，我们首先建立一个简单的模型，该模型是假设生产不同数量的某产品，所产生对利润的影响。在该模型中有 4 个可变量：单价、数量、单件成本和宣传费率。

① 参见图 5.58 所示，建立模型的基本结构。

② 按图 5.59 所示输入模型基础数据。

	A	B	C
1	单价		
2	数量		
3	单件成本		
4	宣传费率		
5			
6			
7	利润		
8	销售金额		
9	费用		
10	成本		
11	固定成本		
12			

图 5.58　“本量利模型”的基本结构

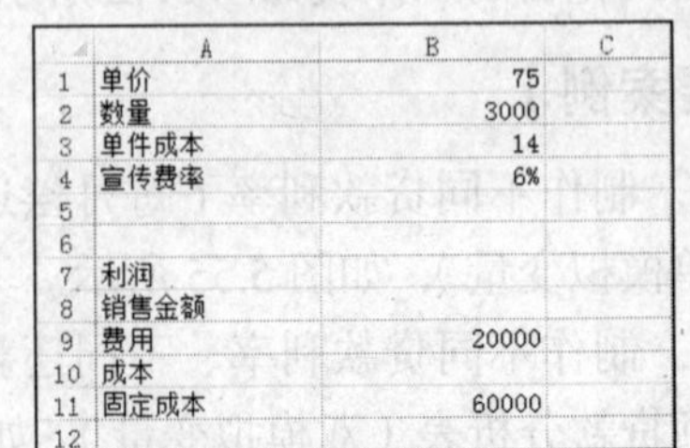

	A	B	C
1	单价	75	
2	数量	3000	
3	单件成本	14	
4	宣传费率	6%	
5			
6			
7	利润		
8	销售金额		
9	费用	20000	
10	成本		
11	固定成本	60000	
12			

图 5.59　输入“本量利模型”基础数据

③ 计算“销售金额”数据。

这里，设定“销售金额 = 单价*数量”。

a. 选中 B8 单元格。

b. 输入公式“ = B1*B2”。

c. 按“Enter”键确认。

④ 计算“成本”数据。

这里，设定“成本 = 固定成本+数量*单件成本”。

a. 选中 B10 单元格。

b. 输入公式“ = B11+B2*B3”。

c. 按“Enter”键确认。

⑤ 计算“利润”数据。

这里，设定“利润 = 销售金额-成本-费用*（1+宣传费率）”。

a. 选中 B7 单元格。

b. 输入公式“ = B8-B10-B9*(1+B4)”。

c. 按“Enter”键确认。

完成后的“本量利”模型如图 5.60 所示。

（3）定义单元格名称。

① 选中 B1 单元格。

② 单击“公式”→“定义的名称”→“定义名称”按钮，打开“新建名称”对话框。

③ 在“名称”文本框中输入“单价”，如图 5.61 所示。

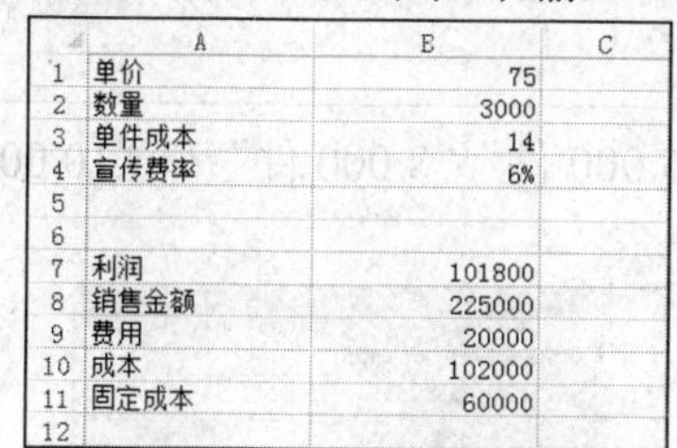

	A	B	C
1	单价	75	
2	数量	3000	
3	单件成本	14	
4	宣传费率	6%	
5			
6			
7	利润	101800	
8	销售金额	225000	
9	费用	20000	
10	成本	102000	
11	固定成本	60000	
12			

图 5.60 本量利分析模型

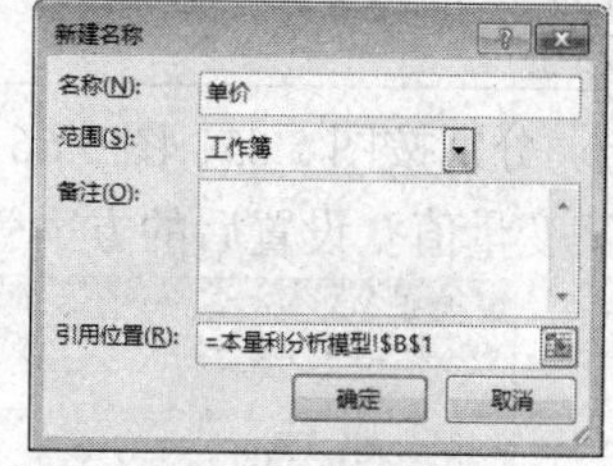

图 5.61 定义名称

④ 单击“确定”按钮。

⑤ 同样的方法，分别将 B2:B4 和 B7 单元格重命名为“数量”“单件成本”“宣传费率”和“利润”。

定义单元格名称的操作也可是先选定要定义名称的单元格，然后在 Excel“编辑栏”左侧的“名称框”中输入新的名称，最后按“Enter”键确认。

（4）建立“本量利分析”方案。

① 单击“数据”→“数据工具”→“模拟分析”选项，从下拉菜单中选择“方案管理器”选项，打开图 5.62 所示的“方案管理器”对话框。

② 单击“方案管理器”对话框中的“添加”按钮，打开“编辑方案”对话框。

③ 如图 5.63 所示，在“方案名”框中输入“3 000 件”，在“可变单元格”中设置区域“$B$1:$B$4”。

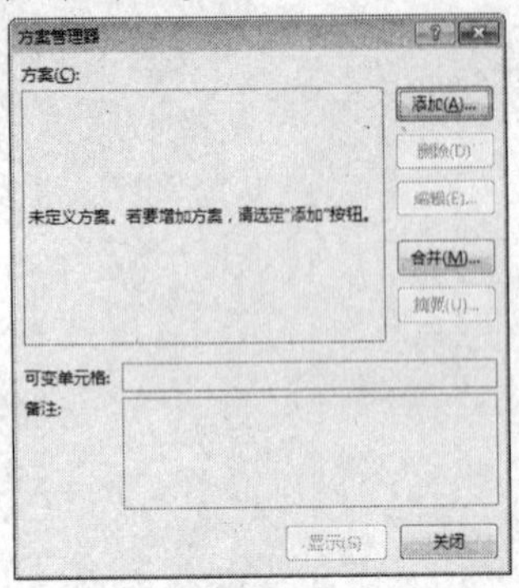

图 5.62 “方案管理器”对话框

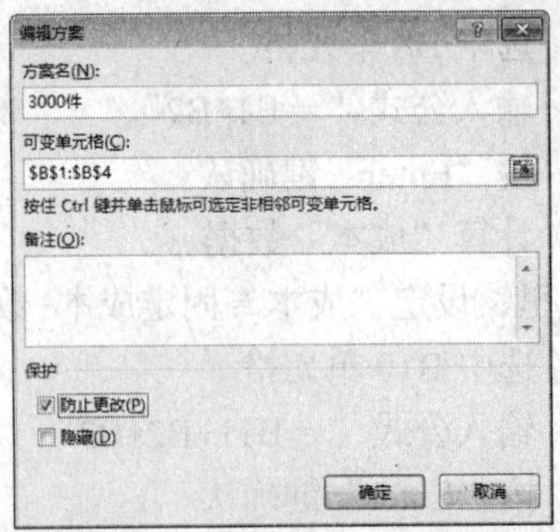

图 5.63 “编辑方案”对话框

④ 单击“确定”按钮，打开“方案变量值”对话框，按图 5.64 所示分别设定“单价”“数量”“单件成本”和“宣传费率”的值。

⑤ 单击“确定”按钮，完成“3 000 件”方案的设定。

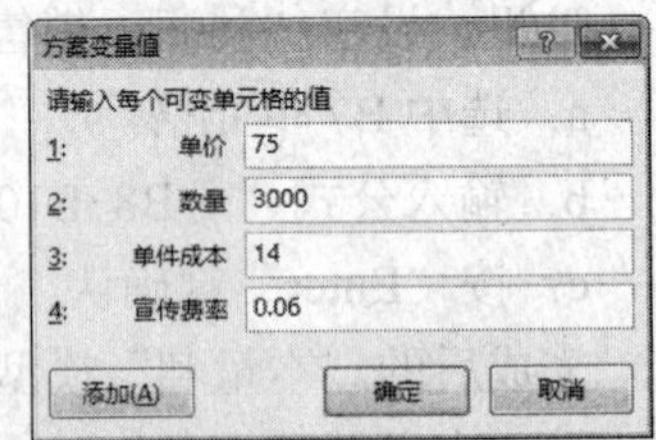

图 5.64 3 000 件的“方案变量值”

活力小贴士

由于在第（3）步中已经定义了 B1:B4 单元格的名称分别为“单价”“数量”“单件成本”和“宣传费率”，所以在这里输入方案变量值时，可以很直观地看到每个数据项的名称。

⑥ 分别按图 5.65、图 5.66 和图 5.67 所示，设置“5 000 件”“8 000 件”和“10 000 件”的方案变量值。设置后的方案管理器如图 5.68 所示。

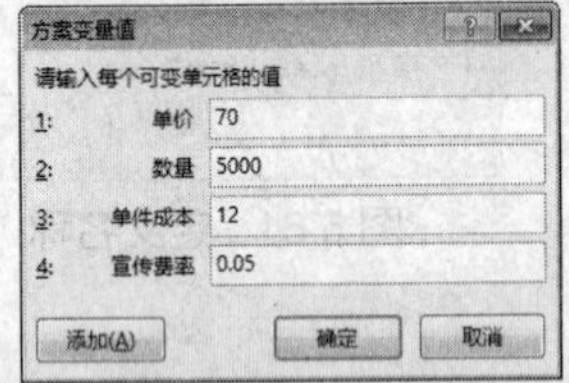

图 5.65 5 000 件的“方案变量值”

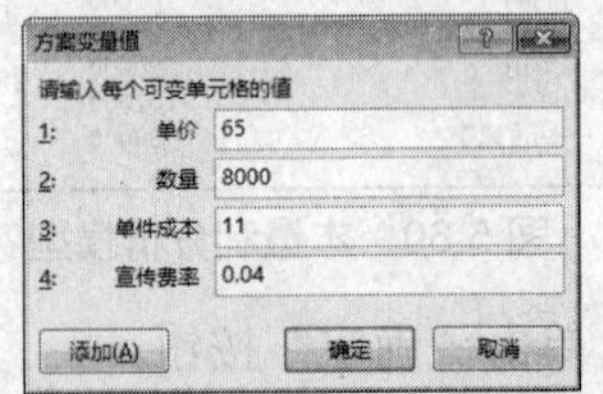

图 5.66 8 000 件的“方案变量值”

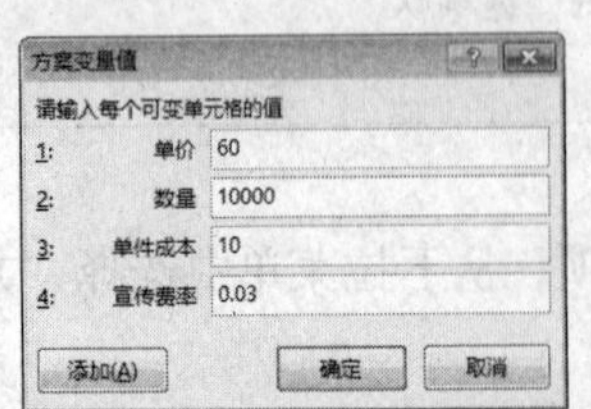

图 5.67 10 000 件的“方案变量值”

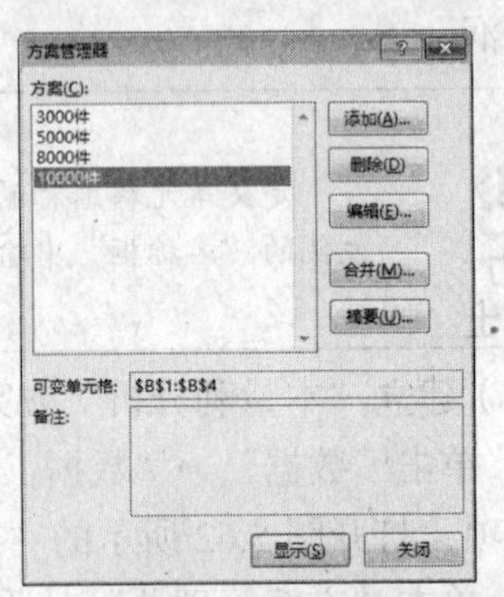

图 5.68 添加方案后的“方案管理器”

活力小贴士

方案编辑完成后如果需要修改方案，可在图 5.68 所示的方案管理器中对选择相应的修改操作。

a. 单击“添加”按钮，可继续增加新的方案。

b. 选中某方案，单击“删除”按钮，可删除选中的方案。

c. 选中某方案，单击“编辑”按钮，可修改选中的方案名、方案变量值等。

（5）显示“本量利分析”方案。

设定了各种模拟方案后，我们就可以随时查看模拟的结果。

① 在“方案”列表框中，选定要显示的方案，例如选定“5 000 件”方案。

② 单击“显示”按钮，选定方案中可变单元格的值将出现在工作表的可变单元格中，同时工作表重新计算，以反映模拟的结果，如图 5.69 所示。

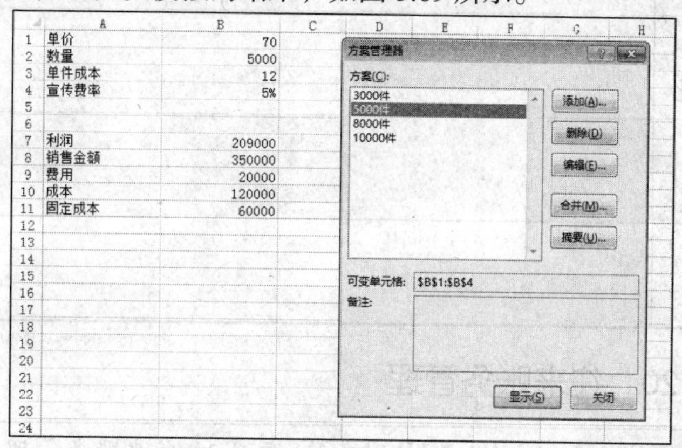

图 5.69 显示“5 000 件”方案时工作表中的数据

（6）建立“本量利分析”方案摘要报告。

① 单击“方案管理器”对话框中的“摘要”按钮，打开图 5.70 所示的“方案摘要”对话框。

② 在“方案摘要”对话框中，单击选择“方案摘要”单选按钮，选择报告类型为“方案摘要”。在“结果单元格”框中，通过选定单元格或键入单元格引用来指定每个方案中重要的单元格。

③ 单击“确定”按钮，生成图 5.57 所示的“本量利分析”方案摘要。

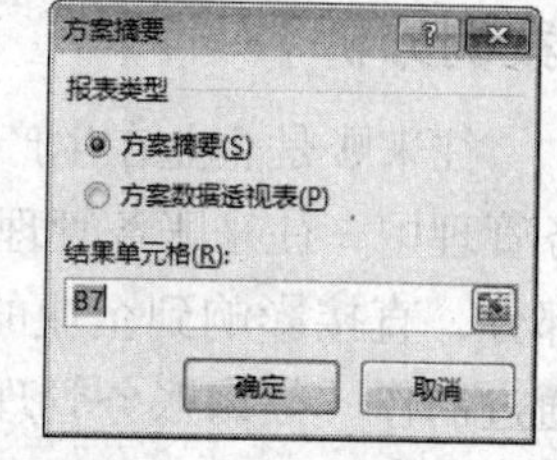

图 5.70 “方案摘要”对话框

④ 将新生成的“方案摘要”工作表重命名为“‘本量利分析’方案摘要”。

活力小贴士

Excel 中为数据分析提供了更为高级的分析方法，即通过使用方案来对多个变化因素对结果的影响进行分析。方案是指产生不同结果的可变单元格的多次输入值的集合。每个方案中可以使用多种变量进行数据分析。

【案例小结】

本案例通过制作“投资决策分析”，介绍了在 Excel 中的财务函数 PMT、模拟运算表、单变量模拟运算表、双变量模拟运算表等内容。这些函数和运算都可以用来解决当变量不是唯一的一个值而是一组值时所得到的一组结果，或变量为多个，即多组值甚至多个变化因素时对结果产生的影响。我们可以直接利用 Excel 中的这些函数和方法实现数据分析，为企业管理提供准确详细的数据依据。

📖 学习总结

本案例所用软件	
案例中包含的知识和技能	
你已熟知或掌握的知识和技能	
你认为还有哪些知识或技能需要进行强化	
案例中可使用的 Office 技巧	
学习本案例之后的体会	

5.3 案例 20 往来账务管理

示例文件	原始文件：示例文件\素材\财务篇\案例 20\往来账务管理.xlsx 效果文件：示例文件\效果\财务篇\案例 20\往来账务管理.xlsx

【案例分析】

往来账是企业在生产经营过程中发生业务往来而产生的应收和应付款项。在公司的财务管理中，往来账务管理是一项很重要的工作。往来款项作为单位总资产的一个重要组成部分，直接影响到企业的资金使用、财务状况结构、财务指标分析等诸多方面。本案例通过制作“往来账务管理表”，介绍 Excel 在往来账务管理方面的应用，效果如图 5.71 和图 5.72 所示。

	A	B	C	D	E	F	G
1	应收账款明细表						
2	日期	客户代码	客户名称	应收金额	应收账款期限	是否到期	未到期金额
3	2017-3-1	D0002	迈风实业	36,900.00	2017-5-30	是	0.00
4	2017-3-11	A0002	美环科技	65,000.00	2017-6-9	是	0.00
5	2017-3-21	B0004	联同实业	600,000.00	2017-6-19	是	0.00
6	2017-4-4	A0003	全亚集团	610,000.00	2017-7-3	是	0.00
7	2017-4-9	B0004	联同实业	37,600.00	2017-7-8	是	0.00
8	2017-4-22	C0002	科达集团	320,000.00	2017-7-21	是	0.00
9	2017-4-30	A0003	全亚集团	30,000.00	2017-7-29	否	30,000.00
10	2017-5-1	A0004	联华实业	40,000.00	2017-7-30	否	40,000.00
11	2017-5-9	D0004	朗讯公司	70,000.00	2017-8-7	否	70,000.00
12	2017-5-14	A0003	全亚集团	26,000.00	2017-8-12	否	26,000.00
13	2017-5-26	A0002	美环科技	78,000.00	2017-8-24	否	78,000.00
14	2017-6-1	B0001	兴盛数码	68,000.00	2017-8-30	否	68,000.00
15	2017-6-2	C0002	科达集团	26,000.00	2017-8-31	否	26,000.00
16	2017-6-6	C0003	安跃科技	45,600.00	2017-9-4	否	45,600.00
17	2017-7-5	D0003	腾恒公司	3,700.00	2017-10-3	否	3,700.00
18	2017-7-5	D0002	迈风实业	58,000.00	2017-10-3	否	58,000.00
19	2017-7-6	D0004	朗讯公司	59,000.00	2017-10-4	否	59,000.00

图 5.71 应收账款明细表

	A	B	C	D
1	账款账龄分析			
2			当前日期:	2017-7-26
3	应收账款账龄	客户数量	金额	比例
4	信用期内	11	504300	23.20%
5	超过信用期	6	1669500	76.80%
6	超过期限1～30天	3	967600	44.51%
7	超过期限31～60天	3	701900	32.29%
8	超过期限61～90天	0	0	0.00%
9	超过期限90天以上	0	0	0.00%

图 5.72 账款账龄统计分析

【知识与技能】

- 工作簿的创建
- 工作表重命名
- 使用公式和函数计算
- 单元格名称的使用
- TODAY、IF、SUM 函数的应用
- 数组公式应用
- 图表应用

【解决方案】

步骤 1 创建工作簿，重命名工作表

（1）启动 Excel 2013，新建一个空白工作簿。

（2）将创建的工作簿以“往来账务管理”为名，保存在“E:\公司文档\财务部”文件夹中。

（3）将 Sheet1 工作表重命名为“应收账款明细表”。

步骤 2 创建“应收账款明细表”

（1）选中“应收账款明细表”。

（2）设置 A1:G1 合并后居中，输入表格标题“应收账款明细表”，字体为“华文中宋”、字号“18”。

（3）按照图 5.73 所示输入表格字段标题和基础数据。

	A	B	C	D	E	F	G
1	应收账款明细表						
2	日期	客户代码	客户名称	应收金额	应收账款期限	是否到期	未到期金额
3	2017-3-1	D0002	迈风实业	36900			
4	2017-3-11	A0002	美环科技	65000			
5	2017-3-21	B0004	联同实业	600000			
6	2017-4-4	A0003	全亚集团	610000			
7	2017-4-9	B0004	联同实业	37600			
8	2017-4-22	C0002	科达集团	320000			
9	2017-4-30	A0003	全亚集团	30000			
10	2017-5-1	A0004	联华实业	40000			
11	2017-5-9	D0004	朗讯公司	70000			
12	2017-5-14	A0003	全亚集团	26000			
13	2017-5-26	A0002	美环科技	78000			
14	2017-6-1	B0001	兴盛数码	68000			
15	2017-6-2	C0002	科达集团	26000			
16	2017-6-6	C0003	安跃科技	45600			
17	2017-7-5	D0003	腾恒公司	3700			
18	2017-7-5	D0002	迈风实业	58000			
19	2017-7-6	D0004	朗讯公司	59000			

图 5.73 “应收账款明细表”基本框架

步骤 3 显示应收账款期限

这里，设定收款期为 90 天。

（1）选中 E3 单元格。

（2）输入公式“=A3+90”，按“Enter”键确认。

（3）选中 E3 单元格，鼠标拖曳填充柄至 E19 单元格，将公式复制到 E4:E19 单元格区域中，显示出每笔账务的“应收款期限”，如图 5.74 所示。

应收账款明细表

	A	B	C	D	E	F	G
1	应收账款明细表						
2	日期	客户代码	客户名称	应收金额	应收账款期限	是否到期	未到期金额
3	2017-3-1	D0002	迈风实业	36900	2017-5-30		
4	2017-3-11	A0002	美环科技	65000	2017-6-9		
5	2017-3-21	B0004	联同实业	600000	2017-6-19		
6	2017-4-4	A0003	全亚集团	610000	2017-7-3		
7	2017-4-9	B0004	联同实业	37600	2017-7-8		
8	2017-4-22	C0002	科达集团	320000	2017-7-21		
9	2017-4-30	A0003	全亚集团	30000	2017-7-29		
10	2017-5-1	A0004	联华实业	40000	2017-7-30		
11	2017-5-9	D0004	朗讯公司	70000	2017-8-7		
12	2017-5-14	A0003	全亚集团	26000	2017-8-12		
13	2017-5-26	A0002	美环科技	78000	2017-8-24		
14	2017-6-1	B0001	兴盛数码	68000	2017-8-30		
15	2017-6-2	C0002	科达集团	26000	2017-8-31		
16	2017-6-6	C0003	安跃科技	45600	2017-9-4		
17	2017-7-5	D0003	腾恒公司	3700	2017-10-3		
18	2017-7-5	D0002	迈风实业	58000	2017-10-3		
19	2017-7-6	D0004	朗讯公司	59000	2017-10-4		

图 5.74 显示“应收款期限”

步骤 4 判断应收账款是否到期

活力小贴士

判断应收账款是否到期可利用 IF 函数进行处理，用系统当前日期与“应收账款期限”进行比较，如果“应收账款期限”小于系统日期，则说明已经到期，否则为未到期。当前日期使用 TODAY()函数获取。本文的系统日期为“2017-7-26”。

（1）选中 F3 单元格。

（2）单击“公式”→“函数库”→“插入函数”按钮 f_x，打开图 5.75 所示的“插入函数”对话框。

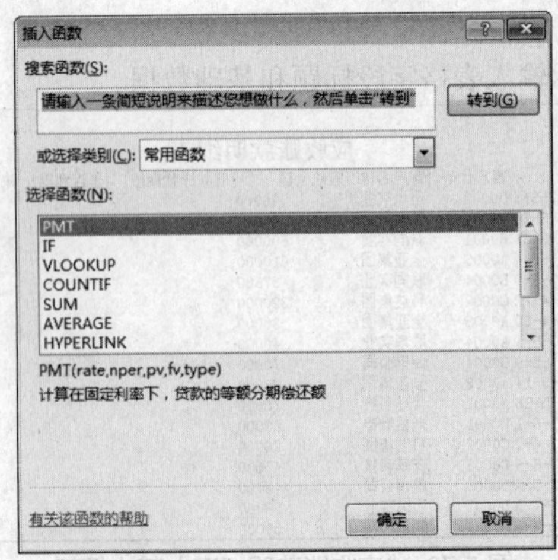

图 5.75 “插入函数”对话框

（3）从“选择函数”列表中选择 IF 函数，单击“确定”按钮，打开“函数参数”对话框。

（4）输入图 5.76 所示的参数。

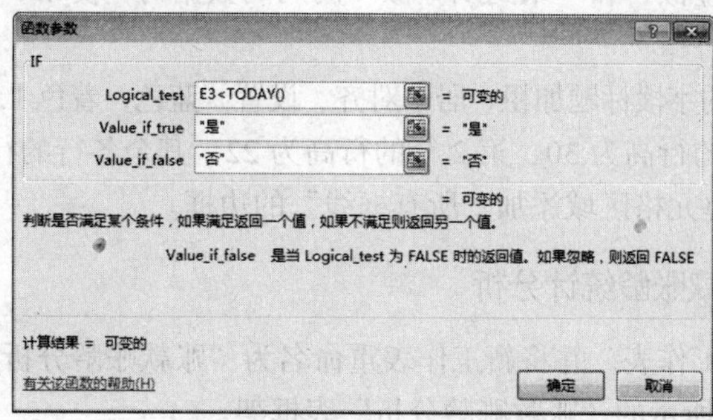

图 5.76 设置 IF 函数参数

（5）单击“确定”按钮。

（6）选中 F3 单元格，鼠标拖曳填充柄至 F19 单元格，将公式复制到 F4:F19 单元格区域中，判断出每笔账务应收账款是否到期，如图 5.77 所示。

应收账款明细表

日期	客户代码	客户名称	应收金额	应收账款期限	是否到期	未到期金额
2017-3-1	D0002	迈风实业	36900	2017-5-30	是	
2017-3-11	A0002	美环科技	65000	2017-6-9	是	
2017-3-21	B0004	联同实业	600000	2017-6-19	是	
2017-4-4	A0003	全亚集团	610000	2017-7-3	是	
2017-4-9	B0004	联同实业	37600	2017-7-8	是	
2017-4-22	C0002	科达集团	320000	2017-7-21	是	
2017-4-30	A0003	全亚集团	30000	2017-7-29	否	
2017-5-1	A0004	联华实业	40000	2017-7-30	否	
2017-5-9	D0004	朗讯公司	70000	2017-8-7	否	
2017-5-14	A0003	全亚集团	26000	2017-8-12	否	
2017-5-26	A0002	美环科技	78000	2017-8-24	否	
2017-6-1	B0001	兴盛数码	68000	2017-8-30	否	
2017-6-2	C0002	科达集团	26000	2017-8-31	否	
2017-6-6	C0003	安跃科技	45600	2017-9-4	否	
2017-7-5	D0003	腾恒公司	3700	2017-10-3	否	
2017-7-5	D0002	迈风实业	58000	2017-10-3	否	
2017-7-6	D0004	朗讯公司	59000	2017-10-4	否	

图 5.77 判断每笔账务应收账款是否到期

步骤 5 统计“未到期金额”

（1）选中 G3 单元格。

（2）输入公式“=IF(TODAY()>E3,0,D3)”，按“Enter”键确认。

（3）选中 G3 单元格，鼠标拖曳填充柄至 G19 单元格，将公式复制到 G4:G19 单元格区域中，统计出每笔账务“未到期金额”，如图 5.78 所示。

应收账款明细表

日期	客户代码	客户名称	应收金额	应收账款期限	是否到期	未到期金额
2017-3-1	D0002	迈风实业	36900	2017-5-30	是	0
2017-3-11	A0002	美环科技	65000	2017-6-9	是	0
2017-3-21	B0004	联同实业	600000	2017-6-19	是	0
2017-4-4	A0003	全亚集团	610000	2017-7-3	是	0
2017-4-9	B0004	联同实业	37600	2017-7-8	是	0
2017-4-22	C0002	科达集团	320000	2017-7-21	是	0
2017-4-30	A0003	全亚集团	30000	2017-7-29	否	30000
2017-5-1	A0004	联华实业	40000	2017-7-30	否	40000
2017-5-9	D0004	朗讯公司	70000	2017-8-7	否	70000
2017-5-14	A0003	全亚集团	26000	2017-8-12	否	26000
2017-5-26	A0002	美环科技	78000	2017-8-24	否	78000
2017-6-1	B0001	兴盛数码	68000	2017-8-30	否	68000
2017-6-2	C0002	科达集团	26000	2017-8-31	否	26000
2017-6-6	C0003	安跃科技	45600	2017-9-4	否	45600
2017-7-5	D0003	腾恒公司	3700	2017-10-3	否	3700
2017-7-5	D0002	迈风实业	58000	2017-10-3	否	58000
2017-7-6	D0004	朗讯公司	59000	2017-10-4	否	59000

图 5.78 统计每笔账务“未到期金额”

步骤 6 设置“应收账款明细表”表格式。

（1）设置“应收金额”和“未到期金额”两列的数据为“货币”格式，无货币符号。其余列数据居中对齐。

（2）设置第 2 行的字段标题加粗、居中对齐、设置“蓝色，着色 1，淡色 80%”的底纹。

（3）设置第 1 行的行高为 30、第 2 行的行高为 22，其余各行的行高为 18。

（4）为 A2:G19 单元格区域添加“所有框线”的边框。

步骤 7 账款账龄统计分析

（1）插入一张新工作表，并将新工作表重命名为“账款账龄分析”。

（2）创建图 5.79 所示的“账款账龄分析”表框架。

（3）定义名称。

① 切换到“应收账款明细表”工作表，选中 E2:E19 单元格区域。

② 单击“公式”→“定义的名称框”→“根据所选内容创建”按钮，在弹出的“以选定区域创建名称”对话框中，选中“首行”复选框，如图 5.80 所示。

	A	B	C	D	E
1	账款账龄分析				
2			当前日期：		
3	应收账款账龄	客户数量	金额	比例	
4	信用期内				
5	超过信用期				
6	超过期限1～30天				
7	超过期限31～60天				
8	超过期限61～90天				
9	超过期限90天以上				
10					

图 5.79 “账款账龄分析”表框架

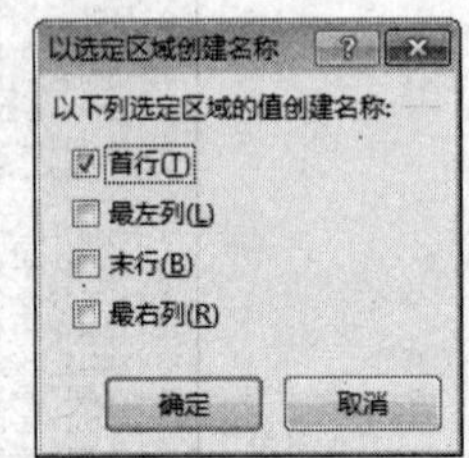

图 5.80 “以选定区域创建名称”对话框

③ 单击“确定”按钮，返回工作表。

④ 选中 D3:D19 单元格区域，在“编辑栏”左侧的“名称框”中输入“应收金额”，按“Enter”键确认。

定义名称后，单击“公式”→“定义的名称框”→“名称管理器”按钮，打开“名称管理器”对话框，在对话框中可见图 5.81 所示的“应收金额”和“应收账款期限”名称。

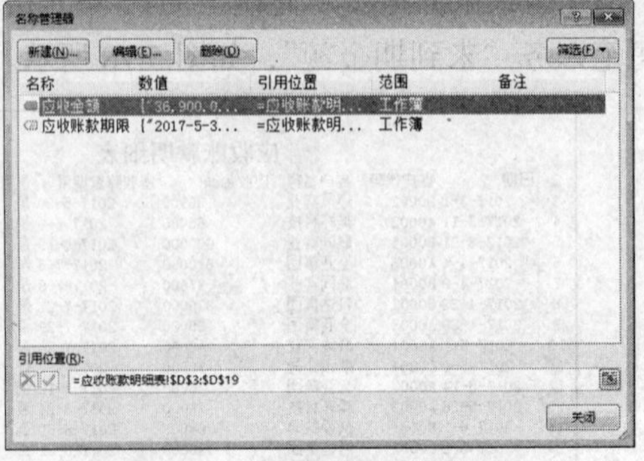

图 5.81 “名称管理器”对话框

在对话框中，也可通过“新建”“编辑”和“删除”按钮对名称进行编辑。

（4）切换到“账款账龄分析”工作表，在D2单元格中输入公式“=TODAY()”。按“Enter”键确认，获取系统当前日期。

（5）计算信用期内的客户数量。在B4单元格中输入公式“=SUM(IF(应收账款期限>=D2,1,0))”，然后按下“Ctrl”+“Shift”+“Enter”组合键计算数组公式的结果，如图5.82所示。

活力小贴士

数组和数组公式。

① 数组。

数组就是一组起作用的单元格或值的集合。它包括文本、数值、日期、逻辑和错误值等形式。

在Excel中，数组有两种形式。即常量数组和单元格区域数组。前者可以包括数字、文本、逻辑值和错误值等。它用{}将构成数组的常量括起来，各元素之间分别用分号和逗号来间隔行和列。后者则是通过一组连续的单元格区域进行引用而得到的数组。例如，{“A,B,C”;2;“工作表”;#REF!}就是一个常量数组，{A1:C6}就是一个6行3列的单元格区域数组。

② 数组公式。

数组公式是使用了数组的一种特殊公式，对一组或多组值执行多重计算，并返回一个或多个结果。例如，一个1行3列数组与一个1行3列数组相乘，结果为一个新的1行3列数组。Excel中数组公式非常有用，尤其在不能使用工作表函数直接得到结果时，数组公式显得特别重要，它可建立产生多值或对一组值而不是单个值进行操作的公式。

数组公式采用一对花括号作为标记，因此在输入完公式之后，只有在同时按下“Ctrl”+“Shift”+“Enter”组合键可输入数组公式。Excel将在公式两边自动加上花括号“{}”。注意：不要自己键入花括号，否则，Excel认为输入的是一个正文标签。

（6）计算信用期内的应收金额。在C4单元格中输入公式“=SUM(IF(应收账款期限>=D2,应收金额,0))”，然后按下“Ctrl”+“Shift”+“Enter”组合键计算数组公式的结果，如图5.83所示。

B4 {=SUM(IF(应收账款期限>=D2,1,0))}

	A	B	C	D
1	账款账龄分析			
2			当前日期：	2017-7-26
3	应收账款账龄	客户数量	金额	比例
4	信用期内	11		
5	超过信用期			
6	超过期限1-30天			
7	超过期限31-60天			
8	超过期限61-90天			
9	超过期限90天以上			

图5.82 计算信用期内的客户数量

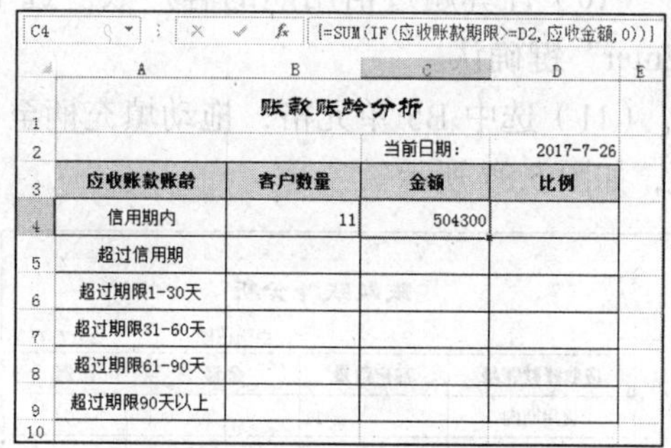

C4 {=SUM(IF(应收账款期限>=D2,应收金额,0))}

	A	B	C	D
1	账款账龄分析			
2			当前日期：	2017-7-26
3	应收账款账龄	客户数量	金额	比例
4	信用期内	11	504300	
5	超过信用期			
6	超过期限1-30天			
7	超过期限31-60天			
8	超过期限61-90天			
9	超过期限90天以上			
10				

图5.83 计算信用期内的应收金额

（7）计算超过期限1～30天的客户数量。在B6单元格中输入公式“=SUM(IF(((D2-应收账款期限)>=1)*((D2-应收账款期限)<=30),1,0))”，然后按下“Ctrl”+“Shift”+“Enter”组合键计算数组公式的结果，如图5.84所示。

活力小贴士

函数公式里“*”的意义。

“*”本是算术运算符，是数学里的符号，但除了用作算术运算符，它还可以替代逻辑函数，如AND函数、OR函数以及IF函数，例如，假设A列存分数，如果分数在60-100之间为合格，否则为不合格，使用IF函数公式“=IF(AND(A1>=60,A1<=100),"合格","不合格")”，与“=IF((A1>=60)*(A1<=100),"合格","不合格")”是等价的。

B6 {=SUM(IF(((D2-应收账款期限)>=1)*((D2-应收账款期限)<=30),1,0))}

账款账龄分析			
		当前日期：	2017-7-26
应收账款账龄	客户数量	金额	比例
信用期内	11	504300	
超过信用期			
超过期限1～30天	3		
超过期限31～60天			
超过期限61～90天			
超过期限90天以上			

图 5.84　计算超过期限 1～30 天的客户数量

（8）计算超过期限 1～30 天的应收金额。在 C6 单元格中输入公式“=SUM(IF(((D2-应收账款期限)>=1)*((D2-应收账款期限)<=30),应收金额,0))”，然后按下“Ctrl”+“Shift”+“Enter”组合键，计算数组公式的结果，如图 5.85 所示。

C6 {=SUM(IF(((D2-应收账款期限)>=1)*((D2-应收账款期限)<=30),应收金额,0))}

账款账龄分析			
		当前日期：	2017-7-26
应收账款账龄	客户数量	金额	比例
信用期内	11	504300	
超过信用期			
超过期限1～30天	3	967600	
超过期限31～60天			
超过期限61～90天			
超过期限90天以上			

图 5.85　计算超过期限 1～30 天的应收金额

（9）使用相同的方法计算出其他期限段的客户数量和应收金额，如图 5.86 所示。

（10）计算超过信用期的客户数。选中 B5 单元格，输入公式“=SUM(B6:B9)”，按“Enter”键确认。

（11）选中 B5 单元格，拖动填充柄至 C5 单元格，可统计出超过超过信用期的应收金额，如图 5.87 所示。

账款账龄分析			
		当前日期：	2017-7-26
应收账款账龄	客户数量	金额	比例
信用期内	11	504300	
超过信用期			
超过期限1～30天	3	967600	
超过期限31～60天	3	701900	
超过期限61～90天	0	0	
超过期限90天以上	0	0	

图 5.86　显示计算结果

账款账龄分析			
		当前日期：	2017-7-26
应收账款账龄	客户数量	金额	比例
信用期内	11	504300	
超过信用期	6	1669500	
超过期限1～30天	3	967600	
超过期限31～60天	3	701900	
超过期限61～90天	0	0	
超过期限90天以上	0	0	

图 5.87　计算超过信用期的客户数和应收金额

（12）统计各个信用期的金额占比值。

① 选中 D4 单元格。

② 输入公式“=C4/($C$4+$C$5)”，按“Enter”键确认。

③ 选中 D4 单元格，拖曳填充柄至 D9 单元格，将公式复制到 D5:D9 单元格区域中。

（13）设置单元格格式。

① 将 D4:D9 单元格区域的数据设置为百分比格式，小数位数为 2 位。

② 将客户数量、金额和比例列数据设置为居中对齐，如图 5.72 所示。

【拓展案例】

1. 设置应收账款到期前一周自动提醒，如图 5.88 所示。

应收账款明细表

日期	客户代码	客户名称	应收金额	应收账款期限	是否到期	未到期金额
2017-3-1	D0002	迈风实业	36,900.00	2017-5-30	是	0.00
2017-3-11	A0002	美环科技	65,000.00	2017-6-9	是	0.00
2017-3-21	B0004	联同实业	600,000.00	2017-6-19	是	0.00
2017-4-4	A0003	全亚集团	610,000.00	2017-7-3	是	0.00
2017-4-9	B0004	联同实业	37,600.00	2017-7-8	是	0.00
2017-4-22	C0002	科达集团	320,000.00	2017-7-21	是	0.00
2017-4-30	A0003	全亚集团	30,000.00	2017-7-29	否	30,000.00
2017-5-1	A0004	联华实业	40,000.00	2017-7-30	否	40,000.00
2017-5-9	D0004	朗讯公司	70,000.00	2017-8-7	否	70,000.00
2017-5-14	A0003	全亚集团	26,000.00	2017-8-12	否	26,000.00
2017-5-26	A0002	美环科技	78,000.00	2017-8-24	否	78,000.00
2017-6-1	B0001	兴盛数码	68,000.00	2017-8-30	否	68,000.00
2017-6-2	C0002	科达集团	26,000.00	2017-8-31	否	26,000.00
2017-6-6	C0003	安跃科技	45,600.00	2017-9-4	否	45,600.00
2017-7-5	D0003	腾恒公司	3,700.00	2017-10-3	否	3,700.00
2017-7-5	D0002	迈风实业	58,000.00	2017-10-3	否	58,000.00
2017-7-6	D0004	朗讯公司	59,000.00	2017-10-4	否	59,000.00

图 5.88　设置应收账款到期前一周自动提醒

2. 统计汇总各客户“未到期金额”，如图 5.89 所示。

应收账款明细表

日期	客户代码	客户名称	应收金额	应收账款期限	是否到期	未到期金额
		安跃科技 汇总				45,600.00
		科达集团 汇总				26,000.00
		朗讯公司 汇总				129,000.00
		联华实业 汇总				40,000.00
		联同实业 汇总				0.00
		迈风实业 汇总				58,000.00
		美环科技 汇总				78,000.00
		全亚集团 汇总				56,000.00
		腾恒公司 汇总				3,700.00
		兴盛数码 汇总				68,000.00
		总计				504,300.00

图 5.89　统计汇总各客户“未到期金额”

【拓展训练】

根据“账款账龄分析”表，制作应收账款的账龄分析图，效果如图 5.90 所示。

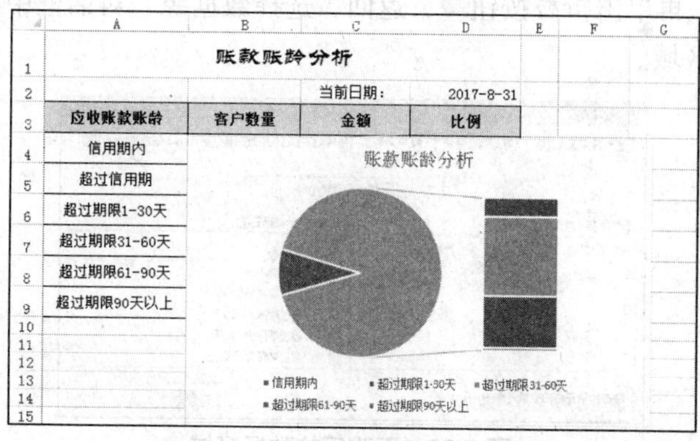

图 5.90　应收账款的账龄分析图

其操作步骤如下。

（1）打开“E:\公司文档\财务部”文件夹中的“往来账务管理”工作簿，并将文件另存为“应收账款账龄结构分析图”。

（2）选择“账款账龄分析”工作表，将光标置于“账款账龄分析”工作表数据区域任意单元格，单击“插入”→“图表”→“插入饼图或圆环图”按钮，打开“饼图或圆环图”下拉列表，选择“二维饼图”中的“复合条饼图”类型，生成图 5.91 所示的图表。

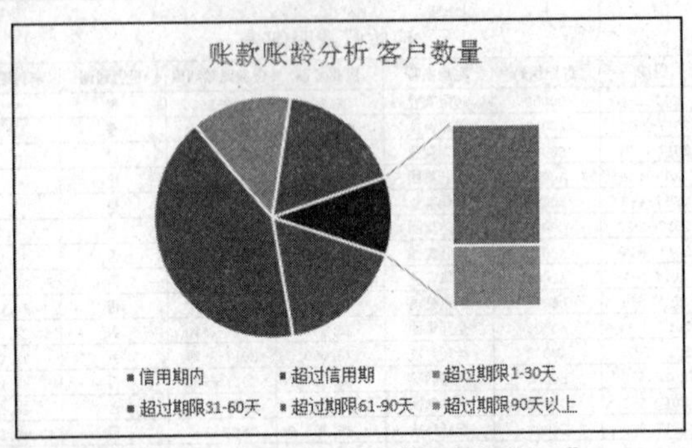

图 5.91　插入默认的“复合条饼图”

（3）修改图表数据区域。

① 选中插入的图表，单击“图表工具”→“设计”→“数据”→“选择数据”按钮，打开图 5.92 所示的“选择数据源”对话框。

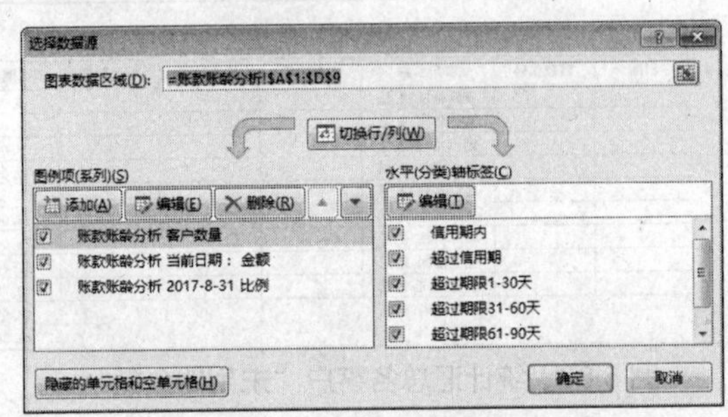

图 5.92　“选择数据源”对话框

② 单击“图表数据区域“右侧的折叠按钮，返回工作表中，选择 A4、A6:A9、C4、C6:C9 单元格区域，再单击折叠按钮，返回“选择数据源”对话框中，可看到图 5.93 所示的更改后的数据区域。

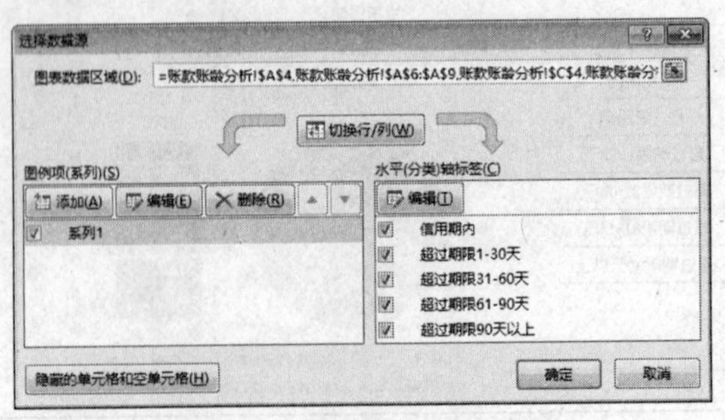

图 5.93　更改后的数据区域

③ 单击“确定”按钮，返回工作表中，可看到更改数据区域后的图表效果，如图 5.94 所示。

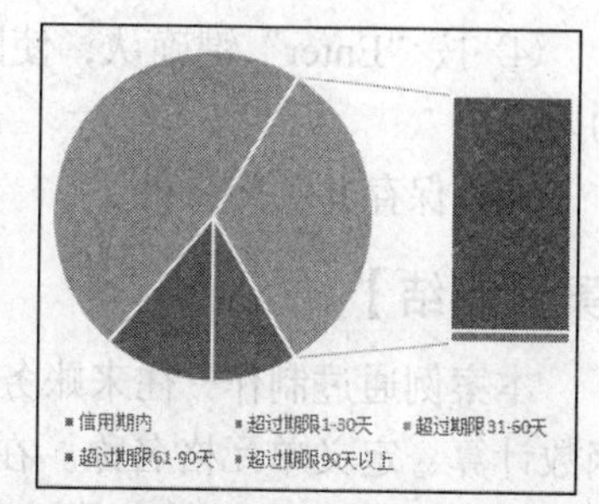

图 5.94　更改数据区域后的图表效果

（4）设置数据系列格式。

① 用鼠标右键单击图表的数据系列，从弹出的快捷菜单中选择“设置数据系列格式”命令，打开“设置数据系列格式”窗格。

② 在“设置数据系列格式”窗格中，在“系列选项”中将“第二绘图区中的值”设置为“4”，然后调整“第二绘图区大小”为“90%”，如图 5.95 所示。

③ 返回工作表中，可见设置数据系列格式后的图表效果如图 5.96 所示。

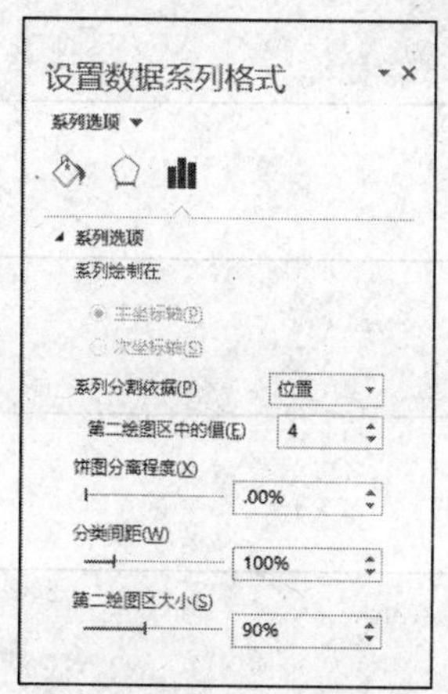

图 5.95　“设置数据系列格式”窗格

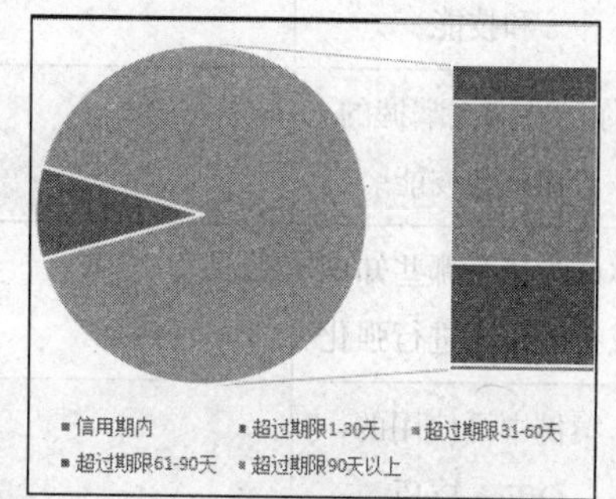

图 5.96　设置数据系列格式后的图表效果

（5）添加图表标题。

① 选中图表，单击“图表工具”→“设计”→“图标布局”→“添加图表元素”按钮，打开“添加图表元素”菜单。

② 选择“图表标题”→“图表上方”命令，在图表上方出现默认图表标题。

③ 选中图表中的图表标题，在标记栏中输入公式“=账款账龄分析!$A$1”，如图 5.97 所示。

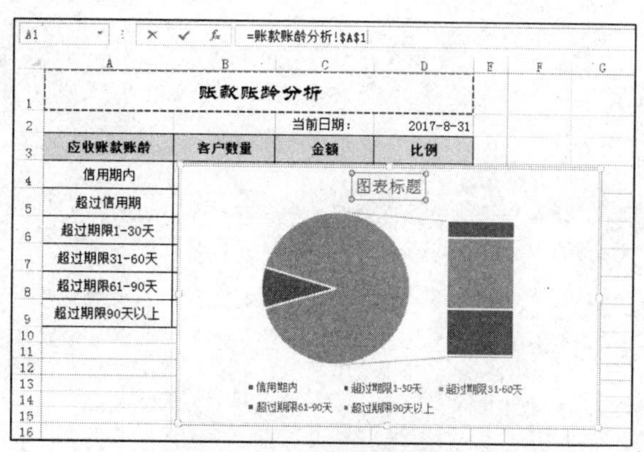

图 5.97　设置图表标题

④ 按“Enter”键确认，使图表标题链接到 A1 单元格，图表标题中显示为 A1 单元格的内容。

（6）保存并关闭文件。

【案例小结】

本案例通过制作“往来账务管理”，主要介绍了工作簿的创建、工作表重命名、公式和函数计算、定义单元格名称。在此基础上，进一步利用 TODAY、IF、SUM 函数以及数组公式进行账务统计和分析。

学习总结

本案例所用软件	
案例中包含的知识和技能	
你已熟知或掌握的知识和技能	
你认为还有哪些知识或技能需要进行强化	
案例中可使用的 Office 技巧	
学习本案例之后的体会	